国家级职业教育规划教材　人力资源和社会保障部职业能力建设司推荐

全国职业院校动漫设计与制作专业教材

Flash动画制作

陶佳婧　梁芳　编著

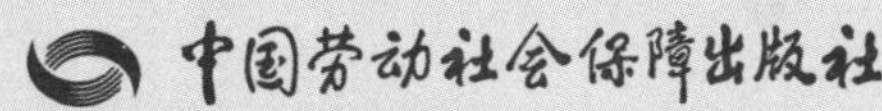

图书在版编目（CIP）数据

Flash 动画制作 / 陶佳婧，梁芳编著．—北京：中国劳动社会保障出版社，2010

全国职业院校动漫设计与制作专业教材

ISBN 978-7-5045-8292-8

Ⅰ．F… Ⅱ．①陶…②梁… Ⅲ．动画—设计—图形软件，Flash–高等学校：技术学校—教材 Ⅳ．TP391.41

中国版本图书馆CIP数据核字（2010）第085388号

中国劳动社会保障出版社出版发行

（北京市惠新东街1号　邮政编码：100029）

出 版 人：张梦欣

*

国铁印务有限公司印刷装订　新华书店经销

787毫米×1092毫米　16开本　16印张　286千字

2010年5月第1版　2022年12月第13次印刷

定价：42.00元（含光盘）

营销中心电话：400-606-6496

出版社网址：http://www.class.com.cn

http://jg.class.com.cn

前言

为了满足全国职业院校动漫设计与制作专业教学改革的需要，人力资源和社会保障部教材办公室组织一批教学经验丰富、实践能力强的教师与行业、企业的专家，在充分调研、讨论专业设置和课程教学方案的基础上，编写了职业技术院校动漫设计与制作专业系列教材。

这套教材具有以下几个方面的特点：

第一，根据动漫制作企业的工作实际，以国家职业标准《动画绘制员》的相关要求为核心设计而成。整套教材的设计思路是，在学生掌握基本概念和动漫制作整个流程的基础上，重点培养动漫绘制、设计、后期制作等各环节的能力，以及三维动画制作基本能力，并进一步拓展学生的视野。

第二，为应对职业院校教学改革的需要，多数教材采用了任务驱动的编写思路，教材中每一单元的绘制、设计、后期制作等学习任务都是由企业专家提出，教学专家按照这些任务所涉及知识和技能的内在逻辑关系组织和选择教材内容，既缩短了教学工作与企业生产实际的距离，又方便了教学工作的开展。

第三，按照职业院校动漫设计与制作专业学生的学习特点，将与绘制、设计、后期制作等有关的知识和技能融入到学习任务实施之中，使学生在完成任务的过程中掌握相应的知识和技能，既降低了学习难度，又激发了学生的学习积极性。

第四，学习任务的完成过程都是结合具体图形、图像，按照实际操作步骤进行讲解，过程清晰、完整，便于学生理解与掌握。其他内容的讲解也尽量采用以图代文、以表代文的表达方式，有利于提高学生的学习兴趣。

在本套教材的编写过程中，得到了北京市人力资源和社会保障局职业技能开发研究室的大力支持，教材的主编、参编、主审等有关人员做了大量的工作，在此，我们表示衷心的感谢！同时，恳切希望广大读者对教材提出宝贵的意见和建议，以便修订时加以完善。

人力资源和社会保障部教材办公室

2009年6月

简介

本书是国家级职业教育规划教材。

本书采用任务驱动的教学方法，从角色临摹、背景绘制，到基本动画类型的制作，再到镜头合成、转场制作、配音、优化等一系列互有联系的任务，讲解Flash动画制作的方法和技巧，每个任务从实际操作出发，由浅入深，通过实例将每一个知识点的内容展现出来，使学生在实践中逐步掌握Flash相关知识和技能，最终制作完成一个具有片头、音效及各种镜头效果的Flash动画短片。

本书的教学过程体现了动画制作流程，从动画准备、动画制作、动画后期三大部分讲解运用Flash进行动画短片制作的方法，使学生掌握动画制作的基本素材准备、动态制作和动画整合的整个过程及进行Flash动画制作的基本方法和技巧，为学生后续的自主创作打下基础。

本书配有教学光盘，包括了制作14个任务所需要的基本素材及制作实例的视频指导，学生可以通过观看视频制作过程指导教学。

本书既可以作为高等职业技术院校动漫设计与制作专业教材，也可以作为Flash动画制作爱好者的参考用书。

本书由陶佳婧、梁芳编著。

目录

课题一　动画准备

任务1　临摹绘制蝴蝶图形

任务目标：

◆了解Flash界面及其主要面板功能

◆理解Flash的临摹原理

◆熟练掌握描线、上色技巧以及Flash文档的设置

◆掌握工具箱中“椭圆工具”“选择工具”“颜料桶工具”的使用方法

任务引入

利用Flash的一些基础工具，临摹绘制如图1—1所示的蝴蝶图形。

图1—1　蝴蝶图形

任务分析

使用Flash临摹如图1—1所示的蝴蝶图形，要运用Flash中的“线条工具”“选择工具”等进行描线来制作蝴蝶轮廓，使用“手形工具”和“缩放工具”来控制画布显示，并使用“颜料桶工具”进行颜色的搭配和调节，达到图示的效果。

这是进行Flash动画制作的第一个任务，通过本任务能够熟悉Flash界面、面板，掌握Flash的基本工具和基本操作，并对在Flash中进行临摹、描线、上色等技巧有一个基本的了解。

相关知识

一、认识Flash及其特点

Flash是专用于交互式的矢量图形动画设计制作软件，可将音乐、声效、动画、交互方式、界面融合在一起做出高品质的动态效果。

目前，Flash的应用领域很广，包括课件、网页、动画、多媒体光盘、网络视频片头、动画游戏制作、广告设计等。图1—2至图1—5所示即为不同类型的Flash应用领域。在本书中，将集中讲解如何利用Flash制作一部完整的动画片。

图1—2　动画类

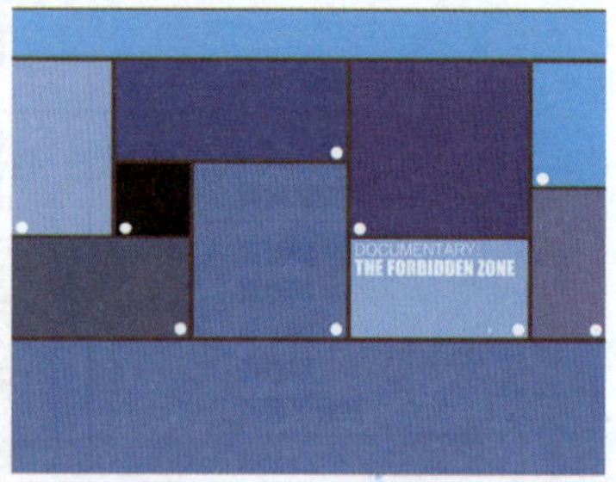

图1—3　多媒体类

图1—4　网页类

图1—5　视频片头类

Flash的主要特点是：

◆Flash的优势是基于矢量的动画制作，不论把矢量图放大多少倍，其清晰度不变，因为矢量其实就是一个算术式，计算机根据这个算术式而生成图像，所以它不像一般的gif格式，当放大矢量图的时候，不会模糊和起锯齿。因此Flash的文件格式较小，更适合于在网上传播。

◆Flash制作简单，通用性较好，涉及的领域多，只要有足够的想象力，有创意，懂得一定的Flash软件知识和绘画技能，就能够创作出非常精致的Flash动画，是一款优秀的动画制作工具。

◆Flash的播放采用的是数据型的传输原理，方便快捷，在网上播放时能够实现动画边下载边演示，十分利于在网络中的传播。

◆应用前景广阔。因为Flash的自由度很高，它不仅在动画制作、网页制作、游戏制作等方面有突出表现，甚至已经应用到工业设计、生产设计等各个方面，因此，Flash的前景是非常光明的。

二、Flash的界面组成及主要功能

启动Flash后，其工作界面如图1—6所示。

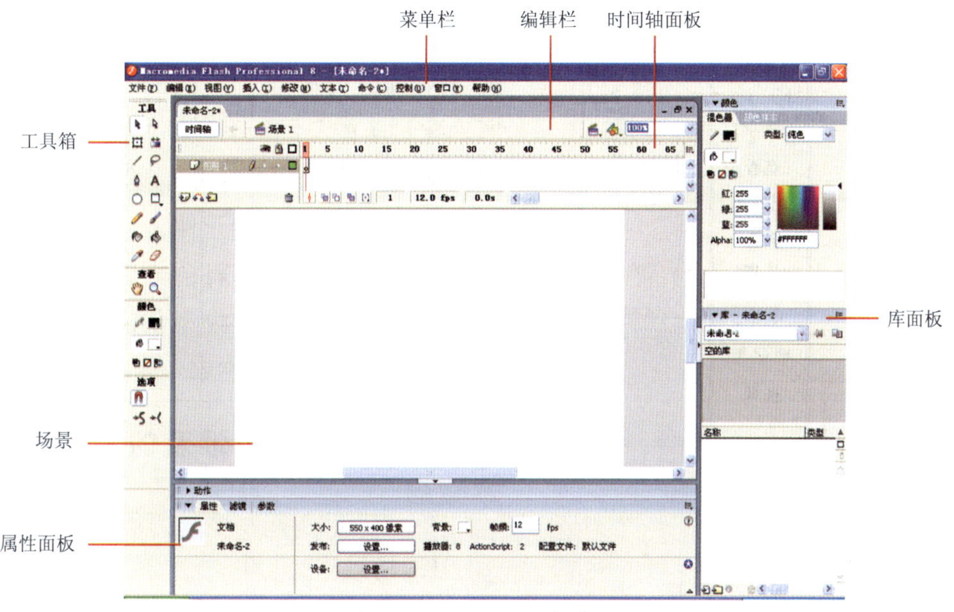

图1—6　Flash工作界面

◆菜单栏。菜单栏包含着Flash中能够用到的全部功能，每个菜单又包含一些详细的子菜单。此处与其他计算机软件相似。

◆编辑栏。在同时使用多个Flash文件时，为了方便在各个文件之间的移动，特别添加了切换功能。它同时还可以轻松实现场景和元件之间的切换，使用图标按钮选定场景或者元件就能够进行编辑，如图1—7所示。

图1—7　编辑栏中各个文件的排列

◆时间轴面板。时间轴可以说是Flash界面中最为重要的部分。左右方向表示时间，上下方向表示空间前后遮挡的层级关系。在这里，可以根据从下向上积累的图层和从左到右展现的帧数设定对象该如何出现、如何变化又如何消失。

◆工具箱。工具箱里含有铅笔、钢笔、刷子等能够帮助完成基本绘图工作的多种操作工具，可以使用这些工具绘图、上色或者选择对象进行修正等。图1—8所示

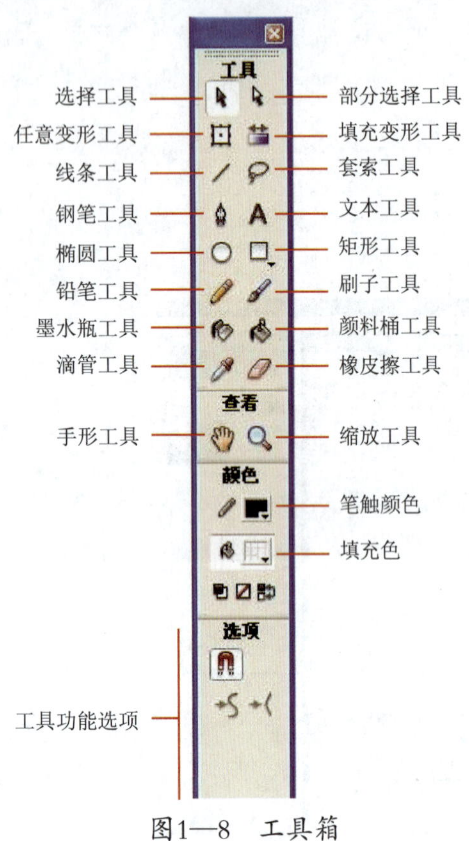

图1—8　工具箱

为工具箱中一些基本的工具。

◆场景。属于工作区域，在这里可以绘制图像或动画影片。也可以说是多个对象聚集在一起进行演出，输出后的影片只显示白色区域，灰色的编辑区则不显示。

◆属性面板。显示被选对象的各种属性并对其进行修改。属性的内容和选项随着对象种类的不同而有所不同。

◆库面板。是用来管理对象的存储器，能够存储图像、元件、音频、视频文件，必要时可以拿到舞台或者其他库中使用。一旦制作出元件或者创建出图像、视频、音频就能够自动在库中生成。

三、本任务中涉及的Flash的基本概念

1. 场景

场景也称舞台，是Flash作品最终进行合成的地方，所制作的元件、视频、音频等元素都要放入场景中，在输出播放时才会显现。场景的大小、背景颜色、帧频等都可以通过场景的文档属性来调整。场景的文档属性的调整是通过执行菜单栏中“修改/文档”命令来完成的，在弹出“文档属性”对话框中进行设置，如图1—9、图1—10所示。

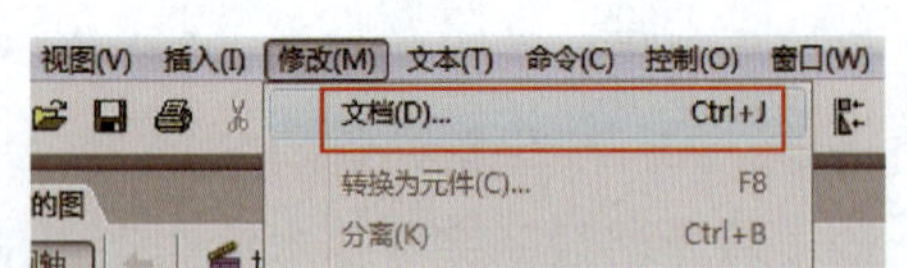

图1—9　打开场景的文档属性面板的方式

图1—10　场景的文档属性面板

2. 元件

元件是Flash中非常重要的一个元素，使用非常频繁。元件建立是为了重复利用同一个对象。如果一个对象被制成元件后再重复多次使用，最终制作出的影片的文件量就比直接使用对象制作出的影片文件量要小。根据使用目的和用途的不同，元件大致可以分为图形元件、影片剪辑元件、按钮元件。这些元件建立后都会自动存放在“库”面板中，每个元件都有相应的图标显示，如图1—11所示。

图1—11 不同元件类型

3. 图层

图层，可理解为Flash中各内容的摆放顺序。图层中的对象按照图层由上到下的顺序，可以理解为是一层一层的重叠放置在一起的，如果是同一区域的对象，会随图层由上至下产生相互间的遮挡关系，如图1—12所示。

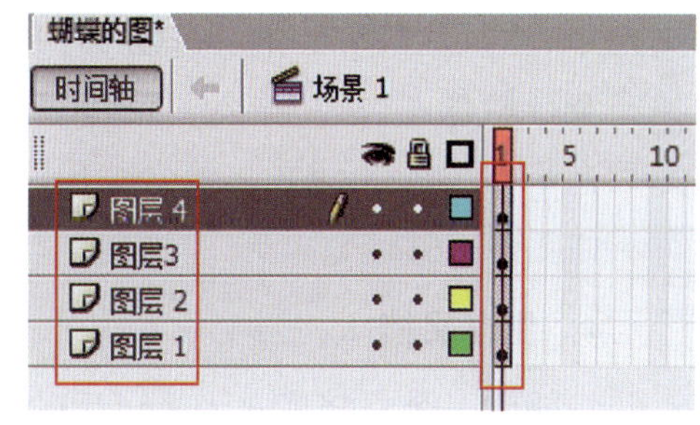

图1—12 Flash中的图层

四、Flash的基础操作

1. 新建文档

在Flash中新建文档主要有两种方法。第一，使用开始页。启动Flash后，会有默认的开始页，选中“创建新项目”下的“Flash文档”即可，如图1—13所示。第二，使用“新建文档”对话框。在Flash的工作界面中，执行菜单栏中“文件/新建”命令，弹出“新建文档”对话框，选中第一项“Flash文档”，单击“确定”按钮，就完成了文档的新建，如图1—14所示。

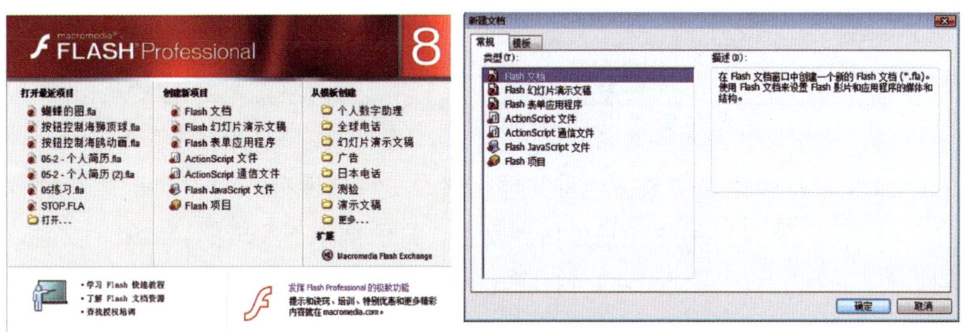

图1—13 使用开始页新建文档　图1—14 使用“新建文档”对话框新建文档

2. 打开文档

如果要对已有的Flash文档进行编辑，需要将它打开，弹出“打开”对话框，在列表中查找文档的所在路径，再单击“打开”按钮，如图1—15所示。

图1—15　“打开”对话框

3. 导入文档

如果要将其他文档导入到当前文档中，可以在Flash的工作界面中执行菜单栏中“文件/导入”命令，然后选择要导入的地方，就会弹出“导入”对话框。选择要导入的文件的路径即可，如图1—16所示。

4. 保存文档

编辑完一个文档后，为了以后的使用，可以将其保存起来，其操作步骤如下：执行菜单栏中“文件/保存”命令，弹出“另存为”对话框，如图1—17所示，选择相应的文档保存路径，并输入文档名称以及文档保存类型，最后单击“保存”按钮即可。

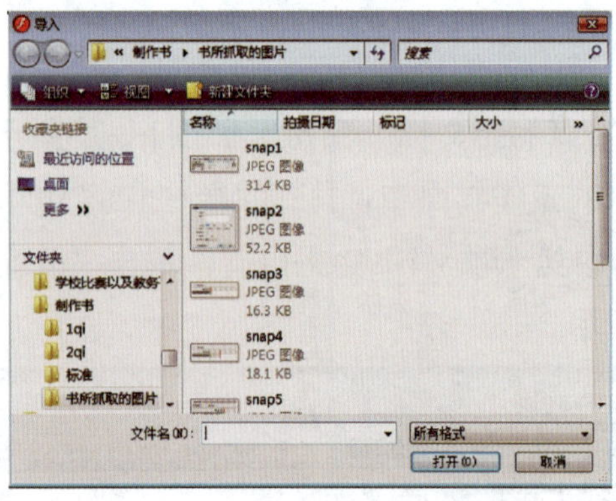

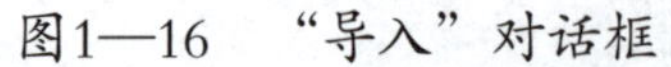

图1—16　“导入”对话框

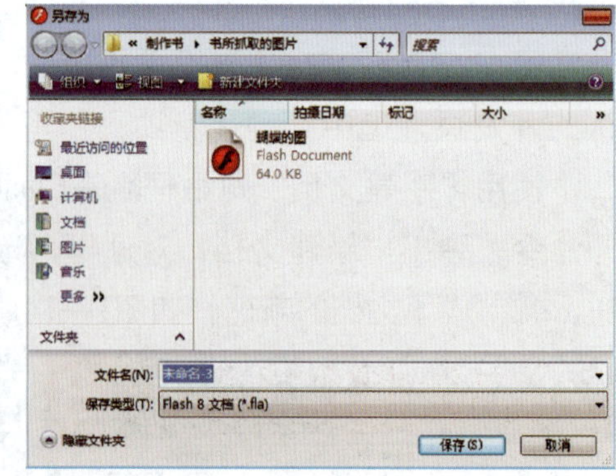

图1—17　“另存为”对话框

Flash文件保存类型主要有两种文件格式，一种是保存Flash文件时生成的Flash源文件“.fla”文件；另一种是为传到网上，方便携带而生成的“.swf”文件，可以看做是Flash影片的完成文件。fla格式的文件能够进行修改和编辑，但是在网络浏览器上无法观看，swf格式的文件无法编辑和修改，但是只要有浏览器，就可以随时观看。一般来说，每一个刚完成的Flash都应该先保存一个源文件，即“.fla”文件，以便于以后的修改调用。如果保存完“.fla”的源文件后，需要将Flash发布观看，则执行菜单栏中“文件/导出/导出影片”命令，在弹出的“导出影片”对话框中选择保存类型为“.swf”即可。

五、临摹图形所用的工具

使用Flash临摹图形，需要用到以下几种工具。

1. 椭圆工具（见图1—18）

“椭圆工具”用于绘制正圆形和椭圆形。直接用鼠标左键拖曳绘制的是椭圆形，只有在拖曳中右下方出现黑色小圆形时，表明绘制的是正圆形。如果要简单快捷地绘制正圆形，可以在按住“Shift”键的同时用鼠标左键拖曳，就可绘制出正圆形。

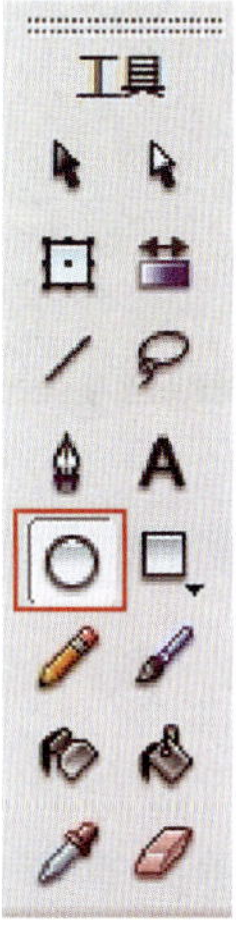

图1—18 椭圆工具

2. 选择工具（见图1—19）

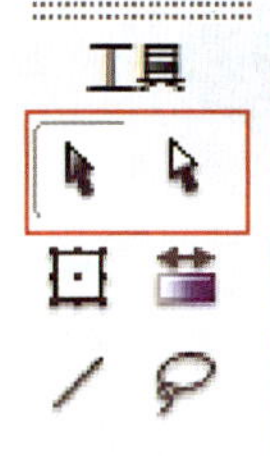

图1—19 选择工具

“选择工具”是进行临摹的主要工具，有两种形式。一种是黑色实心箭头，用来选择整个物体或者物体的色块、边线等；另一种是白色空心箭头，叫做部分选择工具，用来选择和改变物体的节点，通过调节这些节点改变物体的形状。“选择工具”有以下几个方面的功能：

（1）选择与移动对象

选中“选择工具”，双击场景中的对象，可将图形相连的对象选中。将指针放在对象上，按住鼠标左键就可将对象拖到新位置，如图1—20所示。要拷贝对象并移动副本，可以按住“Alt”键拖动。

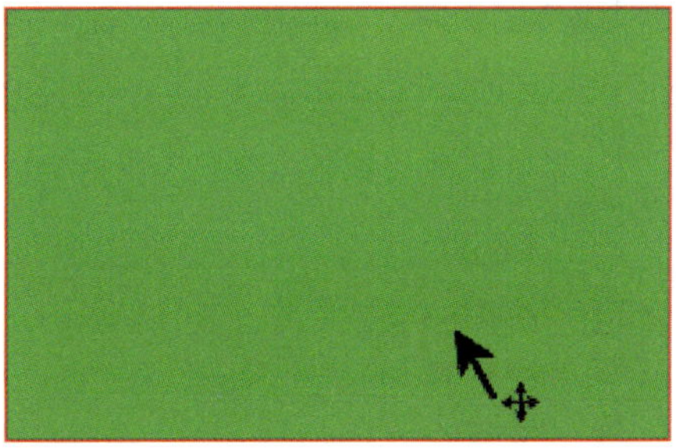

图1—20 选择与移动对象

（2）改变形状

利用“选择工具”改变对象的形状是进行临摹时的主要操作方法。要改变线条或形状轮廓，可以使用箭头工具在对象上的任意点上拖动。

指针处于不同的位置时，会发生变化，以指明可以执行哪种类型的形状改变。当转角出现在指针附近时，可以更改终点，如图1—21所示；当曲线出现在指针附近时，可以调整曲线，如图1—22所示。当指针形成后，可拖动线段上的任意点来改变其形状，如图1—23所示。

图1—21　转角指针

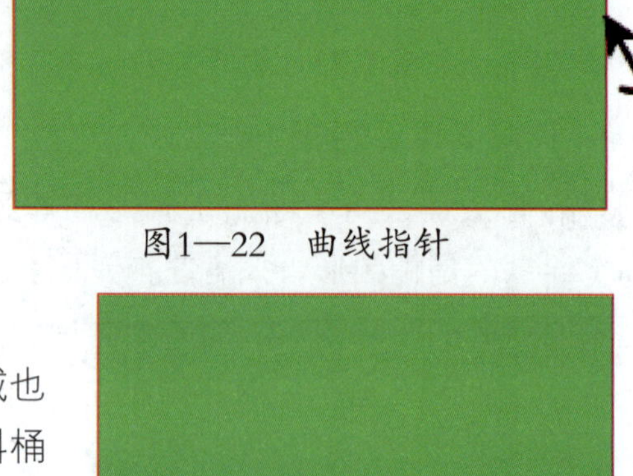

图1—22　曲线指针

3. 颜料桶工具

“颜料桶工具”能够填充空的区域也可更改已涂色区域的颜色。使用“颜料桶工具”填充区域的基本方法如下：

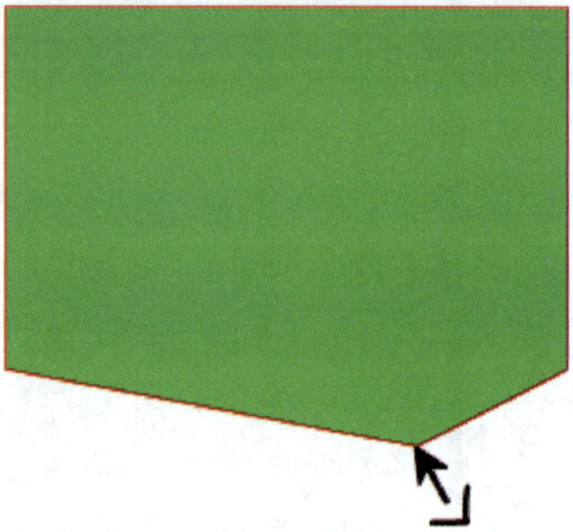

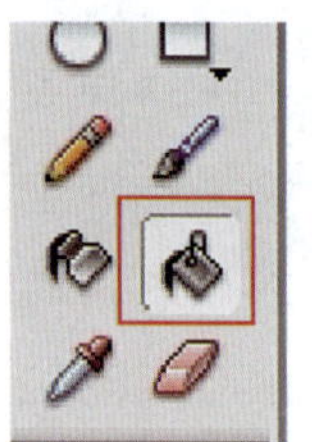

图1—24　颜料桶工具

（1）从工具箱中选择“颜料桶工具”，如图1—24所示。

（2）选择填充颜色和样式。

图1—23　改变形状

（3）单击工具栏下方出现的“颜料桶工具”的选项——“空隙大小”按钮，然后选择一个空隙大小选项，如果空隙太大，必须手动封闭它们，如图1—25所示。

（4）单击要填充的形状或者封闭区域。

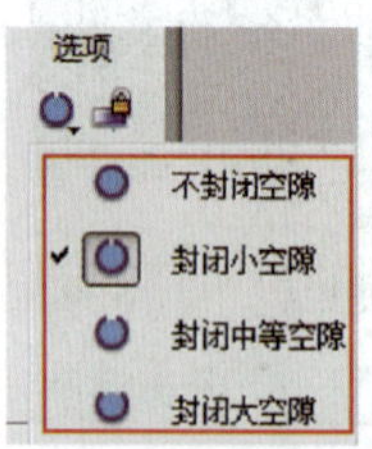

图1—25　“颜料桶工具”的辅助选项

4. 查看工具

（1）手形工具

“手形工具”，如图1—26所示，在场景（舞台）中按住鼠标左键，对场景进行拖曳，可以方便对物体进行细节查看。

（2）缩放工具

“缩放工具”可以对物体的细节进行放大、缩小查看，如图1—27所示。“缩放工具”的切换可以在工具栏底部的辅助选项中找到，如图1—28所示，也可以通过按住“Alt”键进行切换。

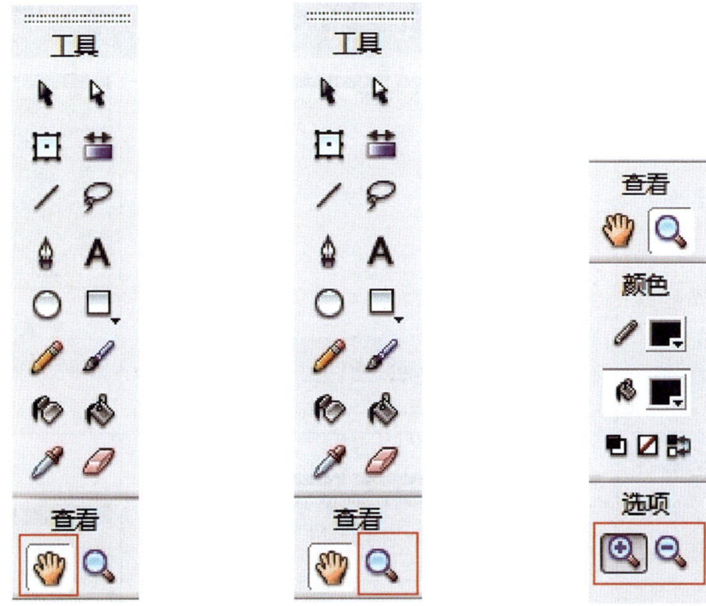

图1—26　手形工具　　图1—27　缩放工具1　　图1—28　缩放工具2

任务实施

素材文件位置：光盘/资源下载/任务1

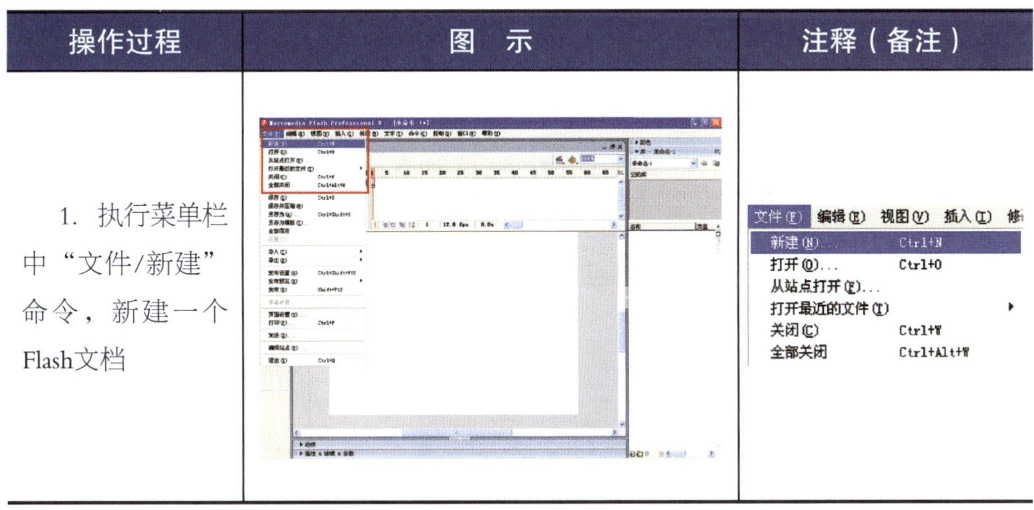

操作过程	图　示	注释（备注）
1. 执行菜单栏中“文件/新建”命令，新建一个Flash文档		文件(F)　编辑(E)　视图(V)　插入(I)　修 新建(N)...　Ctrl+N 打开(O)...　Ctrl+O 从站点打开(F)... 打开最近的文件(T) 关闭(C)　Ctrl+W 全部关闭　Ctrl+Alt+W

续表

操作过程	图示	注释（备注）
2. 执行菜单栏中"文件/保存"命令，在弹出的"另存为"对话框中，将上面新建的Flash文档命名为"临摹蝴蝶"	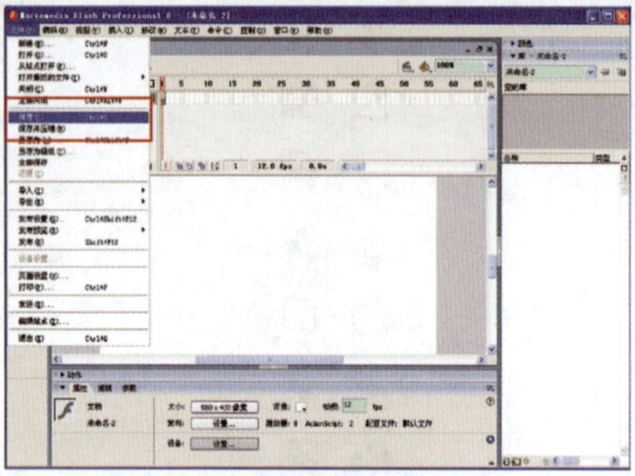	 ◆要建立先命名保存，再进行后续操作的习惯
3. 单击属性面板中的"文档属性"按钮，在"文档属性"对话框中设置尺寸为350 px×350 px，帧频不变，背景白色，单击"确定"按钮	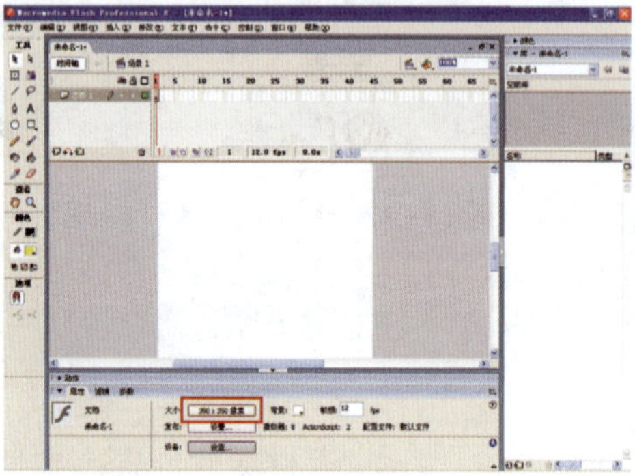	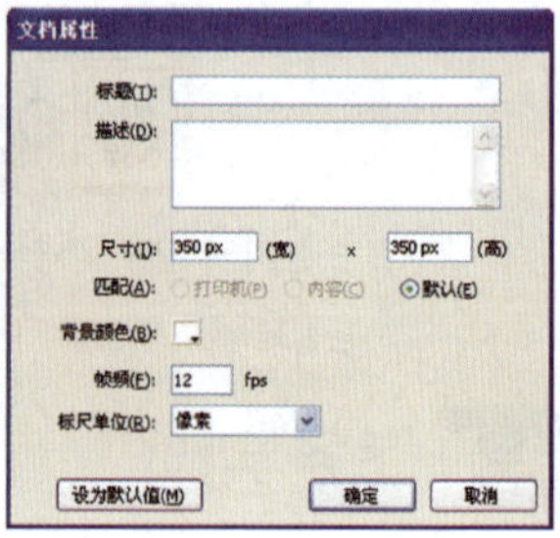
4. 执行菜单栏中"文件/导入/导入到舞台"命令，在弹出的"导入"对话框中，选择要临摹的蝴蝶图片（见光盘：资源下载/任务1/素材-蝴蝶），单击"打开"按钮，将其导入到场景（即舞台）中	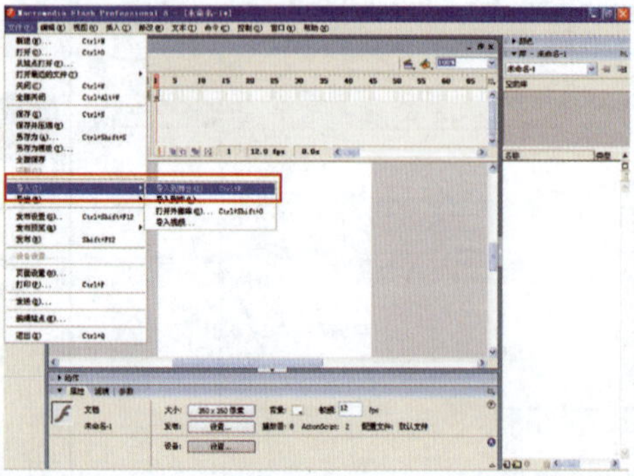	 ◆导入蝴蝶进行临摹

续表

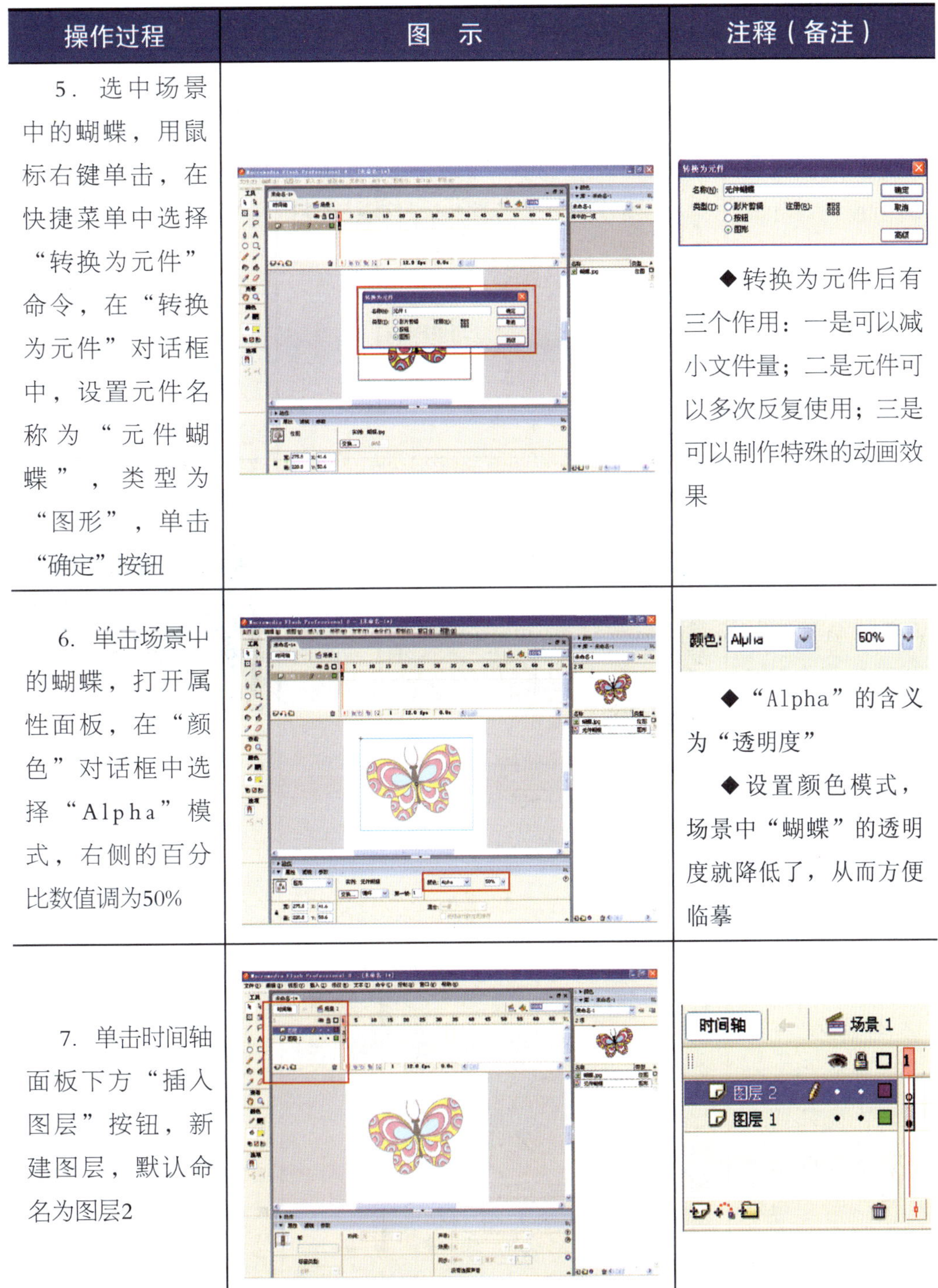

操作过程	图示	注释（备注）
5．选中场景中的蝴蝶，用鼠标右键单击，在快捷菜单中选择“转换为元件”命令，在“转换为元件”对话框中，设置元件名称为“元件蝴蝶”，类型为“图形”，单击“确定”按钮		◆转换为元件后有三个作用：一是可以减小文件量；二是元件可以多次反复使用；三是可以制作特殊的动画效果
6．单击场景中的蝴蝶，打开属性面板，在“颜色”对话框中选择“Alpha”模式，右侧的百分比数值调为50%		◆“Alpha”的含义为“透明度” ◆设置颜色模式，场景中“蝴蝶”的透明度就降低了，从而方便临摹
7．单击时间轴面板下方“插入图层”按钮，新建图层，默认命名为图层2		

续表

操作过程	图　示	注释（备注）
8. 回到时间轴面板，单击图层1名称右侧“锁头”标志的按钮，锁定图层1		◆锁定图层，可以避免该图层中的对象被无意选中
9. 单击图层2，在工具箱中选择“椭圆工具”；同时，打开工具箱中颜色面板，并单击右上角“填充色选择”按钮，将填充色取消		◆取消填充色，从而在临摹绘制过程中仅出现线条颜色，而不会对整个图形填充颜色
10. 利用“椭圆工具”，在场景中绘制一个圆，开始临摹蝴蝶的左侧翅膀。打开属性面板，调节线条的粗细为实线“1”	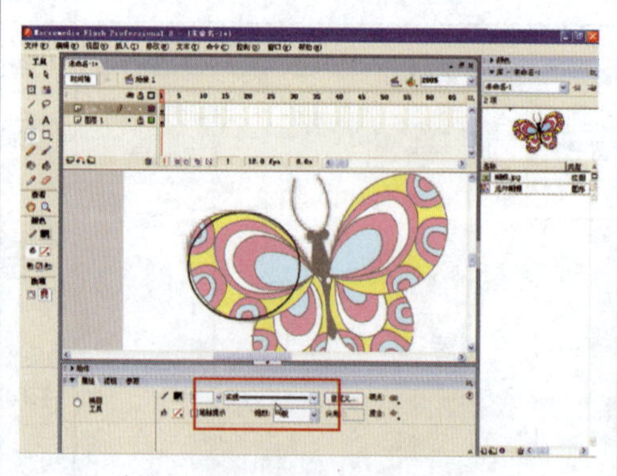	

续表

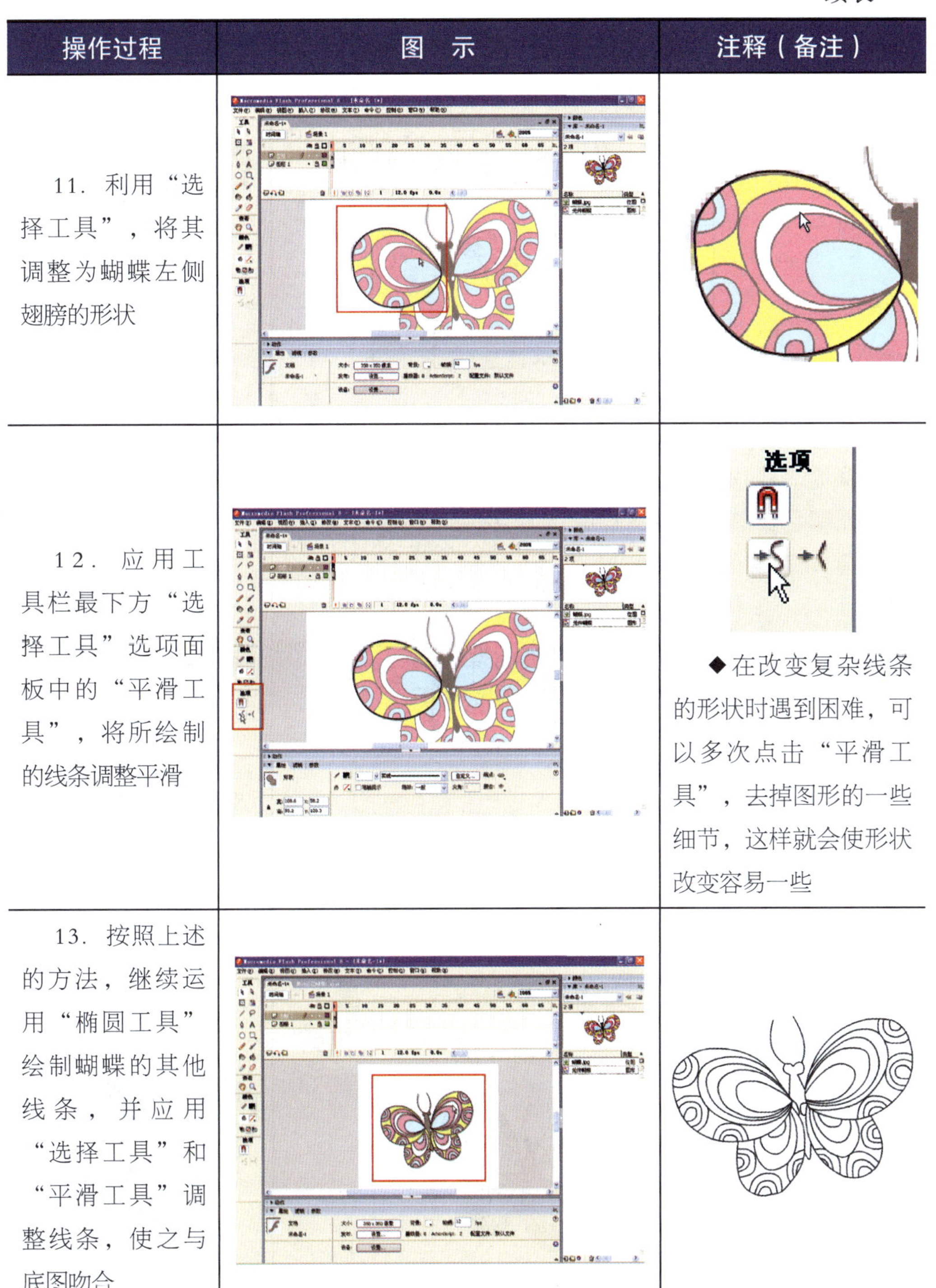

操作过程	图 示	注释（备注）
11. 利用“选择工具”，将其调整为蝴蝶左侧翅膀的形状		
12. 应用工具栏最下方“选择工具”选项面板中的“平滑工具”，将所绘制的线条调整平滑		选项 ◆在改变复杂线条的形状时遇到困难，可以多次点击“平滑工具”，去掉图形的一些细节，这样就会使形状改变容易一些
13. 按照上述的方法，继续运用“椭圆工具”绘制蝴蝶的其他线条，并应用“选择工具”和“平滑工具”调整线条，使之与底图吻合		

续表

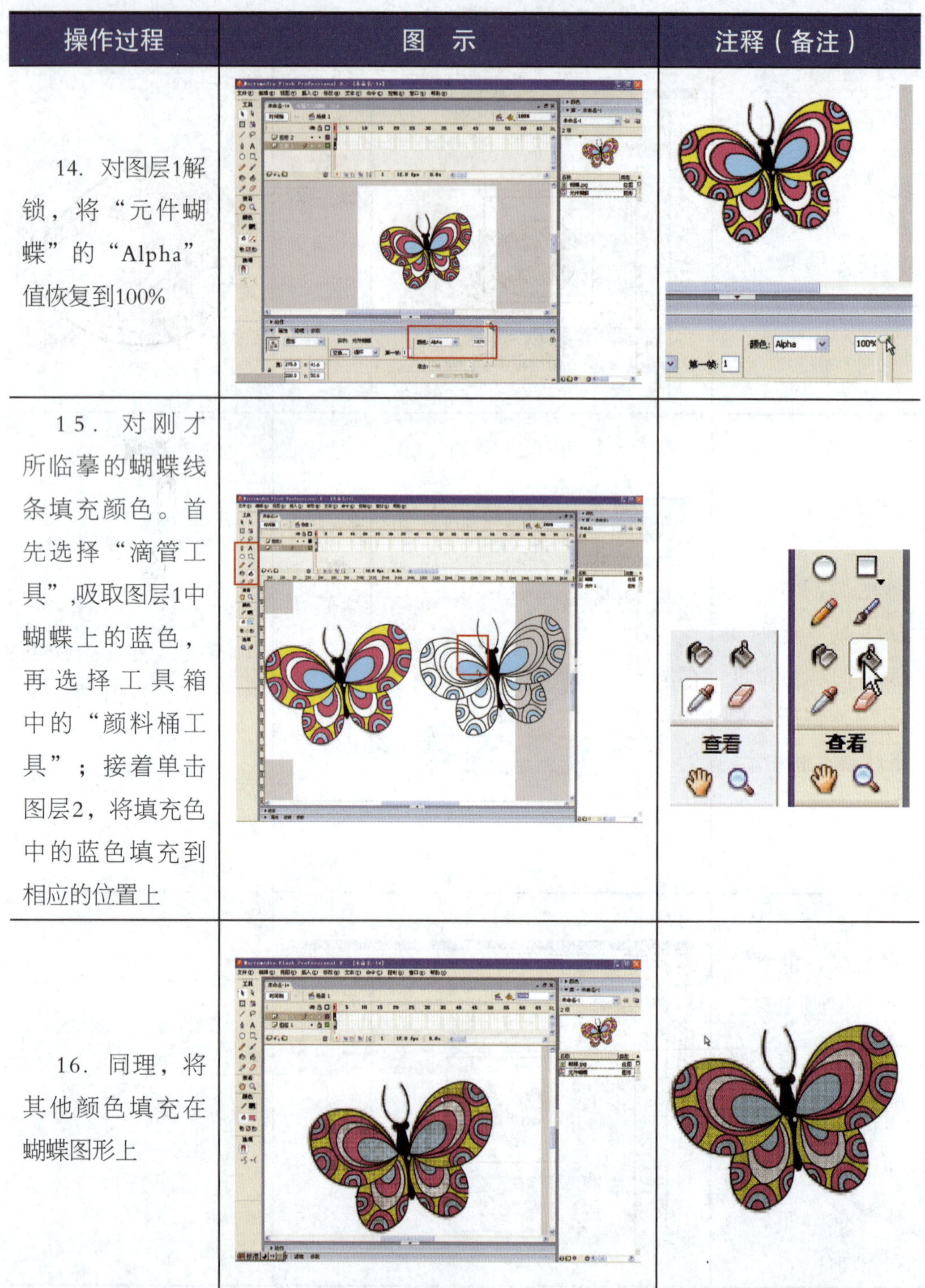

操作过程	图　示	注释（备注）
14. 对图层1解锁，将“元件蝴蝶”的“Alpha”值恢复到100%		
15. 对刚才所临摹的蝴蝶线条填充颜色。首先选择“滴管工具”,吸取图层1中蝴蝶上的蓝色，再选择工具箱中的“颜料桶工具”；接着单击图层2，将填充色中的蓝色填充到相应的位置上		
16. 同理，将其他颜色填充在蝴蝶图形上		

续表

操作过程	图　示	注释（备注）
17. 运用“选择工具”全选图形，执行菜单栏中“修改/组合”命令，将图形组成组	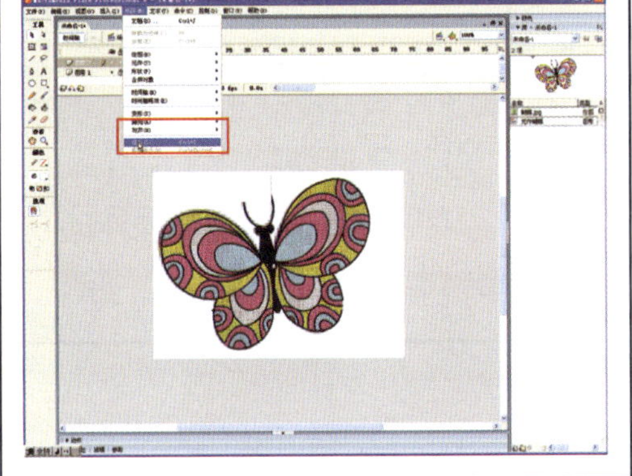	 ◆组成组的文件可以自由的拖动而不会出现变形现象
18. 执行菜单栏中“控制/输出影片”命令，输出观看效果 最后，将完成的临摹蝴蝶Flash文档进行保存	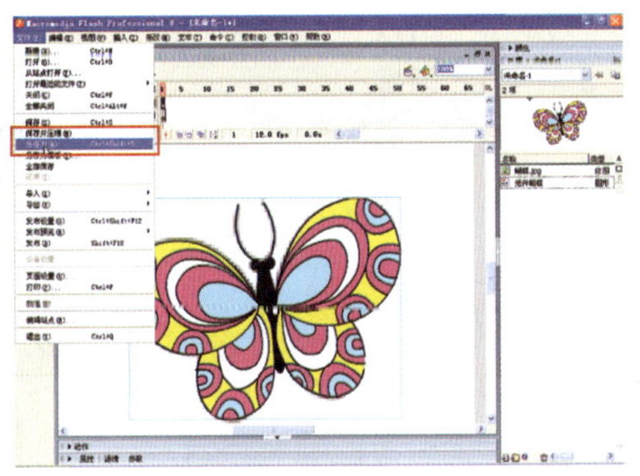	

思考与练习

一、思考题

1. 临摹图形要分为几个步骤？
2. 线条的绘制如何与“选择工具”结合应用？
3. 如何给线条图形填充颜色？
4. 填充颜色时要注意什么？

二、实训题

请运用本任务所教授的工具与方法临摹图1—29所示实例。要求：注意场景大小的设置，图形绘制的准确度以及颜色填充的注意事项。

图1—29　宇宙太空兔

任务2 临摹绘制男孩儿

任务目标：

- ◆了解人物造型基本规律和各部分造型特点
- ◆了解图层的性质与特点，掌握图层的创建及操作方法
- ◆能够根据手绘线稿，临摹绘制出人物形象

任务引入

手绘出如图2—1a所示男孩儿的线条稿，再利用Flash的相关工具，临摹绘制出如图2—1b所示男孩儿形象。

图2—1 男孩儿侧面行走形象
a）手绘线条稿 b）Flash临摹绘制稿

任务分析

为完成本任务，首先要在了解人物造型基本规律的基础上，手绘出男孩儿的线条稿，然后再利用Flash“线条工具”“选择工具”“颜料桶工具”等临摹绘制线条元素，再运用属性面板和颜色面板进行颜色的搭配和调节，达到图2—1b的效果。本任务中应用了一个新工具——“任意变形工具”，需要掌握它的基本操作方法。

与任务1“临摹蝴蝶”的不同之处在于，本任务在利用Flash绘制过程中，要进行多图层的设计和处理，并且要自行设计和运用颜色。因此在任务实施前要对图层的使用和特点有所了解。

相关知识

一、人物造型规律

角色设计在一部动画片的绘制中担负着十分重要的任务，不但要具有绘画和表演的才能，更重要的是必须熟练掌握原画创作的技法和理论，这样才能胜任这项重要的工作。

1. 熟悉角色造型和人物性格

为了准确地勾画角色形象动态，塑造性格鲜明的各类人物，首先要认真熟悉影片中每个角色的造型特点，例如：形象比例、转面变化、结构、服饰和脸型特征等，这样画起来才会得心应手。同时影片中各类角色都具有不同的性格，有的刚直、善良；有的活泼、调皮；有的奸诈、凶残等。熟悉各类角色的不同性格，掌握他们不同神态特征和习惯性动作，才能充分展示出他们的各种动作特点，，如图2—2所示。

图2—2 角色造型

2. 了解造型风格

Flash的造型风格多种多样，常见的有：形象比较接近真实的写实风格，形象简练、概括、幽默、夸张的漫画风格，形象规范、凝练、形式感强的装饰画风格，形象夸张、富于想象、超越真实的卡通风格，以及形象稚

图2—3 造型风格

拙、可爱、富于童趣的儿童画风格等。依次对照，就可以明确自己所设计的角色属于哪种类型的风格，如图2—3所示。

3. 认识形体特征

图2—4 角色形体特征

熟悉角色造型，首先应该对形体有一个整体的概念，也就是要抓住造型的基本特征。例如，角色的形体外貌都会有高、矮、胖、瘦等差别，除此之外，还可以找到形象构成的各自特点。例如：头大身体小、头小身体大；中间大两头小、两头大中间小；正三角形、倒三角形等，如图2—4所示。

4. 掌握全身比例与结构

图2—5 全身比例结构

全身比例结构一般以头部作为衡量的标准，即身体的长度由几个头长组成，身体的宽度是大于头宽还是小于头宽，腰部在第几个头长的位置，手臂下垂到大腿的何处等，这样一步步对照，全身的比例就基本清楚了。了解了这些再绘制造型就会比较容易，也不会走形，如图2—5所示。

5. 掌握头部造型

头部是动画角色最难画的部分，也是关键部分，它常常会在特写镜头里面出现，所以一定要把角色的头部画得准确精致。绘制头部的关键是熟悉角色的脸型，五官在脸上的位置，以及相互间的大小比例关系，如图2—6所示。

图2—6 头部造型

二、图层的特点和基本操作

在Flash中，图层就像透明的胶片一样，一层层地向上叠加。可以在图层上绘制和编辑对象，而不会影响其他图层上的对象。如图2—7所示，就是图层的表现方式。

图2—7 图层的表现方式

要绘制、上色或者对图层或文件夹做其他修改，需要选择该图层以激活它。图层或文件夹名称旁边的铅笔图标表示该图层或文件夹处于活动状态。虽然 次可以选择多个图层，但是一次只能有一个图层处于活动状态。

当创建了一个新的Flash文档之后，它就包含了一个图层。可以添加更多的图层，以便在文档中组织很多元素。创建的层数不会增加发布的影片的文件大小。

对于图层的基本操作，包括以下几个部分。

1. 创建图层

创建一个新图层后，它将出现在所激活图层的上面。新创建的图层将成为被激活的图层。创建图层有以下几种方法：

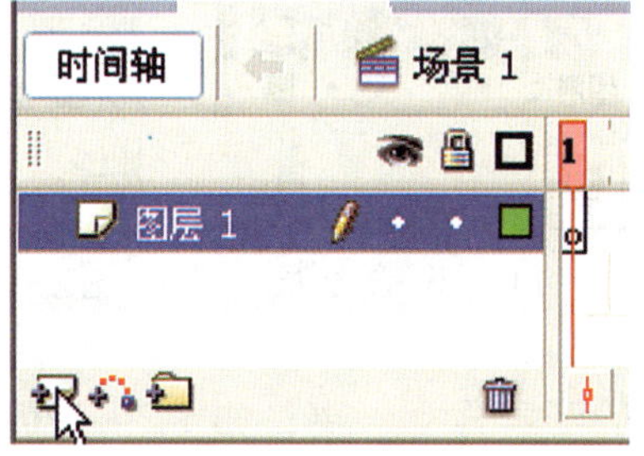

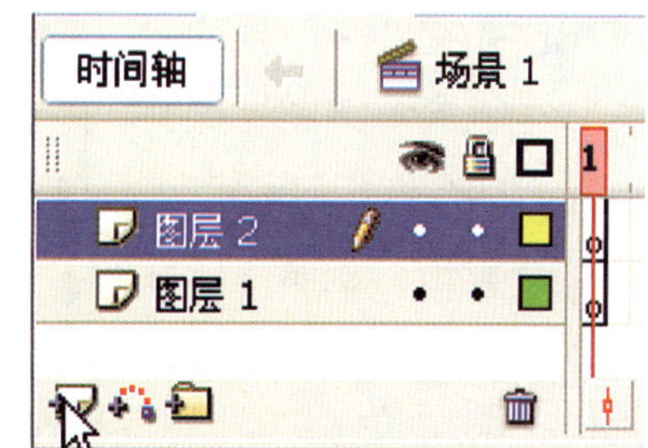

图2—8 插入图层方法1

◆单击时间轴底部的“添加图层”按钮，即在原图层上方出现新的图层，如图2—8所示。

◆执行菜单栏中“插入/时间轴/图层”命令，如图2—9所示。

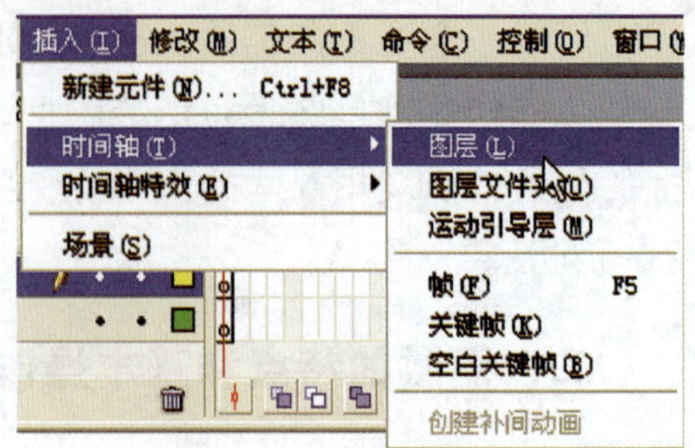

图2—9　插入图层方法2

◆用鼠标右键单击时间轴中的一个图层名，在弹出的快捷菜单中选择“插入图层”命令，如图2—10所示。

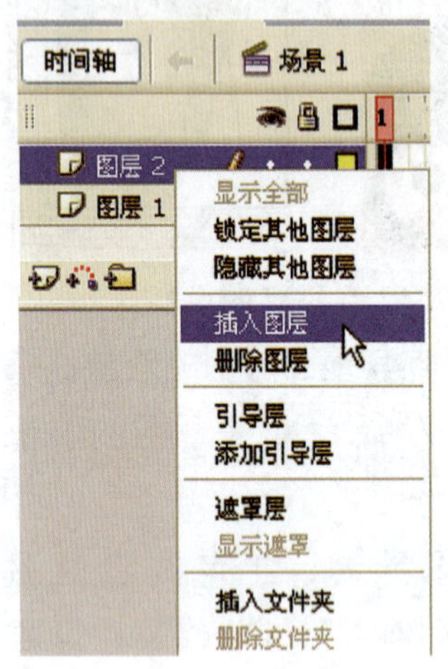

图2—10　插入图层方法3

2. 查看图层

在制作过程中，可以显示或隐藏图层或文件夹，图层或文件夹名称旁边的红色叉号表示它处于隐藏状态。当发布影片时，将不会保留隐藏的图层。

为了区分对象所处的图层，可以用彩色轮廓显示图层上的所有对象，可以更改每个图层使用的轮廓颜色。

可以在时间轴中更改图层的高度，从而在时间轴中显示更多的信息。要更改时间轴中显示的层数，可拖动分隔舞台和时间轴的栏。

（1）显示或隐藏图层

◆单击图层名称右侧的“眼睛”列，可以隐藏该图层或文件夹，再次单击它可以显示该图层或文件夹，如图2—11所示。

图2—11　隐藏图层

图2—12　隐藏所有图层

◆单击“眼睛”图标可以隐藏所有的图层或文件夹，再次单击它可以显示所有的图层或文件夹，如图2—12所示。

◆在“眼睛”列中拖动，可以显示或隐藏多个图层或文件夹。

◆按住“Alt”键单击图层右侧的“眼睛”列，可以隐藏所有其他的图层或文件夹，再次按住“Alt”键单击可以显示所有的图层或文件夹。

（2）更改图层的轮廓颜色、高度

选中需要修改的图层，执行菜单栏中“修改/时间轴/图层属性”命令（或双击所选图层名称左侧图标），弹出“图层属性”对话框，单击“轮廓颜色”选项，选择新的颜色，输入颜色的16进制值或单击“颜色选择器”按钮选择一种颜色。在“图层属性”对话框中，单击“图层高度”选项，重新确定高度比例，如图2—13所示。最后单击“确定”按钮，更改后的图层轮廓颜色、高度如图2—14所示。

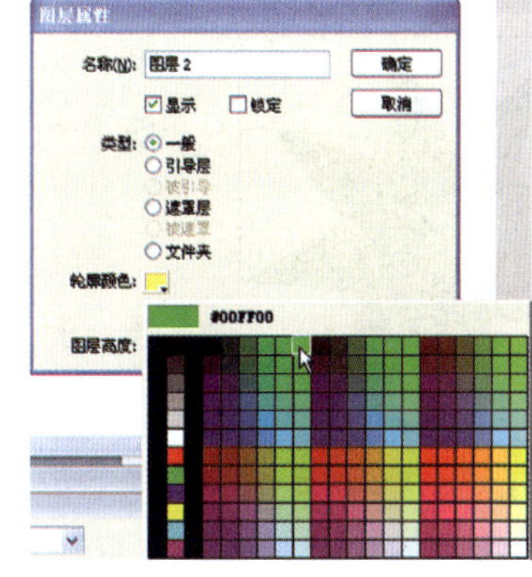

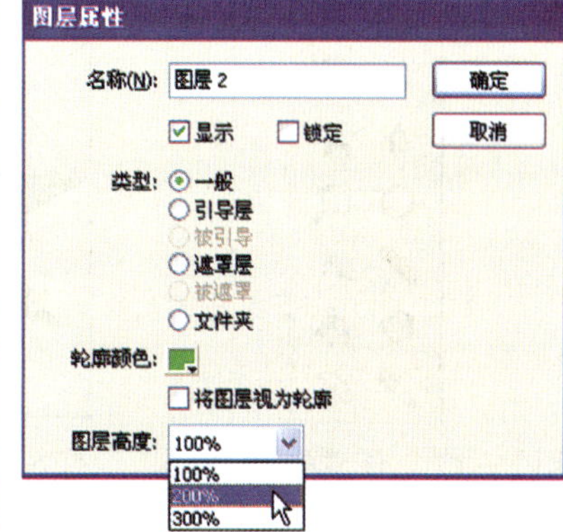

图2—13　更改图层属性

3. 锁定图层

在制作过程中，可以根据需要锁定或解锁图层或文件夹，图层或文件夹名称旁边的小锁头表示它处于锁定状态。当编辑影片时，该层就不会被编辑。

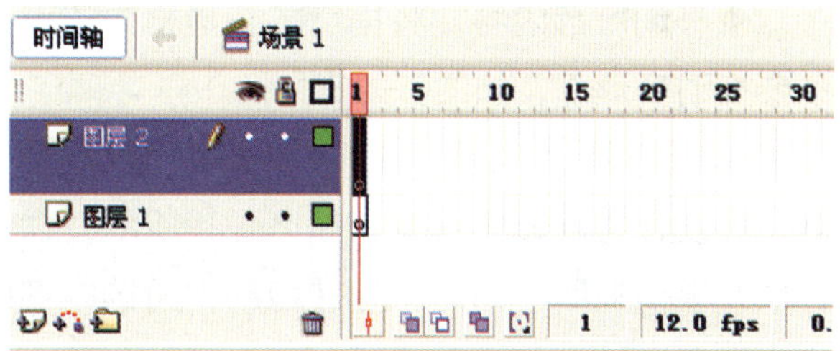

图2—14　更改后的图层轮廓颜色、高度

图2—15　锁定图层

图2—16　解锁所有图层

锁定或打开图层，有以下几种方法：

◆单击图层名称右侧的“锁定”列，可以锁定该图层或文件夹，再次单击它可以解锁该图层或文件夹，如图2—15所示。

◆单击“锁头”图标可以锁定所有的图层或文件夹，再次单击它可以解锁所有的图层或文件夹，如图2—16所示。

◆在“锁定”列中拖动，可以锁住或解锁多个图层或文件夹。

◆按住“Alt”键单击图层右侧的“锁定”列，可以锁定所有其他的图层或文件夹，再次按住“Alt”键单击可以解锁所有的图层或文件夹。

三、任意变形工具

“任意变形工具”能够对对象、组、元件或文本块进行任意变形。可以单个地执行变形操作，也可以将几个变形操作，如移动、旋转、缩放、倾斜和扭曲等组合到一起执行。它在工具栏中的位置如图2—17所示。

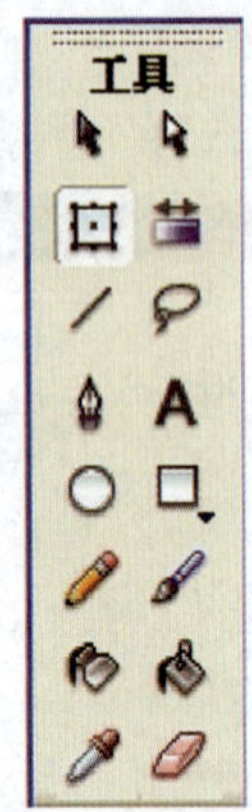

图2—17　任意变形工具

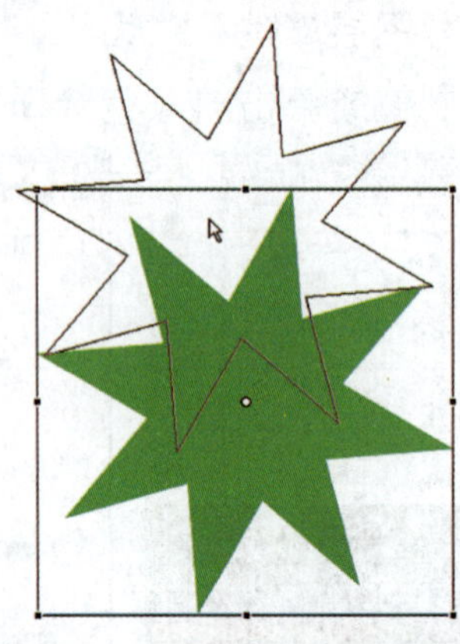

图2—18　移动而不变形

在变形中，所选元素的中心会出现一个变形点。在变形操作期间移动变形点，所做的变形就会以这个点为中心点。基本操作的方法包括以下几个方面：

◆移动所选内容。将指针放在边框内的对象上，然后将该对象拖动到新位置，不要拖动变形点，如图2—18所示。

◆旋转所选内容。首先要将变形点拖到新位置，并设置为旋转中心，如图2—19所示；然后将指针放在手柄的四个角处，旋转拖动，所选内容即可围绕变形点旋转，如图2—20所示。

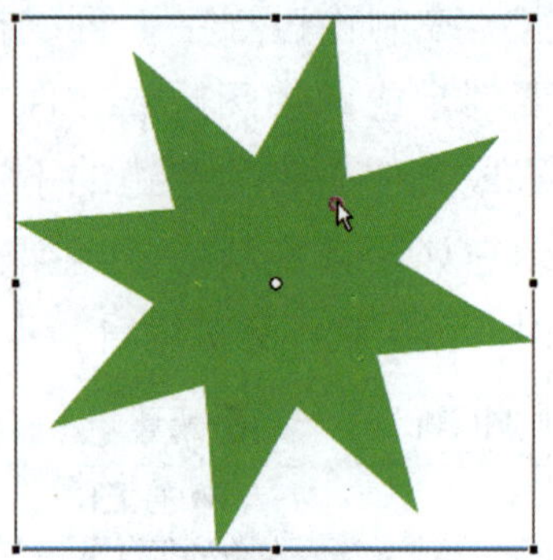

图2—19　设置变形点

◆缩放所选内容。沿对角方向拖动角手柄可以沿着两个方向缩放尺寸。水平或垂直拖动角手柄或边手柄可以沿各自的方向进行缩放，如图2—21所示。按住“Shift”键拖动可以按比例调整大小。

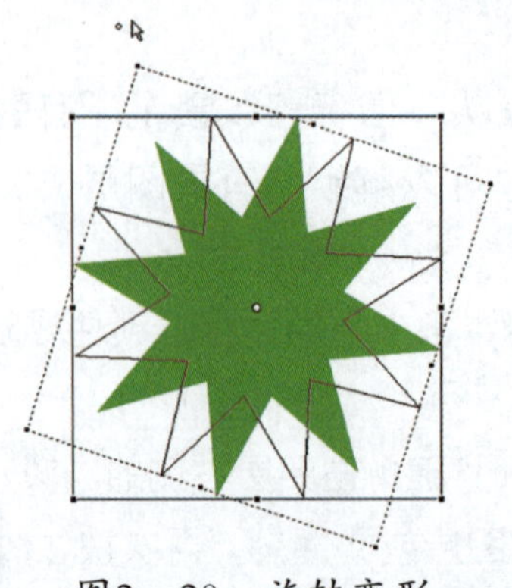

图2—20　旋转变形

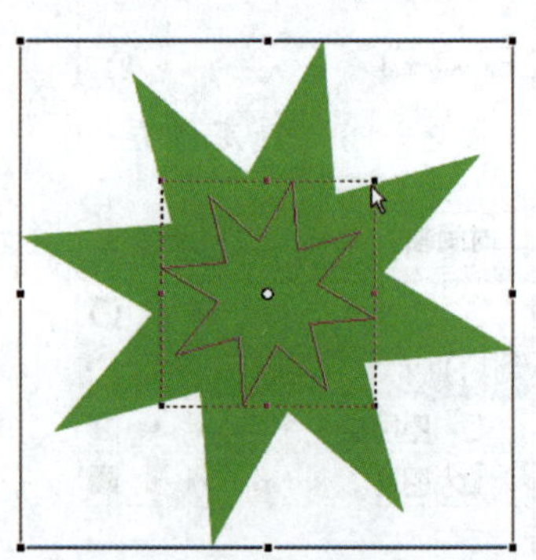

图2—21　缩放变形

要结束变形操作，单击所选对象的外部即可。

任务实施

素材文件位置：光盘/资源下载/任务2

操作过程	图 示	注释（备注）
1. 根据图2-1a所示的男孩儿形象，手绘出其形象，扫描后将图片保存		◆在本任务中，图片可直接从光盘的“资源下载/任务2”中提取出来
2. 执行菜单栏中“文件/新建”命令，新建一个Flash文档	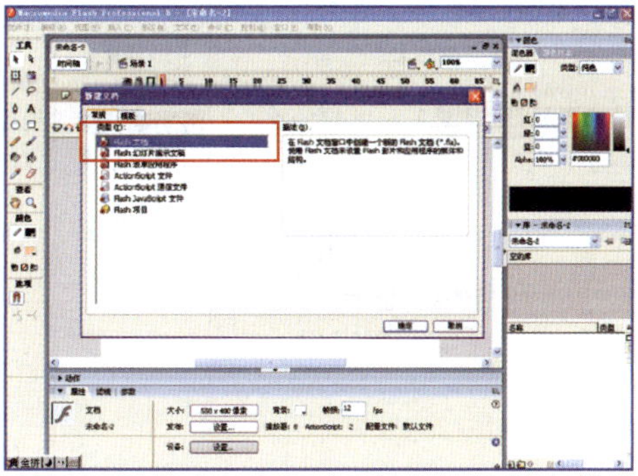	◆也可以使用快捷键“Ctrl+N”新建文件
3. 执行菜单栏中“文件/保存”命令，在弹出的“另存为”对话框中，将上面新建的Flash文档命名为“临摹男孩儿”	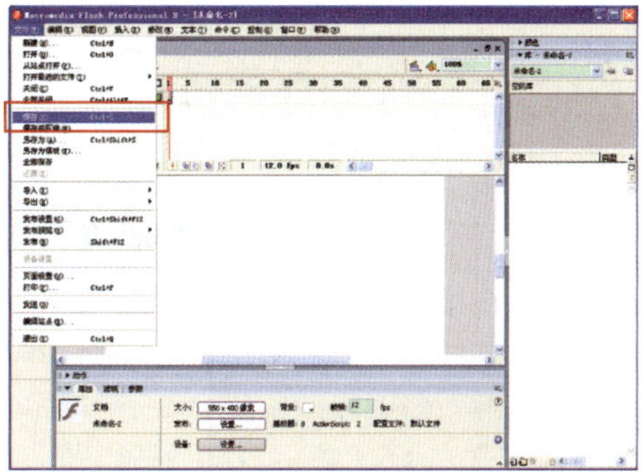	 ◆要建立先命名保存，再进行后续操作的习惯

续表

操作过程	图　示	注释（备注）
4. 单击属性面板中的“文档属性”按钮，在弹出的“文档属性”对话框中设置尺寸为350 px×350 px，背景白色，单击“确定”按钮	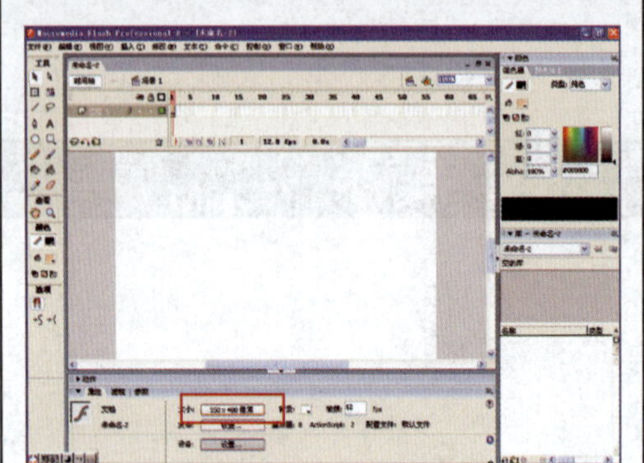	文档属性 标题(T): 描述(D): 尺寸(I): 350 px (宽) x 350px (高) 匹配(A): 打印机(P) 内容(C) 默认(E) 背景颜色(B): 帧频(F): 12 fps 标尺单位(R): 像素 设为默认值(M) 确定 取消
5. 执行菜单栏中“文件/导入/导入到舞台”命令，在弹出的“导入”对话框中，选择手绘完成的男孩儿线稿（见光盘：资源下载/任务2/素材-男孩儿线稿），单击“打开”按钮，将其导入到场景中	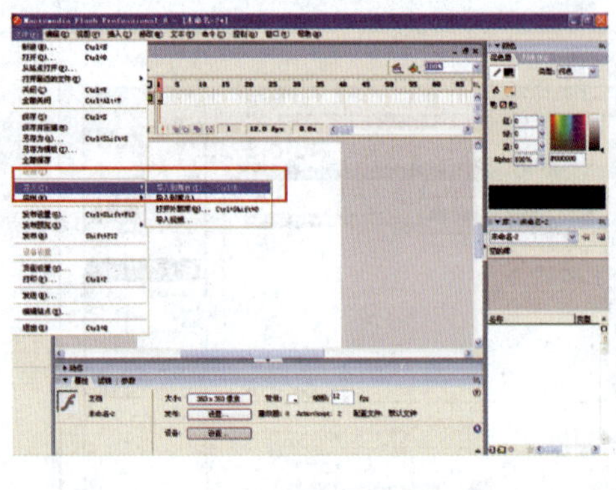	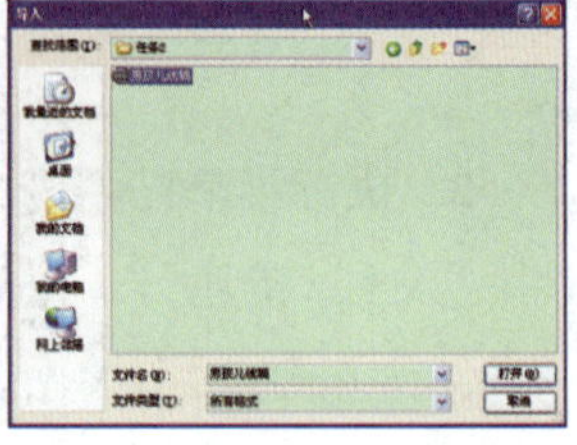
6. 在工具箱中选择“任意变形工具”，调整图片大小使其适合场景大小	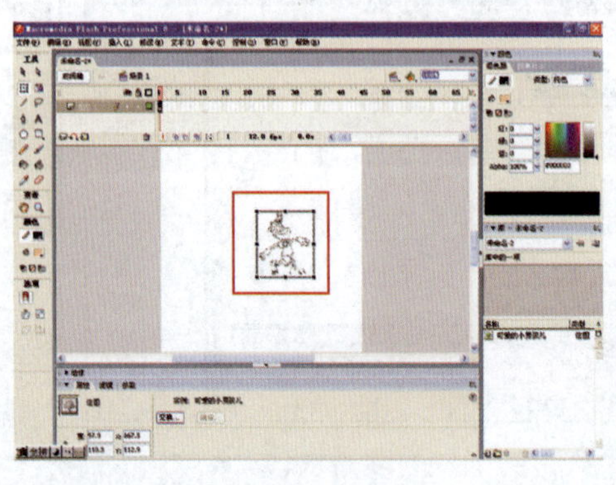	

续表

操作过程	图　示	注释（备注）
7. 将导入的男孩儿线稿的默认图层，即“图层1”加锁，防止它移动或串层 新建图层，双击图层名称的位置，修改图层名称为“head”，作为绘制男孩头部的图层	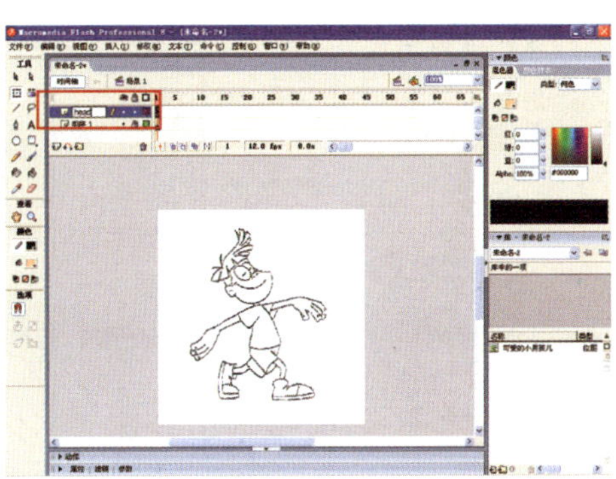	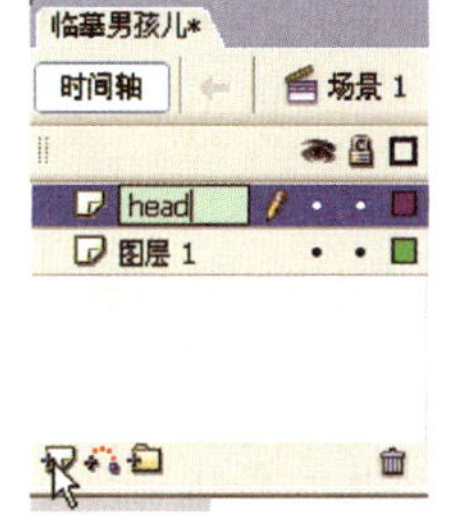 ◆新建图层是为了描线上色，将图片文件制作成矢量图，同时了解人物形体规律
8. 开始绘制头部图形。选择“线条工具”，打开属性面板，设定线条为极细；为了方便绘制，将颜色修改为红色	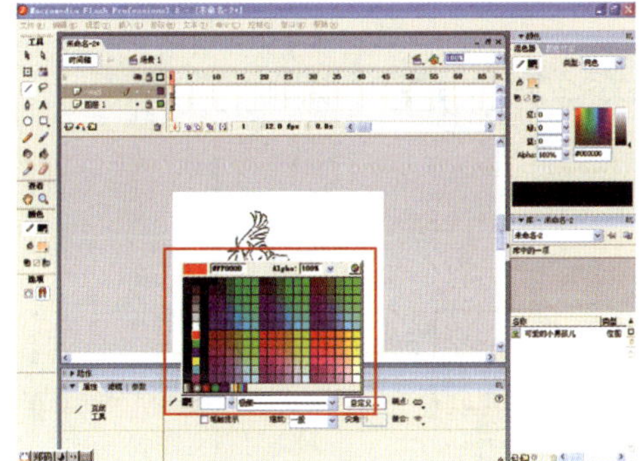	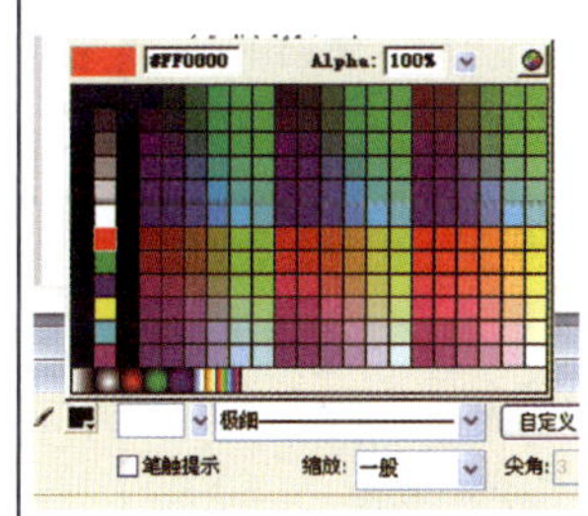
9. 根据图层1中的男孩儿线稿，在“head”图层时间轴的第1帧上，运用“直线”“椭圆”以及“选择”工具，临摹绘制小男孩儿的头部 绘制完成后，将“head”图层加锁，防止它移动或串层		

续表

操作过程	图　示	注释（备注）
10．新建并命名一个“body”的图层，在这个图层，按照绘制头部的方法临摹绘制出男孩儿的身体 绘制完成后，将“body”图层加锁，防止它移动或串层	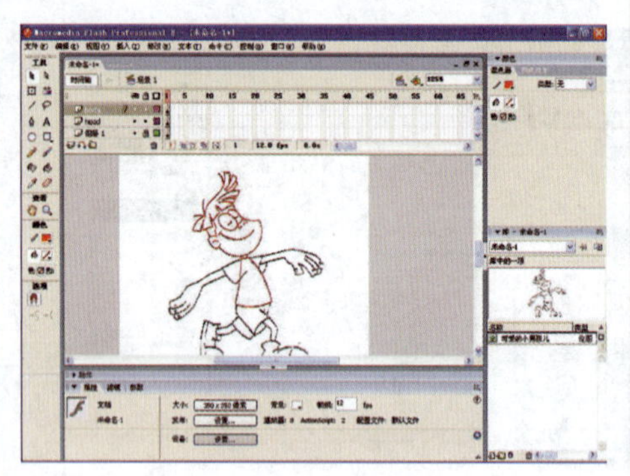	
11．新建两个名为“arm left”和“arm right”的图层。按照上述方法，先在“arm left”图层上临摹绘制男孩儿的左胳膊	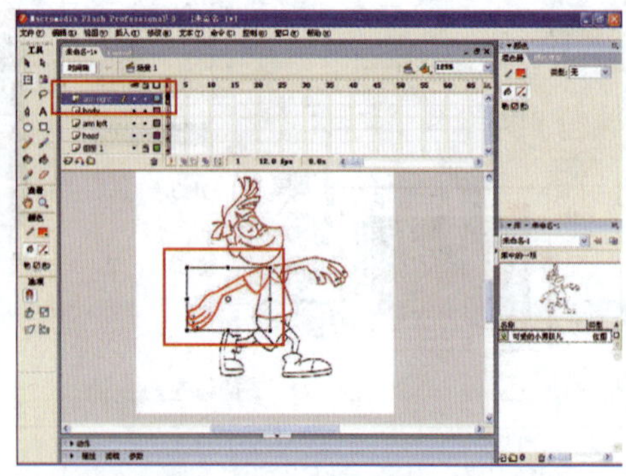	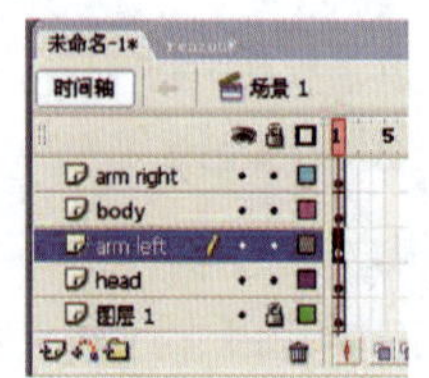 ◆左胳膊的图层在身体的后面，涉及图层的前后关系，图层越靠上，图层内容就越在前面，相反亦然
12．在“arm right”图层中临摹绘制男孩儿的右胳膊 绘制完成后，将“arm left”和“arm right”图层加锁，防止它们移动或串层	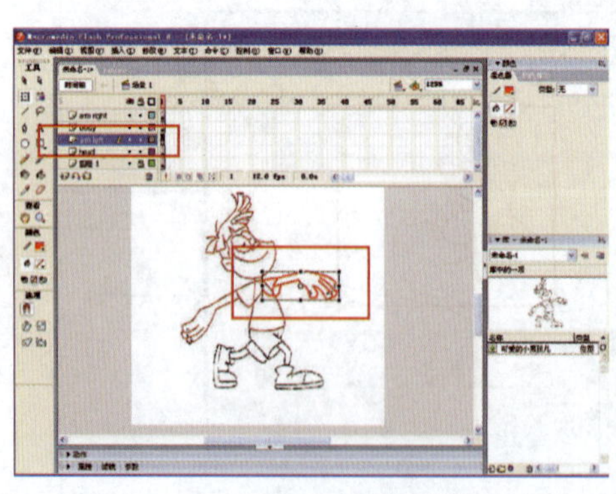	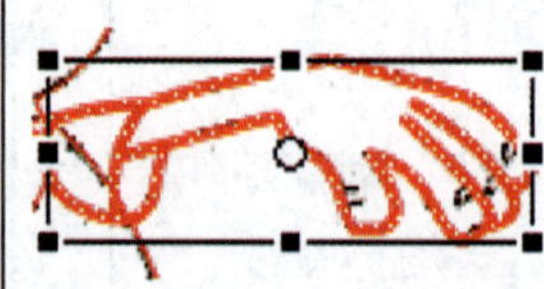

续表

操作过程	图 示	注释（备注）
13．新建两个名为“shoe left”和“shoe right”的图层，按照上述方法，分别在这两个图层上面临摹绘制男孩儿的左鞋和右鞋 绘制完成后，将“shoe left”和“shoe right”图层加锁，防止它们移动或串层	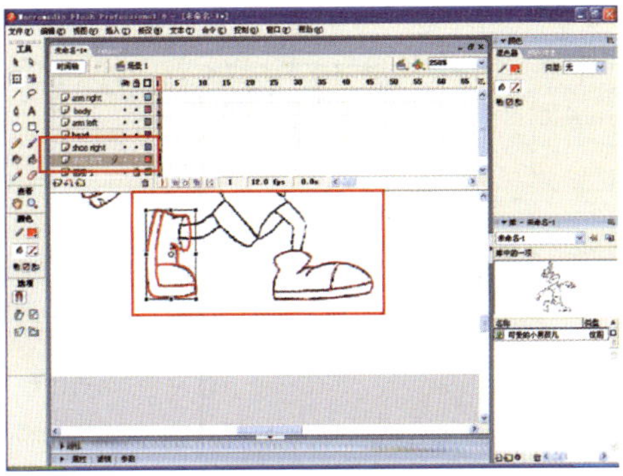	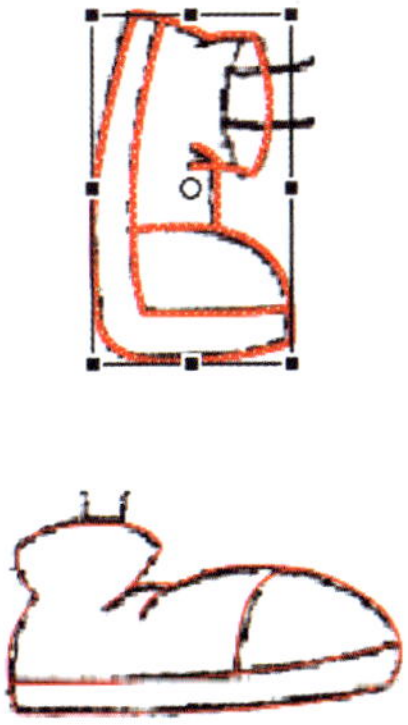
14．新建两个名为“leg left”和“leg right”的图层，按照上述方法，分别在这两个图层上面临摹绘制男孩儿的左腿和右腿 至此，男孩儿线稿绘制完成，在绘制线条的过程中要注意每条线的接点都要衔接上，以便于后续的上色	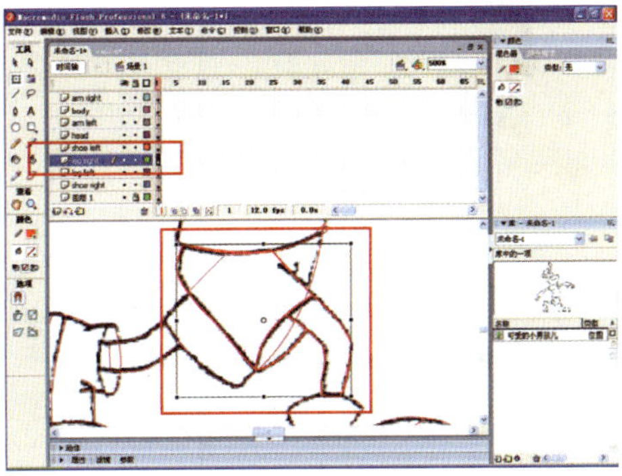	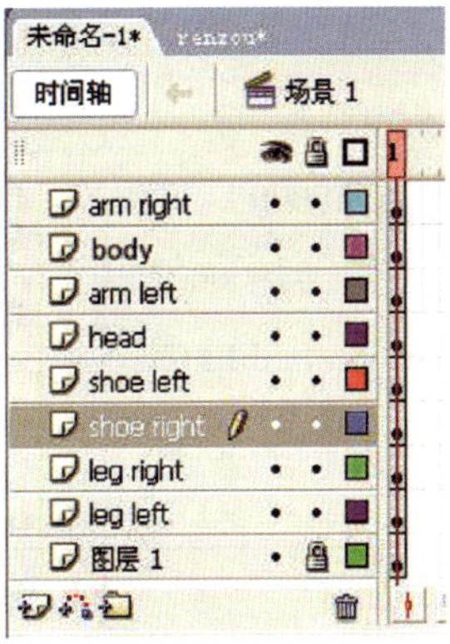 ◆注意图层的前后关系，腿都在鞋的后面，被鞋挡住了

续表

操作过程	图　示	注释（备注）
15．为男孩儿上色，考虑到颜色的搭配，根据自己的喜好来设定颜色，但是颜色之间不能雷同 从工具栏中的颜色面板中填充色里面选择与肤色接近的颜色（#FFCC99），然后选中工具箱中的“颜料桶工具”，在舞台上的脸部、手部、腿部单击鼠标左键，填充颜色	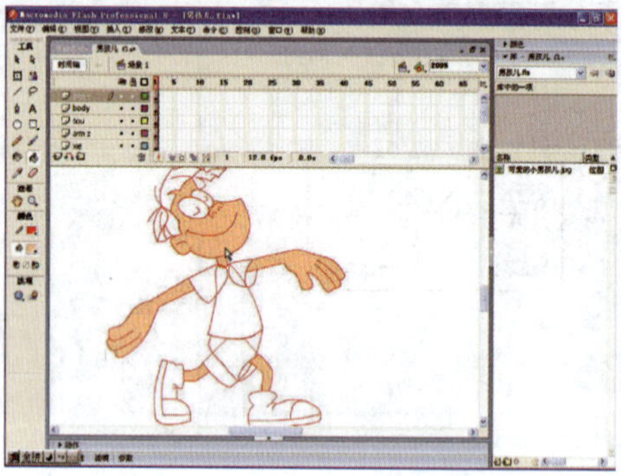	
16．同理，将男孩儿的头发（#660000）、头发暗部（#190000）和眼睛（#FFFFCC）填充颜色		
17．同理，将男孩儿的衣服填充黄颜色（#FFFF00），注意袖口部分因为阴影关系，要填充深黄色（#FF9900）		

续表

操作过程	图 示	注释（备注）
18. 同理，将男孩儿的裤子填充蓝颜色（#6633FF），注意裤口因为阴影关系，颜色要稍深（#3300CC）		
19. 同理，将男孩儿的鞋子填充黄颜色（#FFFF00）和棕色（#990000）。至此，颜色填充完成		
20. 运用“选择工具”全选场景中的整个男孩儿，调整线条的颜色，单击工具栏中部的“笔触颜色”，在颜色面板中选择黑色，将红色线条变为黑色	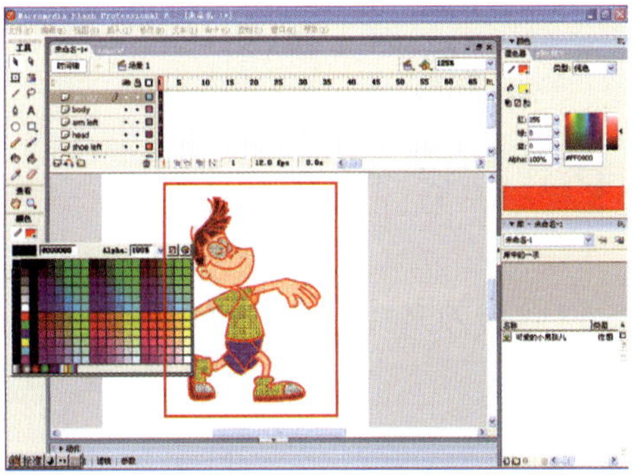	

续表

操作过程	图　示	注释（备注）
21．上色完成后，选择图层1，单击下方的“删除”按钮，将临摹的手绘稿图层1删除		
22．执行菜单栏中“控制/输出影片”命令，输出观看效果 最后，将完成的临摹男孩儿Flash文档进行保存		

思考与练习

一、思考题

1．直线工具在使用过程中有几种快捷键可以使用？

2．人物的身体基本可以分解为几个部分？各部分的前后遮挡关系是什么？

3．添加颜色时使用的颜料桶工具如何取色？

二、实训题

请使用Flash工具绘制如图2—22所示的卡通动物行走侧面图。

图2—22　卡通动物行走侧面图

任务3 临摹绘制动画背景

任务目标：

◆了解元件的概念和类型

◆掌握元件的基本操作方法

◆掌握“填充变形工具”的使用方法

◆能绘制简单的动画背景

任务引入

运用Flash工具栏内的相关工具，临摹绘制如图3—1所示的风景背景图。

图3—1 “美丽的背景”效果

任务分析

绘制风景背景任务的基本方法与前两个任务相近，主要是运用“线条工具”“选择工具”“颜料桶工具”等临摹线条，并进行上色。但在制作这个任务过程中，涉及了较多元件的应用和处理，因此要掌握元件的基本操作；同时，在进行颜色处理时，使用了一个新的工具——“填充变形工具”，也要深入掌握这种工具的用法。

相关知识

一、元件的特点及类型

元件指的是在动画的操作过程中，在不同帧中以重复使用为目的而创建的对象。操作时不必每次都重新创建新的元件，而继续使用创建过一次的元件即可，这样不但减小了Flash的体积，便于传输，也减小了Flash制作者的工作量。

元件分为三种类型，分别是图形元件、按钮元件和影片剪辑元件。

◆图形元件。有独立的时间轴，随主时间轴的运行而运行，不能加入代码。

◆按钮元件。只有四个关键帧，可以加入代码。

◆影片剪辑元件。有独立的时间轴，可以加入代码。

每一个元件都有一个唯一的时间轴、场景以及图层。如何选择元件类型，取决于在Flash制作中使用该元件的目的。对于静态图像或动画片段，可以使用图形元件，图形元件与影片的时间轴同步运行。交互式控件和声音不会在图形元件的动画序列中起作用。本任务重点掌握图形元件，其他两个元件会在后面的任务中详细讲解。

二、元件的基本操作

1. 创建新元件

创建新元件共有以下三种方法：

（1）执行菜单栏命令创建

执行菜单栏中“插入/新建元件”命令，如图3—2所示。

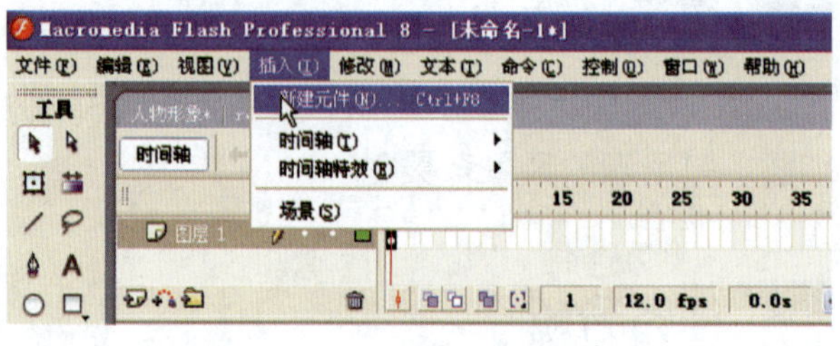

图3—2 “新建元件”命令

然后在弹出的“创建新元件”对话框中，设置元件的名称并选择“图形”“按钮”或“影片剪辑”作为元件类型，如图3—3所示，单击“确定”按钮，新元件创建完成。然后即可在元件里面进行设计创作。

图3—3 “创建新元件”对话框

（2）利用库面板按钮命令创建

单击库面板左下角的“新建元件”按钮，如图3—4所示，弹出“创建新元件”对话框，创建出新元件。

（3）利用库面板选项菜单命令创建

从库面板右上角的库选项菜单中选择“新建元件”命

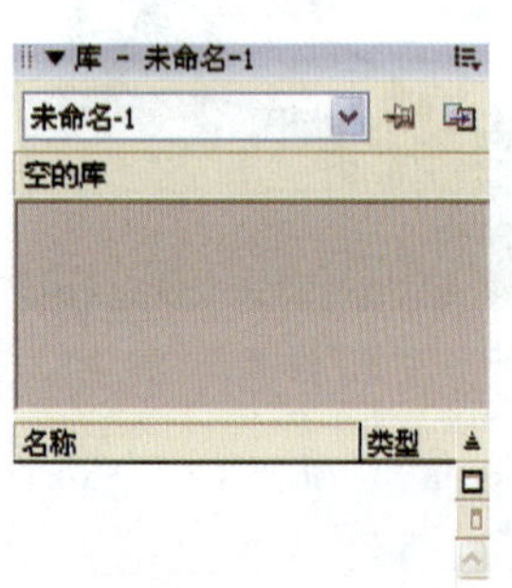

图3—4 利用库面板按钮命令创建新元件

令，如图3—5所示，弹出“创建新元件”对话框，创建出新元件。

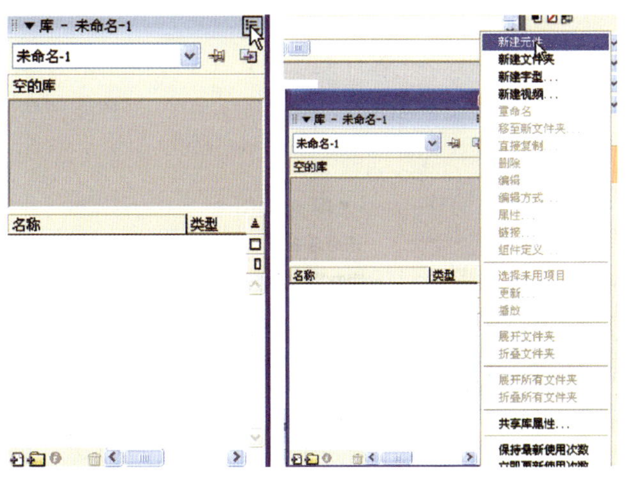

图3 5 利用库面板选项菜单命令创建新元件

2. 转换元件

在Flash制作过程中，可以将一些已经制作完成的元素转换为元件，将选定元素转换为元件的方法如下：

（1）利用菜单栏命令

选定待转换元素，执行菜单栏中“插入/转换为元件”命令，如图3—6所示。在“转换为元件”对话框中，设置元件名称并选择元件类型，单击“确定”按钮。

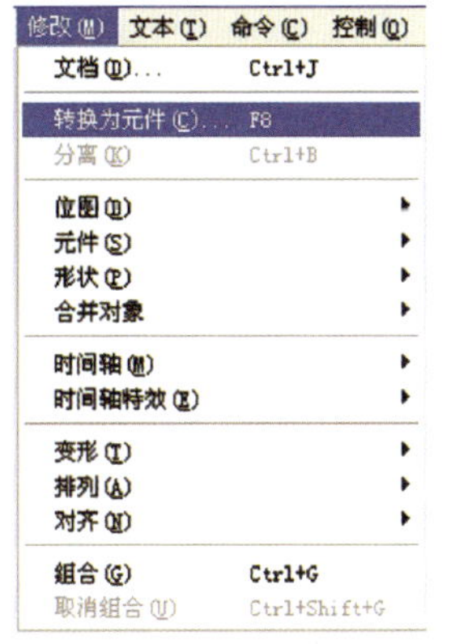

图3—6 利用菜单栏命令转换元件

（2）利用直接拖曳的方法

使用“选择工具”选中所需转换的元素，将其拖曳到库面板上，此时，出现如图3—7所示的“转换为元件”对话框，设置元件名称并选择元件类型，单击“确定”按钮。

（3）利用快捷菜单命令

选中待转换元素，单击鼠标右键，在弹出的快捷菜单中选择“转换为元件”命令，如图3—8所示，出现“转换为元件”对话框，设置元件名称并选择元件类型，单击“确定”按钮。

图3—7 “转换为元件”对话框

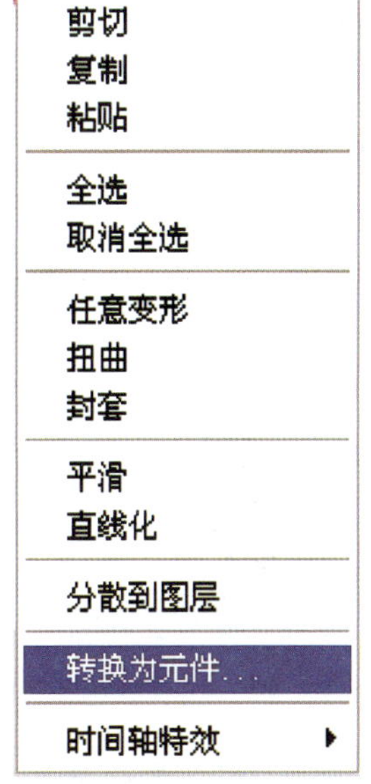

图3—8 利用快捷菜单命令转换

3. 复制元件

在Flash制作过程中，一些已经制作完成的元件可直接进行复制，应用到新的Flash文档中，从而减少制作工作量。

进行复制的方法是：在库面板中选择一个元件，单击鼠标右键，在弹出的快捷菜单中选择“复制”命令，如图3—9所示。然后，选择新的Flash文档，用鼠标右键单击库面板，在快捷菜单中选择“粘贴”命令。此时，被选择的元件即被复制到新的Flash文档中，如图3—10所示。

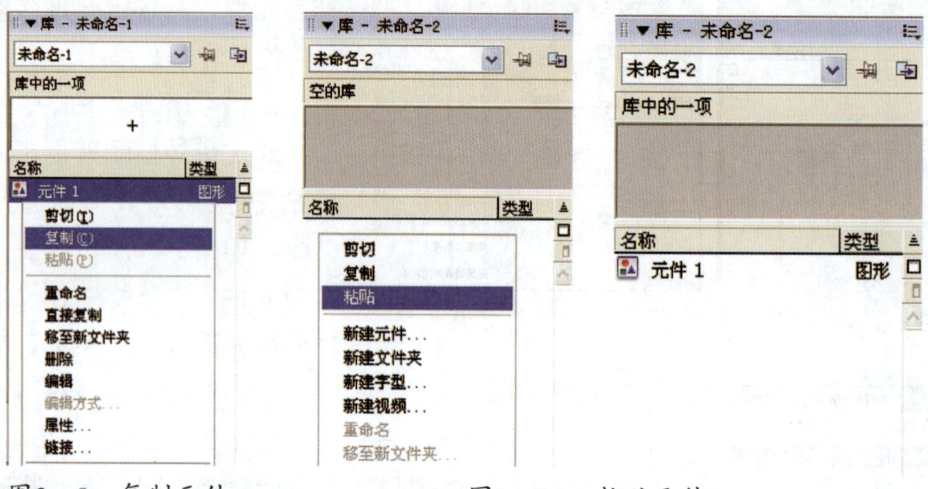

图3—9　复制元件　　图3—10　粘贴元件

也可以选择快捷菜单中“直接复制”命令，如图3—11所示。此时，弹出“直接复制元件”对话框，如图3—12所示，单击“确定”按钮，可将所选元件的副本（或重命名一个元件）直接复制在本文档的库面板中，如图3—13所示。

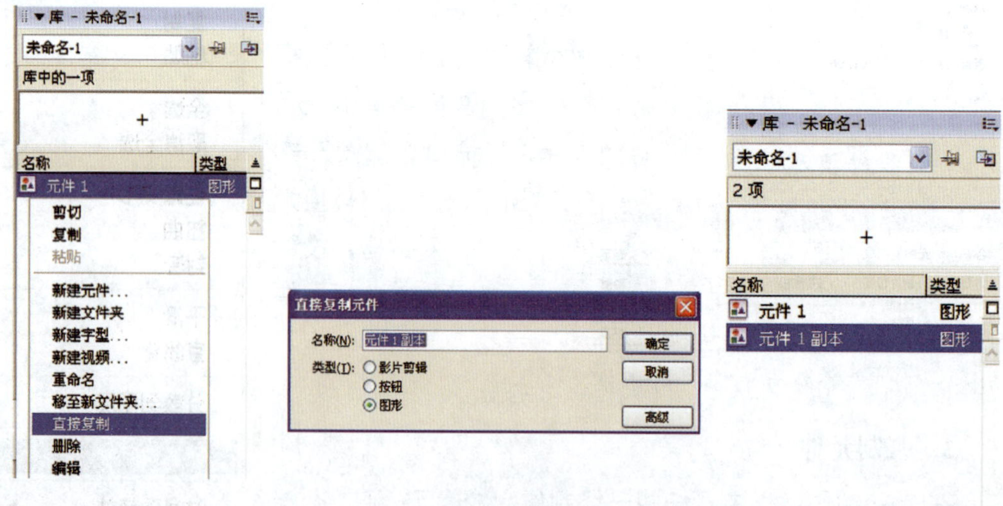

图3—11　直接复制　图3—12　“直接复制元件”对话框　图3—13　复制后效果

4. 编辑元件

元件创建后或需要修改时，要进行编辑元件的操作，编辑元件有三种不同的状态。

（1）在当前位置编辑元件

在当前位置编辑元件可以看到场景中其他元件或者图形的位置和面貌，以方便对该元件进行正常编辑。在当前位置编辑元件可以通过以下三种方法实现：

◆直接双击舞台上的元件，即可进入编辑状态。

◆在舞台上选择该元件的　个实例，然后选择“编辑/在当前位置编辑”命令；或是在舞台上选择该元件的一个实例，单击鼠标右键，在快捷菜单中选择“在当前位置编辑”命令，即可进入编辑状态，如图3—14所示。

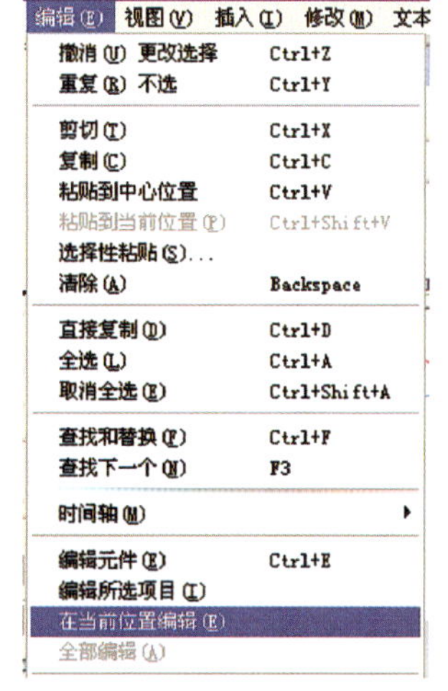

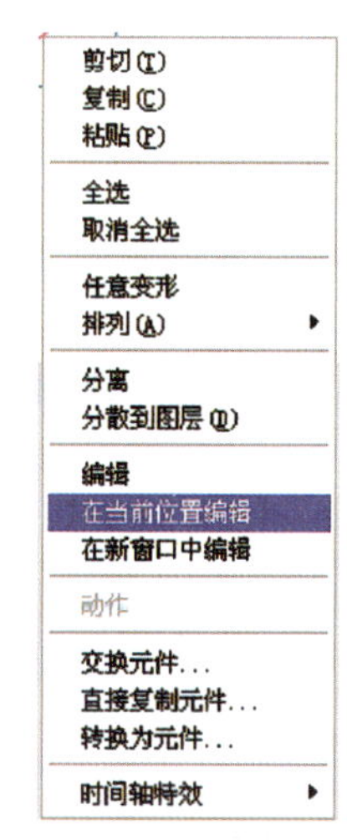

图3—14　在当前位置编辑元件

◆在舞台上选择该元件的一个实例，然后执行菜单栏中“编辑/在当前位置编辑”命令，即可进入编辑状态。

（2）在新窗口编辑元件

在舞台上选择该元件，单击鼠标右键，在快捷菜单中选择“在新窗口中编辑”命令，此时，会在新的窗口对元件进行编辑。在某些元件需要单独存储、单独制作时进行应用。

（3）在元件编辑模式下编辑元件

如果需要不受到场景中其他元件或者图形的位置和面貌的影响，单独在文件中进行修改和编辑时应用此方法。在元件编辑模式下编辑元件可通过以下四种方法实现：

◆双击库面板中的元件图标。

◆在舞台上选择该元件的一个实例，单击鼠标右键，在快捷菜单中选择“编辑”命令。

◆在舞台上选择该元件的一个实例，执行菜单栏中“编辑/编辑元件”命令。

◆在库面板中选择该元件，然后从库选项菜单中选择“编辑”，或者用鼠标右键单击库面板中的该元件，并从菜单中选择“编辑”命令。

(4)退出编辑状态

完成元件编辑后，要退出“元件编辑”模式返回Flash编辑模式，可单击舞台上方信息栏左侧的“返回”按钮，如图3—15所示；或单击信息栏中的场景名称，如图3—16所示，即可返回到场景的编辑状态。

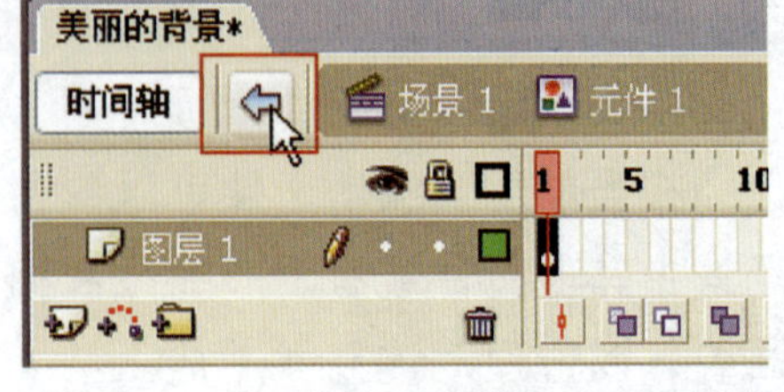

图3—15　按“返回”按钮返回场景

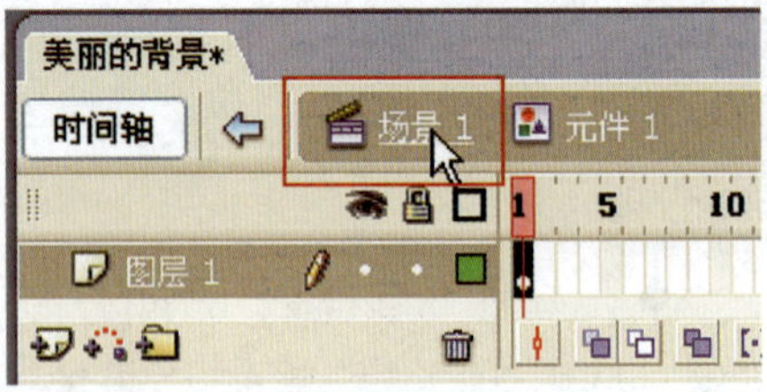

图3—16　按场景名称返回场景

三、填充变形工具

“填充变形工具”可以根据画面渐变填充或位图填充变形，通过调整填充的大小、方向或者中心，达到理想的效果，在工具栏中位置如图3—17所示。

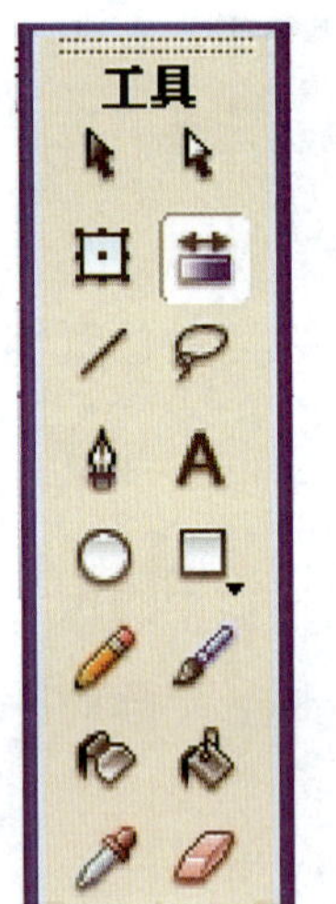

图3—17
填充变形工具

使用“填充变形工具”调整渐变或位图填充的方法如下：

1. 单击将使用渐变或位图填充的区域。对渐变或位图填充进行编辑时，它的中心点会显示出来，并且在它的边框上显示出编辑手柄，当指针在这些手柄中的任何一个上面时，指针形状会发生变化，表示该手柄的功能，如图3—18所示。按下“Shift”键可以将线性渐变填充的方向限制为45°的倍数。

2. 用以下方法可以更改渐变或位图填充的形状：

◆要重新设置渐变或位图填充的中心点，拖动中心点，如图3—19所示。

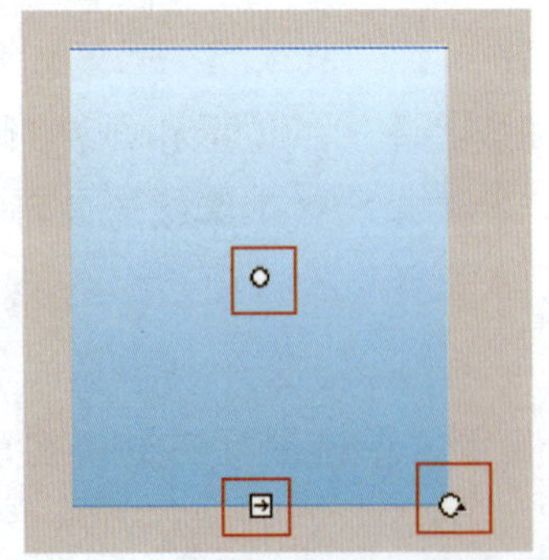
图3—18　单击将使用渐变或位图填充的区域

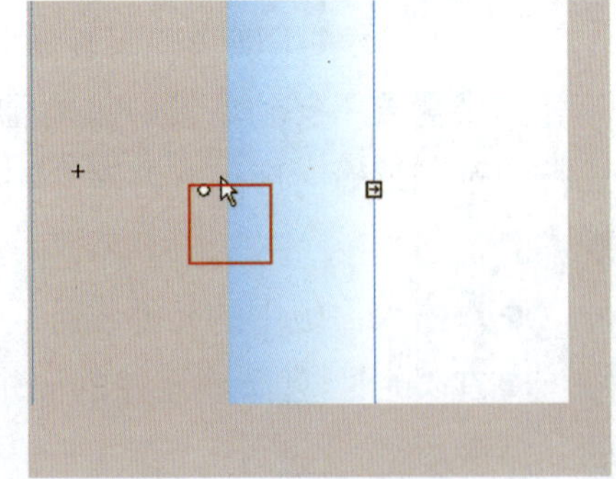
图3—19　调整中心点

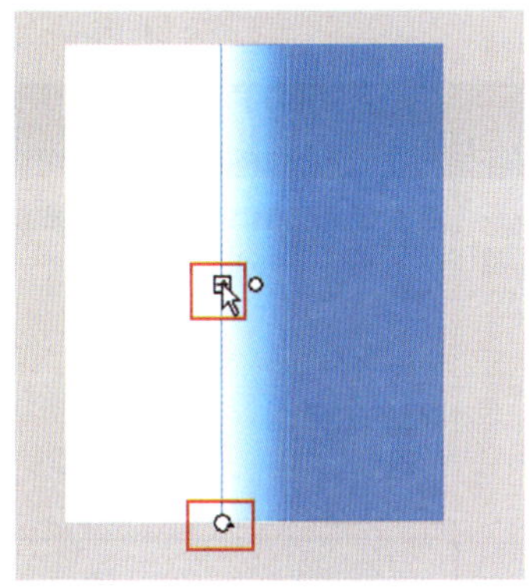

图3—20 调整渐变色

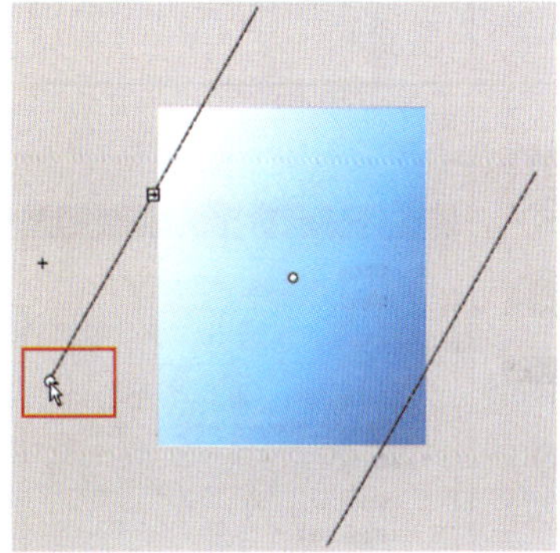

图3—21 调整渐变色旋转

◆要更改渐变或位图填充的宽度，拖动边框边上的方形手柄，如图3—20所示（这个选项只调整填充的大小，而不调整包含该填充的对象的大小）。

◆要更改渐变或位图填充的高度，拖动边框底部的方形手柄，如图3—20所示。

◆要旋转渐变或位图填充，拖动角上的圆形旋转手柄，如图3—21所示。还可以拖动圆形渐变或填充边框最底下的手柄。

◆要缩放线性渐变或者填充，拖动边框中心的方形手柄。

◆要更改环形渐变的半径，拖动边框顶部或右边圆形手柄中的一个。

◆要在形状内平铺位图，缩放填充。

◆要在处理大填充或接近舞台边缘的填充时查看所有的手柄，选择“查看/工作区”，或使用快捷键“Ctrl+Shift+W”。

任务实施

素材文件位置：光盘/资源下载/任务3

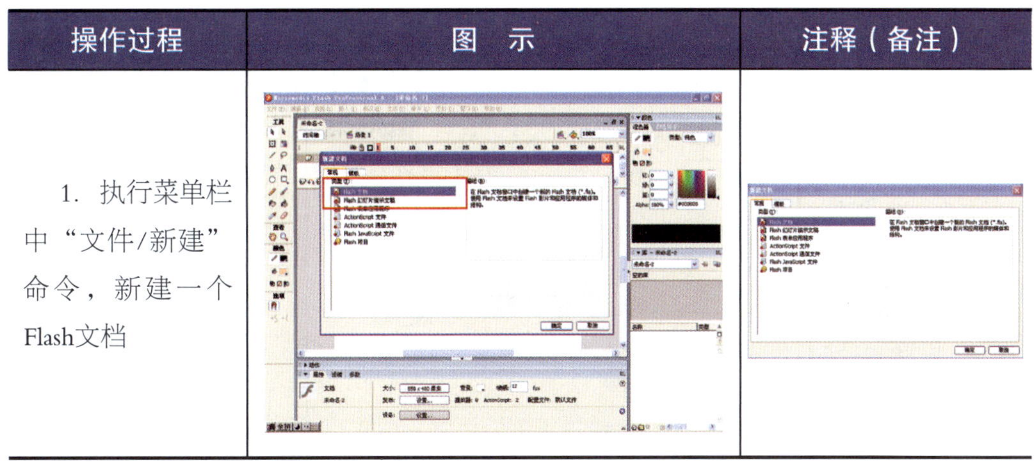

操作过程	图　示	注释（备注）
1. 执行菜单栏中“文件/新建”命令，新建一个Flash文档		

续表

操作过程	图　示 	注释（备注）
2. 执行菜单栏中“文件/保存”命令，在弹出的“另存为”对话框中，将上面新建的Flash文档命名为“临摹背景”	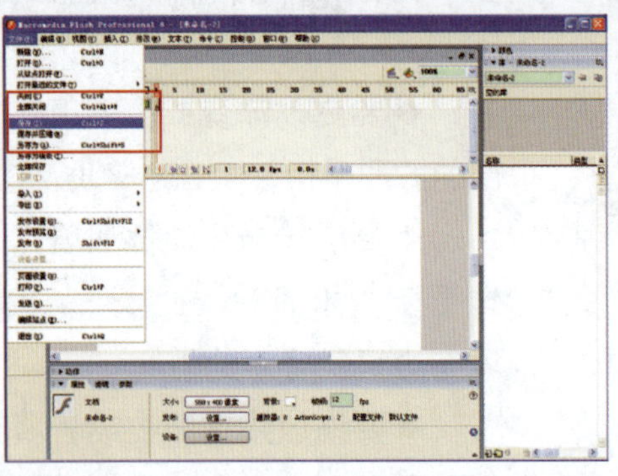	 ◆要建立先命名保存，再进行后续操作的习惯
3. 单击属性面板中的“文档属性”按钮，在“文档属性”对话框中设置尺寸为330 px×400 px，背景白色，单击“确定”按钮	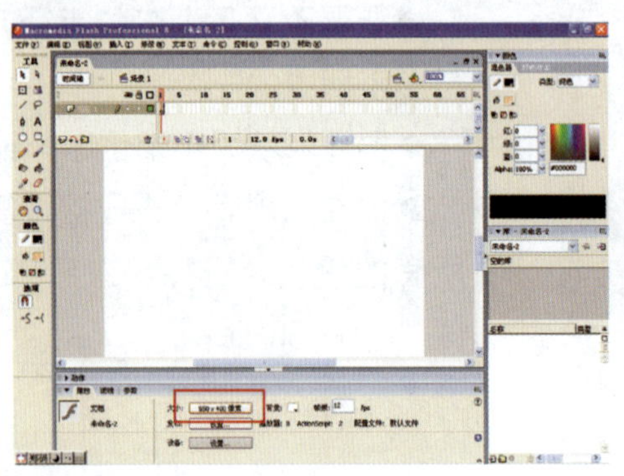	
4. 执行菜单栏中“文件/导入/导入到舞台”命令，在弹出的“导入”对话框中，选择将要临摹的背景图片（见光盘：资源下载/任务3/素材-美丽的风景），单击“打开”按钮，将其导入到场景中	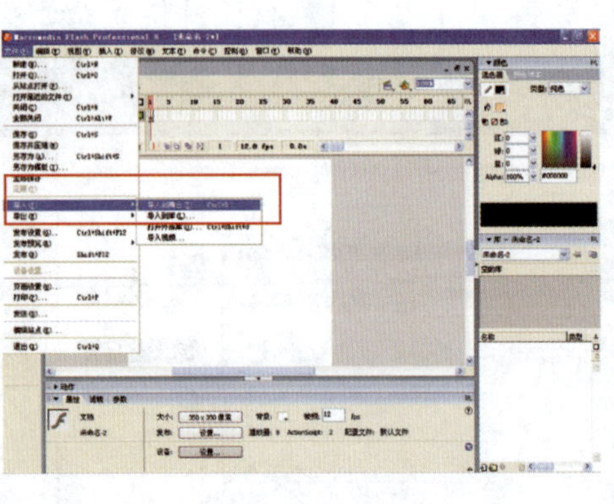	

续表

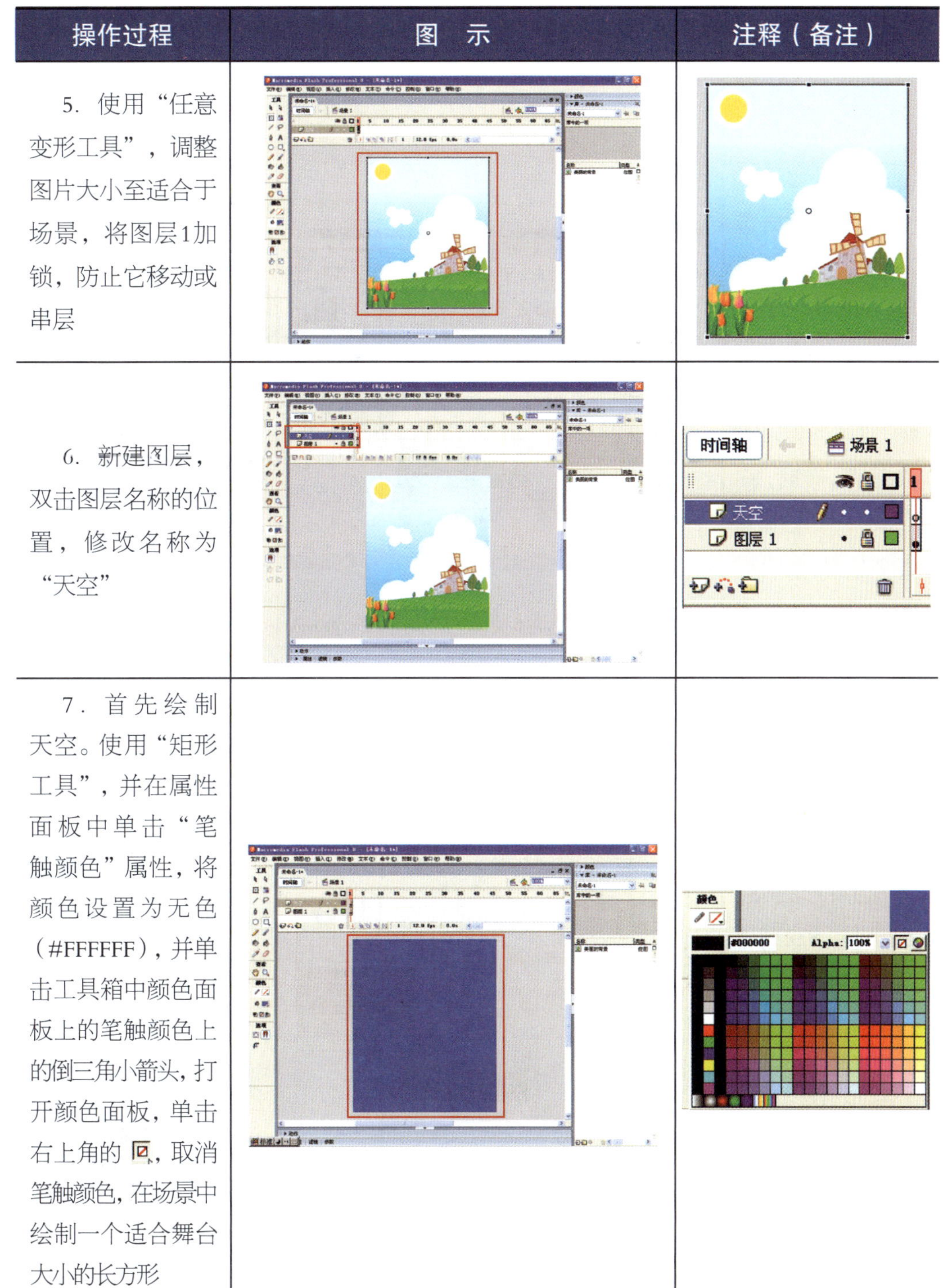

操作过程	图　示	注释（备注）
5. 使用“任意变形工具”，调整图片大小至适合于场景，将图层1加锁，防止它移动或串层		
6. 新建图层，双击图层名称的位置，修改名称为“天空”		
7. 首先绘制天空。使用“矩形工具”，并在属性面板中单击“笔触颜色”属性，将颜色设置为无色（#FFFFFF），并单击工具箱中颜色面板上的笔触颜色上的倒三角小箭头，打开颜色面板，单击右上角的 ☒，取消笔触颜色，在场景中绘制一个适合舞台大小的长方形		

续表

操作过程	图　示	注释（备注）
8. 使用“选择工具”，单击舞台上的长方形对象，将其移到舞台左侧，露出图层1的底图，执行菜单栏中“窗口/混色器”命令，打开颜色面板，将类型设置为“线性”，此时，移到舞台左侧的长方形变为黑白渐进的形式（此时为软件默认的线性状态）		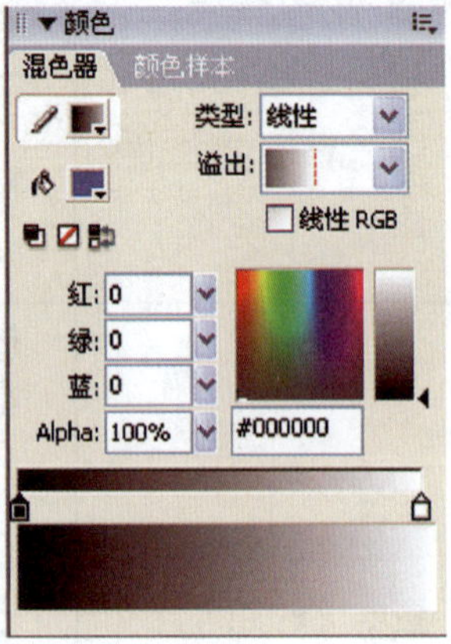
9. 双击线性渐变颜色条的左侧颜色，吸取天空的顶端颜色，然后双击线性渐变颜色条的右侧颜色，吸取天空底端的颜色	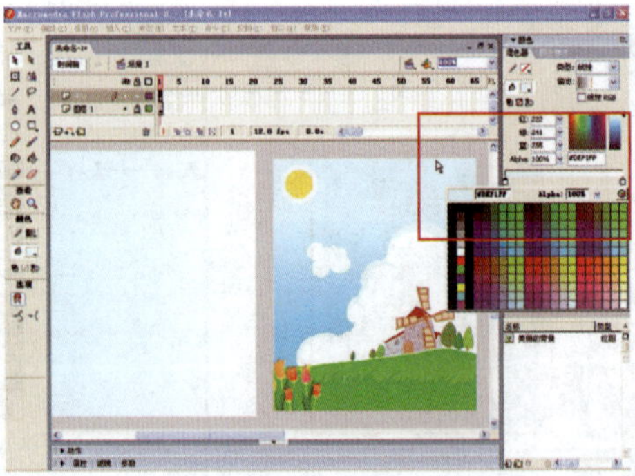	 

续表

操作过程	图　示	注释（备注）
10. 使用“填充变形工具”，按住“Shift”键调整拖动角上的圆形旋转手柄，调整渐变色的方向，绘制出天空的大体形态 锁上“天空”图层，防止它移动或者串层	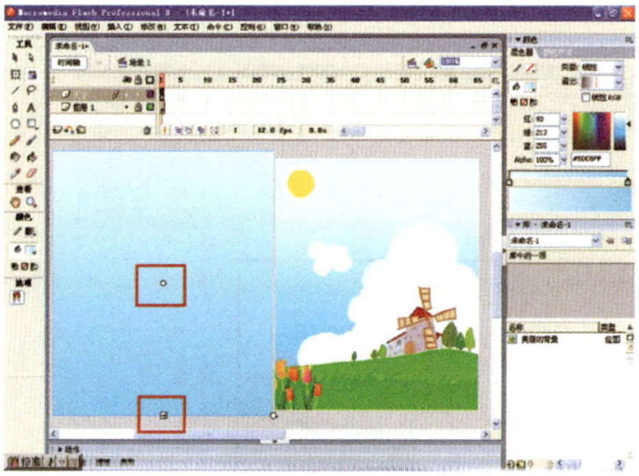	
11. 新建图层，修改图层名称为“白云1”，使用“椭圆工具”和“选择工具”绘制白云，将填充色取消，将笔触颜色更改为黑色，绘制出边线，运用“颜料桶工具”将其填充为白色，再删除边线 绘制完成后，使用“选择工具”将白云拖曳到左侧图的天空上面，位置与右图基本保持一致		

续表

操作过程	图　示	注释（备注）
12. 同11步，新建“白云2”图层，绘制右侧的大片白云，并拖曳到左侧图中。注意：白云的阴影要有立体效果，这样白云层次多些，会提高画面的欣赏度 将“白云1”和“白云2”图层锁定，防止它们移动或串层		◆产生立体效果的方法：将白云的后面多加一层一样的白云，错开位置，将后层多加的白云颜色透明度调低50%，达到的效果如上图
13. 现将两朵白云分别转换为图形元件，以方便制作后续的动画效果。选中“白云1”图层中的白云，单击鼠标右键，在快捷菜单中选择“转换为元件”命令，在“转换为元件”对话框中，设置名称为“白云1”，类型为“图形”，单击“确定”按钮。同理，设置“白云2”图形元件	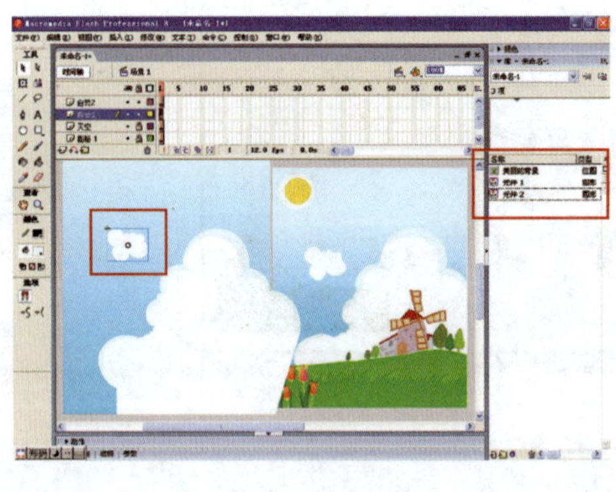	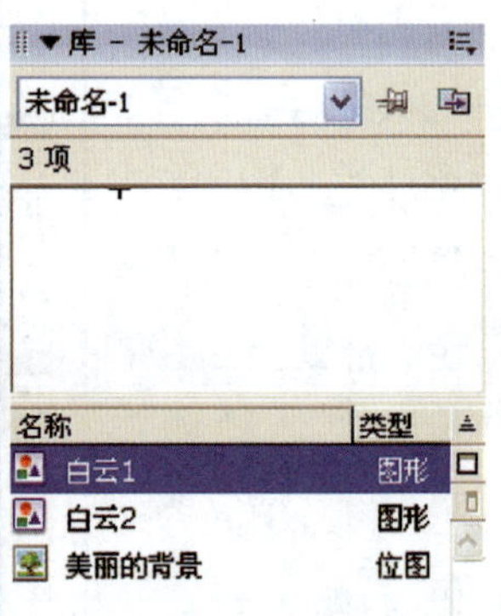 ◆注意：转换为图形元件以后，在舞台上此元件的外边线变为蓝色的线条边框

续表

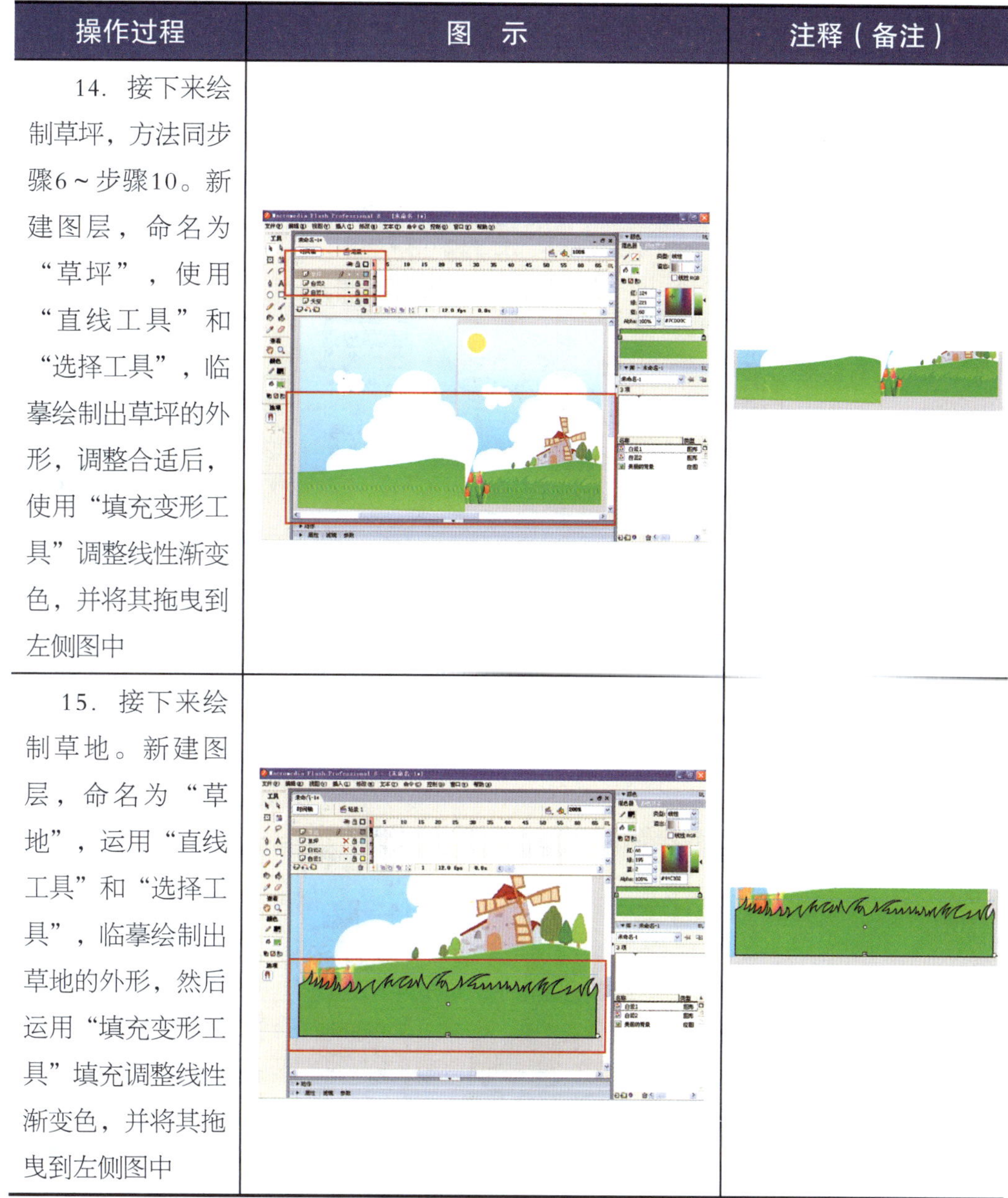

操作过程	图　示	注释（备注）
14. 接下来绘制草坪，方法同步骤6～步骤10。新建图层，命名为“草坪”，使用“直线工具”和“选择工具”，临摹绘制出草坪的外形，调整合适后，使用“填充变形工具”调整线性渐变色，并将其拖曳到左侧图中		
15. 接下来绘制草地。新建图层，命名为“草地”，运用“直线工具”和“选择工具”，临摹绘制出草地的外形，然后运用“填充变形工具”填充调整线性渐变色，并将其拖曳到左侧图中		

续表

操作过程	图　示	注释（备注）
16．选中“草地”图层中所绘制的草地，单击鼠标右键，在快捷菜单中选中“转换为元件”命令，在“转换为元件”对话框中，将元件名称设置为“草地”，类型为“影片剪辑”，以方便制作后续小草的摇摆动画	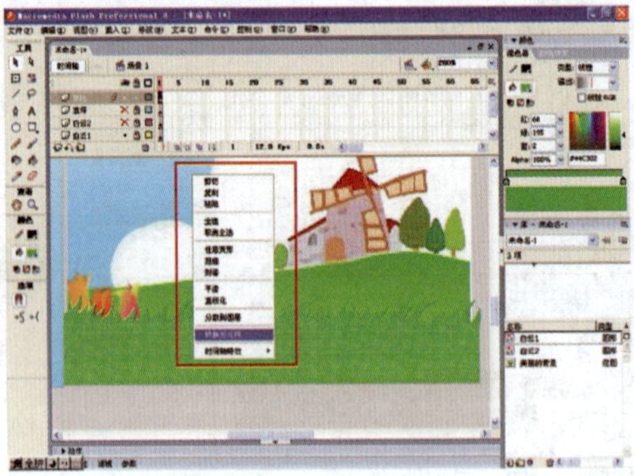	
17．接下来绘制大树，同上操作，将每一棵树都应用“线条工具”和“选择工具”绘制边线，然后应用“颜料桶工具”填充颜色，再将边线删除。大树绘制完成后，选中整棵树，执行菜单栏中“修改/组合”命令将其组成组	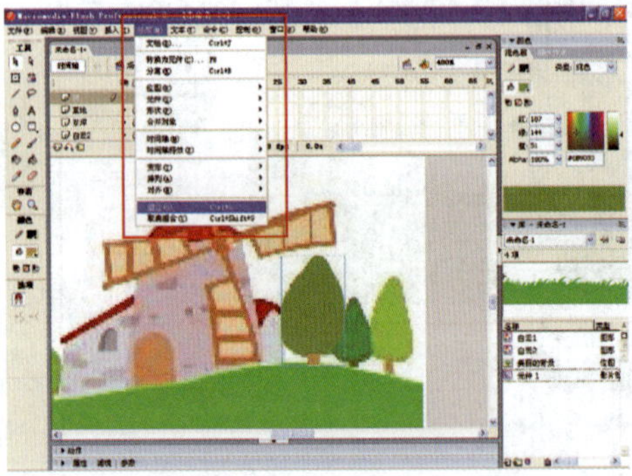	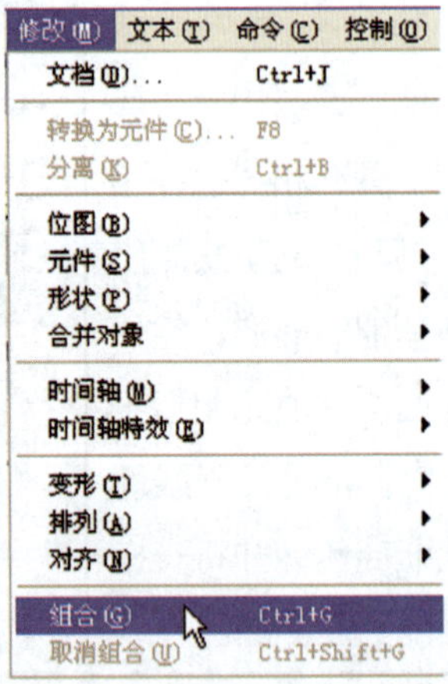

续表

操作过程	图 示	注释（备注）
18．调整树木的前后顺序，选中放在前面的树木，单击鼠标右键，在快捷菜单中选择“排列/移至顶层”命令。将排在后面的树木按照同样的方法选择“上移一层”或者“下移一层”命令	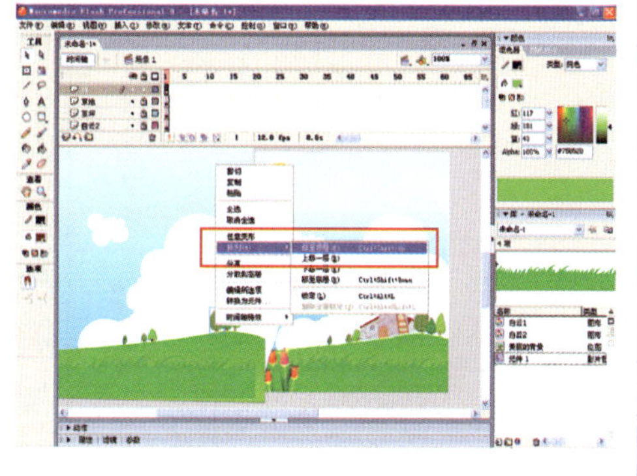	◆目的是要调整所制作的各个画面物体的前后顺序关系，防止它们之间的关系因不明确而出现遮挡，影响效果
19. 接下来绘制风车。新建图层，命名为“风车”，使用“直线工具”“矩形工具”和“选择工具”先绘制风车上的房子。三个房子绘制完成后，全选，执行菜单栏中“修改／组合”命令将其组成组	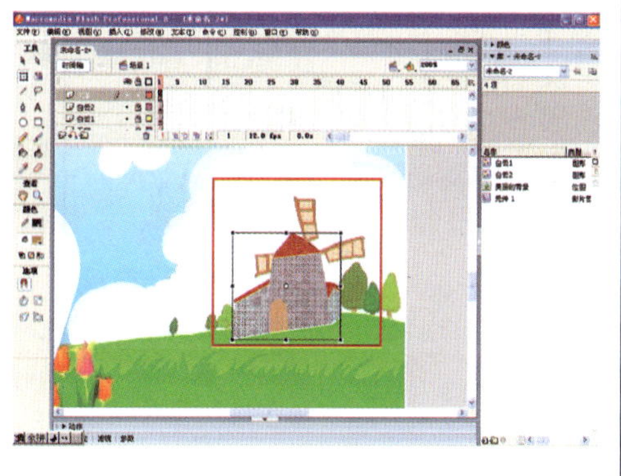	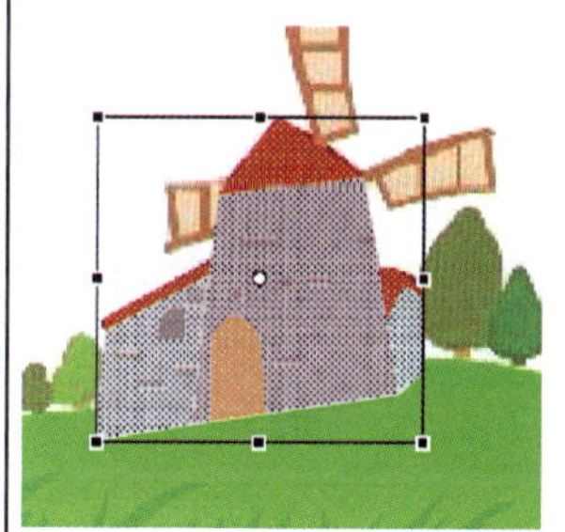
20．接下来绘制风车上面的旋转物体，取名为“风帆”，绘制出一个风帆后，可以复制并旋转绘制其他三个。全部绘制完成后，全选，执行菜单栏中“修改／组合”命令将其组成组	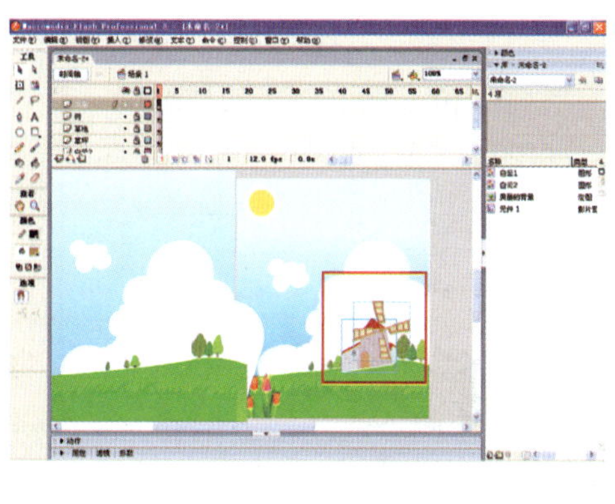	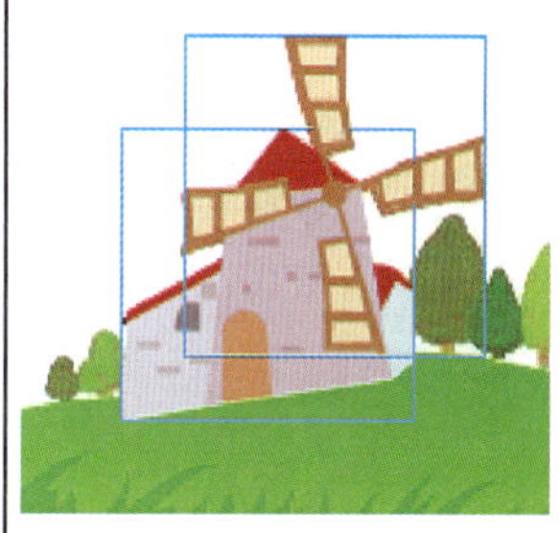

续表

操作过程	图　示	注释（备注）
21．选中场景中的风车，单击鼠标右键，在快捷菜单中选择“转换为元件”命令，在“转换为元件”对话框中，设置元件名称为“风车”，类型为“影片剪辑”，将其转换为“影片剪辑”元件 双击元件“风车”进入到“风车”的编辑状态中，新建一个图层，取名为“风帆”，将“房子”图层内的“风帆”剪切，单击“风帆”图层，粘贴到“风帆”图层中。将“房子”和“风帆”分为两层，是为了方便后续制作动画时使用	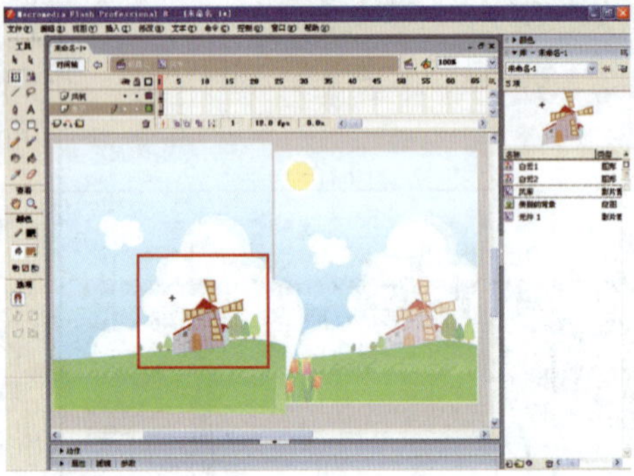	
22．回到场景1中，将“风车”图层调整到“草坪”下面，并移动到左面绘制好的图上	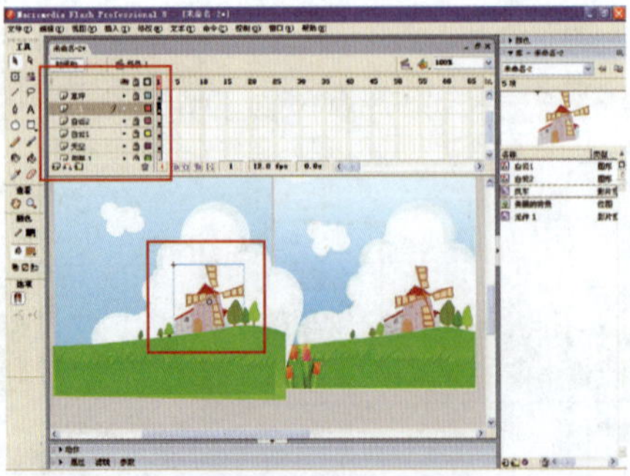	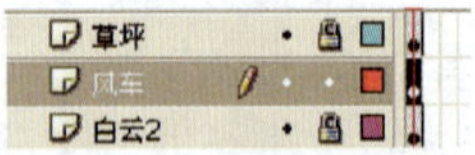 

续表

操作过程	图　示	注释（备注）
23. 接下来绘制花朵。新建图层，命名为“花”，运用“椭圆工具”先画出椭圆形边线，再使用“选择工具”将其调整为花瓣的形状，然后使用“填充变形工具”将混色器中的类型调整为线性，并更改起始与结束的颜色，填充颜色	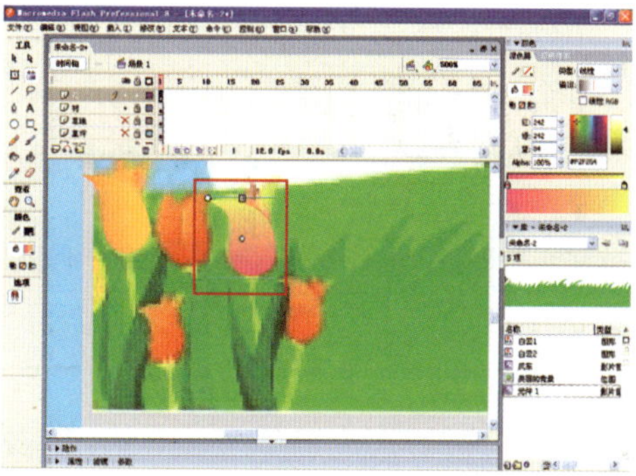	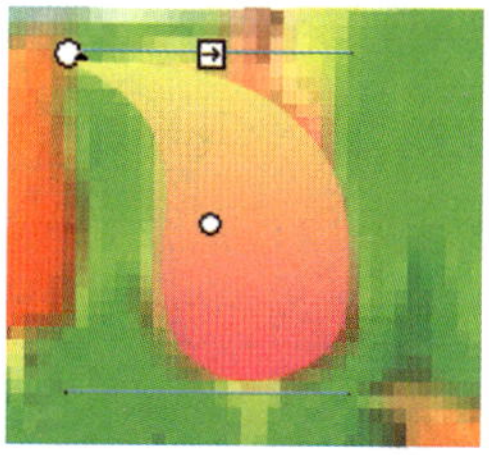 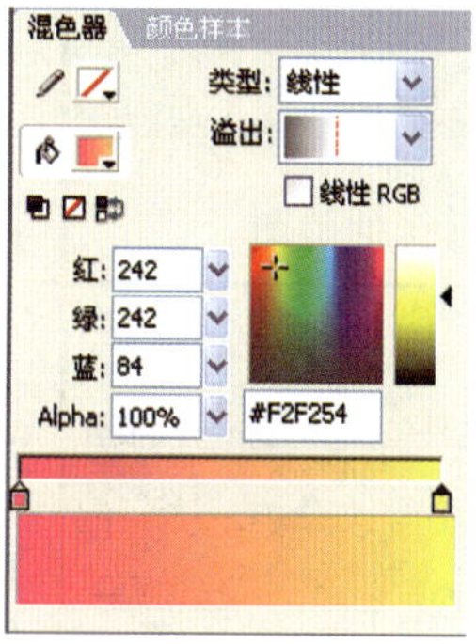
24. 选中新建的花瓣，先执行菜单栏中“修改/组合”命令将其组成组。执行菜单栏中“编辑/复制”命令，再执行“编辑/粘贴”命令，复制出另一个花瓣，然后使用“任意变形工具”按照另一个花瓣的方向、大小和位置进行调整后，单击鼠标右键，在快捷菜单中选择“排列/移至底层”命令，将复制的花瓣置于下层	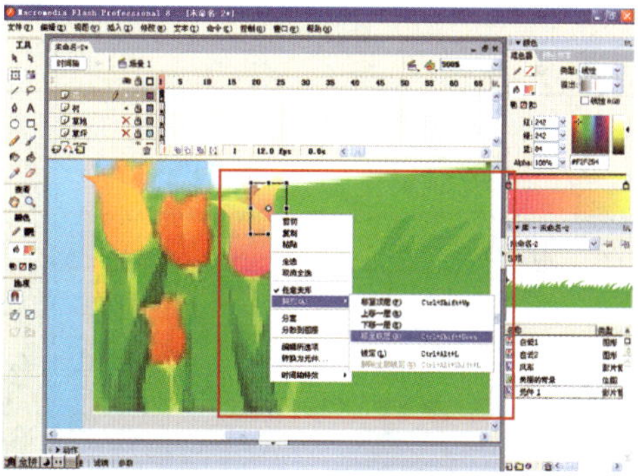	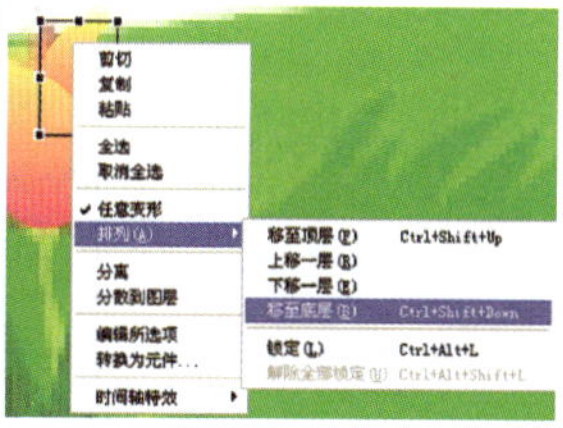

续表

操作过程	图示	注释（备注）
25. 同步骤24，复制第三个花瓣，调整好位置后，双击舞台上的花瓣，进入到组的编辑状态，使用“填充变形工具”调整渐变颜色的位置	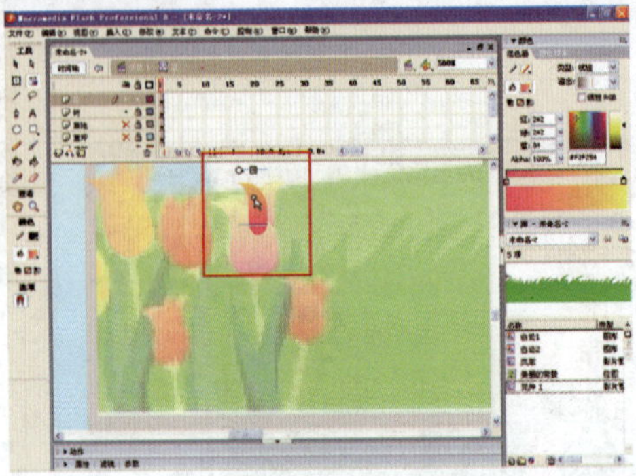	
26. 回到场景1中，调整花瓣的位置，全选三个花瓣，执行菜单栏中“修改/组合”命令将其组成组 同理，绘制出其他的花朵并将绘制的所有花朵移到左侧图中	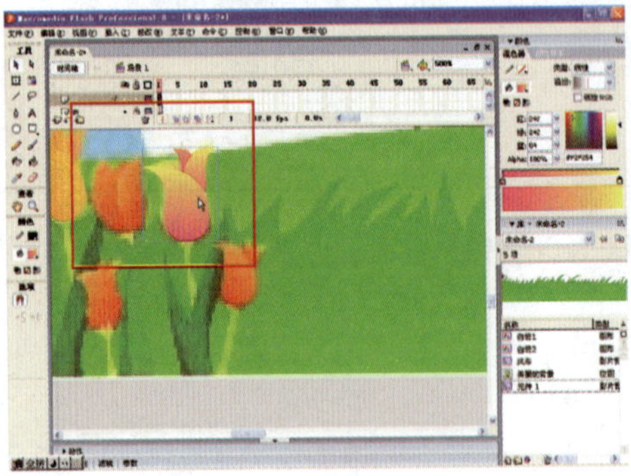	
27. 接下来绘制花茎和花叶。新建图层，命名为“花茎”，使用“线条工具”和“选择工具”绘制出花茎，并移到左侧图中 同样，新建“花叶”图层，绘制并移动花叶		

续表

操作过程	图 示	注释（备注）
28. 接下来绘制太阳。新建图层，命名为“太阳”，使用“椭圆工具”绘制一个圆形，填充成黄色，然后用“椭圆工具”再画一个大的圆形，填充为白色，调整白色的透明度。接下来选中白色的圆形单击鼠标右键，在快捷菜单中选择“排列”命令排列黄色与白色圆形的前后顺序，位置放置如右图所示	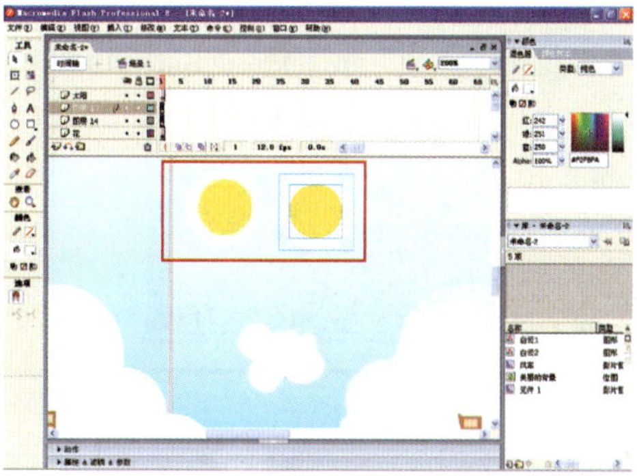	
29. 整个风景绘制完毕，将原图删除，全选，然后用小键盘中的上、下、左、右键进行调整，排列好背景与场景之间的位置关系	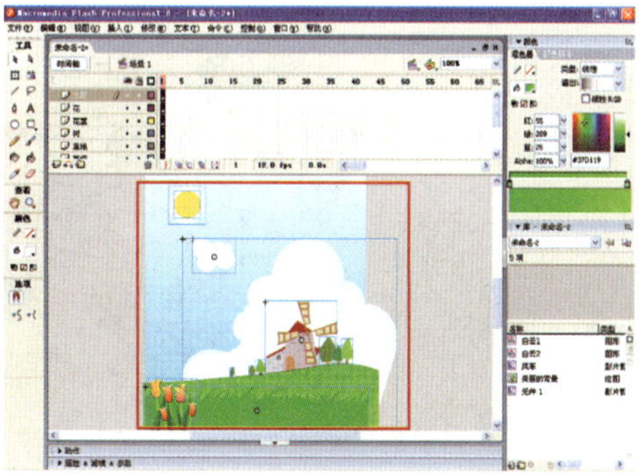	

续表

操作过程	图示	注释（备注）
30．执行菜单栏中“控制/输出影片”命令，输出观看效果 最后，将完成的临摹背景Flash文档进行保存		

思考与练习

一、思考题

1．元件的特点、类型分别是什么？

2．如何创建元件的？详细说明创建步骤。

3．对填充色进行调整应该使用什么工具？

二、实训题

请使用Flash相关工具绘制如图3—22所示的风景图。

图3—22　风景图

课题二 动画制作

任务4 制作男孩儿行走逐帧动画

任务目标：

◆理解人物行走的运动规律

◆掌握帧的概念和逐帧动画制作方法

◆熟悉时间轴的概念和使用方法

◆了解绘图纸的使用

◆能制作简单的逐帧动画

任务引入

运用课题一中的任务2临摹绘制的男孩儿形象，制作人物侧面行走的逐帧动画，最终形成男孩儿行走的动画效果，如图4—1所示。

图4—1 男孩儿行走逐帧动画的效果

任务分析

逐帧动画是Flash动画类型中的一种，也是与动画技法联系最为紧密的一种动画类型。制作男孩儿行走的动画，就是根据动画原画，将男孩儿行走的每一帧按照行走的规律绘制出来，然后按照一定的时间顺序播放，最终就形成了动画效果。而以上内容的处理，要使用动画技法中相关的理论进行动作指导，把握时间轴和帧的关系，以及应用相关的绘图纸外观辅助制作，最终实现动画效果。

相关知识

一、人在行走时的运动规律

动画片的角色中，表现得最多的就是人物的动作，以及拟人化的角色动作。人的运动是复杂、独特的，可以直立行走，可以跑动、跳跃，可以做自己想做的动作，有着丰富的表情等，懂得这些动作的规律，就能进一步根据要求和造型进行创作加工了。

人的行走几乎在每个动画片里都会出现，是必须掌握的动画制作。人与其他动物在动作上最明显的区别是人直立行走，人走路的基本规律是：左右两脚交替向前，带动躯干朝前运动。为了保持身体的平衡，配合两条腿的屈伸、跨步，双臂前后摆动。人在走路时为了保持重心，总是一腿支撑，另一腿提起跨步。因此，在走路的过程中，头顶的高低必然呈波浪形运动。当迈出步子双脚着地时，头顶就略低，当一脚着地另一脚提起朝前弯曲时，头顶就略高。另外，在走路动作过程中，跨步的那条腿，从离地到朝前伸展落地，中间的膝关节必然呈弯曲状，脚踝与地面呈弧形运动线。这条弧形运动线的高低幅度，与走路时的神态和情绪有很大关系。行走的运动规律，如图4—2所示。

在特定情境下，同一角色的走路动作会有所不同，如心情愉悦时与心情沉重时的走路就不同。因此，在表现这些动作时，就需要按照走路的基本规律，结合走路动作、速度、节奏及身体的变化综合来表现，才能达到尽量真实的效果。

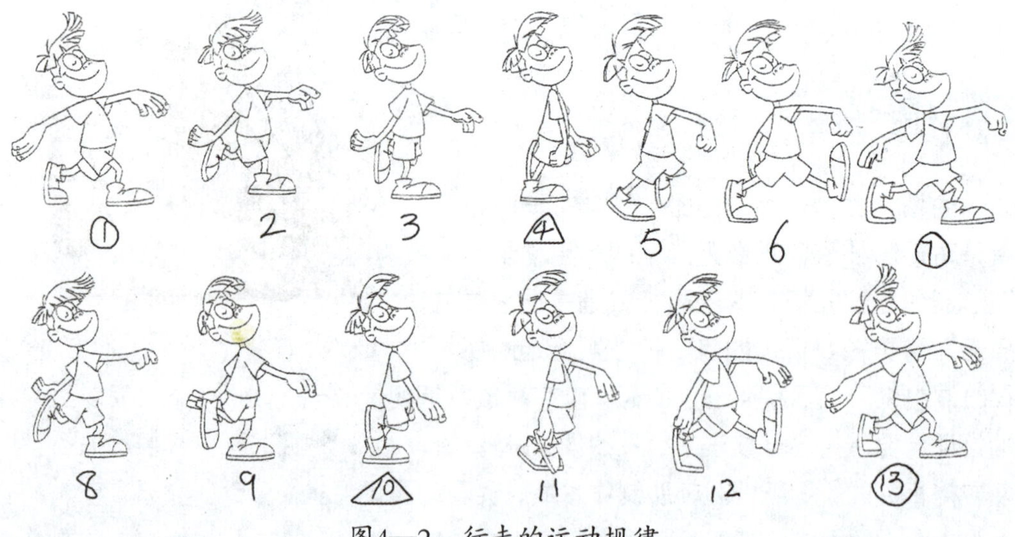

图4—2 行走的运动规律

二、帧的概念

众所周知，电影是由一格一格的胶片按照先后顺序播放出来的，由于人眼有视觉暂留现象，这一格一格的胶片按照一定速度播放出来，人们就会觉得那些画“动”起来了。动画制作采用的也是这一原理，而这一格一格的胶片，就是Flash中的“帧”。

帧是进行Flash动画制作最基本的单位，每一个精彩的Flash动画都是由很多个精心雕琢的帧构成的，在时间轴上的每一帧都可以包含需要显示的所有内容，包括图形、声音、各种素材和其他多种对象。对于帧，有几种基本的类型和概念：

◆关键帧。顾名思义，有关键内容的帧。用来定义动画变化、更改状态的帧，即编辑舞台上存在实例对象并可对其进行编辑的帧。

◆空白关键帧。空白关键帧是没有包含舞台上的实例内容的关键帧。

◆普通帧。在时间轴上能显示实例对象，但不能对实例对象进行编辑操作的帧。

制作逐帧动画，就是在“连续的关键帧”中分解动画动作，也就是每一帧中的内容不同，连续播放而成动画。这种制作方法较为烦琐，增加了制作负担而且最终输出的文件量也很大，但它的优势也很明显，能够很好地体现各种动画效果。

三、时间轴

在Flash中，对象的操作都离不开时间轴，时间轴用于组织和控制动画内容在一定时间内播放的层数和帧数。与胶片一样，Flash动画也将时长分为帧。时间轴的主要组件是图层、帧、播放头，如图4—3所示。

随着时间的推进，动画会按照时间轴的横轴方向播放，而时间轴正是对帧进行操作的场所。在时间轴上，每一个小方格就是一个帧，在默认状态下，每隔5帧进行数字标示，如时间轴上1、5、10、15等数字的标示。

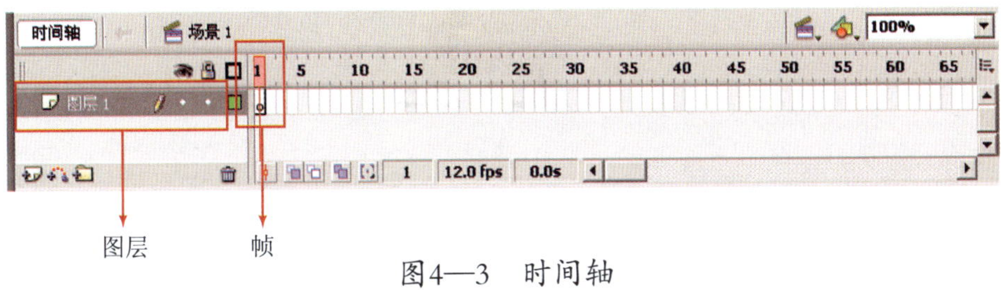

图4—3 时间轴

四、绘图纸

绘图纸是一个帮助定位和编辑动画的辅助功能，这个功能对制作逐帧动画特别有用。通常情况下，Flash在舞台中一次只能显示动画序列的单个帧。使用绘图纸功能后，就可以在舞台中一次查看两个或多个帧了。

使用绘图纸工具时，单击时间轴下方的“绘图纸”按钮，如图4—4所示，即可进入绘图纸功能，显现出多帧的图像效果。

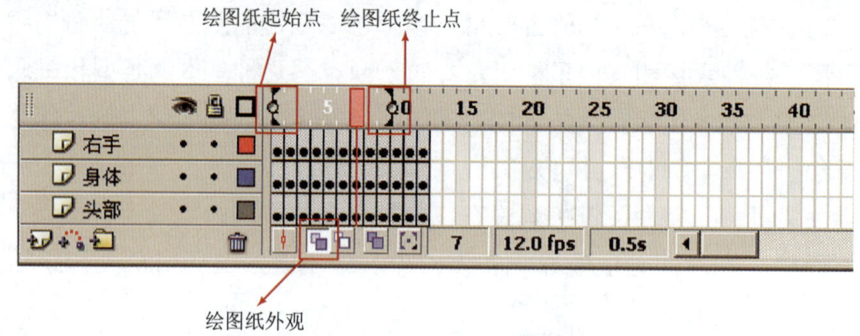

图4—4　绘图纸功能启用

如图4—5所示，这是使用绘图纸功能后的场景，可以看出，当前帧中的内容用全彩色显示，其他帧的内容以半透明显示，它使所有帧的内容看起来好像是画在一张半透明的绘图纸上，这些内容相互层叠在一起。当然，这时只能编辑当前帧的内容。

图4—5　使用绘图纸功能后的效果

任务实施

素材文件位置：光盘/资源下载/任务4

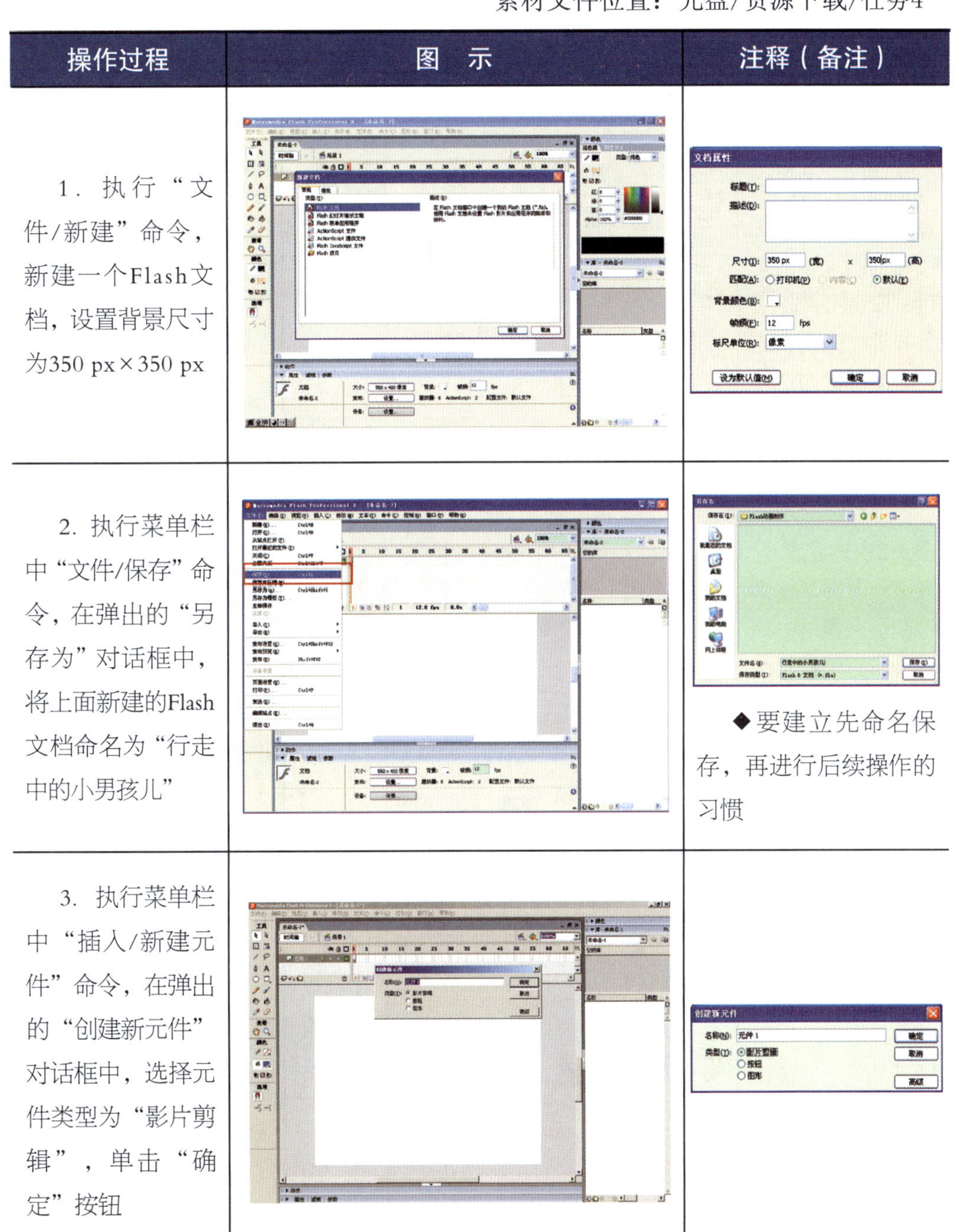

操作过程	图　示	注释（备注）
1．执行“文件/新建”命令，新建一个Flash文档，设置背景尺寸为350 px×350 px		
2．执行菜单栏中“文件/保存”命令，在弹出的“另存为”对话框中，将上面新建的Flash文档命名为“行走中的小男孩儿”		◆要建立先命名保存，再进行后续操作的习惯
3．执行菜单栏中“插入/新建元件”命令，在弹出的“创建新元件”对话框中，选择元件类型为“影片剪辑”，单击“确定”按钮		

续表

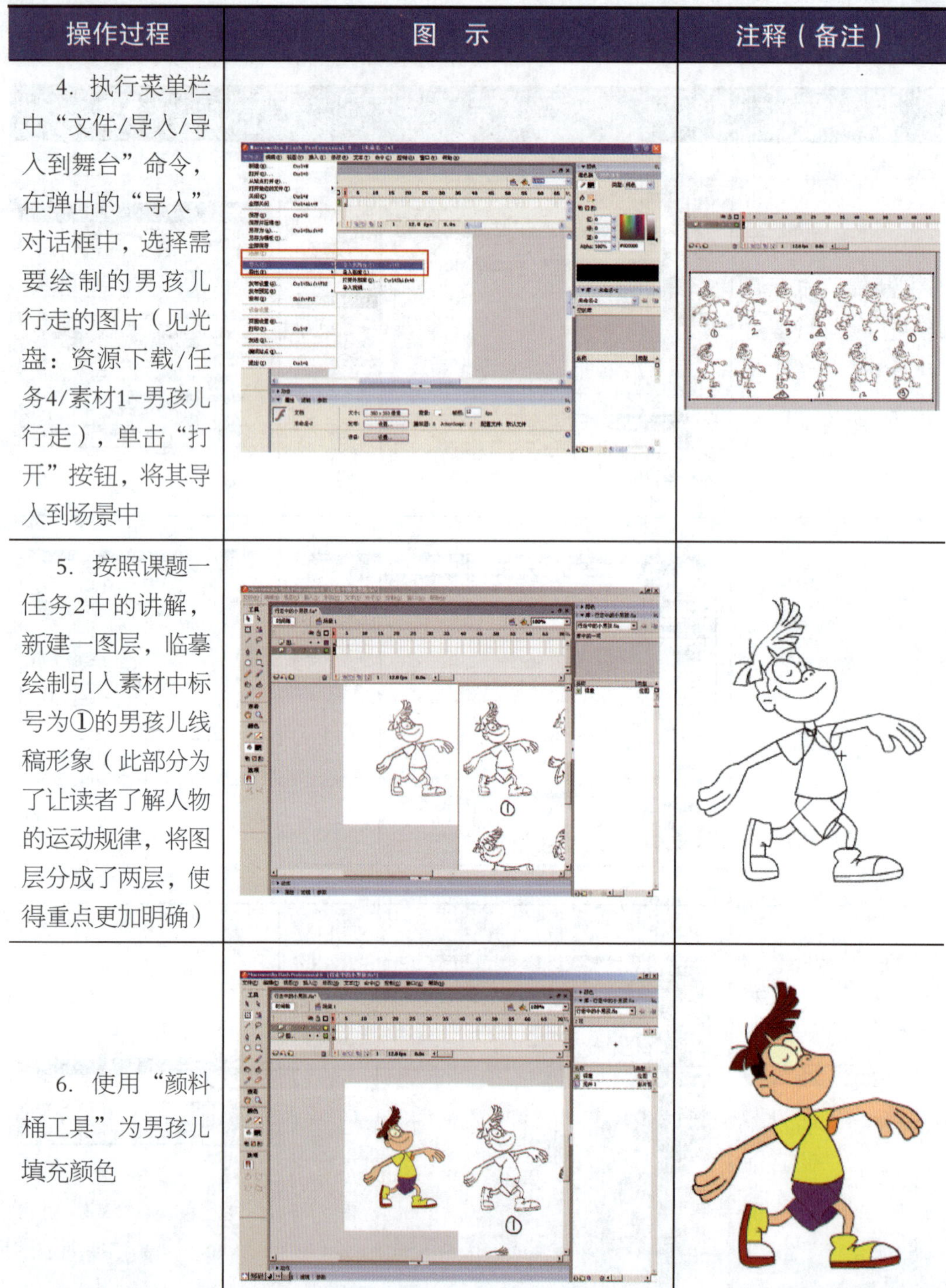

操作过程	图　示	注释（备注）
4. 执行菜单栏中“文件/导入/导入到舞台”命令，在弹出的“导入”对话框中，选择需要绘制的男孩儿行走的图片（见光盘：资源下载/任务4/素材1-男孩儿行走），单击“打开”按钮，将其导入到场景中		
5. 按照课题一任务2中的讲解，新建一图层，临摹绘制引入素材中标号为①的男孩儿线稿形象（此部分为了让读者了解人物的运动规律，将图层分成了两层，使得重点更加明确）		
6. 使用“颜料桶工具”为男孩儿填充颜色		

续表

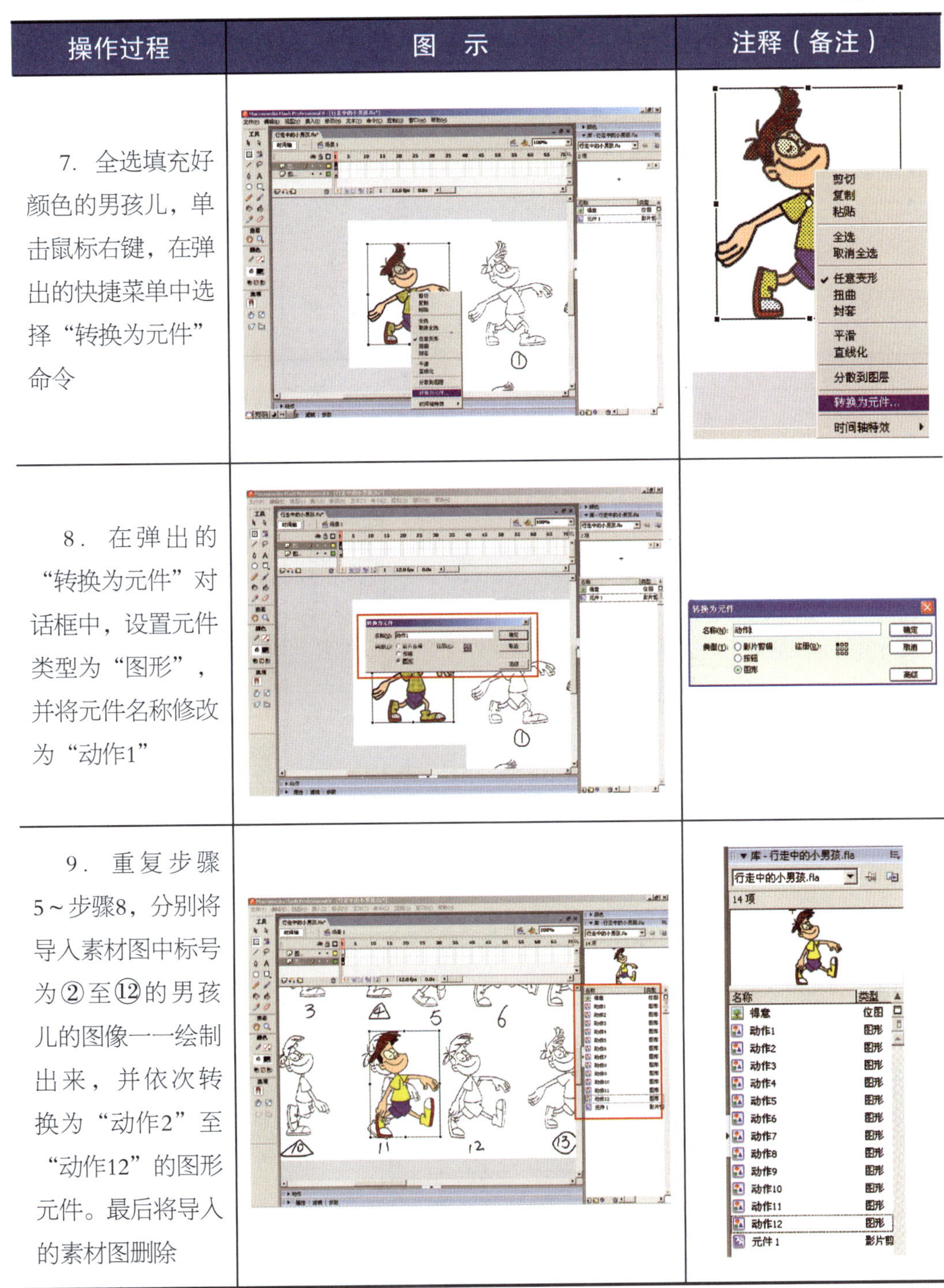

操作过程	图　示	注释（备注）
7. 全选填充好颜色的男孩儿，单击鼠标右键，在弹出的快捷菜单中选择“转换为元件”命令		
8. 在弹出的“转换为元件”对话框中，设置元件类型为“图形”，并将元件名称修改为“动作1”		
9. 重复步骤5～步骤8，分别将导入素材图中标号为②至⑫的男孩儿的图像一一绘制出来，并依次转换为“动作2”至“动作12”的图形元件。最后将导入的素材图删除		

续表

操作过程	图 示	注释（备注）
10. 双击库面板中的影片剪辑“元件1”，进入到影片剪辑元件的编辑状态	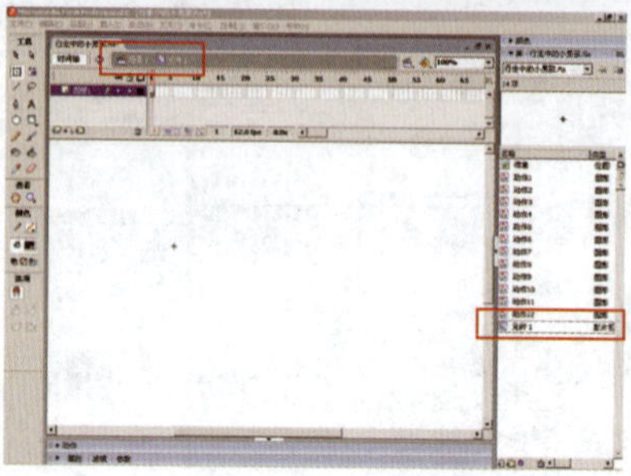	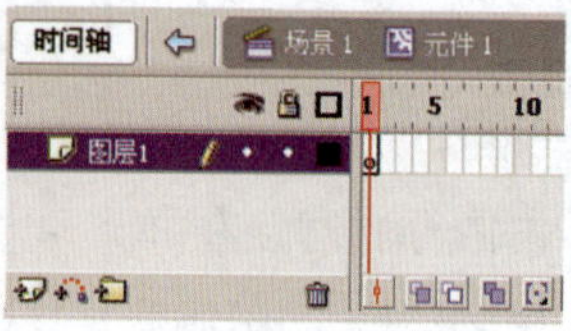
11. 将库面板中的“动作1”元件拖放到编辑区，并选中第2帧，单击鼠标右键，在快捷菜单中选择“创建空白关键帧”命令，创建空白关键帧；单击时间轴下方“绘图纸外观”按钮，打开绘图纸外观模式	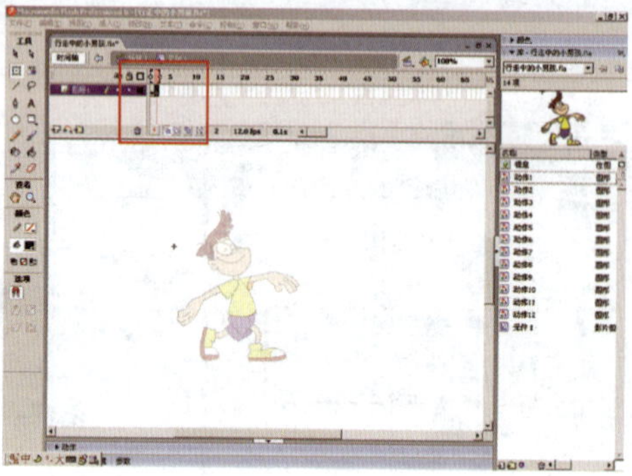	 ◆创建空白关键帧的目的是在第二帧中能够绘制走路的第二个动作，区别于第一帧，才能形成动作
12. 将库面板中的“动作2”元件拖放入第2帧的编辑区内	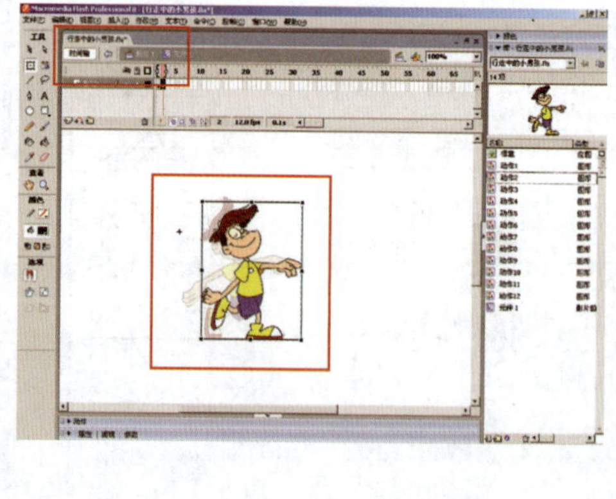	 ◆利用绘图纸工具能够看到前面帧的位置，方便后面帧对齐位置，要将男孩儿落地的脚对齐在同一水平面的一条直线上，身体要处于原位，不要向前或向后偏离

续表

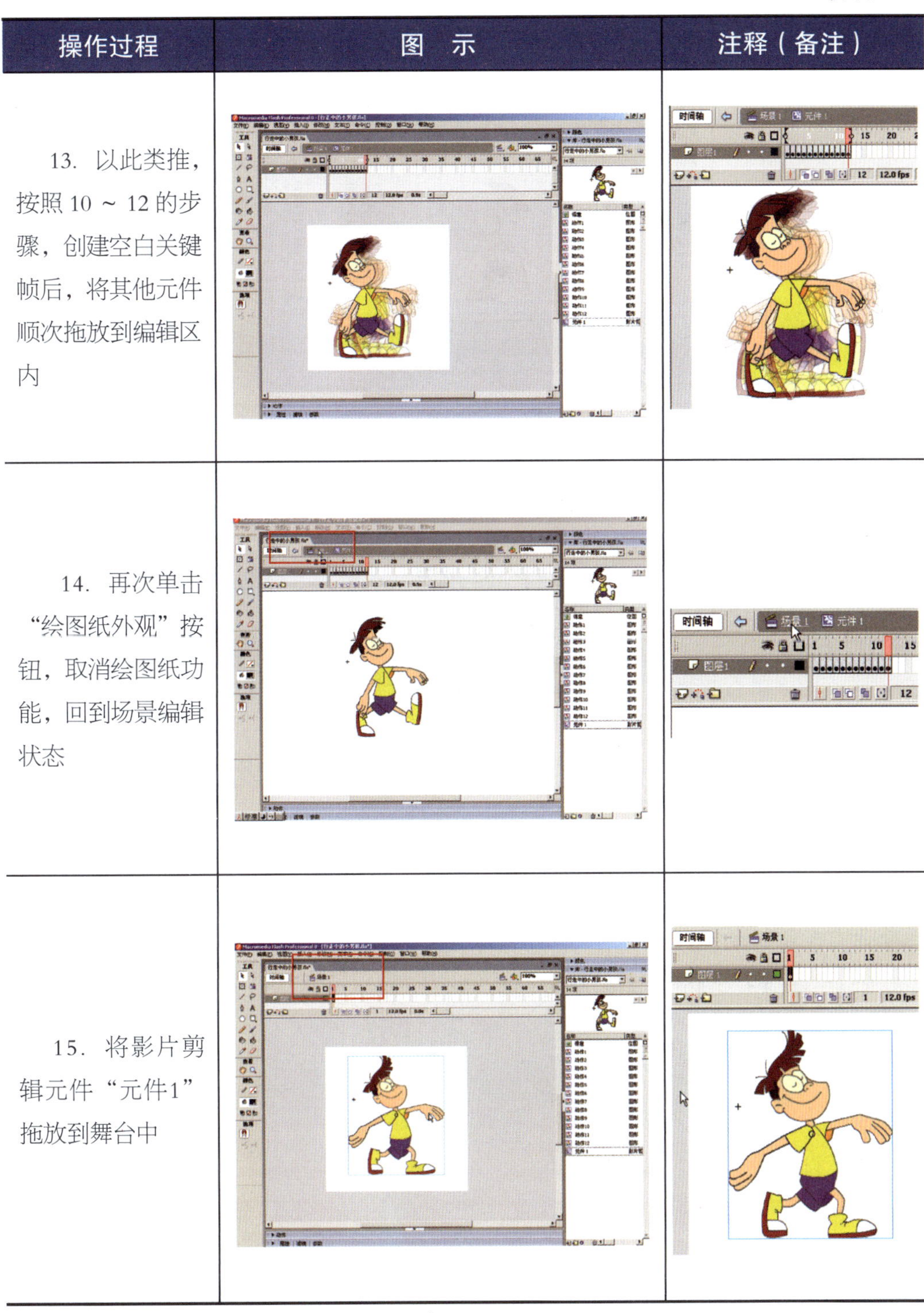

操作过程	图　示	注释（备注）
13．以此类推，按照 10 ～ 12 的步骤，创建空白关键帧后，将其他元件顺次拖放到编辑区内		
14．再次单击“绘图纸外观”按钮，取消绘图纸功能，回到场景编辑状态		
15．将影片剪辑元件“元件1”拖放到舞台中		

续表

操作过程	图　示	注释（备注）
16. 执行菜单栏中“控制/测试影片”命令，即可输出完整的逐帧动画效果进行观看		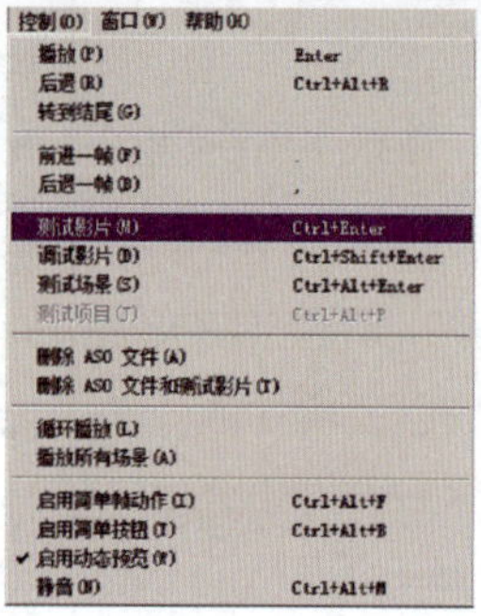
17. 最终完成的动画效果如右图所示。如果没有问题，可将该Flash文件进行保存		

思考与练习

一、思考题

1．掌握人物运动规律对于动画创作有哪些帮助？

2．绘图纸在进行Flash创作时有什么作用？

二、实训题

请根据图4—6所示的人物跑步图，使用Flash制作其跑步的逐帧动画。

图4—6　人物跑步图

任务5　制作蝴蝶飞舞动作补间动画

任务目标：

◆掌握动作补间动画的制作原理和方法

◆掌握动作补间动画的正误检查方法

◆掌握变形面板的使用方法

◆了解帧的快捷菜单的用途

◆能制作简单的动作补间动画

任务引入

根据任务1中绘制的蝴蝶图形（见图5—1），使用Flash制作蝴蝶飞舞的动作补间动画，最终形成的动画效果如图5—2所示。

图5—1　蝴蝶图形

图5—2　蝴蝶飞舞动画

任务分析

对于蝴蝶飞舞的动画效果，可以使用任务4中讲解的逐帧动画来制作，但其制作相对复杂，且文件量较大。观察蝴蝶飞舞的动作可知，蝴蝶飞舞时翅膀扇动的动作基本上是不断重复的，因此可以利用这个特点，使用Flash中另外一种重要的动画制作方法——动作补间动画来进行制作，其制作更加简捷且最终的文件量更小。

相关知识

一、动作补间动画

Flash动画最鲜明的特征之一就是利用“补间”的方式进行动画创作。补间就是在两个关键帧内制作出所需的变化，然后运用补间命令使两个关键帧之间生成中间过渡的动画形式。

补间动画包括两种基本类型，一种是动作补间，另一种是形状补间。动作补间动画是常用的一种渐变方式，主要制作对象从一个地方向另一个地方进行位置、大小、旋转、色彩、透明度之间的过渡。利用动作补间，只要对关键帧中的对象内容进行大小、色彩、位置、透明度的改变，中间过程就会自动形成，如图5—3所示。形状补间动画会在后面的任务中进行进一步介绍。

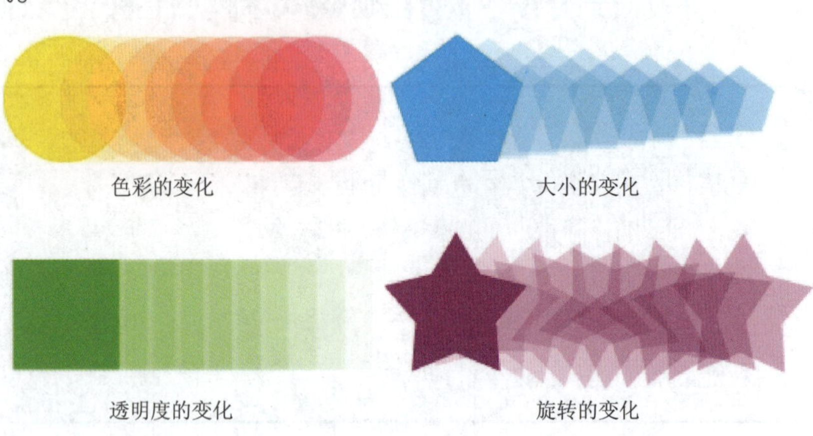

图5—3　动作补间动画变化的形式

在本任务中，主要是制作蝴蝶的位置发生变化的动作补间动画。制作的基本思路就是在蝴蝶飞舞起始的关键帧处放上蝴蝶的飞舞动作，然后利用补间动画命令自动生成蝴蝶飞舞的动画效果。

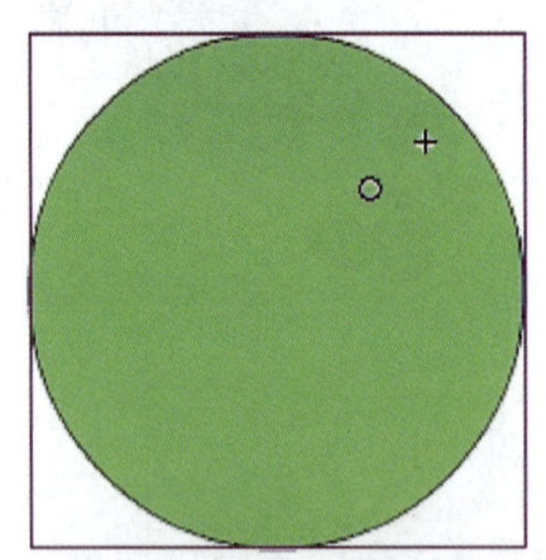

图5—4　具有元件或者组合属性的表现

图5—5　具有分离属性的表现

二、动作补间动画的特点

1．必须具有初始帧和结束帧，并且两个帧都必须是关键帧。

2．关键帧中的内容是形状变化起始和结束时的两个结果。

3．两个关键帧必须在同一个图层才可制作动作补间动画。

4．每个关键帧中的内容必须是元件或者组合（而不能是具有分离属性的对象），如果是具有元件、组合属性的内容，一般表现为选中对象后，对象周围有一个方框，如图5—4所示；如果是具有分离属性的内容，一般表现为选中对象后，对象上有白点，如图5—5所示。

5．动作补间动画中的元件只能是一对一的，否则就会出现制作错误。

三、动作补间面板

动作补间面板和属性面板集成在一起，要使用动作补间面板时，需要在时间轴上先选中要进行动作补间的关键帧，这时软件界面底部的属性面板即浮现出补间面板，然后在“补间”命令的下拉式菜单中选择“动作”即可，如图5—6所示。

图5—6 动作补间面板

动作补间面板中各项命令的具体含义见表5—1。

表5—1 动作补间面板中命令的含义

序号	命令	含 义
1	补间	用于动画各类型的补间形式的选择。有三个选项：无、动画、形状
2	缩放	是指元件对象的尺寸比例是否发生变化，常常用于制作有尺寸比例等变化的动画中
3	缓动	用于调整对象的运动速度，可以通过直接输入数值或者拖动滑动手柄来改变。默认值为0，数值范围在100～−100之间。默认值0表示从始到终是匀速运动；1～100间是由快到慢的减速运动，1～−100间是由慢到快的加速运动
4	旋转	用于调整对象元件的角度，下拉菜单有无、自动、顺时针、逆时针四种选项。在旋转命令右边有选择“旋转次数”的对话框，默认值为1次，也可根据需要输入数值，确定次数
5	调整到路径	用于引导线动画中的对象元件，使对象元件沿着给出的既定路径进行运动
6	同步	是指动画中对象元件的同步性
7	对齐	是指让对象元件自动附着于给出的引导线上

由于在动画制作中经常要使用动作补间动画，因此动作补间面板是动画制作中最重要的面板之一，应认真掌握其中的内容，以便于更灵活地在动画制作中应用。

四、动作补间制作后的正误检查

动作补间动画制作完成后，有时会出现一些补间不正确或者动画不流畅的现象。这时，就需要对动作补间动画进行检查，查看并判断是否是在动作补间的制作中出现了问题。

查看的方法如下：如果在时间轴中出现的是以浅蓝色为背景的实线单箭头符号，则表示该动作补间动画制作正确，那么就要从其他方面寻找问题了，如图5—7所示。

图5—7　动作补间动画的正确样例

如果不是浅蓝色背景或者单箭头符号是虚线而不是实线，则表示该动作补间动画制作不完全正确，如图5—8所示，那么就要根据出现错误的原因对动作补间动画进行修改。

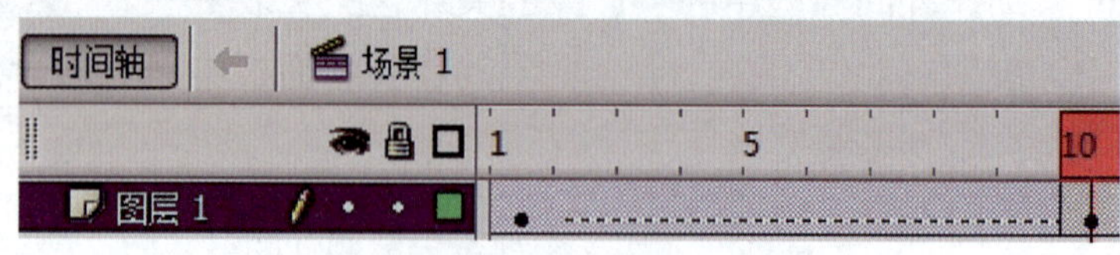

图5—8　动作补间动画的错误样例

一般来说，导致错误的原因有以下几种：

1．起始帧或结束帧中缺少实际内容。

2．起始帧或结束帧中包含内容不是单一的。

3．各帧内容不是元件。

4．两个关键帧未在同一图层中。

通过寻找以上原因，并进行相应的修改和调整，直至动作补间动画播放流畅无误。

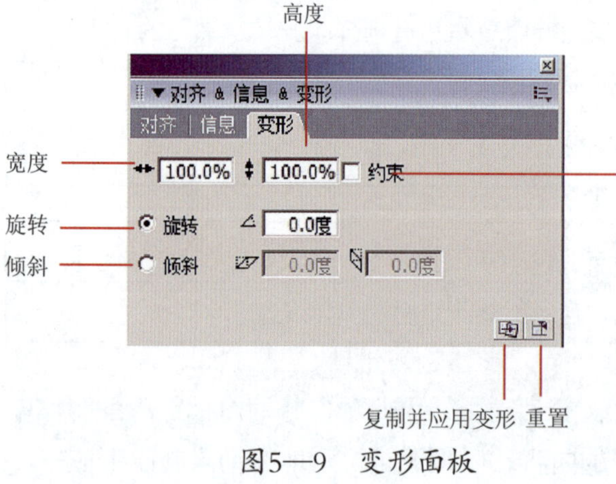

图5—9　变形面板

五、变形面板

变形面板是对对象的宽度、高度、旋转、倾斜、成比例复制等进行变化时常用的一个面板，制作中使用它进行相关操作，可以省时、省力、快捷准确完成相关操作，因此也是Flash中使用频率很高的面板之一，如

图5—9所示。变形面板中各项命令的含义见表5—2。

表5—2 变形面板中命令的含义

序号	命令	含　义
1	高度	指纵向大小变化
2	宽度	指横向大小变化
3	约束	勾画此方框可以保证对象高度和宽度变化的比例
4	旋转	输入后对象将按照顺时针方向进行旋转变化
5	倾斜	可以分别改变对象横向和纵向的比例
6	复制并应用变形	按照输入后的数值将会复制出与原对象成比例变化的新对象
7	重置	将变形面板的所有数值重新归为初始时的默认值，方便重新操作

六、关于帧的快捷菜单

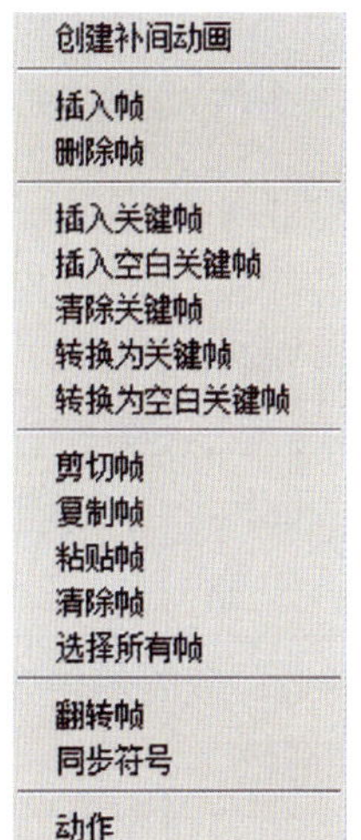

图5—10　帧的右键快捷菜单

本书已经对图层（关键帧、空白关键帧、静止延长帧）、元件等概念有了初步的介绍。在本任务中，将进一步对图层与帧相关的快捷菜单进行应用。选中时间轴任意一帧，单击鼠标右键，会弹出与帧相关的快捷菜单，如图5—10所示。

为了方便后续的实际操作应用，现在具体了解一下帧的快捷菜单中的一些命令，见表5—3。这些命令在以后的实际操作中会经常应用，要熟练掌握其使用方法和操作目的。

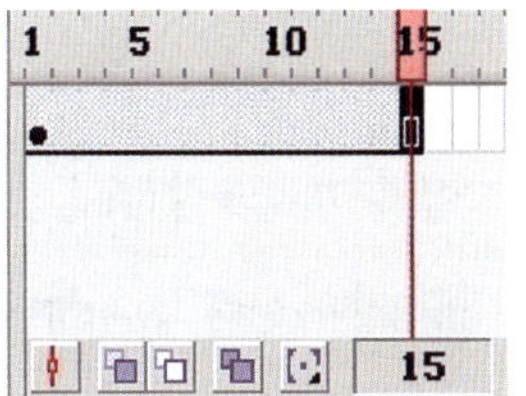

图5—11　静止延长帧

表5—3　　帧的快捷菜单中的命令含义

序号	命令	含　义
1	创建补间动画	是动作补间动画的快捷方式，可以生成动作补间形式的动画效果
2	插入帧	是指添加帧。添加帧与前一帧内容相同，因此只作为一帧内容计算，文件量相对比较小。插入后的帧又叫静止延长帧，如图5—11所示。如果改变其中一帧的内容，则其他帧的内容也同时改变
3	删除帧	使用此命令后，被选中的帧将被删除
4	插入关键帧	此帧内容将与前一帧内容相同，但是是独立的一帧。若改变这一帧的内容，并不会影响其他帧的内容
5	插入空白关键帧	插入空白关键帧后，此帧将为一个空白无实质内容的帧
6	清除关键帧	删除被选中的关键帧，不仅是删除内容，而且连时间轴上帧的所占有的位置也一起清除
7	转换为关键帧	将时间轴上选中的帧转变为一帧一帧的关键帧内容
8	转换为空白关键帧	将时间轴上被选中的帧转换为一帧一帧的空白关键帧
9	剪切帧	将被选中的帧剪切，目的是将内容复制到其他地方，那么被剪切走的帧在原剪切处将不会再有
10	复制帧	复制被选中的帧，目的是将内容复制到其他地方，复制的内容并不会从原复制处消失
11	粘贴帧	将剪切或者复制的帧粘贴在所选位置
12	清除帧	删除所选帧内的内容，但是时间轴上帧所占有的位置不会被删除，而转变为空白关键帧
13	选择所有帧	是指选中时间轴上的所有帧的内容
14	翻转帧	将时间轴上所选中的帧的内容翻转过来，使其顺序发生翻转，即将时间轴后面的内容放在前面，前面的内容放在后面，类似于倒播

任务实施

素材文件位置：光盘/资源下载/任务5

操作过程	图　　示	注释（备注）
1. 执行菜单栏中“文件/新建”命令，新建一个Flash文档	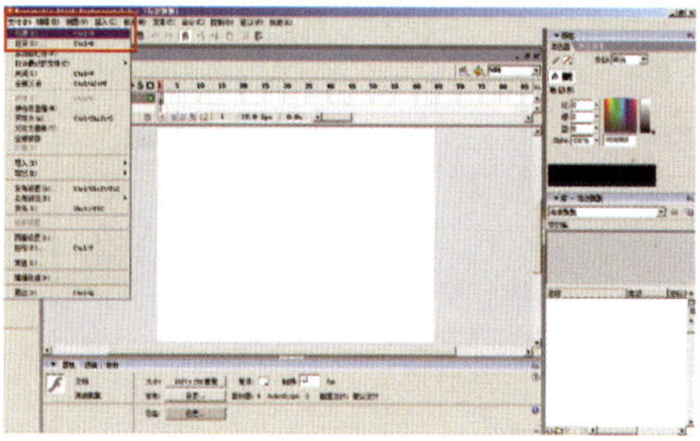	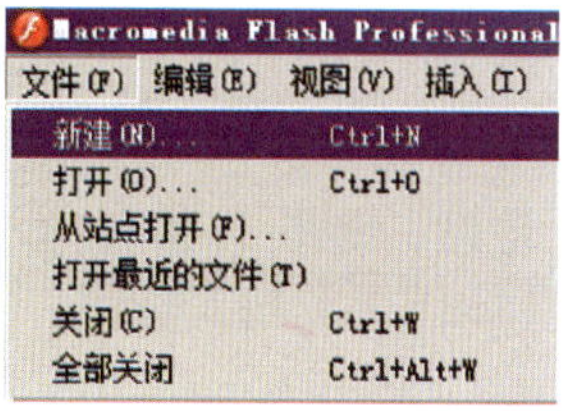
2. 执行菜单栏中“文件/保存”命令，在弹出的“另存为”对话框中，将上面新建的Flash文档命名为“蝴蝶飞舞的动作补间动画”	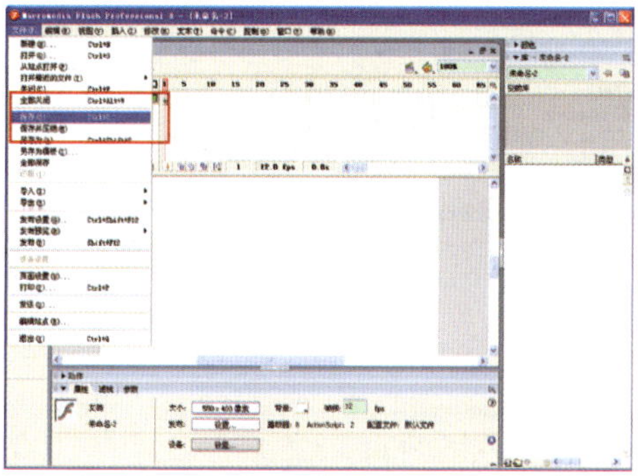	 ◆要建立先命名保存，再进行后续操作的习惯
3. 单击属性面板中的“文档属性”按钮，在弹出的“文档属性”对话框中设置尺寸为1 024 px×768 px，背景白色，单击“确定”按钮	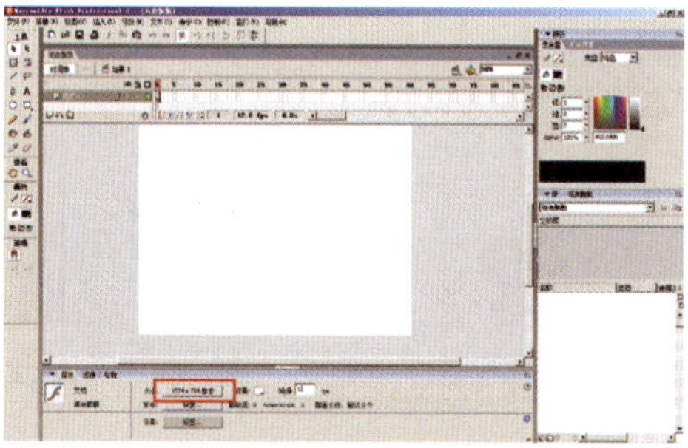	

续表

操作过程	图　　示	注释（备注）
4．执行菜单栏中“文件/导入/导入到库”命令，在弹出的“导入”对话框中选择素材“蝴蝶”（见光盘：资源下载/任务5/素材-蝴蝶），单击“打开”按钮，将蝴蝶图形导入到库面板中		
5．执行菜单栏中“插入/新建元件”命令，在弹出的“创建新元件”对话框中，设置元件名称为“蝴蝶-1”，元件类型为“图形”，单击“确定”按钮	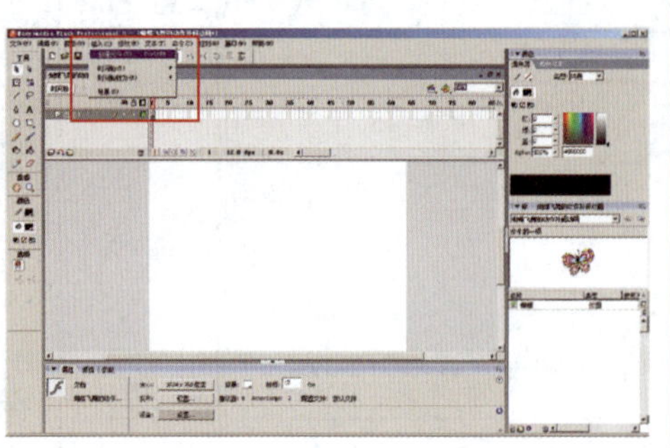	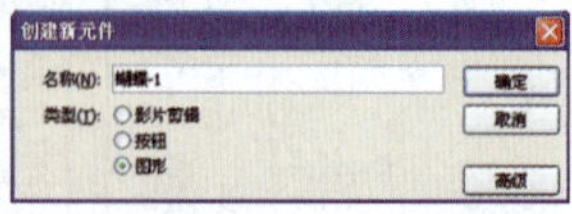 ◆在这里设置元件是为了便于后面动作补间动画的制作，动作补间动画中对于对象位置、大小、色彩、透明度的变化需要在对象是元件的基础上才能够进行
6．将之前导入库面板的位图“蝴蝶”拖曳到新建的图形元件“蝴蝶-1”的场景中，使用“任意变形工具”调整至适当大小	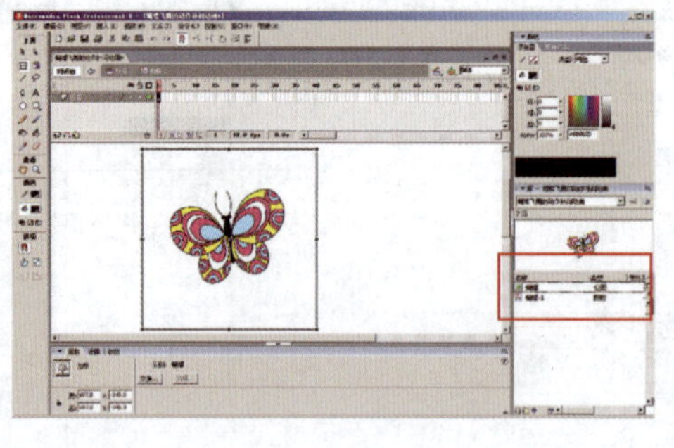	◆调整文档到适当大小主要是指调整到适合当前所在文档的大小，只要场景中能够完整看到即可 ◆将位图“蝴蝶”拖曳到元件中，主要是为了把原来的位图“蝴蝶”转变为图形元件，便于以后的利用，减少文件量，同时，元件也是完成动作补间动画所必需的要求

续表

操作过程	图　　示	注释（备注）
7. 执行菜单栏中“插入/新建元件”命令，在弹出的“创建新元件”对话框中，设置名称为“蝴蝶-2”，类型为“影片剪辑”，单击“确定”按钮	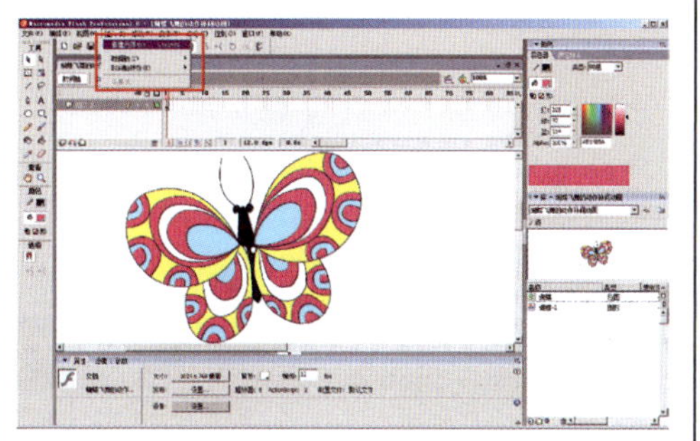	
8. 单击库面板中的“蝴蝶-1”图形元件，将其拖曳到当前的“蝴蝶-2”的场景中，放置在适当位置。这时可以看到图层1的第1帧有了蝴蝶图形	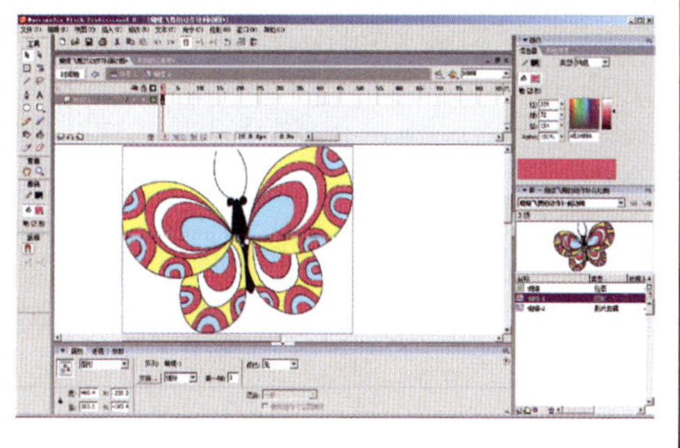	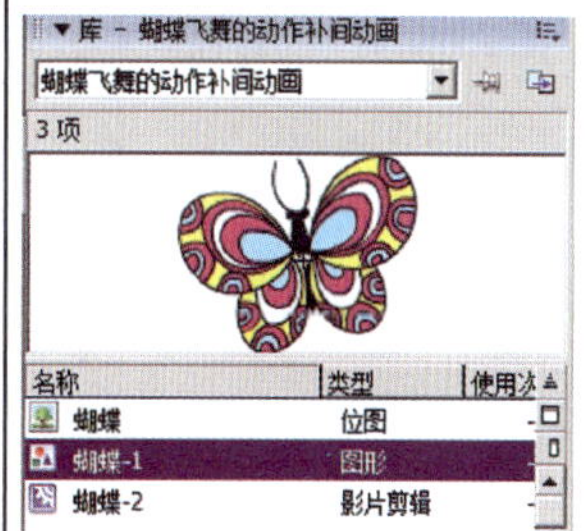
9. 选中图层1的第2帧，单击鼠标右键，在快捷菜单中选择“插入关键帧”命令。这时分别单击第1帧和第2帧，可以看到图层1上的这两个帧中的内容都是一样的蝴蝶	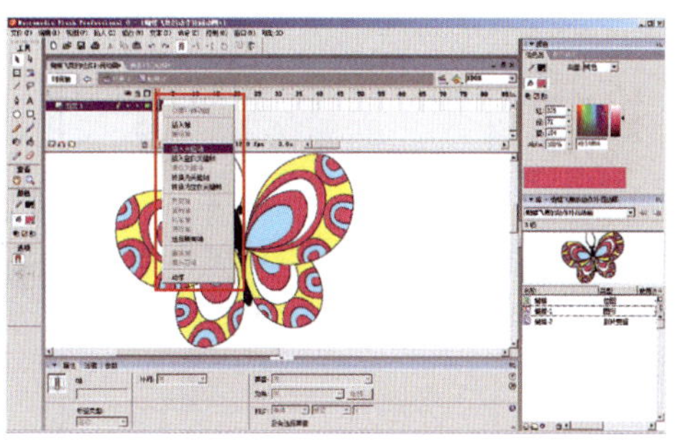	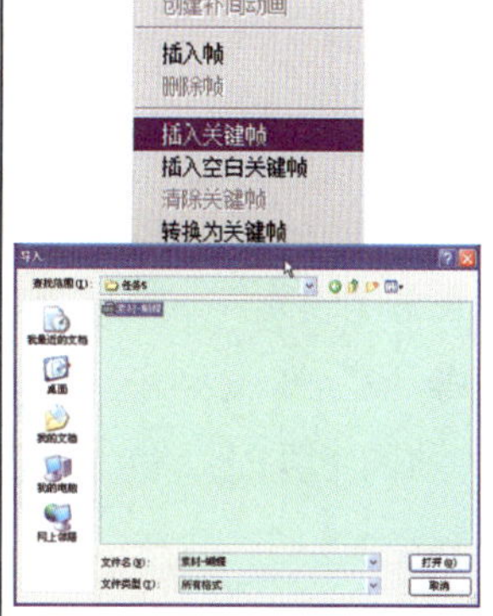◆通过插入关键帧可以复制与前一帧相同的内容

续表

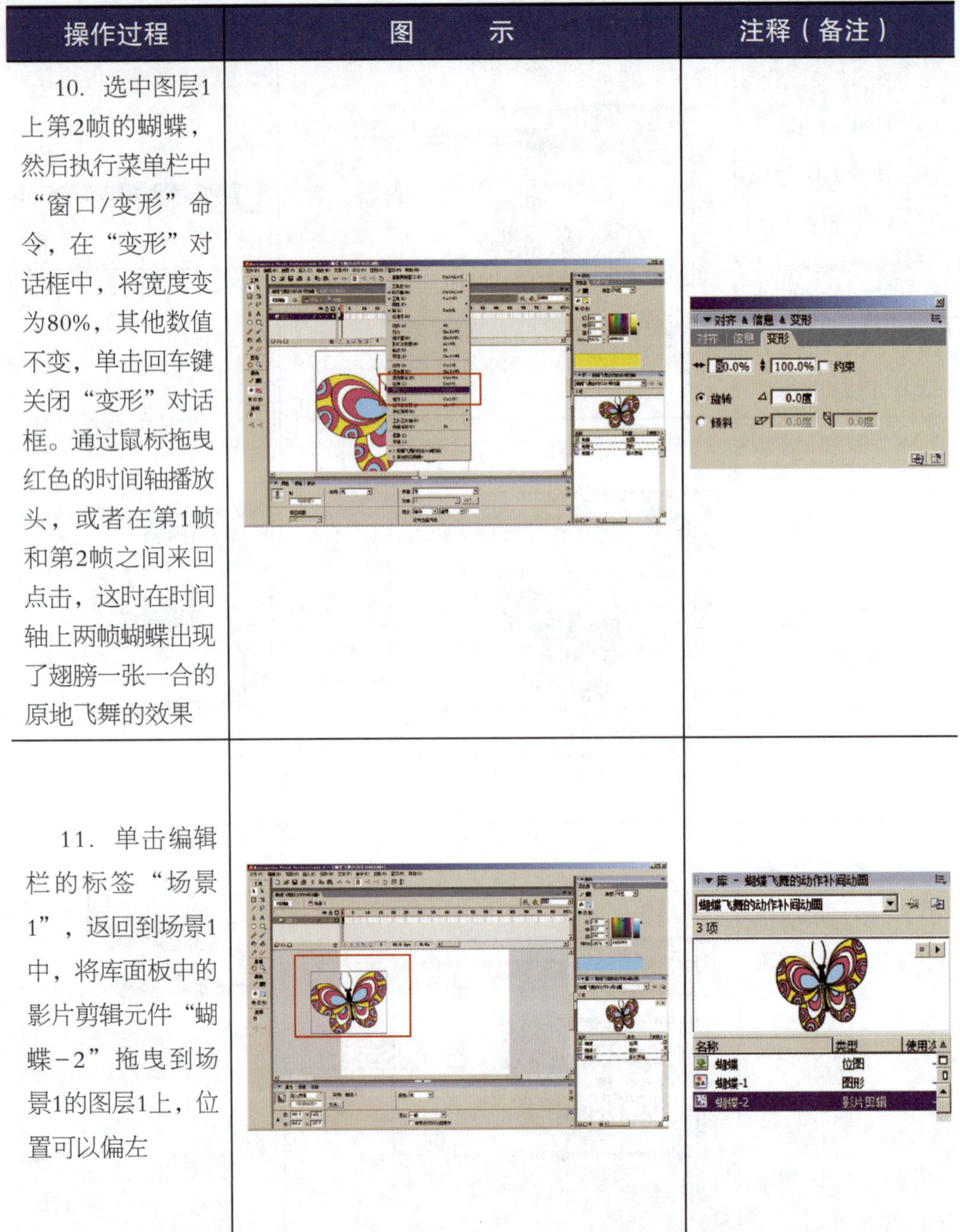

操作过程	图　　示	注释（备注）
10．选中图层1上第2帧的蝴蝶，然后执行菜单栏中"窗口/变形"命令，在"变形"对话框中，将宽度变为80%，其他数值不变，单击回车键关闭"变形"对话框。通过鼠标拖曳红色的时间轴播放头，或者在第1帧和第2帧之间来回点击，这时在时间轴上两帧蝴蝶出现了翅膀一张一合的原地飞舞的效果		
11．单击编辑栏的标签"场景1"，返回到场景1中，将库面板中的影片剪辑元件"蝴蝶-2"拖曳到场景1的图层1上，位置可以偏左		

续表

操作过程	图 示	注释（备注）
12. 使用“任意变形工具”，将蝴蝶头部位置向右旋转，并将大小调整为适合于场景，留出飞行的空间	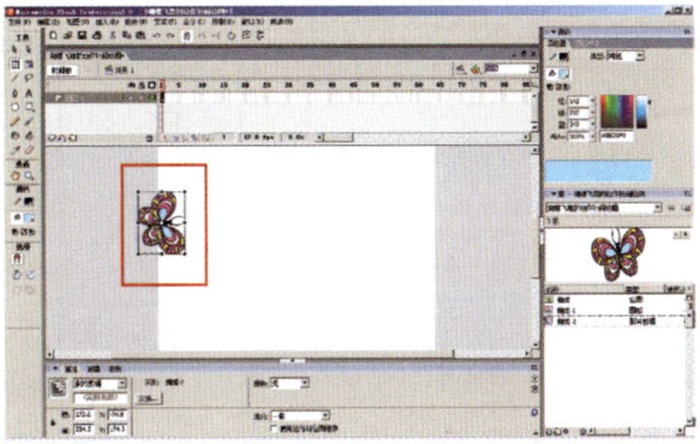	
13. 选中图层1上的第20帧，单击鼠标右键，在快捷菜单中选择“插入关键帧”命令，时间轴发生变化，形成了和前一帧一样内容的一个关键帧	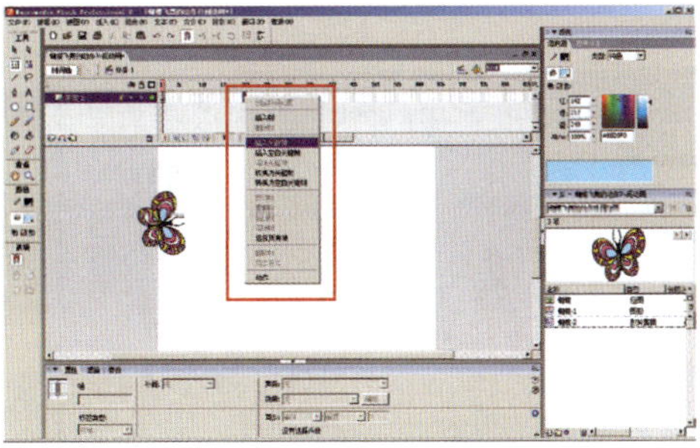	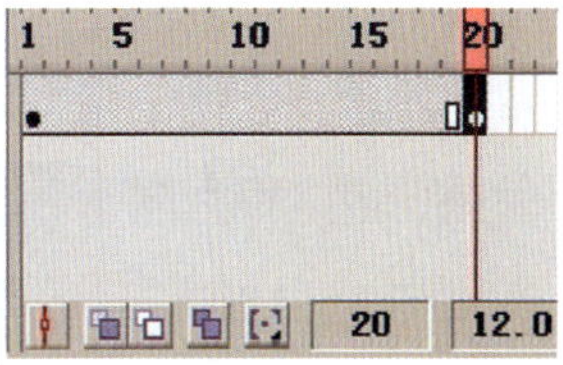 ◆在此插入关键帧是为了复制一个和前一帧一样内容的关键帧
14. 单击图层1上的第1帧，然后选择属性面板上的“补间”下拉菜单，将其选择为“动画”选项	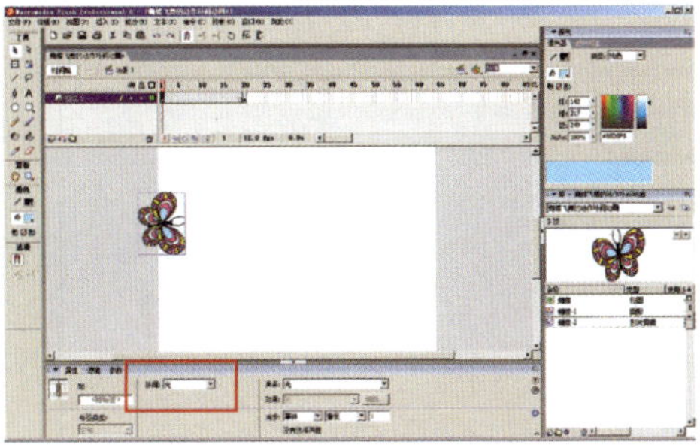	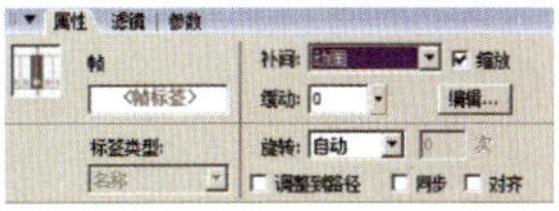 ◆动作补间又称动画补间、运动补间，在Flash不同版本的名称翻译上略有差别

续表

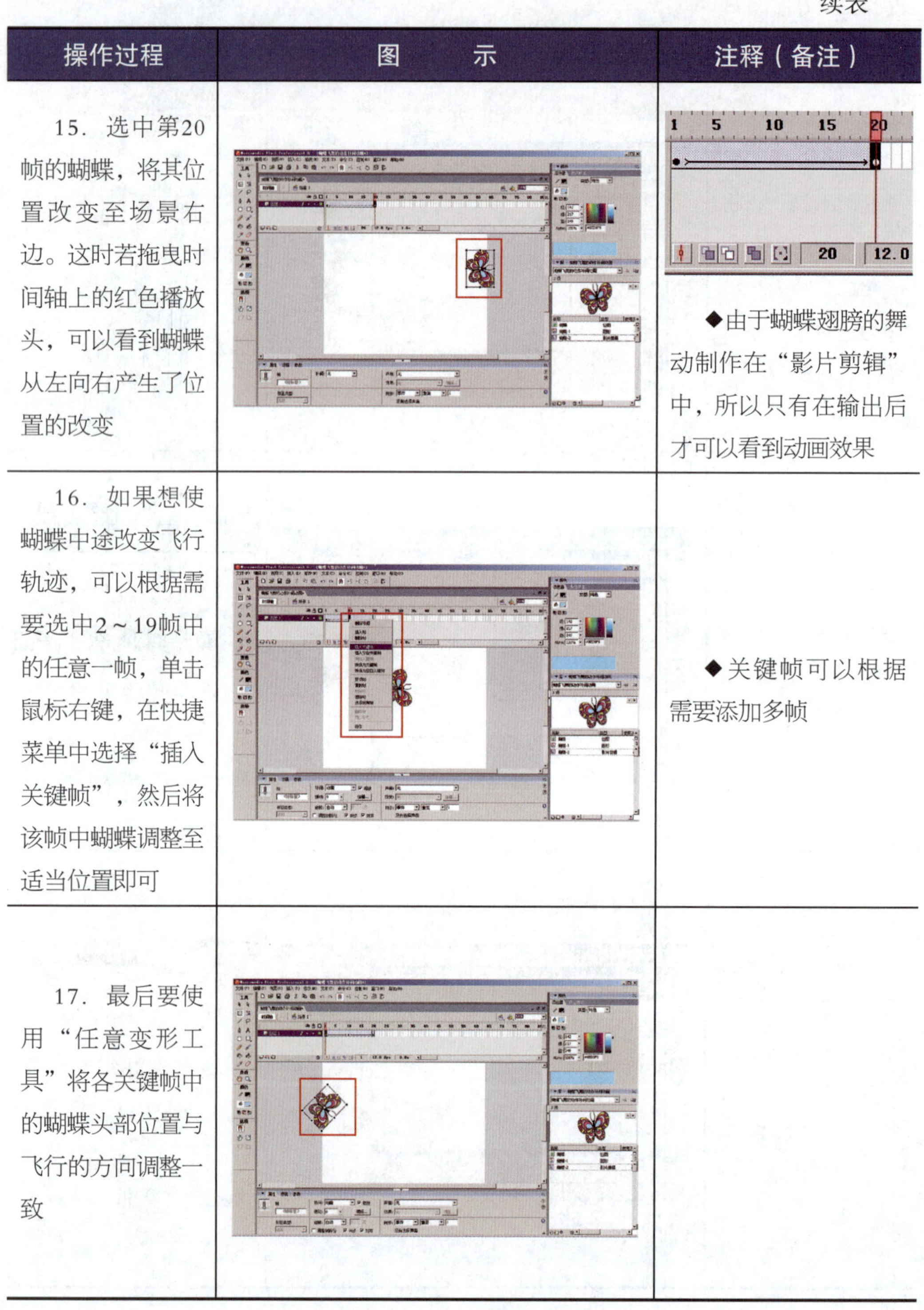

操作过程	图　　示	注释（备注）
15．选中第20帧的蝴蝶，将其位置改变至场景右边。这时若拖曳时间轴上的红色播放头，可以看到蝴蝶从左向右产生了位置的改变		◆由于蝴蝶翅膀的舞动制作在“影片剪辑”中，所以只有在输出后才可以看到动画效果
16．如果想使蝴蝶中途改变飞行轨迹，可以根据需要选中2～19帧中的任意一帧，单击鼠标右键，在快捷菜单中选择“插入关键帧”，然后将该帧中蝴蝶调整至适当位置即可		◆关键帧可以根据需要添加多帧
17．最后要使用“任意变形工具”将各关键帧中的蝴蝶头部位置与飞行的方向调整一致		

续表

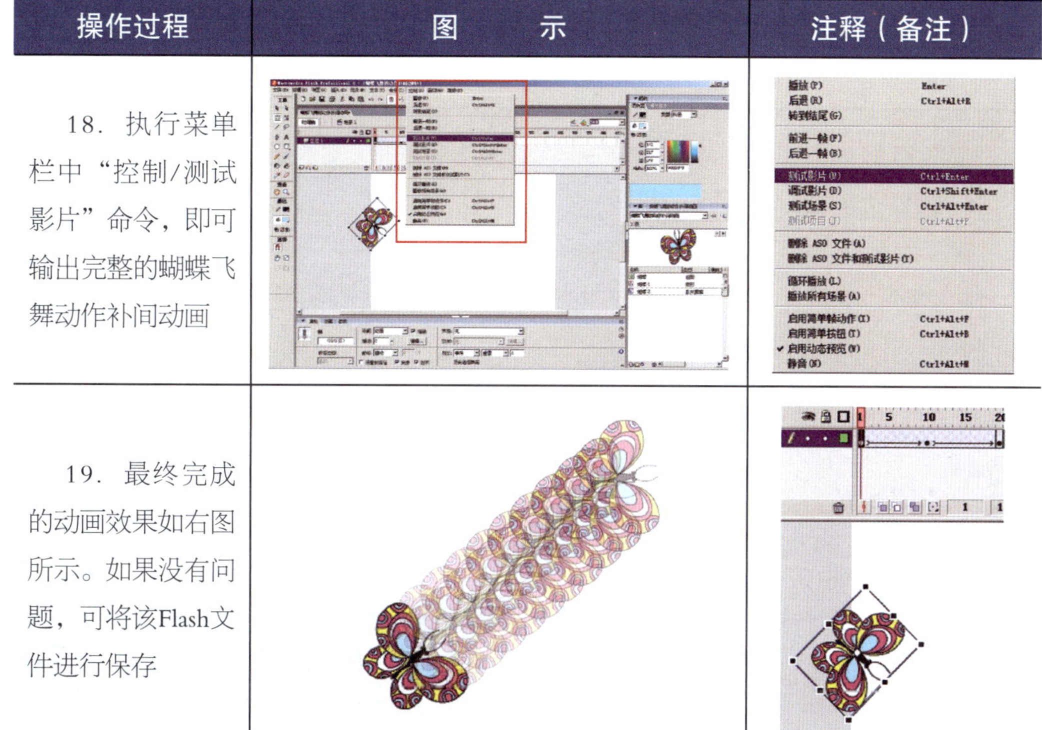

操作过程	图 示	注释（备注）
18. 执行菜单栏中“控制/测试影片”命令，即可输出完整的蝴蝶飞舞动作补间动画		播放(P) Enter 后退(R) Ctrl+Alt+R 转到结尾(G) 前进一帧(F) 后退一帧(B) 测试影片(M) Ctrl+Enter 调试影片(D) Ctrl+Shift+Enter 测试场景(S) Ctrl+Alt+Enter 测试项目(J) Ctrl+Alt+P 删除 ASO 文件(A) 删除 ASO 文件和测试影片(T) 循环播放(L) 播放所有场景(A) 启用简单帧动作(I) Ctrl+Alt+F 启用简单按钮(T) Ctrl+Alt+B ✔ 启用动态预览(W) 静音(N) Ctrl+Alt+M
19. 最终完成的动画效果如右图所示。如果没有问题，可将该Flash文件进行保存		

思考与练习

一、思考题

1．如何制作动作补间动画？

2．动作补间动画的特点是什么？

3．变形面板如何使用？

二、实训题

1．请使用Flash工具另行绘制一只蝴蝶，并使用本任务所学的动作补间动画制作蝴蝶飞舞的效果。

2．请绘制如图5—12所示的气球，并使用动作补间动画制作气球飞扬的动画效果。

图5—12 气球

任务6　制作海浪飘飘形状补间动画

任务目标：

- ◆掌握形状补间动画的制作方法和特点
- ◆了解两种补间动画之间的联系与区别
- ◆掌握“钢笔工具”和“颜料桶工具”的使用方法
- ◆能制作简单的形状补间动画

任务引入

利用Flash相应的面板、图层、工具，制作如图6—1所示的海浪飘飘的动画效果。通过该实例，掌握形状补间动画的制作方法。

图6—1　海浪飘飘的动画效果图

任务分析

观察此任务，可以发现海浪的形状是不断重复的，根据这个特点，可以利用Flash中“形状补间”的方法来进行制作。在操作过程中，首先要运用Flash中的“钢笔工具”“选择工具”等相关工具进行海浪矢量图形的绘制，并使用“颜料桶工具”进行颜色填充，达到图示的外形和色彩效果。最后通过“形状补间”命令来实现动画效果。

通过该任务要掌握形状补间动画的制作方法和特点，同时了解两种补间动画（动作补间和形状补间）之间的联系与区别。

相关知识

一、形状补间动画

Flash中的形状补间动画，顾名思义，就是在Flash中的矢量图形基础上，对对象外轮廓进行的大小、色彩、透明度的变化。在形状补间动画具体的创作过程中，在大小方面的变化方法和运动补间动画的方式一样，通过“变形工具”直接拖曳改变关键帧上内容对象的大小即可；在色彩方面的改变方法是：将改变的对象选中，再选择要填充的色彩，使用“颜料桶工具”填充即可，效果如图6—2所示；在透明度方面的改变方法是：将要改变的对象选中后，在混色器面板变换对象的色彩Alpha数值即可，混色器面板如图6—3所示，透明度改变效果如图6—4所示。

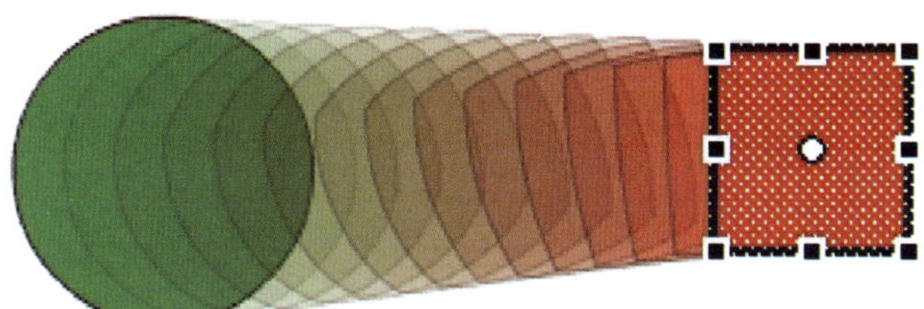

图6—2 形状补间动画的色彩和大小的变化

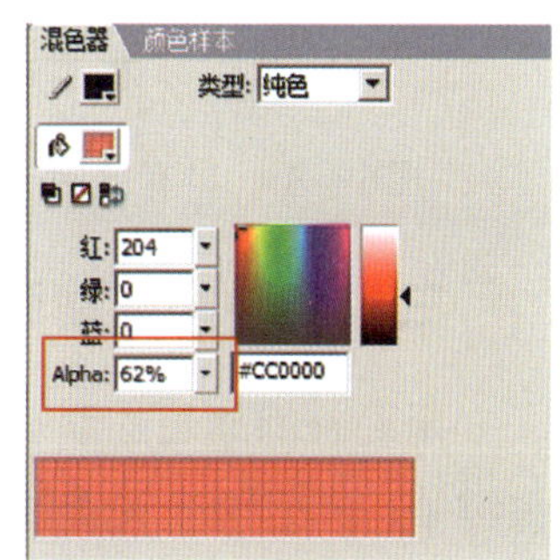

图6—3 混色器面板

二、形状补间动画的特点

在介绍形状补间动画之前要说明的是，补间动画的两种形式——运动补间和形状补间有共同的特点，同时也有微小的差别，下面采用逐项列举的方法说明形状补间的特点，希望读者能够认真对比和体会其中的不同。

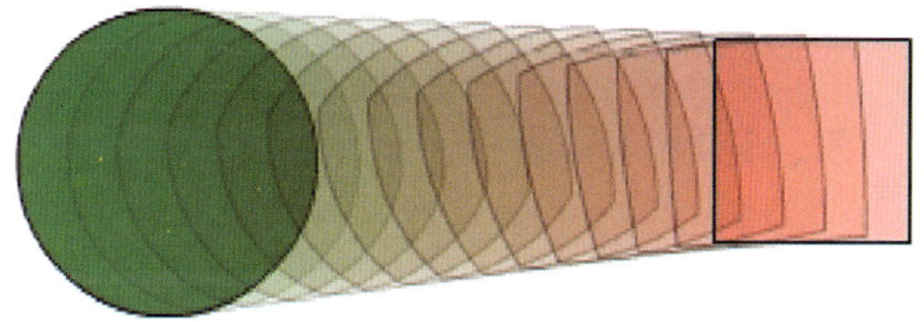

图6—4 透明度改变效果

1．必须具有初始帧和结束帧，并且两个帧都必须是关键帧。

2．两个关键帧中的内容是形状变化起始和结束时的两个结果。

3．两个关键帧必须在同一个图层才可制作形状补间动画。

4．每个关键帧中的内容必须是分离后的（而不能是一个元件或者组合）；如果是具有元件或者组合属性的内容，一般表现为选中对象后，对象周围有一个方框，如图6—5所示；如果是具有分离属性的内容，一般表现为选中对象后，对象上有白点，如图6—6所示。

5．形状补间只能应用于对象形状的改变。

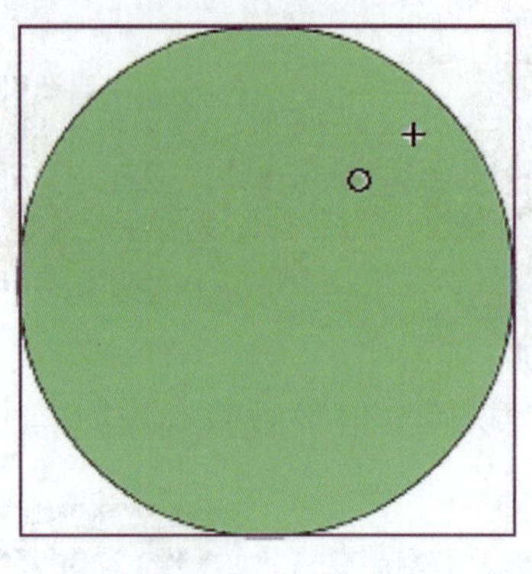

图6—5　具有元件或者组合属性的表现　图6—6　具有分离属性的表现

三、两种补间动画之间的联系与区别

两种补间动画的联系在于：(1) 制作时都在同一图层；(2) 制作时都必须是两个关键帧，并且两个关键帧中的内容是动画起始和结束时的两个结果。

两种补间动画的区别在于：(1) 动作补间动画的两个关键帧中的内容必须具有元件或者组合的属性；(2) 形状补间动画的两个关键帧中的内容必须具有分离的属性。

四、形状补间面板

形状补间面板和属性面板集成在一起，要使用形状补间面板时，首先要在时间轴上选中要进行形状补间的关键帧，界面底部的属性面板即浮现出补间面板，在“补间”命令的下拉式菜单中选择“形状”即可，如图6—7所示。

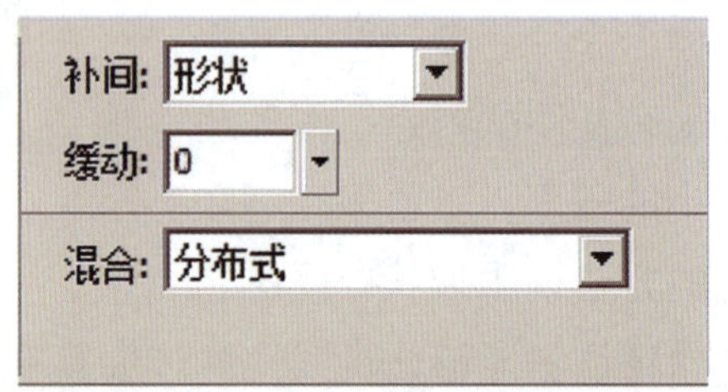

图6—7　形状补间属性面板

形状补间面板中的命令与动作补间面板中的命令大体相同，其中有一项“混合”命令为形状补间面板所独有的。“混合”的下拉菜单有分布式、角形两个选项。主要用于调节对象变化过程中的外形流畅平滑度。分布式是指形状补间动画过渡过程中的图形比较流畅平滑、无规则；角形是指过渡过程中的图形更多保持其角度和直线的特点，若形状补间动画中的对象没有角度变化，则这两个选项没有差别。

五、形状补间动画制作后的正误检查

形状补间动画制作完成后，进行播放检查时也会出现动画播放不流畅或者视觉效果错误的情况，这时就需要查看是否是在形状补间动画制作中出了问题，还是在别的环节出了问题，以便于修改调整。下面就介绍一下形状补间动画制作后的正误检查方法：如果在时间轴中出现的是以浅绿色为背景的实线单箭头符号，则表示该形状补间动画制作正确（见图6—8），那么就需要从其他制作环节入手查找问题。如果不是浅绿色背景或者单箭头符号是虚线而不是实线，则表示该形状补间动画制作不完全正确，那么就需要从导致错误的原因入手分析，以便于下一步对形状补间动画进行修改调整，如图6—9所示。

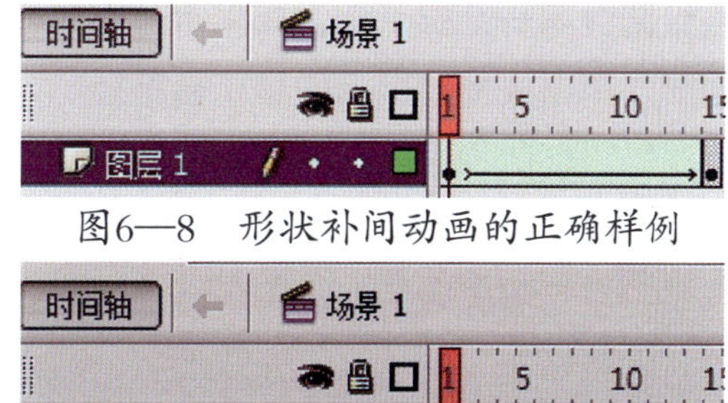

图6—8　形状补间动画的正确样例

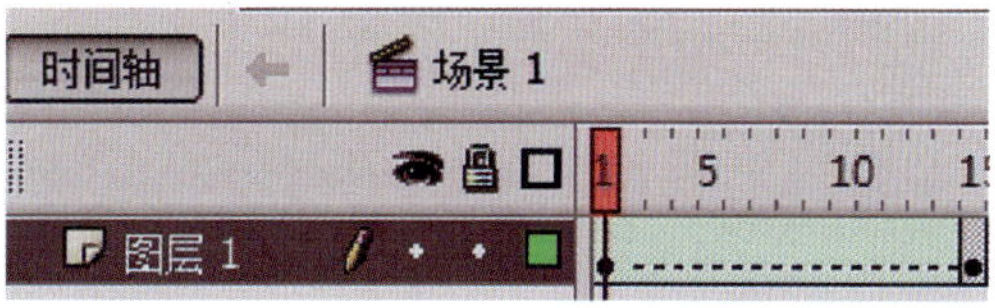

图6—9　形状补间动画的错误样例

导致错误的原因一般来说有以下几种：

1．起始或结束两个关键帧中缺少实际内容。

2．各帧内容不是分离后的图形。

3．两个关键帧未在同一图层中。

通过寻找以上导致错误的原因，并进行调整修改，相信制作的形状补间动画就可以正常播放了。

六、“钢笔工具”的使用

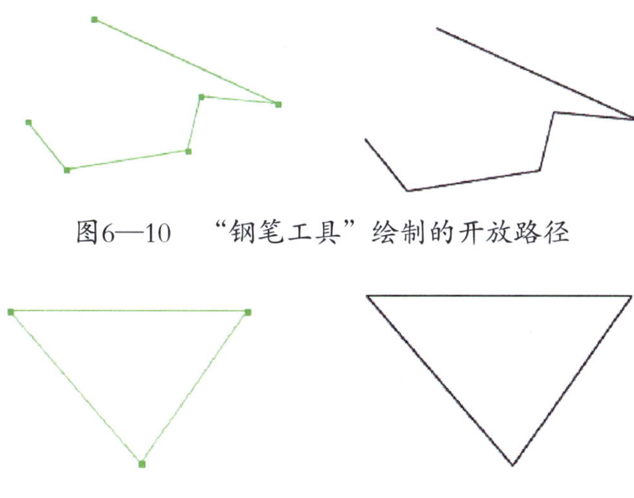

图6—10　“钢笔工具”绘制的开放路径

图6—11　“钢笔工具”绘制的闭合路径

“钢笔工具”绘制线条的功能极其强大，非常适于绘制不规则图形。熟练使用钢笔工具，可以为动画形象的绘制带来极大的便利。

1．选中工具箱中的“钢笔工具”，将光标移到需要绘制的地方，单击鼠标形成第一个锚点，然后按照需要绘制剩下的锚点，在想要结束的位置再次单击，即可绘制出想要的直线。在使用“钢笔工具”绘制路径时，可以以开放或者闭合形状完成此路径。开放路径：双击绘制的最后一个点，然后单击工具箱中的“钢笔工具”按钮，或者按住“Ctrl”键单击路径外的任何位置，如图6—10所示。闭合路径：将“钢笔工具”光标放置到绘制的第一个锚点上，如果定位准确，就会在靠近钢笔尖图标的地方出现一个小圆圈，单击或拖动鼠标即可闭合路径，如图6—11所示。

2．使用“钢笔工具”绘制曲线的时候，可以单击工具箱中的“钢笔工具”按钮，将光标移至想要绘制曲线的地方，在元件编辑窗口中单击，以确定第一个锚点位置，单击想要绘制曲线的另一处端点，并拖动鼠标，会出现曲线和曲线的切线手柄，调整切线手柄可改变曲线形状，达到想要的效果，如图6—12所示。

图6—12 “钢笔工具”绘制的曲线路径

七、“颜料桶工具”的使用

“颜料桶工具”有墨水瓶和颜料桶两种，墨水瓶主要是对线条色彩的调整，如图6—13所示；颜料桶主要是对形状内部色彩的填充，如图6—14所示。

图6—13 墨水瓶对线条的填充

图6—14 颜料桶对实心色彩的填充

当在工具箱中选择“颜料桶工具”后，工具箱底部会同时出现如图6—15所示的工具，左侧带有一个小三角标志的是“空隙大小”选项，单击“空隙大小”选项中的小三角下拉菜单，会出现如图6—16所示的选项内容，这个选项命令主要是为了便于对一些未能完全闭合的路径进行填色而准备的（未能完全闭合的路径一般不能填入颜色），但是如果根据绘制的图形的空隙存在的实际情况，选择相应的选项，那么有些未能完全闭合的路径中也可以顺利填入色彩，这样的命令可大大方便制作者，

图6—15 “空隙大小”选项

如图6—17所示。应当说明的是，即使是“封闭大空隙”命令，对于需要填色的有非常大空隙的图形，也不是完全有效的。这时，需要把线条空隙封闭好后再进行填色。

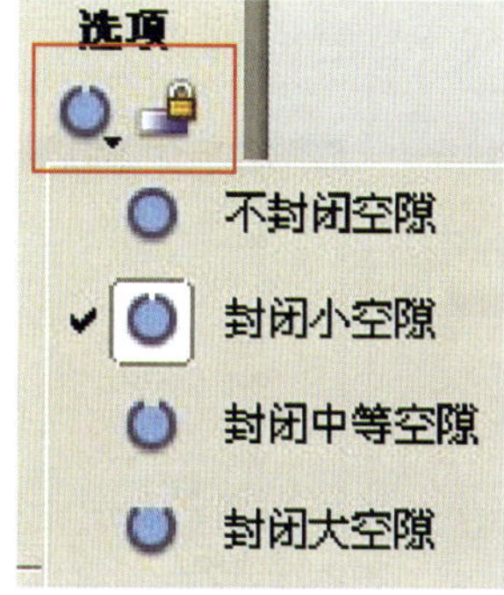

图6—16　“空隙大小”选项内容

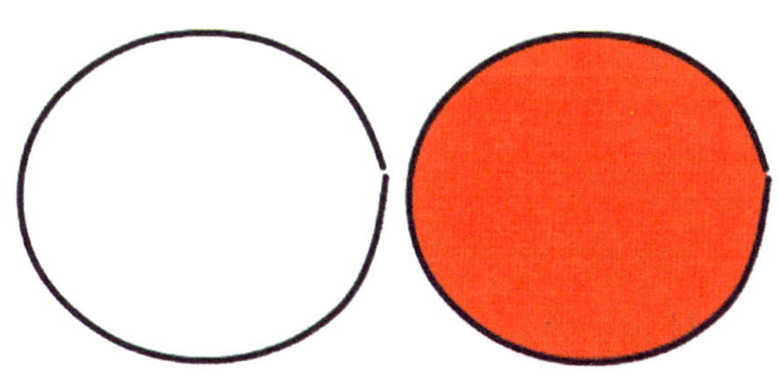

图6—17　“空隙大小”选项对有空隙的图形进行填色的效果

任务实施

素材文件位置：光盘/资源下载/任务6

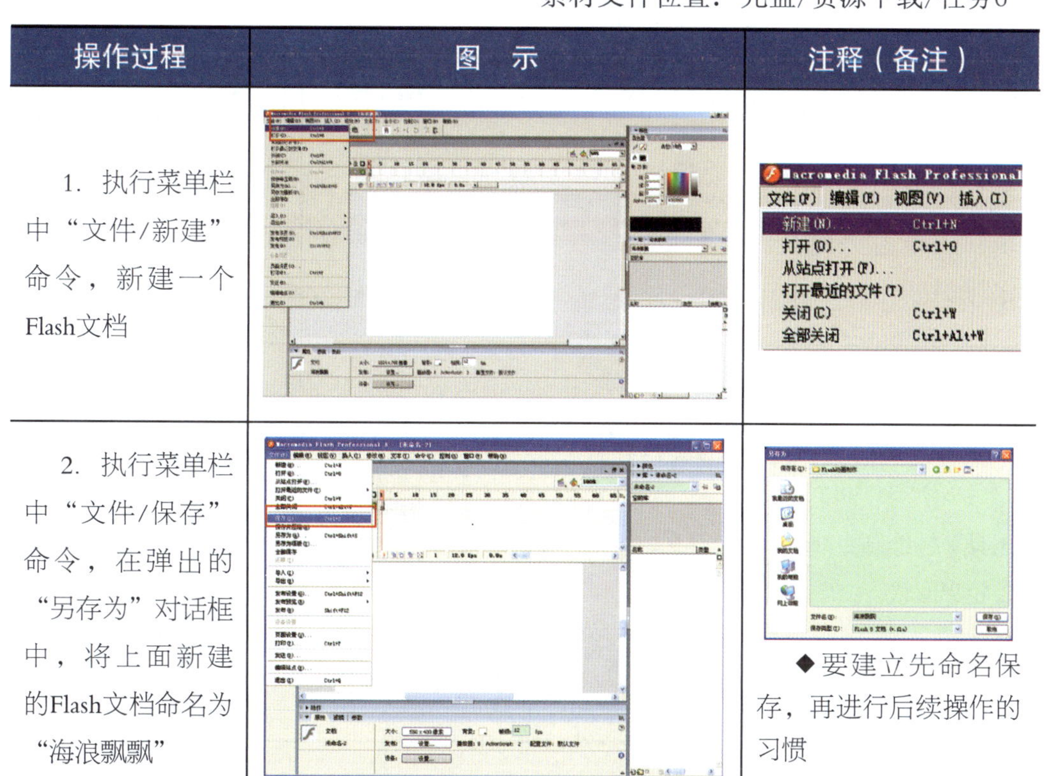

操作过程	图　示	注释（备注）
1. 执行菜单栏中“文件/新建”命令，新建一个Flash文档		
2. 执行菜单栏中“文件/保存”命令，在弹出的“另存为”对话框中，将上面新建的Flash文档命名为“海浪飘飘”		◆要建立先命名保存，再进行后续操作的习惯

续表

操作过程	图　示	注释（备注）
3．单击属性面板中的“文档属性”按钮，在“文档属性”对话框中设置尺寸为1 024 px×768 px，背景白色，单击“确定”按钮	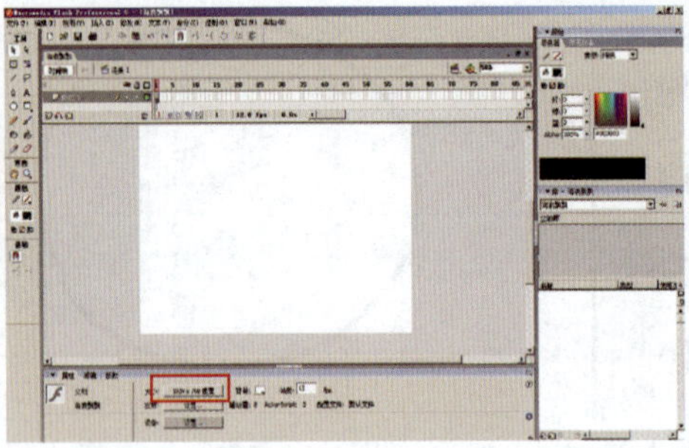	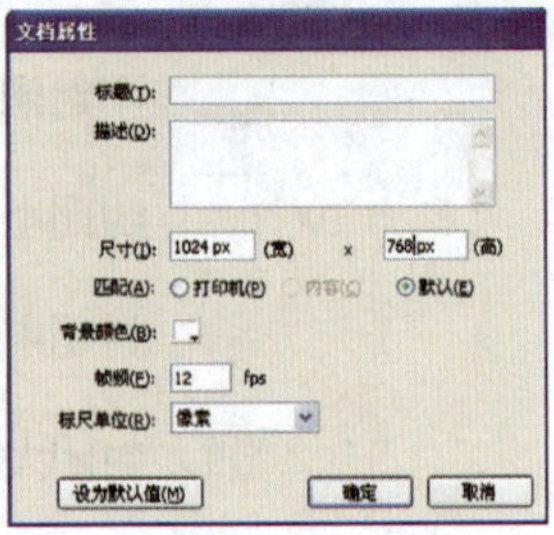
4．执行菜单栏中“插入/新建元件”命令，在“创建新元件”对话框中，设置名称为默认的“元件1”，类型为“影片剪辑”，单击“确定”按钮	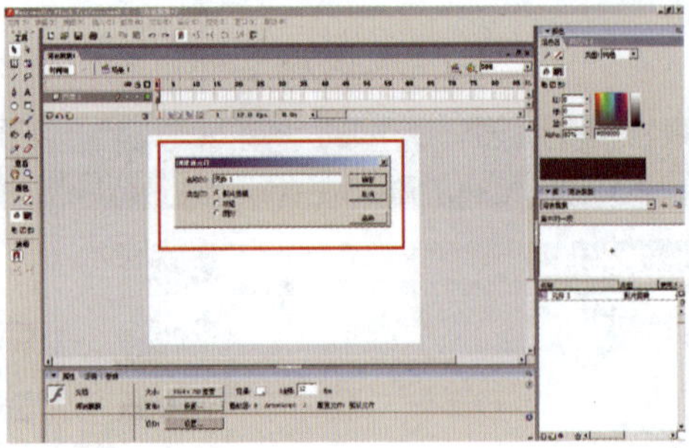	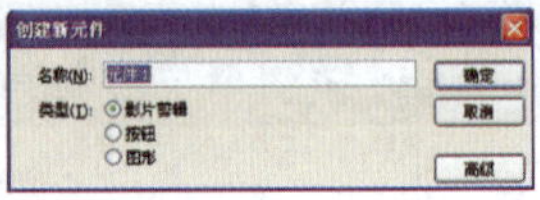
5．使用“钢笔工具”，绘制海浪外轮廓形状	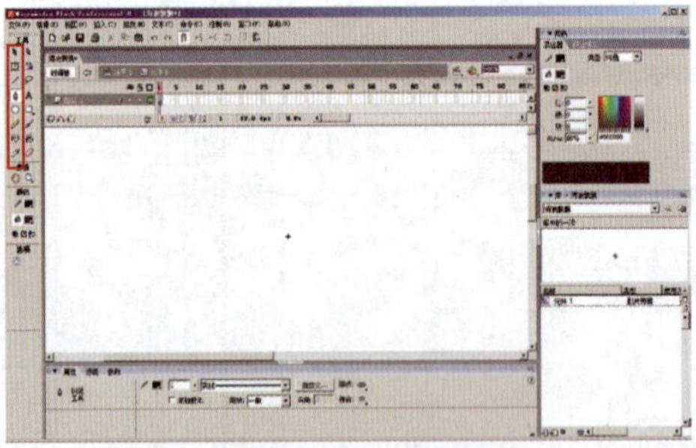	◆选择“钢笔工具”后，在场景中使用时应注意其右下角的提示，如果是“零”的标记代表绘制的是闭合路径，如果是“减号”说明点击后会删除该节点，如果是“加号”则说明可以添加节点

续表

操作过程	图　示	注释（备注）
6. 绘制完海浪外轮廓后，可以使用“放大工具”检查并确认外轮廓线是否为闭合路径，以便于填充色彩	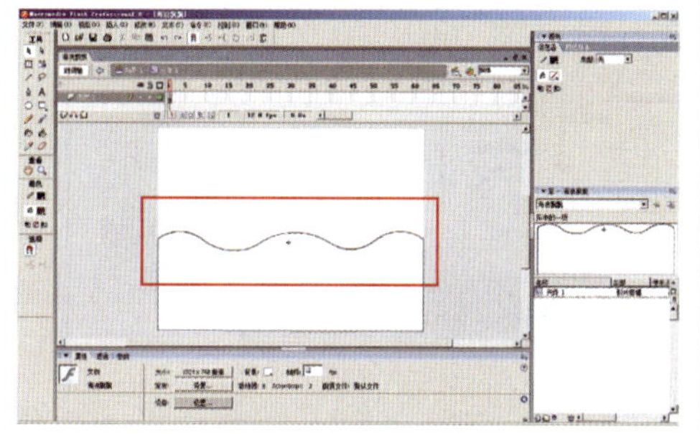	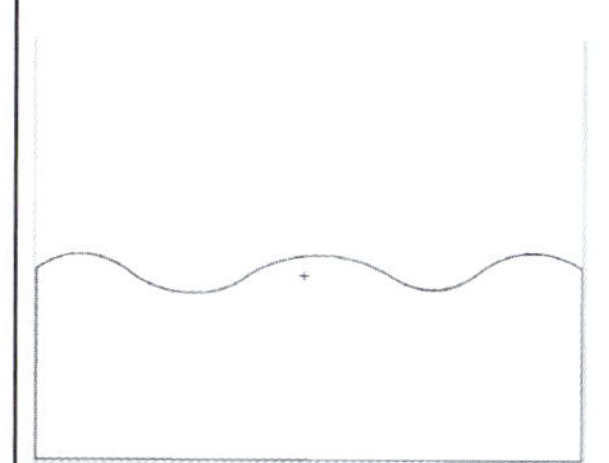
7. 使用“颜料桶工具”，将海浪填充为蓝色。然后使用“选择工具”，鼠标靠近到所填充的蓝色波浪的旁边，当鼠标箭头右下角出现一个弧线时，说明已经在轮廓线上了，单击鼠标左键，选中海浪的外轮廓线，将其删除	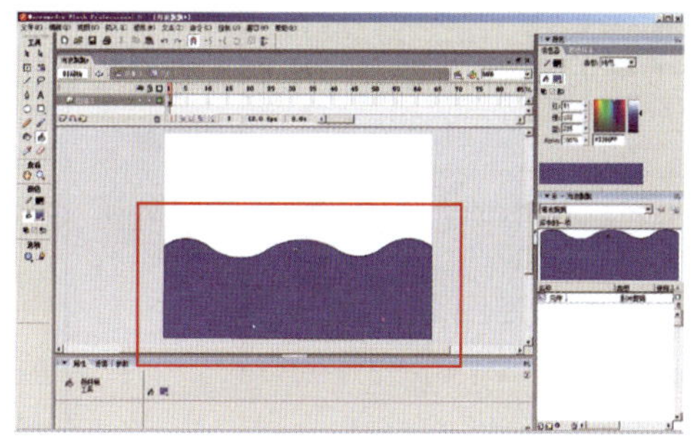	工具 ◆ 蓝色波浪外轮廓线的全部选择可以在单击鼠标左键选中一条轮廓线的基础上再次双击，即可将外轮廓线一次性全部选中
8. 绘制完海浪后，鼠标选中图层1的第15帧，单击鼠标右键，在快捷菜单中选择“插入帧”命令。在这里使用“插入帧”命令，主要是为了方便后面制作波浪起伏的形状补间效果	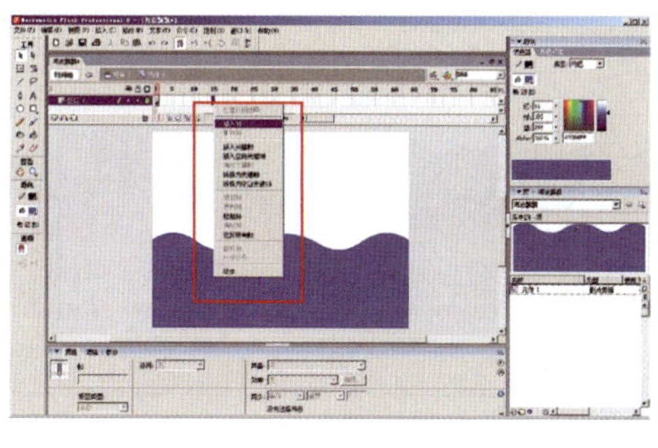	◆ “插入帧”命令可以形成和前一帧一样内容的关键帧，也可以理解为“延长关键帧”。延长关键帧不管有多少帧，其中的内容都只有统一的一个，因此，如果改变其中的一帧，那么所有帧的内容都会改变

续表

操作过程	图　示	注释（备注）
9．选中图层1的第16帧，单击鼠标右键，在快捷菜单中选择“插入空白关键帧”命令	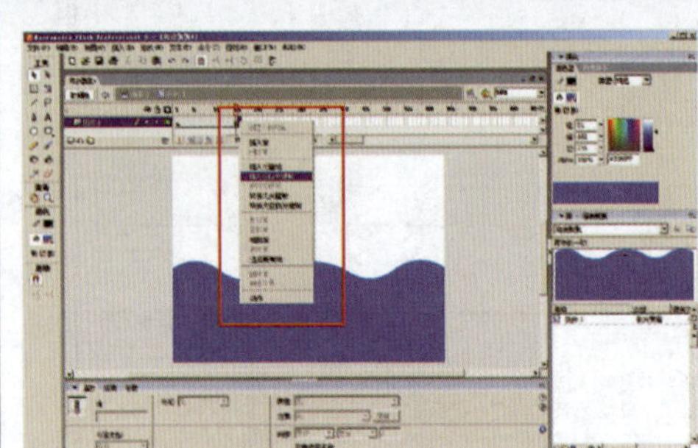	◆空白关键帧是一个没有具体内容的、空白的关键帧。插入空白关键帧主要是为了在该帧中进一步绘制波浪起伏后的形状
10．在第16帧（插入的空白关键帧）中，再次绘制海浪外轮廓线。这次绘制的海浪轮廓线要和前一次绘制的形成波浪起伏的效果，即要将波峰、波谷进行相反方向的绘制	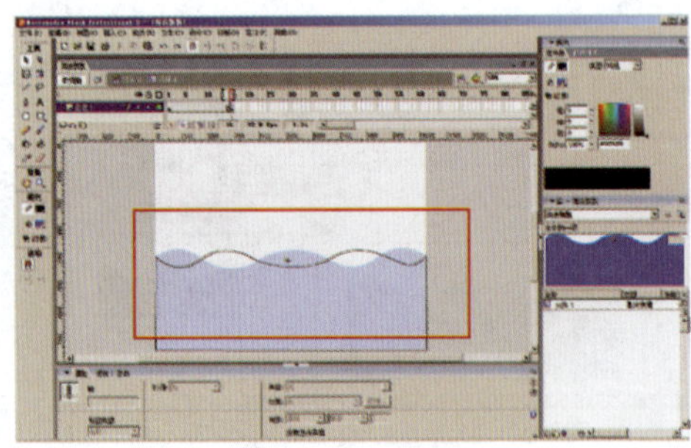	◆单击时间轴面板中的“绘图纸外观”按钮，即可看到如左图所示的效果，便于调整外轮廓线，形成波浪起伏的效果
11．再次使用“颜料桶工具”填充海浪的色彩，然后将轮廓线删除，只保留填充后的波浪，便于下一步制作形状补间动画	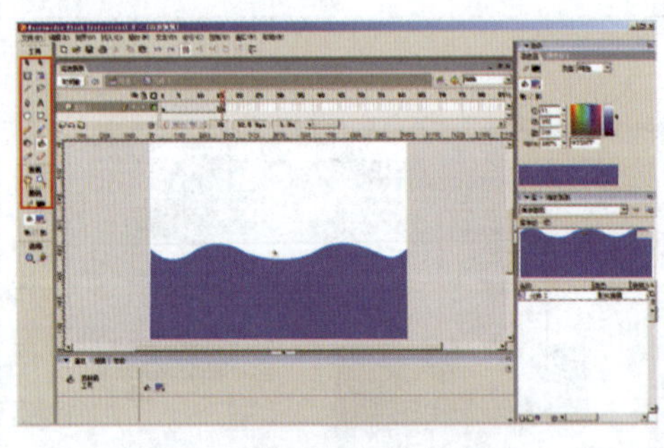	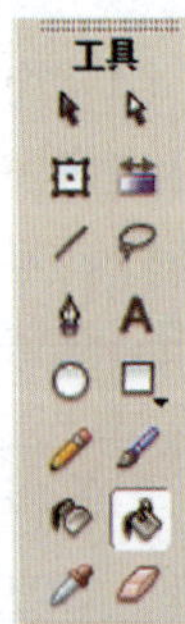

续表

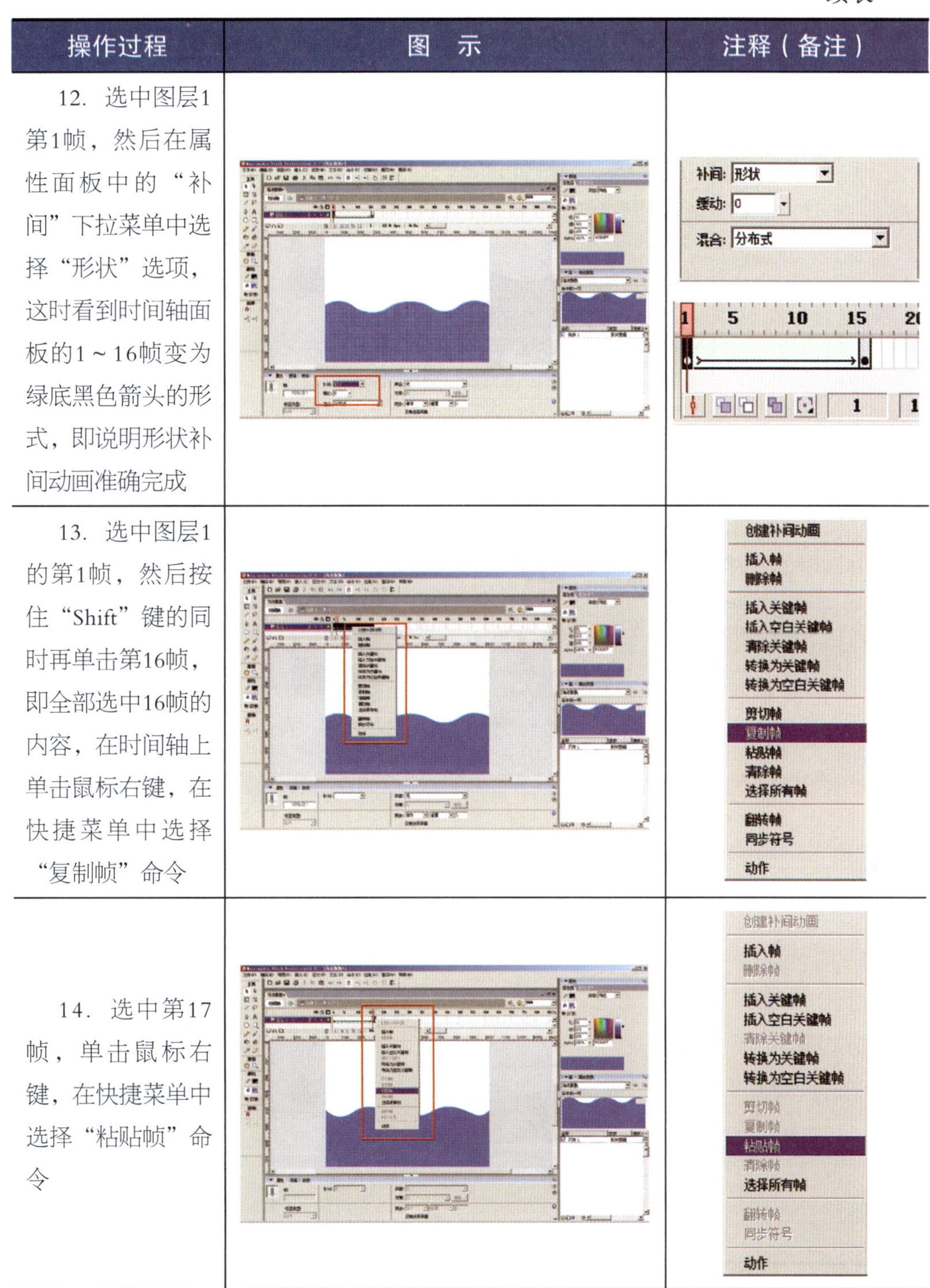

操作过程	图 示	注释（备注）
12. 选中图层1第1帧，然后在属性面板中的“补间”下拉菜单中选择“形状”选项，这时看到时间轴面板的1～16帧变为绿底黑色箭头的形式，即说明形状补间动画准确完成		补间: 形状 缓动: 0 混合: 分布式 1 5 10 15 20
13. 选中图层1的第1帧，然后按住“Shift”键的同时再单击第16帧，即全部选中16帧的内容，在时间轴上单击鼠标右键，在快捷菜单中选择“复制帧”命令		创建补间动画 插入帧 删除帧 插入关键帧 插入空白关键帧 清除关键帧 转换为关键帧 转换为空白关键帧 剪切帧 复制帧 粘贴帧 清除帧 选择所有帧 翻转帧 同步符号 动作
14. 选中第17帧，单击鼠标右键，在快捷菜单中选择“粘贴帧”命令		创建补间动画 插入帧 删除帧 插入关键帧 插入空白关键帧 清除关键帧 转换为关键帧 转换为空白关键帧 剪切帧 复制帧 粘贴帧 清除帧 选择所有帧 翻转帧 同步符号 动作

续表

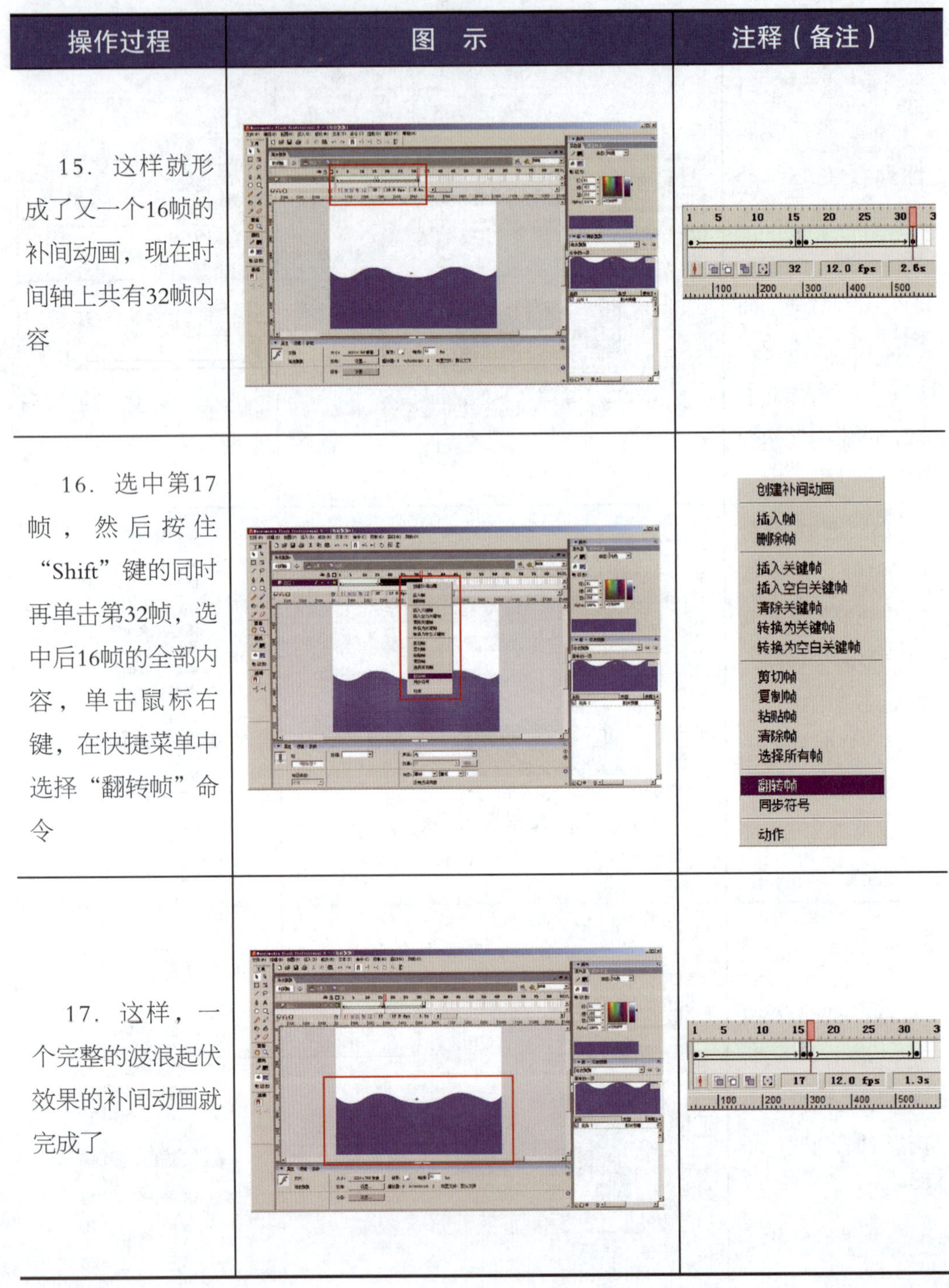

操作过程	图　示	注释（备注）
15．这样就形成了又一个16帧的补间动画，现在时间轴上共有32帧内容		
16．选中第17帧，然后按住“Shift”键的同时再单击第32帧，选中后16帧的全部内容，单击鼠标右键，在快捷菜单中选择“翻转帧”命令		
17．这样，一个完整的波浪起伏效果的补间动画就完成了		

续表

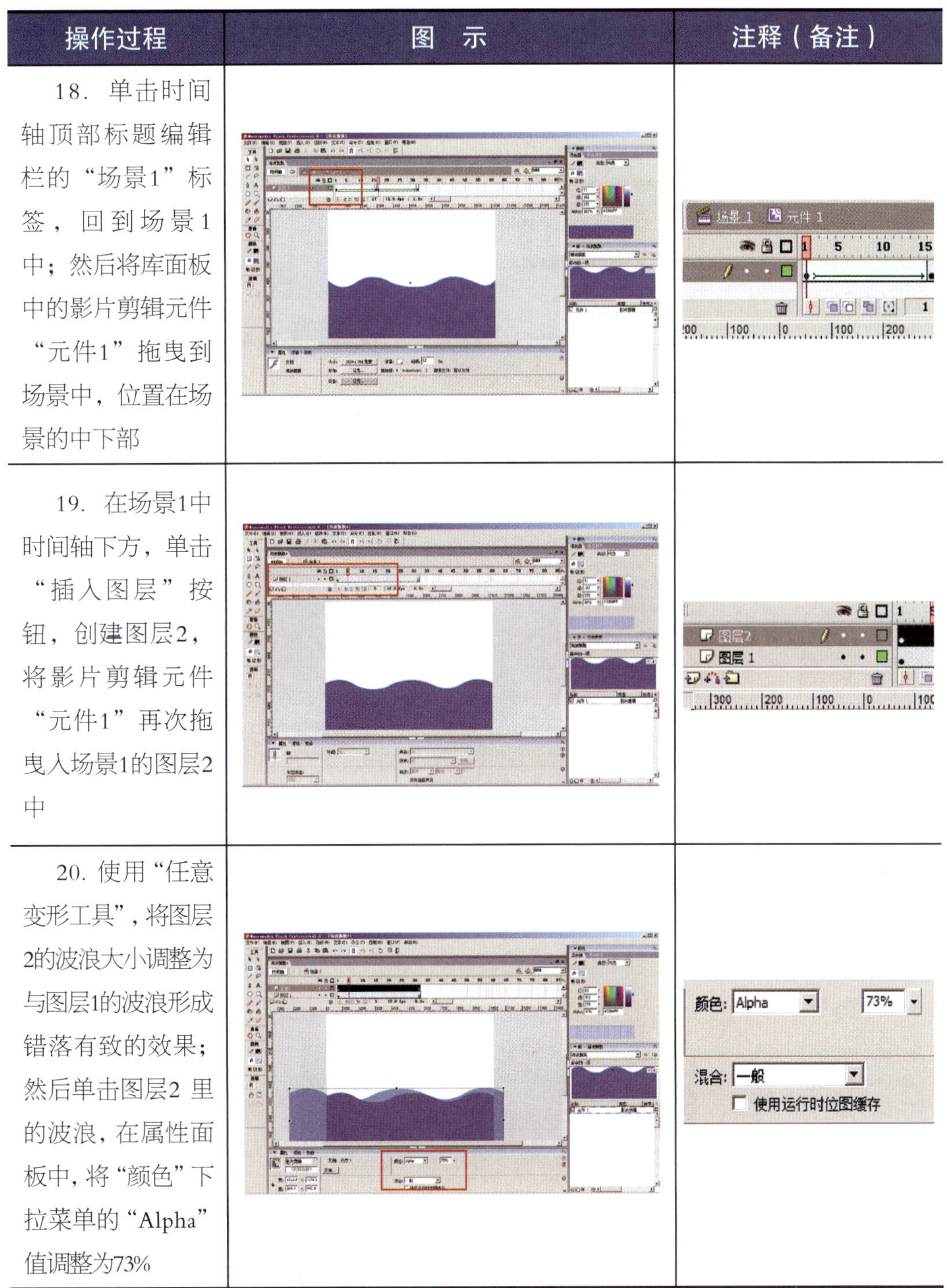

操作过程	图　示	注释（备注）
18. 单击时间轴顶部标题编辑栏的“场景1”标签，回到场景1中；然后将库面板中的影片剪辑元件“元件1”拖曳到场景中，位置在场景的中下部		
19. 在场景1中时间轴下方，单击“插入图层”按钮，创建图层2，将影片剪辑元件“元件1”再次拖曳入场景1的图层2中		
20. 使用“任意变形工具”，将图层2的波浪大小调整为与图层1的波浪形成错落有致的效果；然后单击图层2 里的波浪，在属性面板中，将“颜色”下拉菜单的“Alpha”值调整为73%		

续表

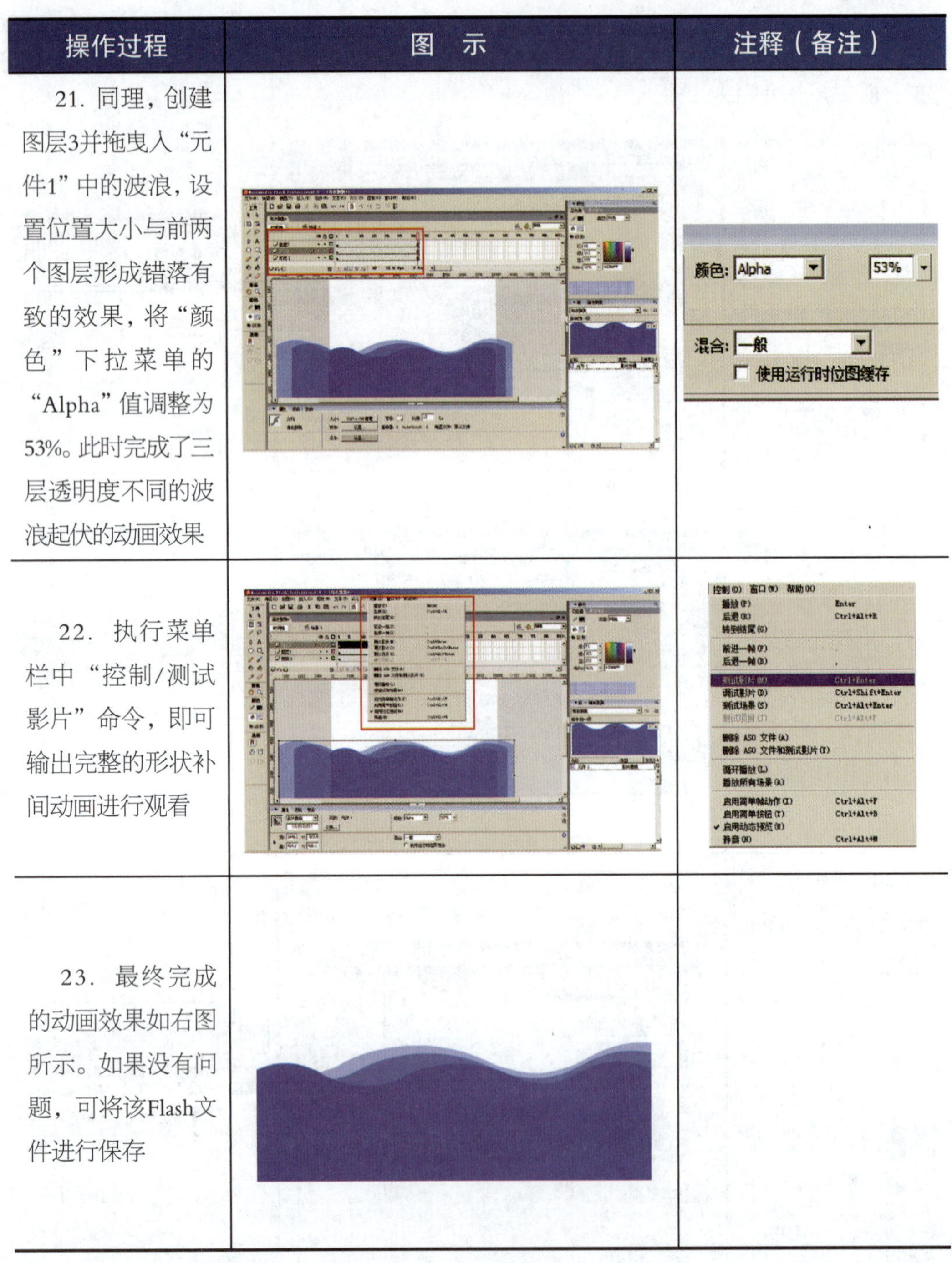

操作过程	图　示	注释（备注）
21. 同理，创建图层3并拖曳入“元件1”中的波浪，设置位置大小与前两个图层形成错落有致的效果，将“颜色”下拉菜单的“Alpha”值调整为53%。此时完成了三层透明度不同的波浪起伏的动画效果		颜色: Alpha 53% 混合: 一般 使用运行时位图缓存
22. 执行菜单栏中“控制/测试影片”命令，即可输出完整的形状补间动画进行观看		控制(O) 窗口(W) 帮助(H) 播放(P) Enter 后退(R) Ctrl+Alt+R 转到结尾(G) 前进一帧(F) 后退一帧(B) 测试影片(M) Ctrl+Enter 调试影片(D) Ctrl+Shift+Enter 测试场景(S) Ctrl+Alt+Enter 测试项目(J) Ctrl+Alt+P 删除 ASO 文件(A) 删除 ASO 文件和测试影片(T) 循环播放(L) 播放所有场景(A) 启用简单帧动作(I) Ctrl+Alt+F 启用简单按钮(T) Ctrl+Alt+B ✓ 启用动态预览(W) 静音(N) Ctrl+Alt+M
23. 最终完成的动画效果如右图所示。如果没有问题，可将该Flash文件进行保存		

思考与练习

一、思考题

1．形状补间动画的创作方法是什么?

2．形状补间动画的特点是什么?

3．动作补间与形状补间之间的联系与区别是什么?

二、实训题

1．请制作如图6—18所示的薄雾萦绕的补间动画效果。

图6—18　薄雾萦绕的荷花

2．利用个人主页的名称或者自己的网名制作一个形状补间动画。

任务7　制作雪花飘落引导线动画

任务目标：

◆掌握引导线动画的原理和制作方法

◆能制作简单的引导线动画

任务引入

请为图7—1所示的冬日场景中加入雪花飘落的动画，加入动画后的效果如图7—2所示。通过该任务，掌握引导线动画的制作方法。

图7—1　冬日场景

图7—2　雪花飘落的动画效果

任务分析

在Flash中，制作雪花飘落的动画效果是利用引导线动画来完成的，雪花飘落按照预先设定的线路实现动画效果。这种方法大大减轻了动画制作者的制作时间和精力，因而备受青睐，引导线动画制作是Flash动画软件制作中的一大亮点。

本实例主要通过使用“铅笔工具”绘制雪花，使用“颜料桶工具”为雪花填充色彩，最后在影片剪辑元件中利用引导线制作雪花的飘落效果。

相关知识

一、引导线动画

引导线动画就是指在引导层中使用相应的工具绘制一条路径，以便于让画面中的对象按照这条路径进行运动，从而制作出沿路径作运动的动画。而在引导线动画中，控制对象运动轨迹的路径就叫做引导线。引导线可以是直线，也可以是曲线；可以是规则的变化，也可以是不规则的变化，这样的路径引导线大大方便了动画制作，也使得Flash动画效果更加多样化，如图7—3所示。

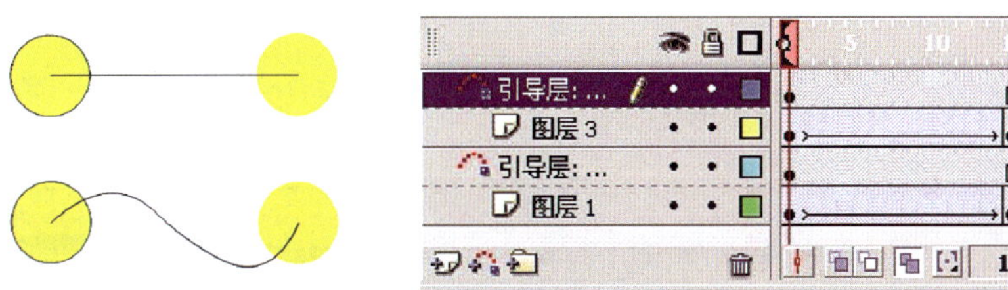

图7—3　引导线动画

二、引导线动画的特点

1．引导线动画由两个图层组成：一层是有运动变化的对象，另一层是路径，这两个内容缺一不可。

2．引导线动画一般底下一层是对象的运动变化，上面一层是运动路径，两层之间一般不再添加其他图层。

3．引导线动画的起始帧和结束帧都要和对象元件的中心点相吻合，稍有一点儿错位就可能导致引导线动画制作的失败，所以有时需要使用“放大镜”工具放大来查看。

任务实施

素材文件位置：光盘/资源下载/任务7

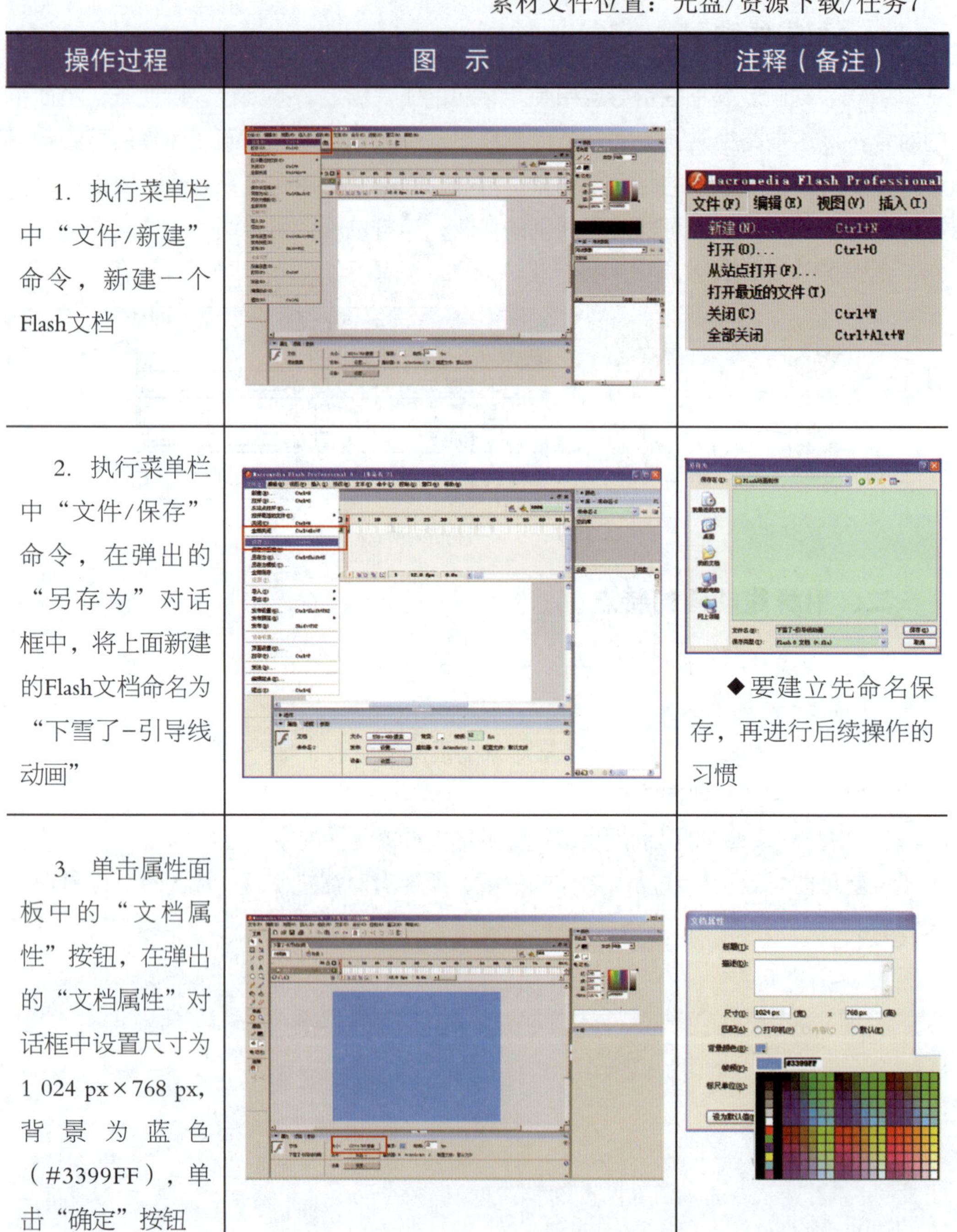

操作过程	图　示	注释（备注）
1. 执行菜单栏中“文件/新建”命令，新建一个Flash文档		Macromedia Flash Professional 文件(F) 编辑(E) 视图(V) 插入(I) 新建(N)... Ctrl+N 打开(O)... Ctrl+O 从站点打开(F)... 打开最近的文件(T) 关闭(C) Ctrl+W 全部关闭 Ctrl+Alt+W
2. 执行菜单栏中“文件/保存”命令，在弹出的“另存为”对话框中，将上面新建的Flash文档命名为“下雪了-引导线动画”		◆要建立先命名保存，再进行后续操作的习惯
3. 单击属性面板中的“文档属性”按钮，在弹出的“文档属性”对话框中设置尺寸为1 024 px×768 px，背景为蓝色（#3399FF），单击“确定”按钮		

续表

操作过程	图 示	注释（备注）
4. 执行菜单栏中“插入/新建元件”命令，在弹出的“创建新元件”对话框中设置名称为“雪花”，类型为“图形”，单击“确定”按钮	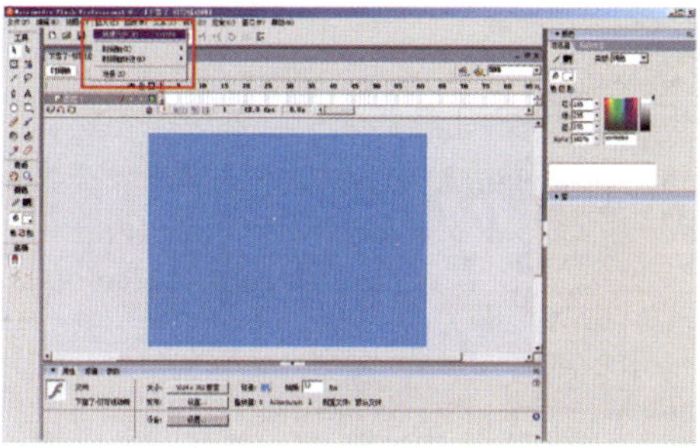	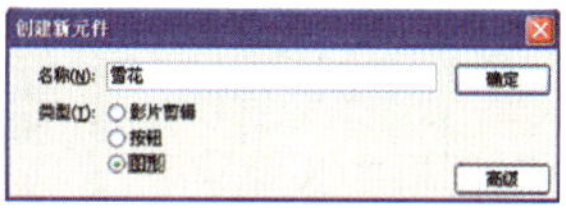
5. 选择工具箱中的“铅笔工具”，将属性面板中的笔触高度设为“1.5”，笔触样式设为“实线”，其他保持默认值不变。然后在新建的“雪花”图形元件中绘制雪花	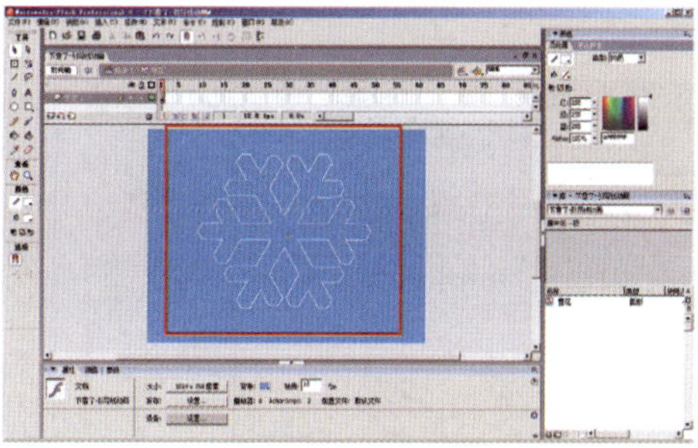	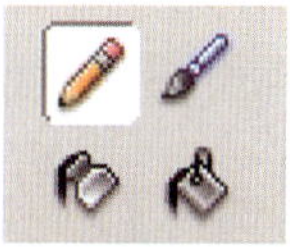 
6. 使用“颜料桶工具”将雪花填充为白色		 ◆选择“颜料桶工具”，将颜色选为白色，然后在绘制的雪花图形中单击鼠标左键即可填充为白色

续表

操作过程	图　示	注释（备注）
7．执行菜单栏中“插入/新建元件”命令，在弹出的“创建新元件”对话框中设置名称为“动态雪花”，类型为“影片剪辑”，单击“确定”按钮	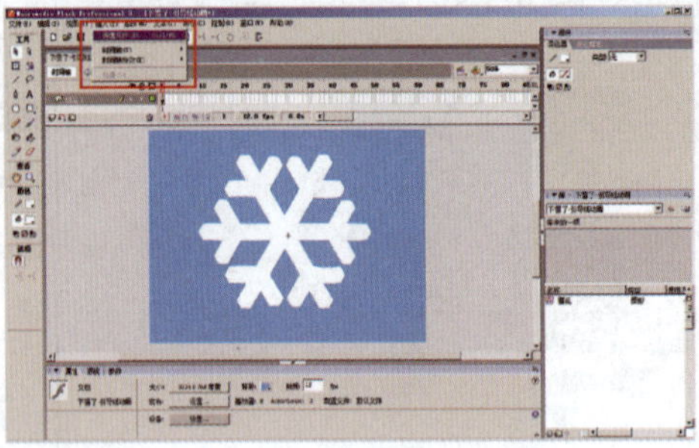	 创建新元件 名称(N): 动态雪花　确定 类型(T): ⊙影片剪辑　取消 ○按钮 ○图形　高级
8．将绘制完成的“雪花”图形元件拖曳到“动态雪花”影片剪辑元件中；使用工具箱中的“任意变形工具”将雪花缩放至适当大小，放置在“动态雪花”元件中场景的上部	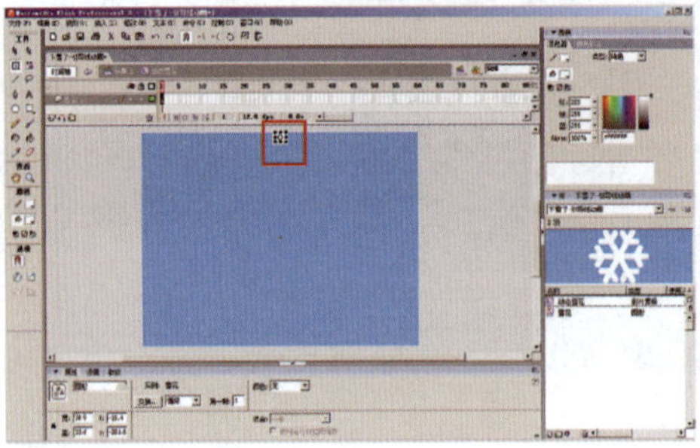	◆使用“任意变形工具”将大雪花变成小雪花 ◆将雪花放置于场景上部是为便于后续操作中制作雪花飘落的动画
9．在时间轴上选中第20帧，单击鼠标右键，在弹出的快捷菜单中选择“插入关键帧”命令	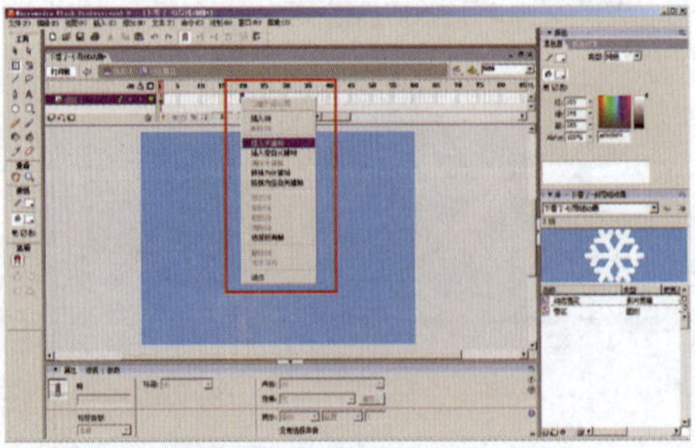	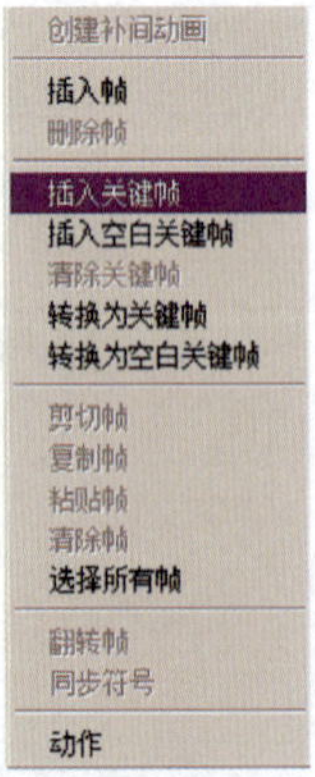 创建补间动画 插入帧 删除帧 插入关键帧 插入空白关键帧 清除关键帧 转换为关键帧 转换为空白关键帧 剪切帧 复制帧 粘贴帧 清除帧 选择所有帧 翻转帧 同步符号 动作

续表

操作过程	图　示	注释（备注）
10．选中时间轴的第20帧“雪花”，将其在“动态雪花”元件中的位置移动到场景底部	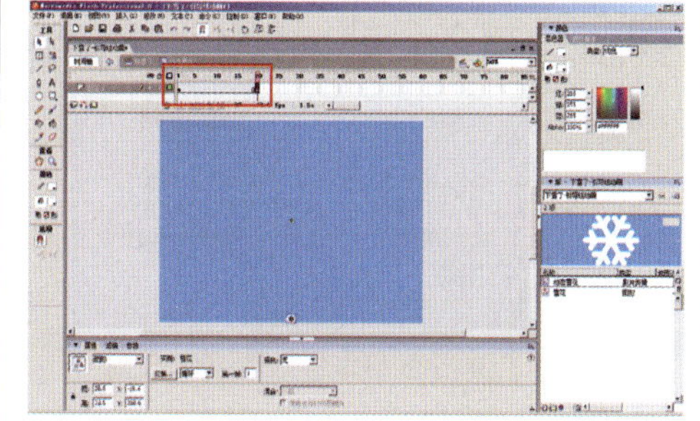	◆这时若拖曳时间轴红色播放头，可以看到两帧跳跃式播放的雪花下落
11．再次选中时间轴上的第1帧，单击鼠标右键，在弹出的快捷菜单中选择“创建补间动画”命令	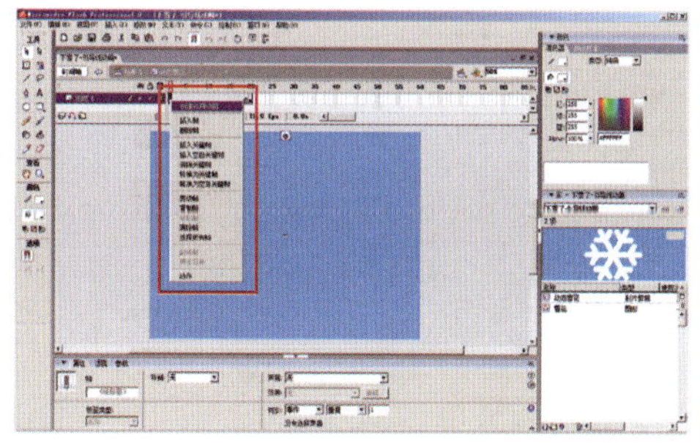	创建补间动画 插入帧 删除帧 插入关键帧 插入空白关键帧 清除关键帧 转换为关键帧 转换为空白关键帧 剪切帧 复制帧 粘贴帧 清除帧 选择所有帧 ◆这时若再拖动时间轴红色播放头，可以看到匀速下落的雪花
12．在“图层1”右边的空白位置单击鼠标右键，选择图层快捷菜单中的“添加引导层”命令	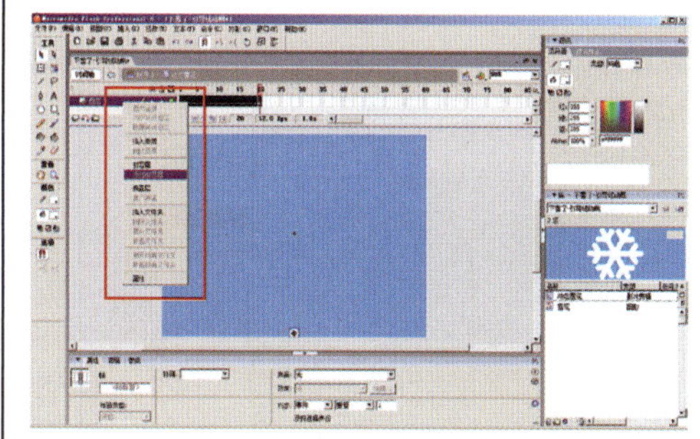	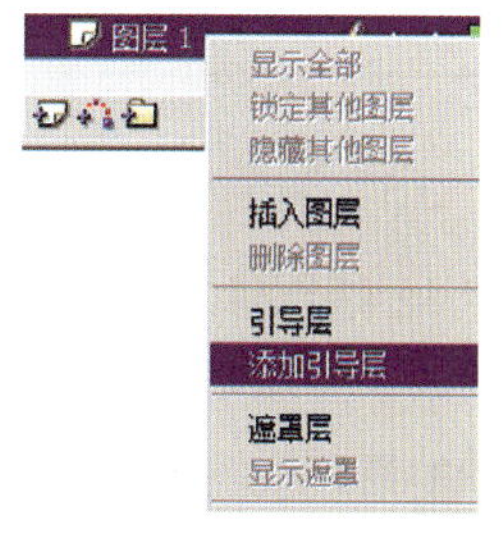 ◆必须单击图层名称右边的空白位置，否则可能无法用右键打开图层的快捷菜单

续表

操作过程	 图　示	注释（备注）
13. 这时会自动生成名为“引导层：图层1”的图层。在这个图层上使用“铅笔工具”自行绘制雪花下落的路径	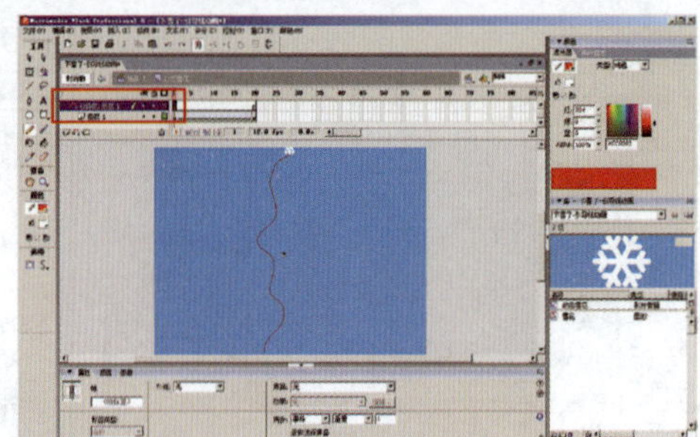	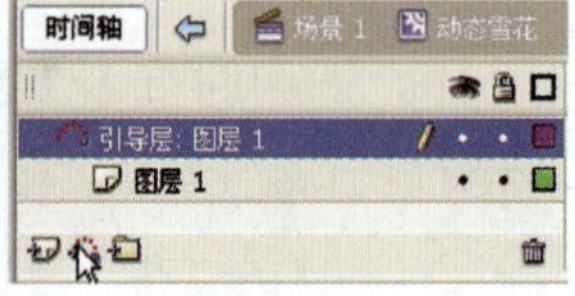 ◆铅笔粗度设为1，色彩可自定义，区别于背景，易于辨认即可
14. 选中图层1时间轴第1帧，然后在场景中将这一帧中的雪花拖曳到红色引导线的起始位置	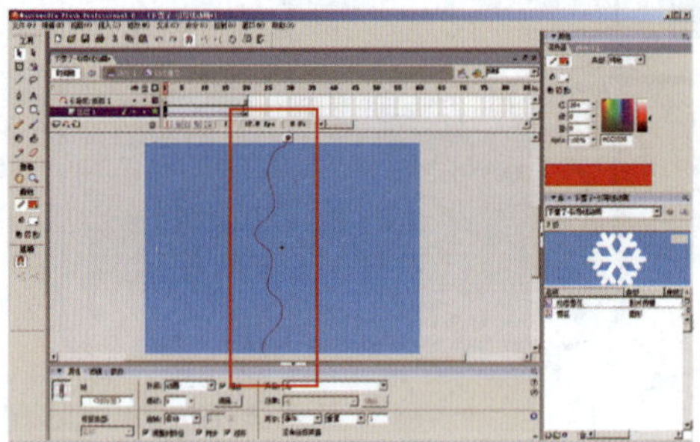	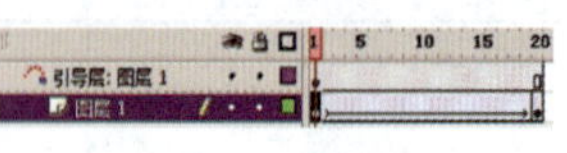  ◆红色引导线的起始点要和雪花中心的“圆形十字”位置完全吻合，否则引导线动画将无法完成（可用“放大工具”查看）
15. 再选中图层1时间轴第20帧，在画面中将这帧的雪花位置拖曳至红色引导线的结束位置。至此，一个雪花飘落的引导线动画就完成了	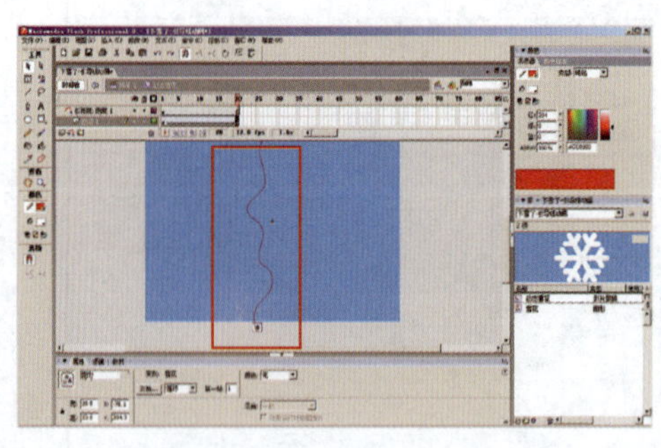	 ◆此时，如果拖动时间轴红色播放头观看，可以看到雪花随着引导线给出的路径下落

续表

操作过程	图　示	注释（备注）
16. 增加雪花效果。首先是为雪花增添淡入淡出效果：选中时间轴的第5帧，单击鼠标右键，在弹出的快捷菜单中选择“插入关键帧”命令，为第5帧添加一个关键帧	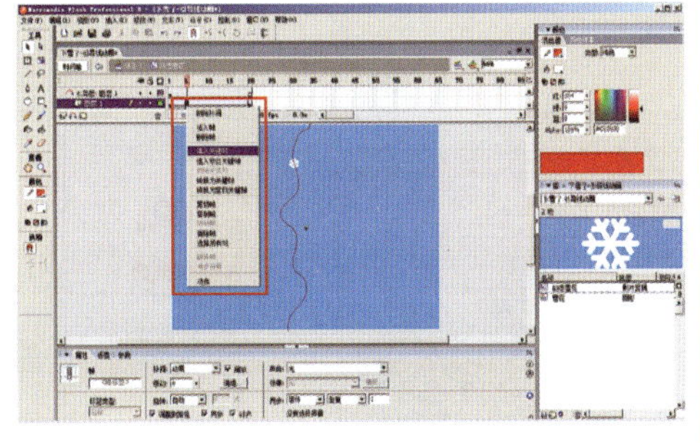	◆增加雪花效果的原因在于：在上面设置的雪花引导线动画中，雪花没有变化，比较呆板，因此需进一步美化，为雪花增添淡入淡出效果
17. 选中图层1时间轴第1帧，然后再选中第1帧场景中的雪花，这时属性面板右边会浮现图形元件的“颜色”下拉菜单，设置“Alpha”数值为0%，即可出现雪花淡入的效果	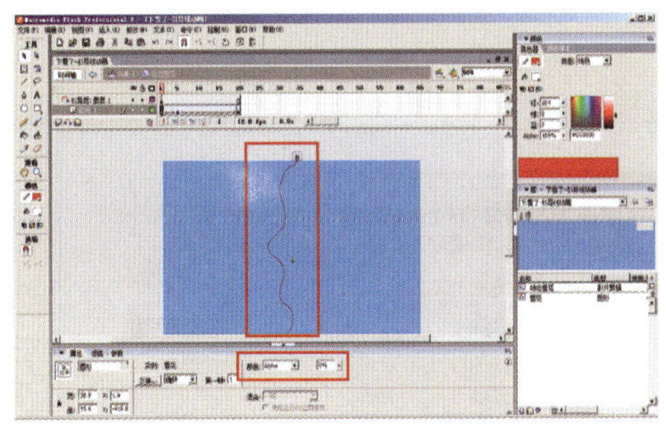	
18. 同理，再制作雪花淡出的效果：选中时间轴第15帧，单击鼠标右键，在快捷菜单中选择“插入关键帧”命令。然后再选中第20帧，将第20帧场景中的雪花选中，设置“Alpha”数值为0%，即可出现雪花淡出的效果	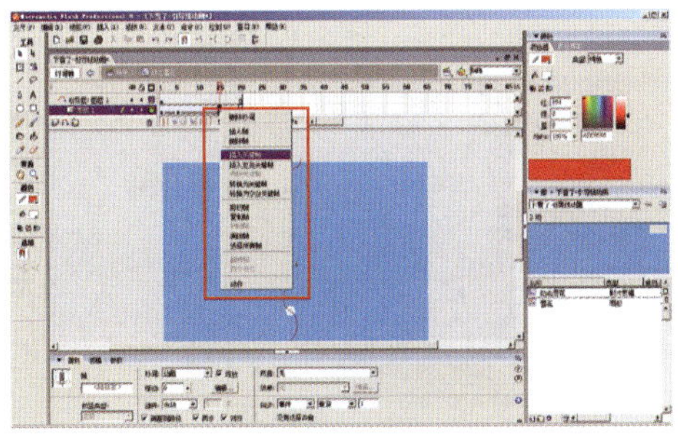	◆透明度的改变必须先选中时间轴上的帧，再单击选中画面中的元件，属性面板才会浮现出“颜色”下拉菜单

续表

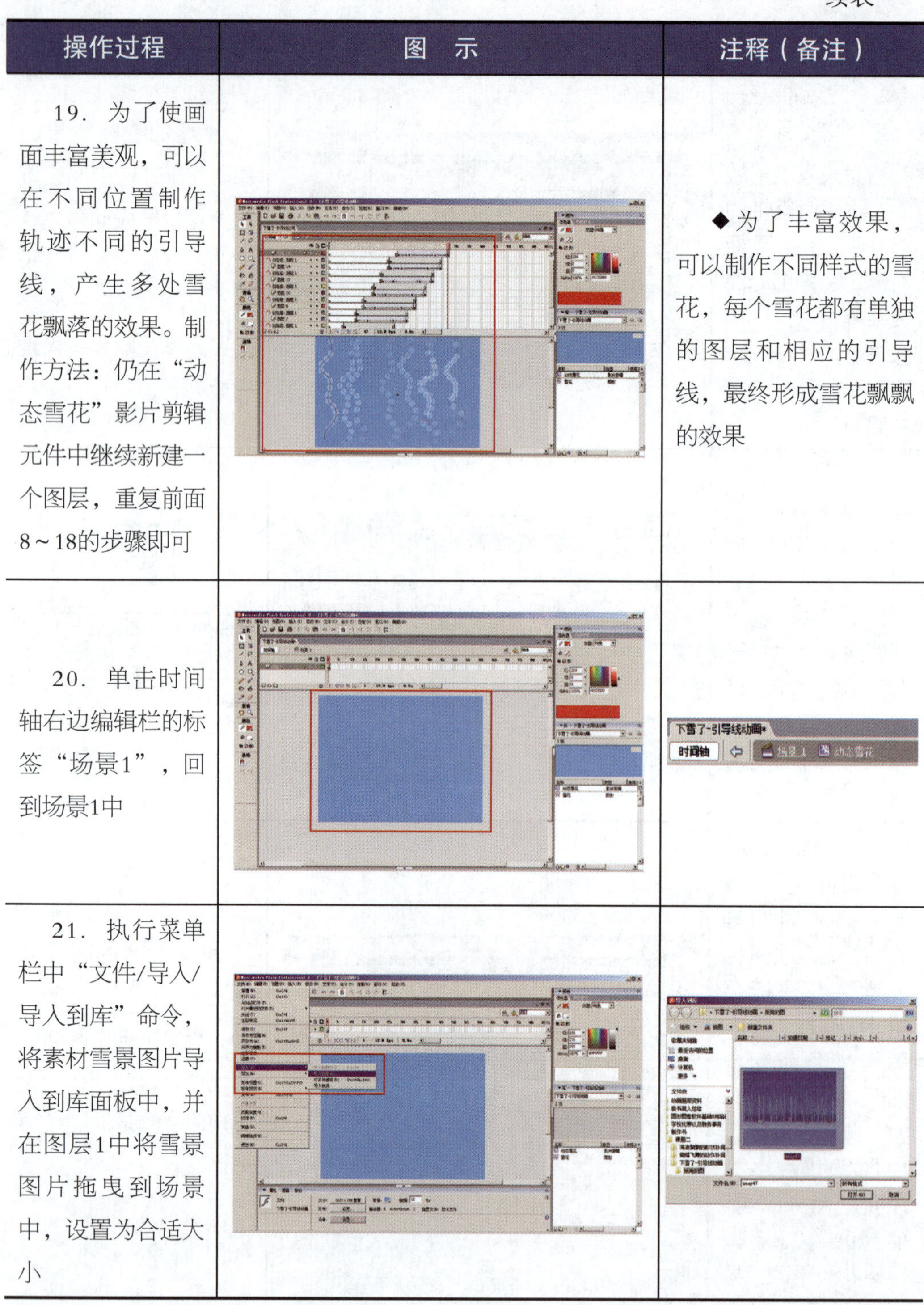

操作过程	图　示	注释（备注）
19．为了使画面丰富美观，可以在不同位置制作轨迹不同的引导线，产生多处雪花飘落的效果。制作方法：仍在“动态雪花”影片剪辑元件中继续新建一个图层，重复前面8～18的步骤即可		◆为了丰富效果，可以制作不同样式的雪花，每个雪花都有单独的图层和相应的引导线，最终形成雪花飘飘的效果
20．单击时间轴右边编辑栏的标签“场景1”，回到场景1中		
21．执行菜单栏中“文件/导入/导入到库”命令，将素材雪景图片导入到库面板中，并在图层1中将雪景图片拖曳到场景中，设置为合适大小		

续表

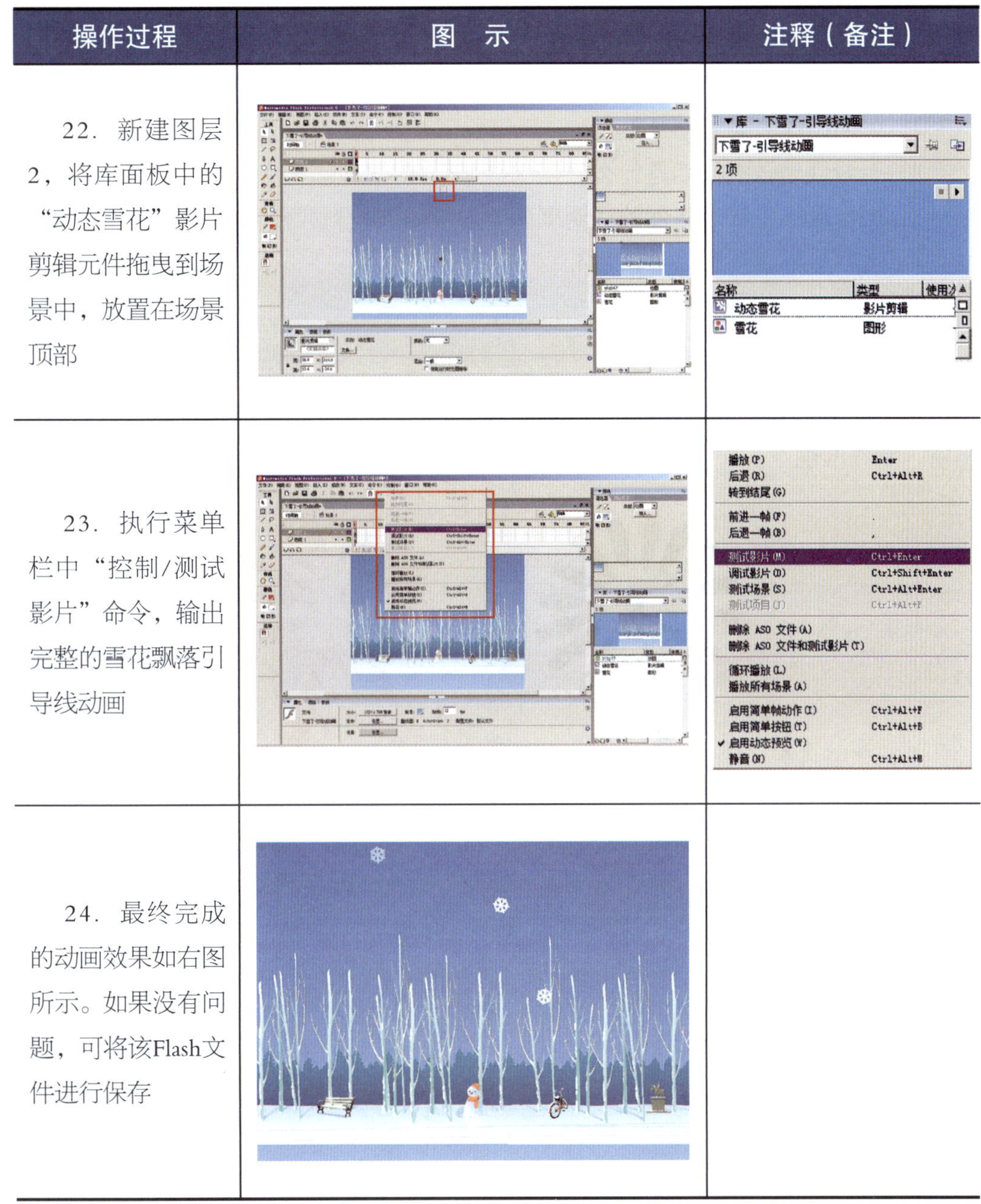

操作过程	图示	注释（备注）
22. 新建图层2，将库面板中的“动态雪花”影片剪辑元件拖曳到场景中，放置在场景顶部		
23. 执行菜单栏中“控制/测试影片”命令，输出完整的雪花飘落引导线动画		
24. 最终完成的动画效果如右图所示。如果没有问题，可将该Flash文件进行保存		

思考与练习

一、思考题

1. 如何制作引导线动画?

2. 引导线动画的特点是什么?

3. 属性面板中针对元件的透明度调整面板如何找到并使用?

二、实训题

请使用Flash工具绘制蒲公英（任选一个即可），如图7—4所示，并使用本实例所学的动画形式将蒲公英制作成引导线动画（要求：画面美观，色彩鲜明，内容丰富，制作准确）。

图7—4　蒲公英

任务8 制作数字屏幕遮罩动画

任务目标：

◆掌握遮罩动画的制作原理和方法

◆能制作简单的遮罩动画

任务引入

本实例要使用图8—1、图8—2的数字屏幕素材和进行遮罩效果制作的两张图形素材，来完成数字屏幕遮罩动画的制作，动画效果如图8—3所示。本实例的目的主要是使读者对于遮罩动画的制作方法、制作技巧有所把握，为将来在动画中实现更加丰富的视觉效果打好基础。

图8—1 数字屏幕素材

图8—2 进行遮罩效果制作的两张图形素材

任务分析

遮罩动画是Flash中变化效果较多样化的一种动画类型，通过和影片剪辑元件、图形元件的套层运用，可以制作出非常多的效果，有时只是套层方式不

图8—3 数字屏幕遮罩动画变换时的效果

同，都会使遮罩动画的最终视觉效果不同，因此需要在这一部分好好学习把握，以便于举一反三地进行实践运用。

本实例通过应用给出的图片素材，结合学过的工具、各类面板和元件，综合制作出基本动画所需要的素材，然后通过对遮罩动画制作方法和特点新内容的讲解，制作完成一个数字屏幕翻动的遮罩动画效果。该任务旨在使读者掌握遮罩动画的制作方法和特点，为后期动画总体内容合成提供一个重要素材。

相关知识

一、遮罩动画

使用其他图形来进行遮挡，使得图形、图像、元件按照特定的方式显现，就是遮罩动画的目的。遮罩层是一种非常特殊的图层，其作用是使遮罩层下面的图层内容像是通过一个窗口显示出来一样，这个窗口的外部形状就是遮罩层内图形的形状。利用遮罩层可以制作出很多特殊而丰富的视觉效果，如片头载入（见图8—4）、广告中常用的翻栏以及放大镜（见图8—5）等效果，是很多专业设计人员常常使用的动画形式之一。

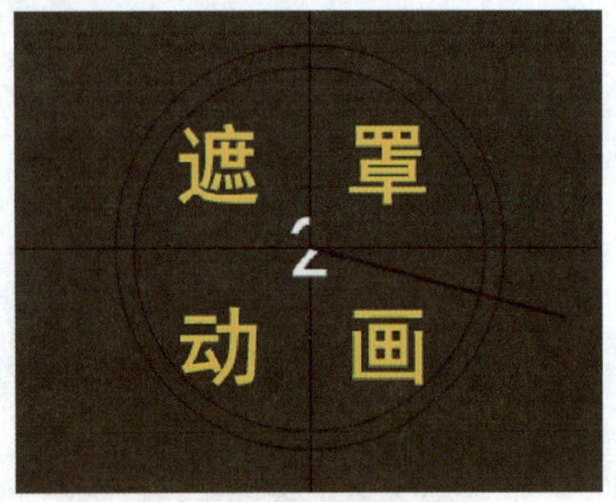

图8—4　使用遮罩动画制作的片头载入效果

图8—5　使用遮罩动画制作的放大镜效果

二、遮罩动画的特点

遮罩动画变化丰富，应用领域广泛，它的特点主要包括以下方面：

1．完成遮罩动画最少要有两个图层，一个是遮罩层，一个是被遮罩层。

2．可以用来进行遮罩效果制作的对象有：填充的形状、文本、图形元件、影片剪辑元件。

3．按钮元件不可以用来制作遮罩动画。

4．用图形遮罩的地方，是未来使用“遮罩层”命令后会实际显现的部分；没有用图形遮罩的地方，是未来使用“遮罩层”命令后会被遮挡住、有变化的部分。因此，制作时，要想清楚想显现哪里，以免制作出相反的效果。

三、遮罩动画与补间动画的结合制作

在遮罩动画中，可以使用多层元件相套的方式来制作遮罩效果。同时，在场景、图形元件、影片剪辑元件中可以制作补间动画，同样也可以运用其制作遮罩动画效果。两者可以结合使用，并且在不同的套层关系中因组合不同而形成变化多样的遮罩效果。

四、宽高比例数值调整选项

在本实例中，需要对相应图形进行宽高比例的调整。宽高比例数值调整选项可以帮助使用者在同时有多幅图形图像需要调整时，节约大量的时间和精力。

进行宽高比例数值调整前，先要调出相应面板、单击画面中所要改变比例的对象，这时在Flash工作界面的下方会出现属性面板，面板下部即为对象宽高比例的数值输入框，还有X轴、Y轴（确定画面中对象的坐标位置）的数值框，按照需要输入数值，对象就会按照输入的宽高数值和X轴、Y轴的数值在画面中显现。

需要注意的一点是，图中宽和高数值框左边有个“小锁”标志，点击锁定后，再输入数值时，宽高比例将成固定比例进行缩放，如图8—6所示；不锁定时，宽高比例会按照输入的数值进行缩放，这时宽和高的缩放比是不成比例的，如图8—7所示。

图8—6 宽高比例数值调整面板

图8—7 锁定后的宽高比例数值调整面板

任务实施

素材文件位置：光盘/资源下载/任务8

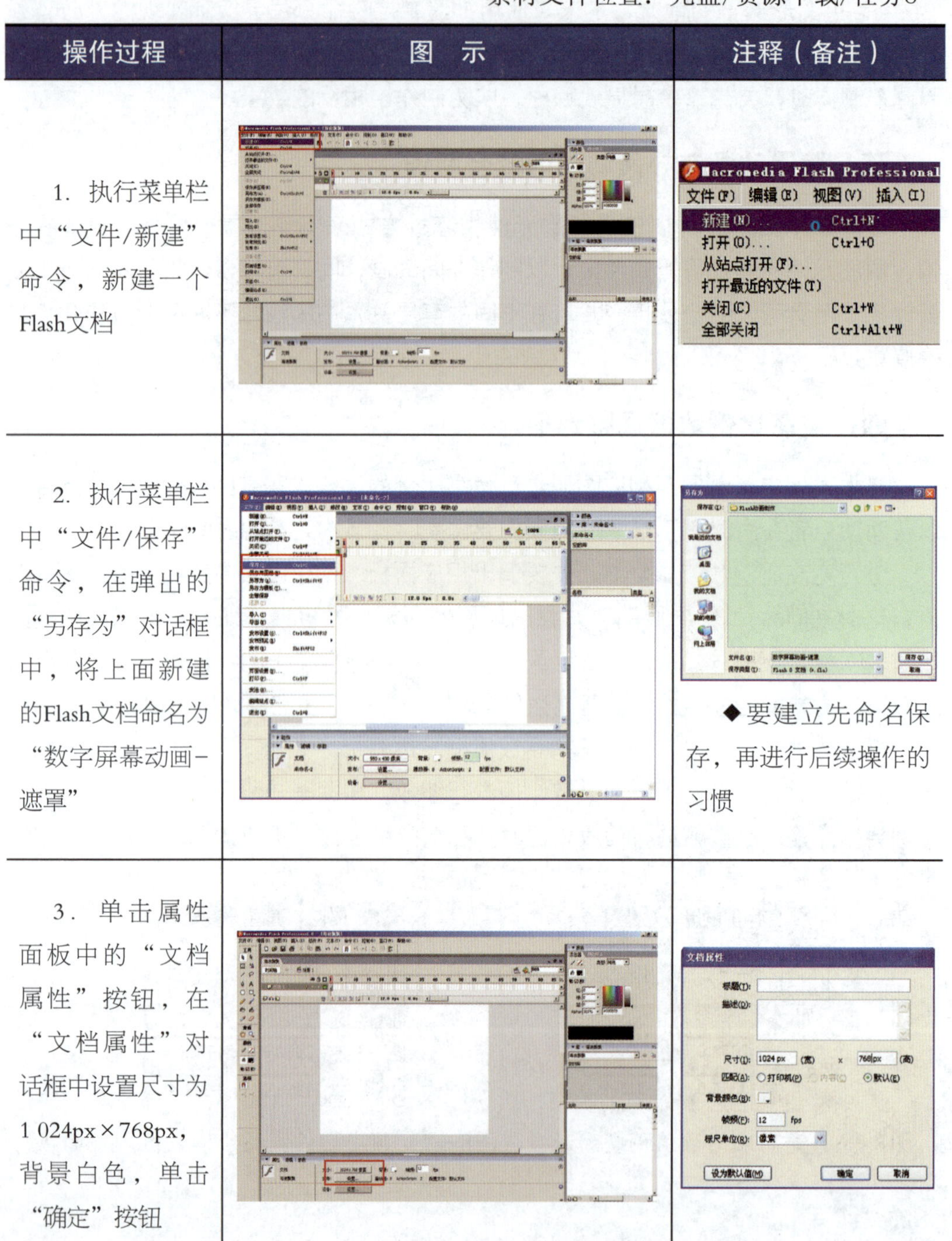

操作过程	图　示	注释（备注）
1. 执行菜单栏中“文件/新建”命令，新建一个Flash文档		Macromedia Flash Professional 文件(F) 编辑(E) 视图(V) 插入(I) 新建(N)... Ctrl+N 打开(O)... Ctrl+O 从站点打开(F)... 打开最近的文件(T) 关闭(C) Ctrl+W 全部关闭 Ctrl+Alt+W
2. 执行菜单栏中“文件/保存”命令，在弹出的“另存为”对话框中，将上面新建的Flash文档命名为“数字屏幕动画-遮罩”		◆要建立先命名保存，再进行后续操作的习惯
3. 单击属性面板中的“文档属性”按钮，在“文档属性”对话框中设置尺寸为1 024px×768px，背景白色，单击“确定”按钮		文档属性 标题(T): 描述(D): 尺寸(I): 1024 px (宽) x 768px (高) 匹配(A): ○打印机(P) 内容(C) ⊙默认(E) 背景颜色(B): 帧频(F): 12 fps 标尺单位(R): 像素 设为默认值(M) 确定 取消

续表

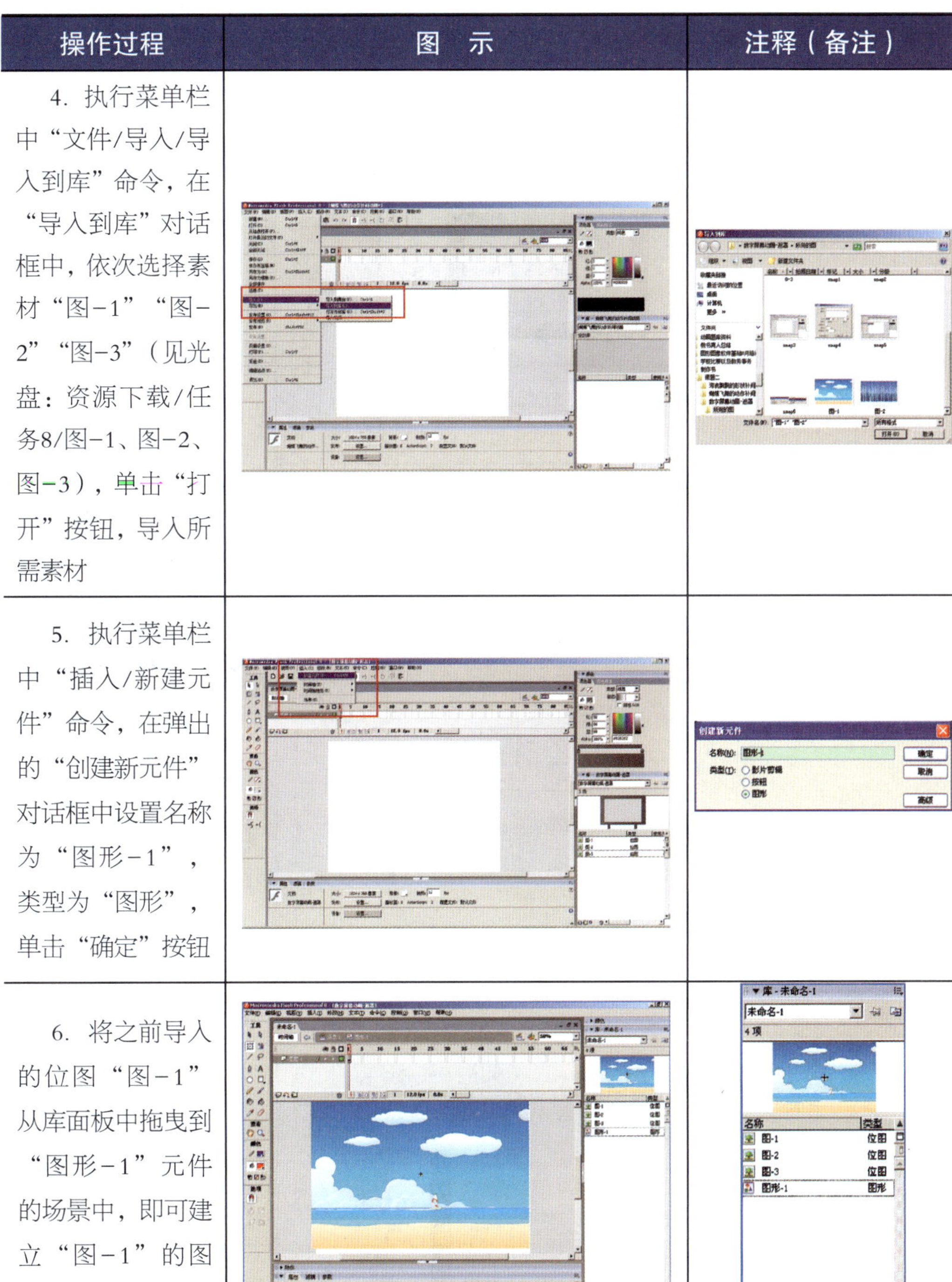

操作过程	图 示	注释（备注）
4. 执行菜单栏中“文件/导入/导入到库”命令，在“导入到库”对话框中，依次选择素材“图-1”“图-2”“图-3”（见光盘：资源下载/任务8/图-1、图-2、图-3），单击“打开”按钮，导入所需素材		
5. 执行菜单栏中“插入/新建元件”命令，在弹出的“创建新元件”对话框中设置名称为“图形-1”，类型为“图形”，单击“确定”按钮		
6. 将之前导入的位图“图-1”从库面板中拖曳到“图形-1”元件的场景中，即可建立“图-1”的图形元件元素		

续表

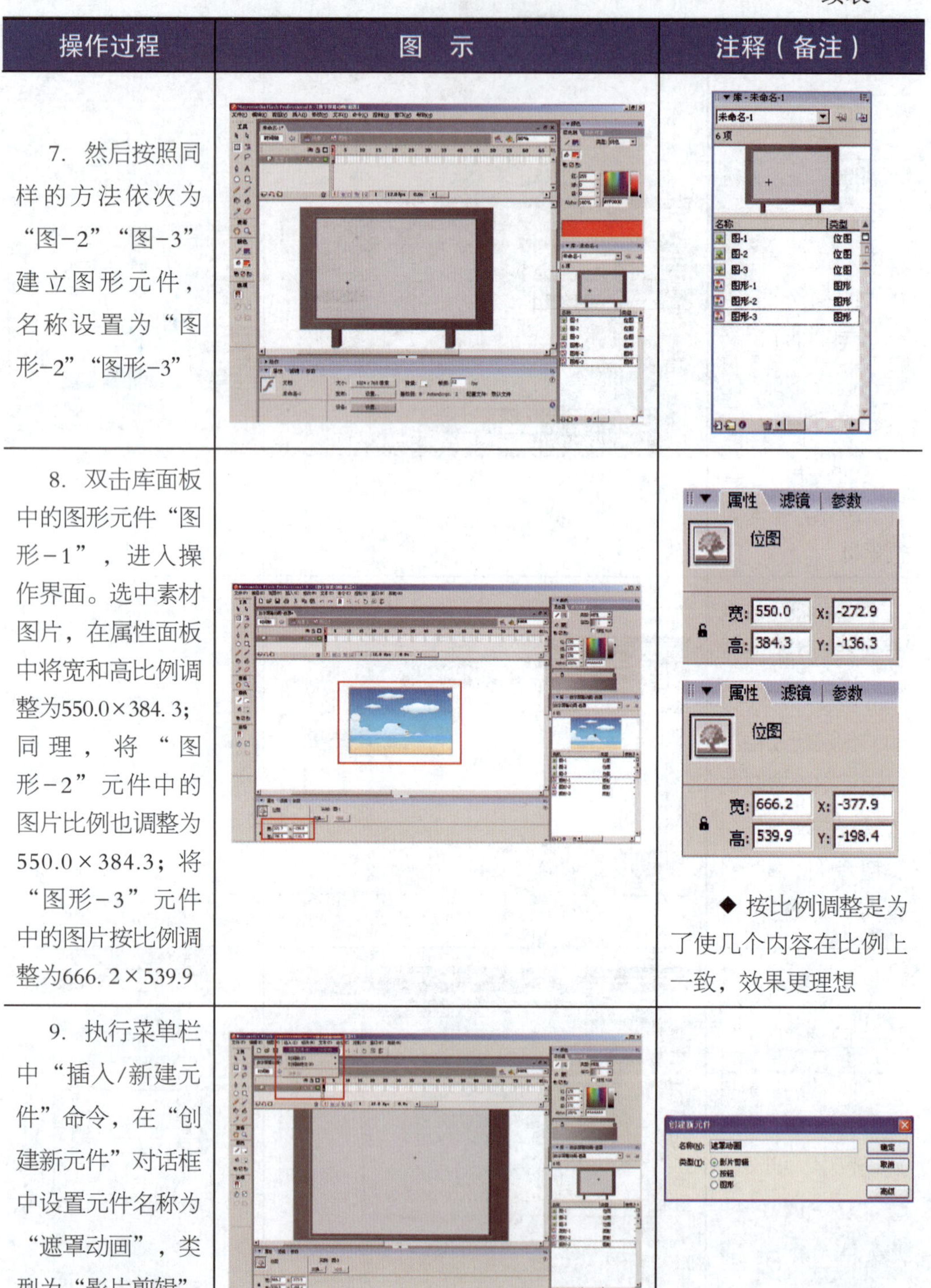

操作过程	图　示	注释（备注）
7. 然后按照同样的方法依次为“图-2”“图-3”建立图形元件，名称设置为“图形-2”“图形-3”		
8. 双击库面板中的图形元件“图形-1”，进入操作界面。选中素材图片，在属性面板中将宽和高比例调整为550.0×384.3；同理，将“图形-2”元件中的图片比例也调整为550.0×384.3；将“图形-3”元件中的图片按比例调整为666.2×539.9		◆ 按比例调整是为了使几个内容在比例上一致，效果更理想
9. 执行菜单栏中“插入/新建元件”命令，在“创建新元件”对话框中设置元件名称为“遮罩动画”，类型为“影片剪辑”		

续表

操作过程	图 示	注释（备注）
10. 在“遮罩动画”影片剪辑元件中，把图层1命名为“图形-3”；新建图层2和图层3，分别命名为“图形-2”和“图形-1” 把库面板中的图形元件“图形-1”“图形-2”“图形-3”依次拖曳到对应名称的图层中放置		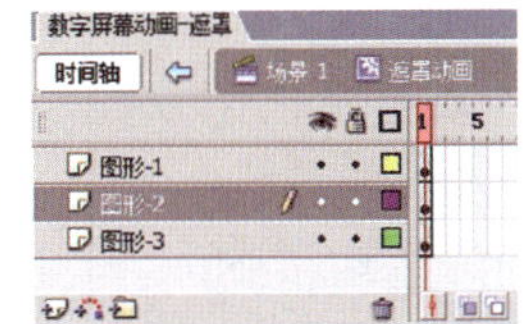 ◆放置的相互位置关系如左图所示：两张风景在数字屏幕中间重叠
11. 执行菜单栏中“插入/新建元件”命令，在“创建新元件”对话框中设置元件名称为“矩形”，类型为“图形”		
12. 在“矩形”图形元件中，使用“矩形工具”绘制一个矩形（色彩可以自行随意设置） 选中绘制完成的矩形，在属性面板中将其宽和高比例设定为78.1×384.3	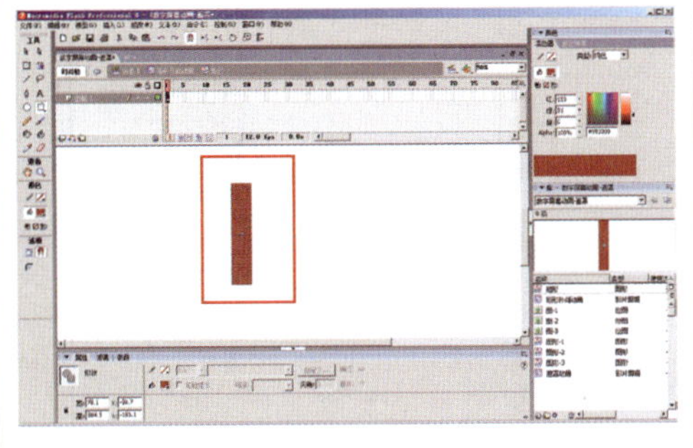	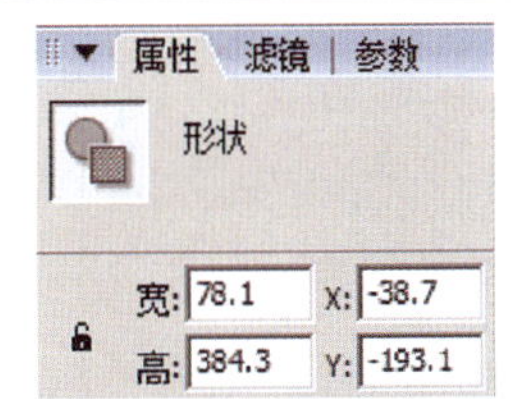 ◆此矩形将用于制作遮罩效果。通过随后制作它的一闭一合效果，再添加遮罩命令，即可形成两张不同图片之间的变换关系

续表

操作过程	图　示	注释（备注）
13．执行菜单栏中“插入/新建元件”命令，在“创建新元件”对话框中设置元件名称为“矩形补间动画”，类型为“影片剪辑”。然后将库面板中的“矩形”图形元件拖曳入场景中		
14．选中时间轴第15帧，单击鼠标右键，在快捷菜单中选择“插入关键帧”命令		
15．在第15帧的关键帧上，运用“任意变形工具”，以矩形右边中段为中心点，将这帧的矩形方块的宽度变窄 注意：同一图层的矩形的所有关键帧中的圆形白点都要设置为统一的位置，否则进一步制作动画时会出现画面跳动现象	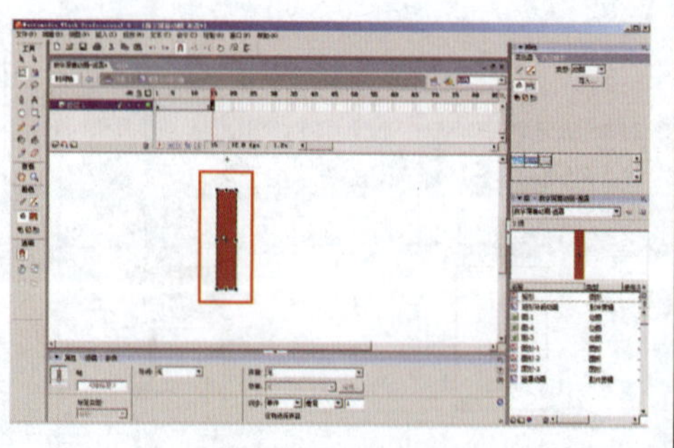	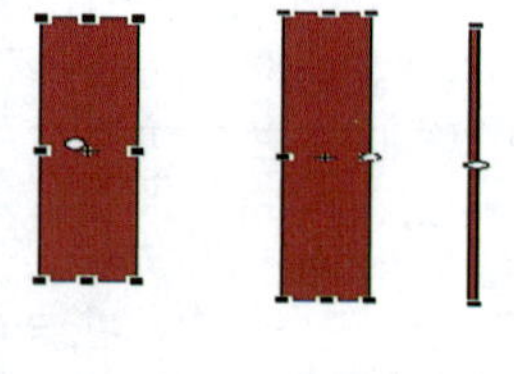 ◆操作技巧：用“任意变形工具”选中矩形方块后，将图中“圆形白点”拖曳到矩形右边中段位置，然后再将宽度变窄

续表

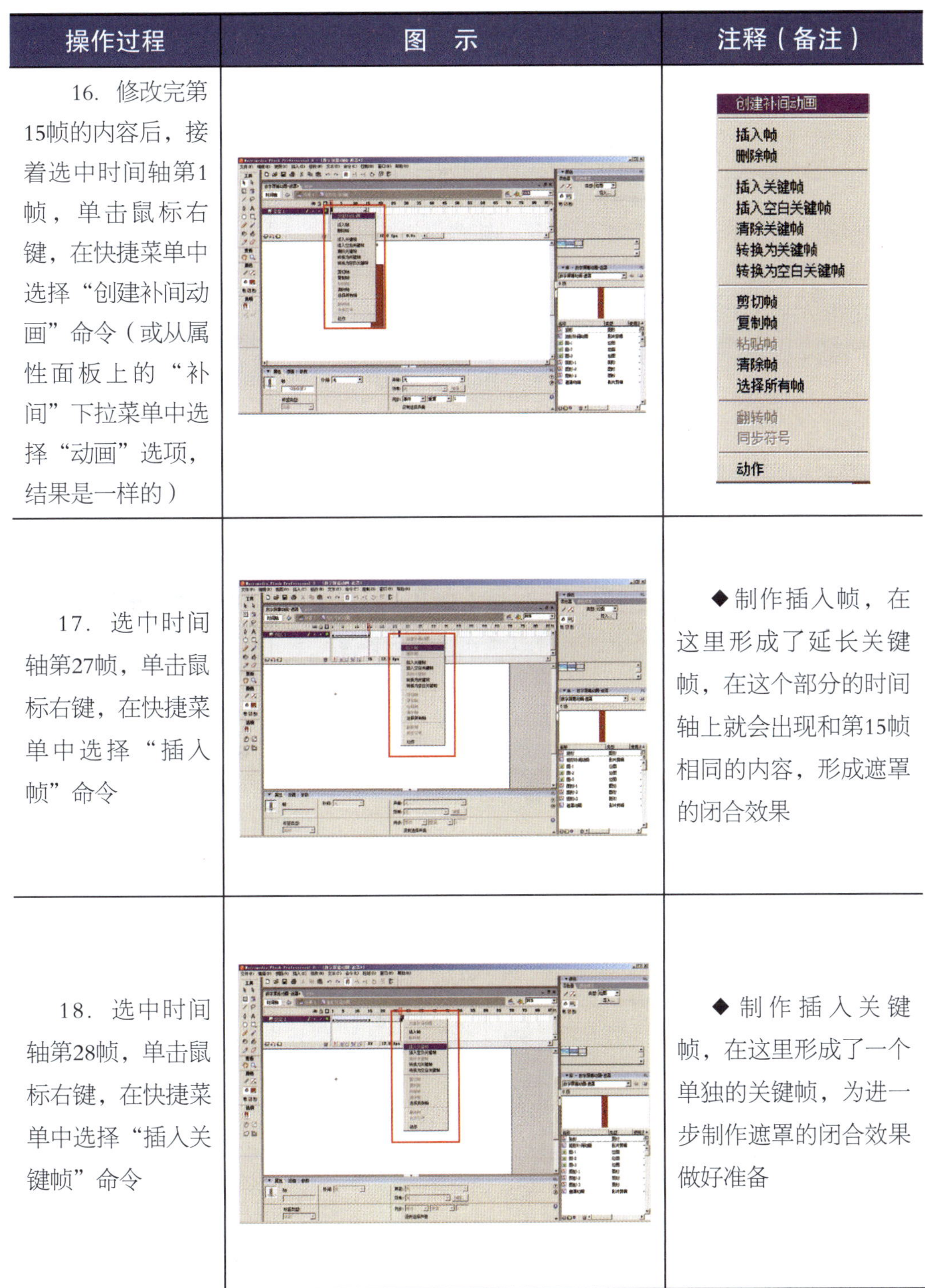

操作过程	图示	注释（备注）
16. 修改完第15帧的内容后，接着选中时间轴第1帧，单击鼠标右键，在快捷菜单中选择“创建补间动画”命令（或从属性面板上的“补间”下拉菜单中选择“动画”选项，结果是一样的）		创建补间动画 插入帧 删除帧 插入关键帧 插入空白关键帧 清除关键帧 转换为关键帧 转换为空白关键帧 剪切帧 复制帧 粘贴帧 清除帧 选择所有帧 翻转帧 同步符号 动作
17. 选中时间轴第27帧，单击鼠标右键，在快捷菜单中选择“插入帧”命令		◆制作插入帧，在这里形成了延长关键帧，在这个部分的时间轴上就会出现和第15帧相同的内容，形成遮罩的闭合效果
18. 选中时间轴第28帧，单击鼠标右键，在快捷菜单中选择“插入关键帧”命令		◆制作插入关键帧，在这里形成了一个单独的关键帧，为进一步制作遮罩的闭合效果做好准备

续表

操作过程	图　示	注释（备注）
19. 选中时间轴第43帧，单击鼠标右键，在快捷菜单中选择“插入关键帧”命令	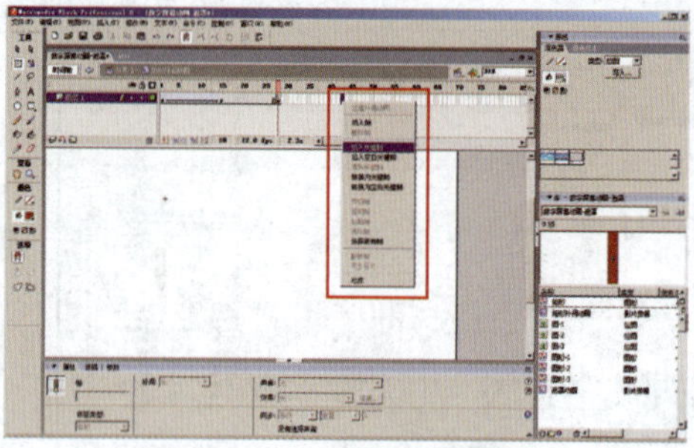	◆在第43帧再次插入关键帧，是为了再制作一个补间动画，形成遮罩的一闭一合的完整效果，最终实现两个图形之间的转换
20. 选中时间轴第43帧，单击画面中的矩形方块，在属性面板浮现出的比例选项中，将宽和高的比例设置为78.1×384.3	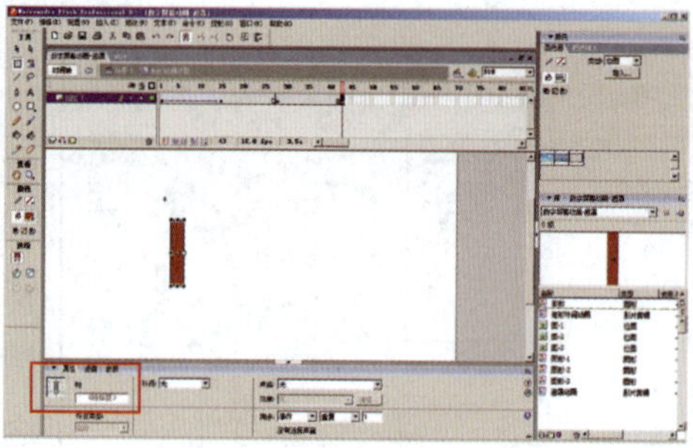	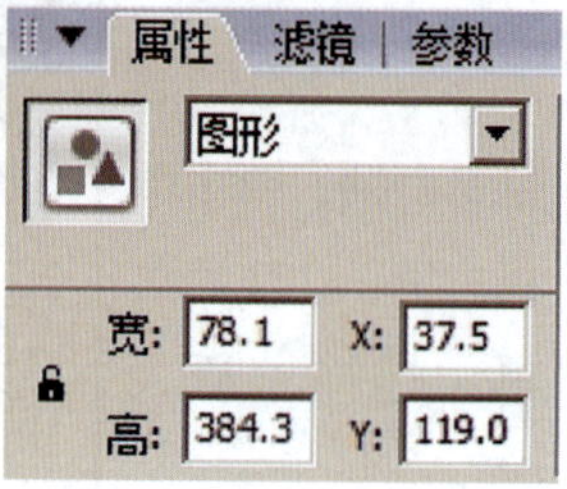 属性 滤镜 参数 图形 宽: 78.1 X: 37.5 高: 384.3 Y: 119.0
21. 选中时间轴第28帧，单击鼠标右键，在快捷菜单中选择“创建补间动画”命令	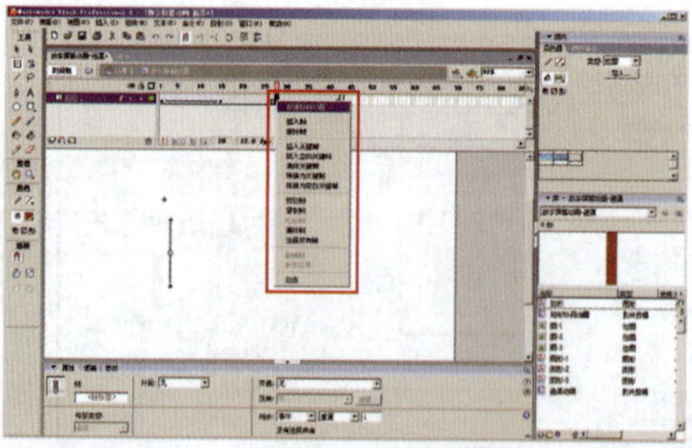	◆这样就在这里完成了一个动作补间动画，只不过这里是通过右键快捷菜单完成的,这里选中第28帧，只是为了完成补间动画效果而必须进行的一个步骤，无其他特别之处

续表

操作过程	图　示	注释（备注）
22. 选中时间轴第55帧，单击鼠标右键，在快捷菜单中选择“插入帧”命令，这时矩形方块的补间动画就完成了，拖动时间轴上的红色播放头可以看到效果	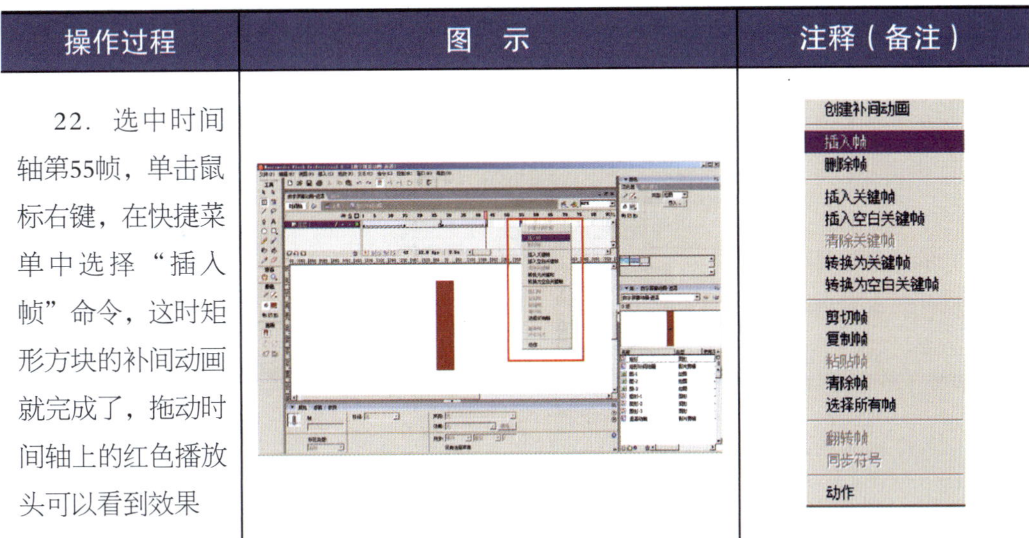	
23. 双击库面板中“遮罩动画”影片剪辑元件，进入“遮罩动画”的元件中	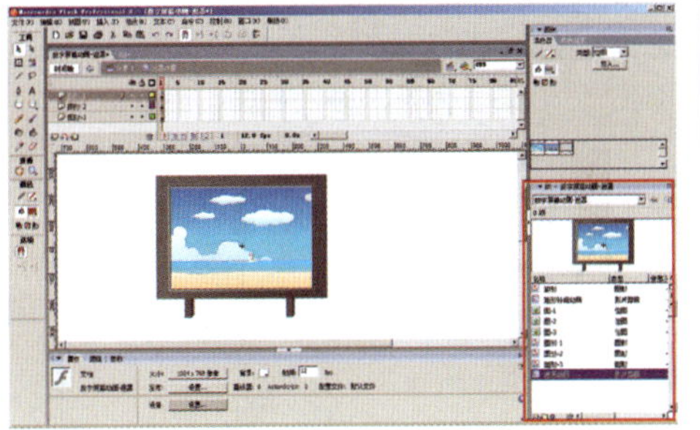	
24. 在“遮罩动画”元件中原先建立的三个图层全部在第55帧对其单击鼠标右键，在快捷菜单中都选择“插入帧”命令	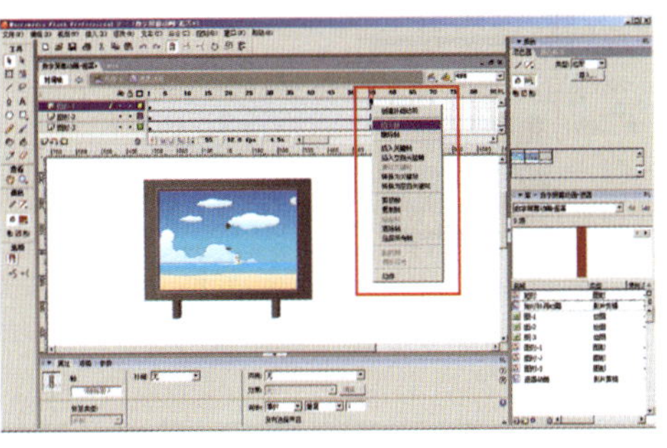	◆这是为了使帧数与名为“矩形补间动画”的影片剪辑元件的帧数相吻合

续表

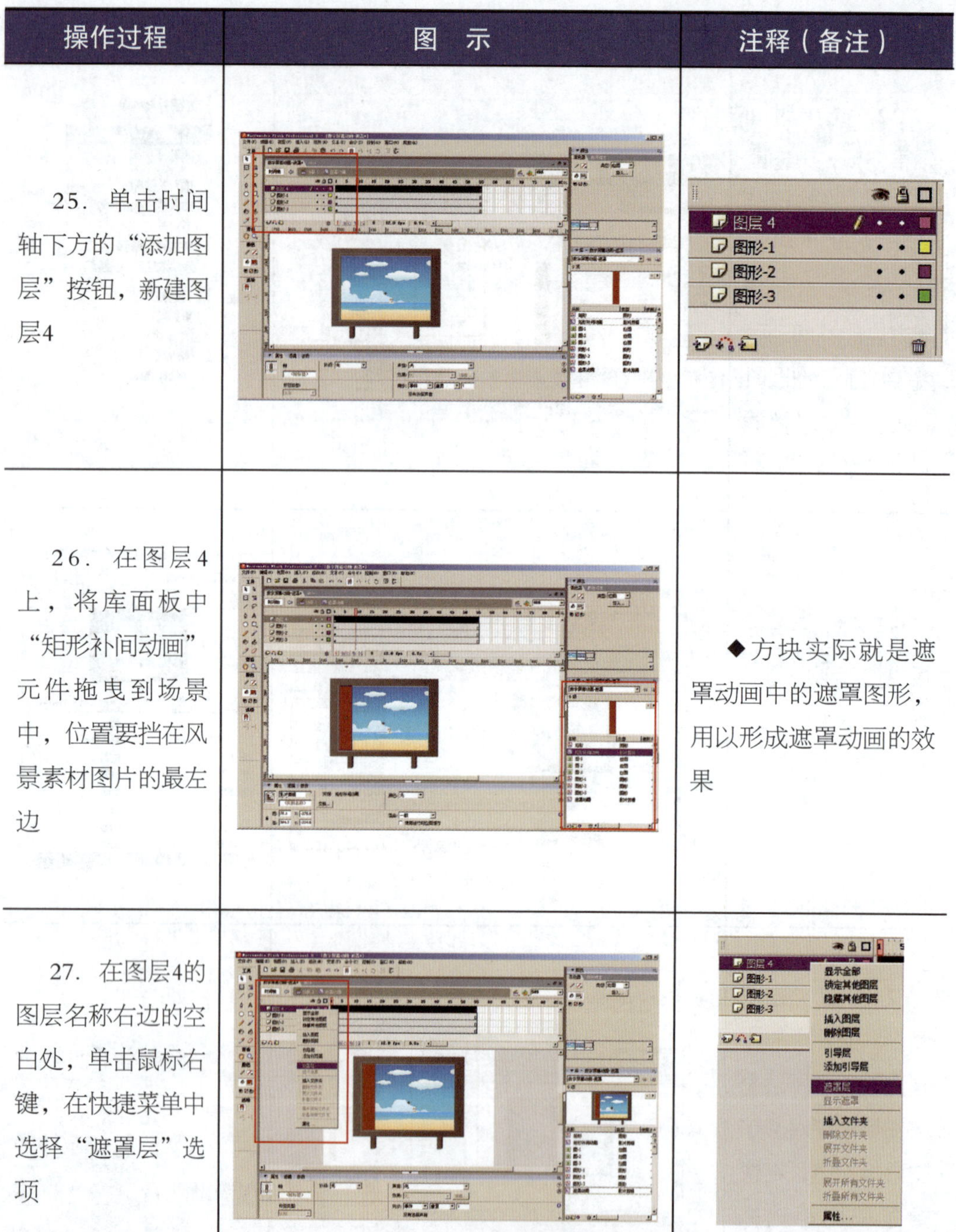

操作过程	图　示	注释（备注）
25. 单击时间轴下方的“添加图层”按钮，新建图层4		
26. 在图层4上，将库面板中“矩形补间动画”元件拖曳到场景中，位置要挡在风景素材图片的最左边		◆方块实际就是遮罩动画中的遮罩图形，用以形成遮罩动画的效果
27. 在图层4的图层名称右边的空白处，单击鼠标右键，在快捷菜单中选择“遮罩层”选项		

续表

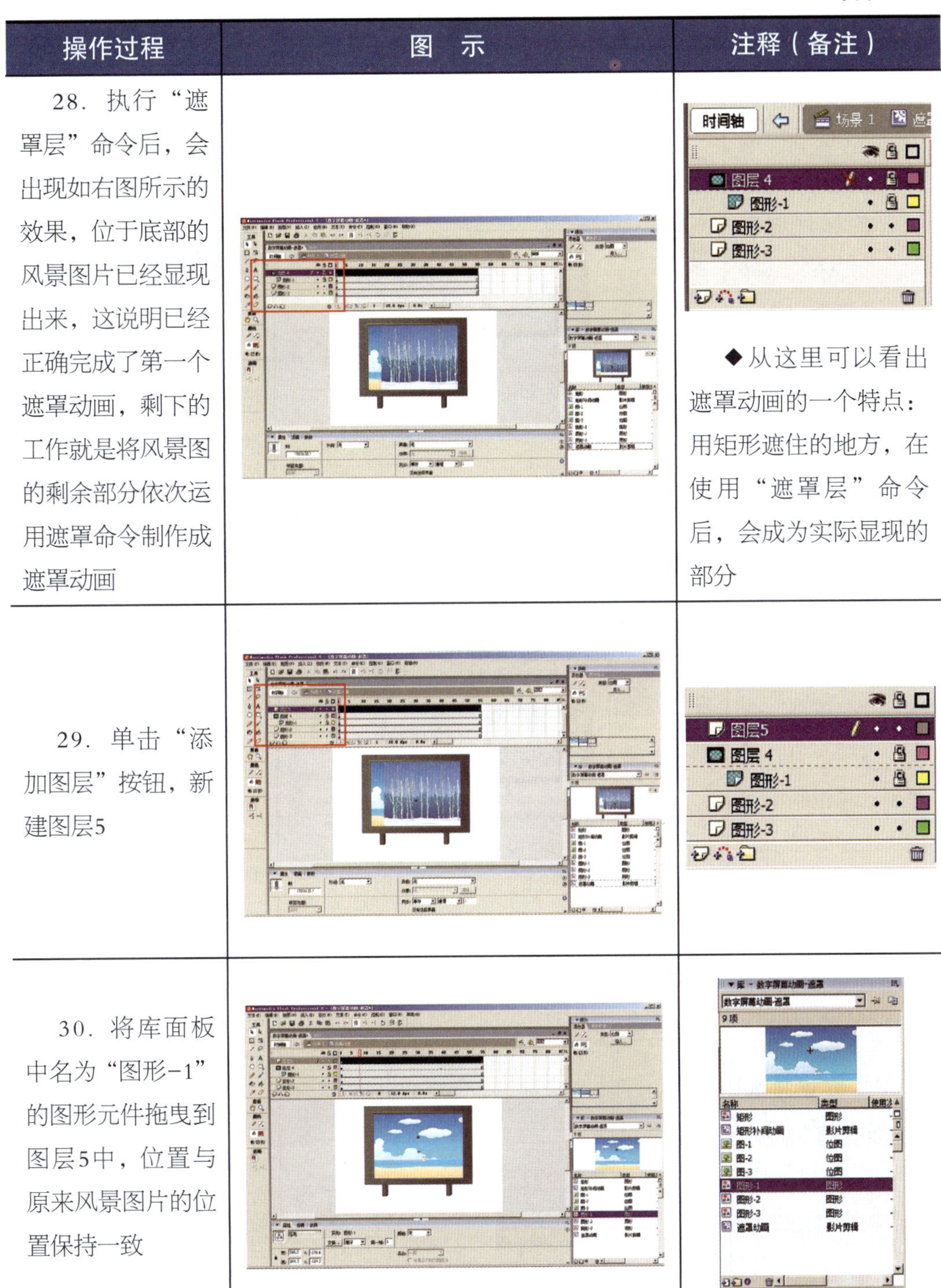

操作过程	图示	注释（备注）
28．执行“遮罩层”命令后，会出现如右图所示的效果，位于底部的风景图片已经显现出来，这说明已经正确完成了第一个遮罩动画，剩下的工作就是将风景图的剩余部分依次运用遮罩命令制作成遮罩动画		◆从这里可以看出遮罩动画的一个特点：用矩形遮住的地方，在使用“遮罩层”命令后，会成为实际显现的部分
29．单击“添加图层”按钮，新建图层5		
30．将库面板中名为“图形-1”的图形元件拖曳到图层5中，位置与原来风景图片的位置保持一致		

续表

<table>
<tr><th>操作过程</th><th>图 示</th><th>注释（备注）</th></tr>
<tr><td>31. 新建图层6，将库面板中名为“矩形补间动画”的影片剪辑元件拖曳到图层6中，位置要以上一次矩形遮罩住的地方为起点，即开始遮罩剩余的几个部分</td><td>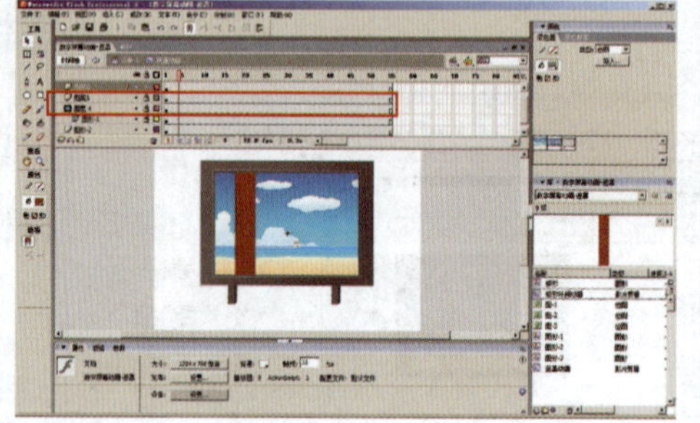</td><td>◆这里方块放置的位置可以对照步骤26中的矩形方块的位置来理解</td></tr>
<tr><td>32. 在图层6图层名称右边的空白处，单击鼠标右键，在快捷菜单中选择“遮罩层”命令。这样，第二个遮罩动画也制作完成了，画面显示出第二部分的遮罩效果</td><td>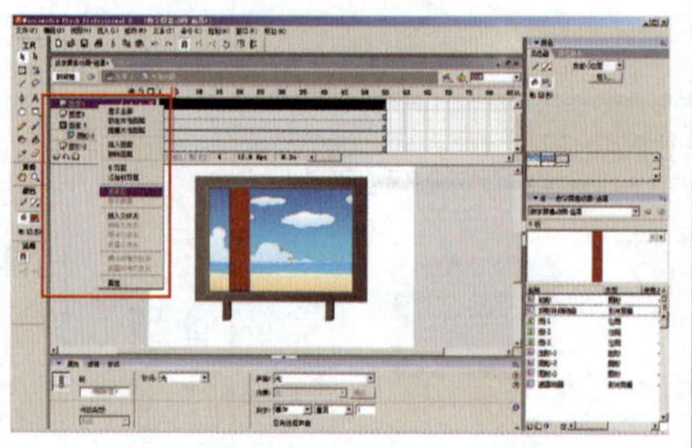</td><td>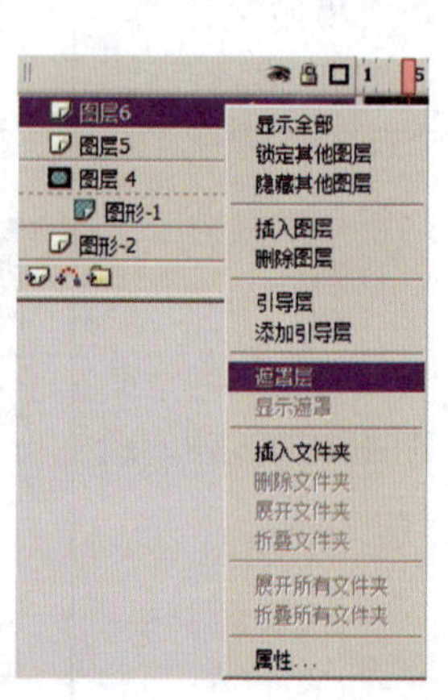</td></tr>
<tr><td>33. 剩余的工作就是重复步骤25～28，直到将画面中剩余的几个部分依次遮罩完成</td><td>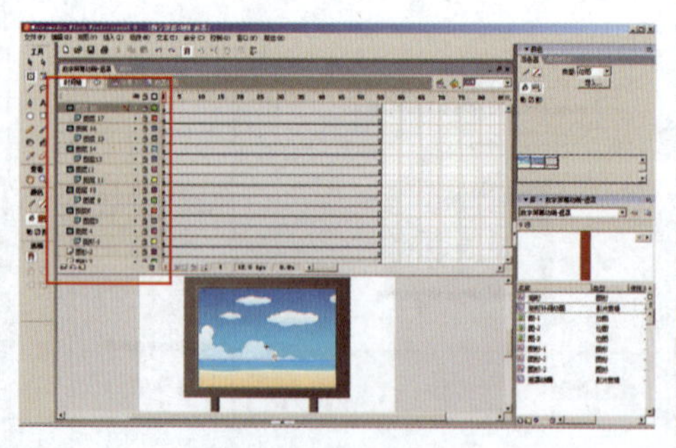</td><td>◆一般每两层只做一个遮罩动画，两层的遮罩之间不再加入其他图层，以免被遮罩层遮挡住</td></tr>
</table>

续表

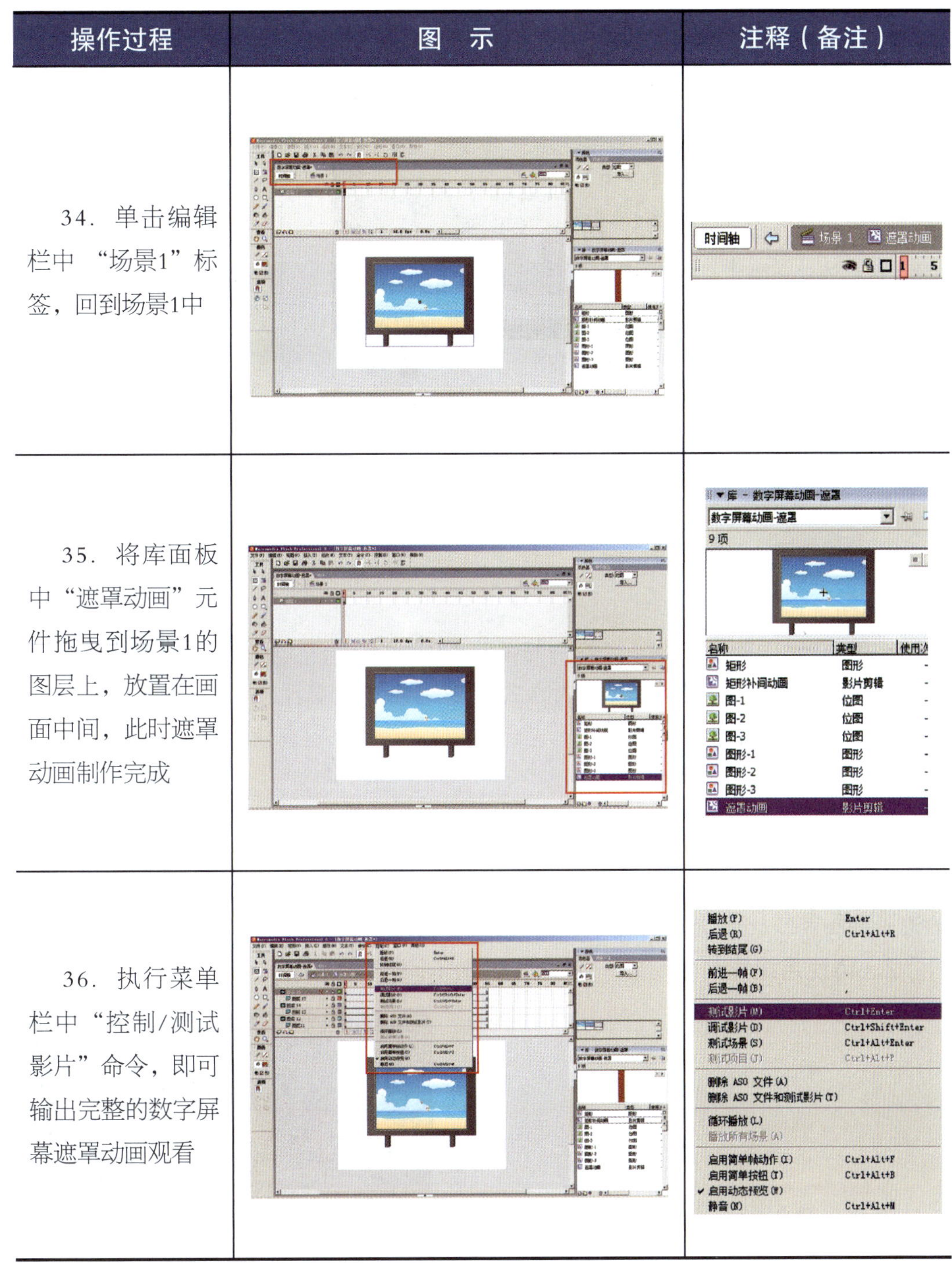

操作过程	图　示	注释（备注）
34．单击编辑栏中“场景1”标签，回到场景1中		时间轴　场景 1　遮罩动画 1　5
35．将库面板中“遮罩动画”元件拖曳到场景1的图层上，放置在画面中间，此时遮罩动画制作完成		库 - 数字屏幕动画-遮罩 数字屏幕动画-遮罩 9 项 名称　类型　使用次 矩形　图形 矩形补间动画　影片剪辑 图-1　位图 图-2　位图 图-3　位图 图形-1　图形 图形-2　图形 图形-3　图形 遮罩动画　影片剪辑
36．执行菜单栏中“控制/测试影片”命令，即可输出完整的数字屏幕遮罩动画观看		播放(P)　Enter 后退(R)　Ctrl+Alt+R 转到结尾(G) 前进一帧(F)　. 后退一帧(B)　, 测试影片(M)　Ctrl+Enter 调试影片(D)　Ctrl+Shift+Enter 测试场景(S)　Ctrl+Alt+Enter 测试项目(J)　Ctrl+Alt+P 删除 ASO 文件(A) 删除 ASO 文件和测试影片(T) 循环播放(L) 播放所有场景(A) 启用简单帧动作(I)　Ctrl+Alt+F 启用简单按钮(T)　Ctrl+Alt+B ✓ 启用动态预览(W) 静音(N)　Ctrl+Alt+M

续表

操作过程	图　示	注释（备注）
37．最终完成的动画效果如右图所示。如果没有问题，可将该Flash文件进行保存		

思考与练习

一、思考题

1．简述遮罩动画的创作方法。

2．遮罩动画制作中有什么特别需要注意的地方？

3．如何通过面板输入数值的方式改变元件的宽高比例？

二、实训题

1．请以图8—8所示的蜡笔为素材，并使用本实例所学的遮罩动画制作出一个蜡笔写字的遮罩动画效果。

图8—8　蜡笔

2．请使用遮罩动画制作一个如图8—9所示的文字遮罩动画效果。

如歌岁月

图8—9　文字遮罩动画效果

任务9 制作综合复杂动画

任务目标：

◆理解时间轴、帧、图层的关系，元件的概念分类以及它们之间的关系

◆掌握元件、实例和库资源的关系

◆具有制作复杂动画的能力

任务引入

将任务5至任务8所制作的不同类型的Flash动画，综合运用相应的Flash工具、面板、元件及图层，制作出如图9—1所示行走的路上复杂动画。制作完成后，将形成一个男孩儿轻松愉快地行走在路上，蓝天白云，太阳闪耀，户外数字屏幕在变换，蝴蝶在飞舞，风车在转动等具有多种动画形式、内容复杂的动画。

图9—1 行走的路上复杂动画

任务分析

本任务之所以说是一个复杂的动画，主要是在这部分内容中，需要将前面学习过的不同动画形式整合在一起，通过整合形成视觉活泼、形式多样的完整动画。

本任务主要是对时间轴、图层、帧进行综合运用的练习。在技能操作方面的综合性较强，并将前一阶段的动画实例作为素材进行综合使用，这将有助于理解掌握时间轴上元件、图层、帧的跨文件的使用方法。

相关知识

一、元件之间的关系

在一个完整的动画制作中，需要应用大量的图形、图像、声音等元素，如何更加合理、有效地管理和使用这些素材是一个非常重要的问题。在Flash中，各类元件就是解决这类问题，顺利完成动画制作的一个关键知识点。

元件主要有三类：影片剪辑元件、图形元件、按钮元件，这在之前的任务中已有介绍。影片剪辑元件主要用于制作动态的效果。在影片剪辑中制作的动态效果在拖曳入场景进行输出后，是反复循环进行播放的（除非对其写入关键帧语言进行控制）；图形元件一般以制作静态效果为主；按钮元件则主要进行按钮的制作。

二、元件、实例和库资源

在本实例中，主要要求理解和把握前面学过的几种类型动画的综合运用，以及元件在不同Flash中的调用方法。因此，应理解好下面几点内容：

1．库面板是Flash中最常用的面板之一，主要用来放置图形、影片剪辑、按钮、位图、视频、音频元素，有时可以把其理解为是Flash中各类型“演员”休息的后台。

2．图形、影片剪辑、按钮元件在制作动画时常常层层嵌套，强调的是综合运用的能力。也就是说，有时是影片剪辑中嵌套着图形、按钮元件，有时可能是按钮中嵌套着影片剪辑、图形元件，相互嵌套的形式变化不一，如何嵌套主要服从于制作效果的需要。因此，在掌握知识时，应以各类元件的特点为主，从制作练习中把握规律，便于将来个人制作时活学活用。

3．元件在不同Flash不同文件中的调用方式有三种，可根据不同的需要选择不同的方式。

（1）直接对库面板中的元件进行复制，当制作者只需要库面板中的元件以制作新的Flash文件时常使用这种方式。复制到新的Flash里的库面板后，元件就可当做新文件自身的元件直接使用。操作的方法主要是在库面板中选中需要的元件，然后单击鼠标右键进行复制，在新的Flash文件的库面板中单击鼠标右键，进行粘贴即可。但要注意选择时的一些方法，在库面板中选择元件时，如果要选中位置在一起的连续的多个元件，可以首先选中头一个元件，然后按住键盘上“Shift”键的同时，再点击库面板中需要拷贝的最后一个元件，这样就可以同时选中位置在一起的连续的几个元件，如图9—2所示。如果需要选择位置不是连续在一起的多个元件，可以在按住键盘上的“Ctrl”键的同时，依次点击需要拷贝的几个元件，这样就可以把位置不是连在一起的多个元件选中进行复制，如图9—3所示。

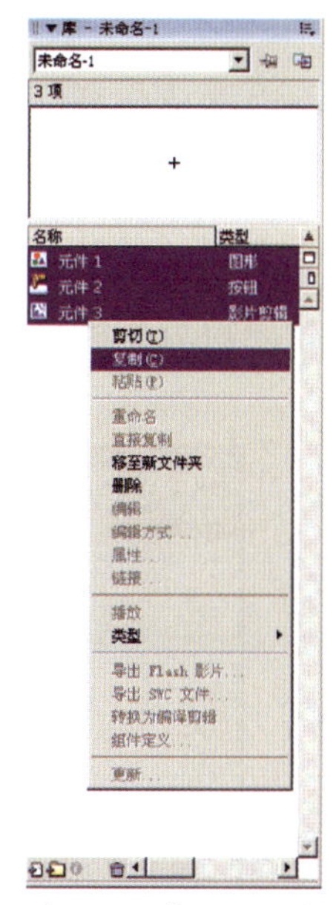

图9—2 库面板中位置连续的元件进行复制的方式

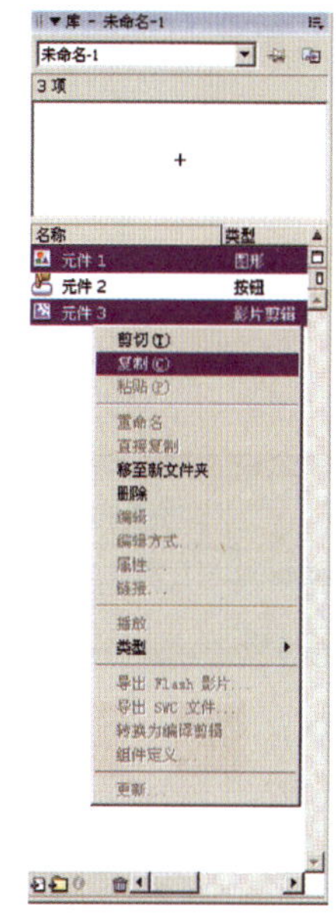

图9—3 库面板中位置不连续的元件进行复制的方式

（2）直接对时间轴上的关键帧进行复制，当制作者在新的Flash文件中需要旧文件时间轴上已经做完效果的某部分元件时常使用这种方法。操作的方式主要是在旧文件中选中时间轴上的关键帧，然后单击鼠标右键选择“复制帧”，再在新的文件中选择“粘贴帧”即可，如图9—4、图9—5所示。

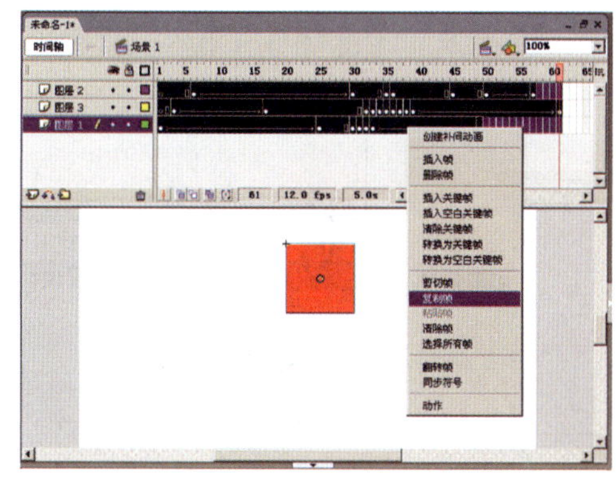

图9—4 在时间轴上对关键帧进行的复制帧操作

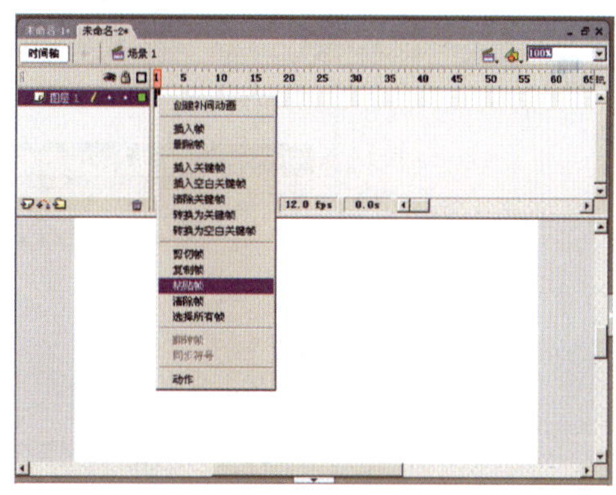

图9—5 在时间轴上对关键帧进行的粘贴帧操作

（3）直接对场景中的实例进行复制，当制作者在新的Flash文件中需要旧文件场景中的某元件，并希望在新文件中复制的对象能够保持在原文件中的位置时常使用这种方法。操作的方式主要是在旧文件场景中选中需要复制的对象实例，然后单击鼠标右键选择“复制”，再到新的文件中选择“粘贴到当前位置”即可（“粘贴到当前位置”命令使被复制的对象的位置和原位置相同，即纵、横坐标位置是一样的），如图9—6、图9—7所示。

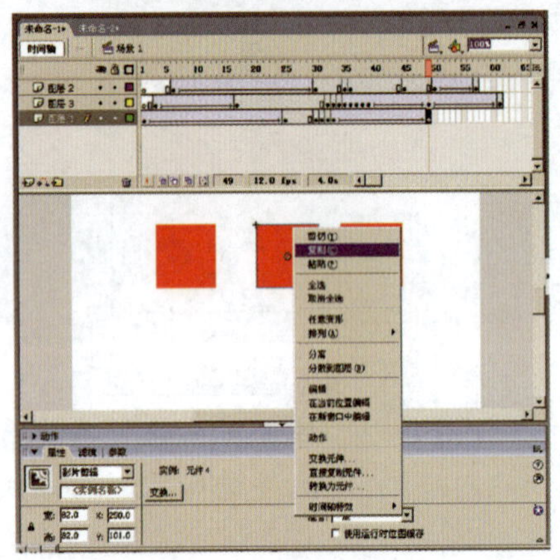

图9—6 对实例对象进行的“复制”操作

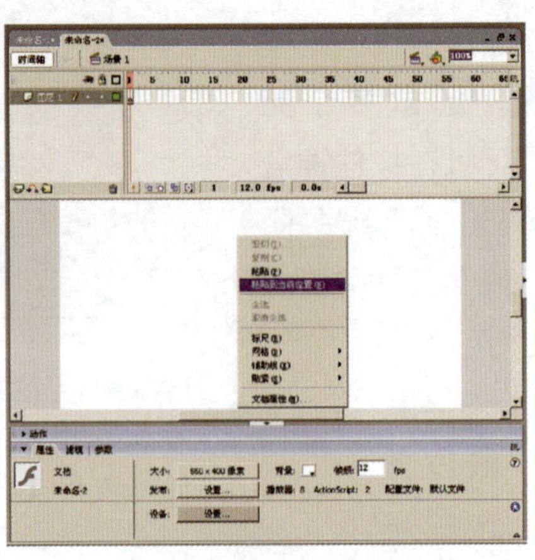

图9—7 对实例对象进行的“粘贴到当前位置”的操作

任务实施

素材文件位置：光盘/资源下载/任务9

操作过程	图 示	注释（备注）
1. 执行菜单栏中“文件/新建”命令，新建一个Flash文档	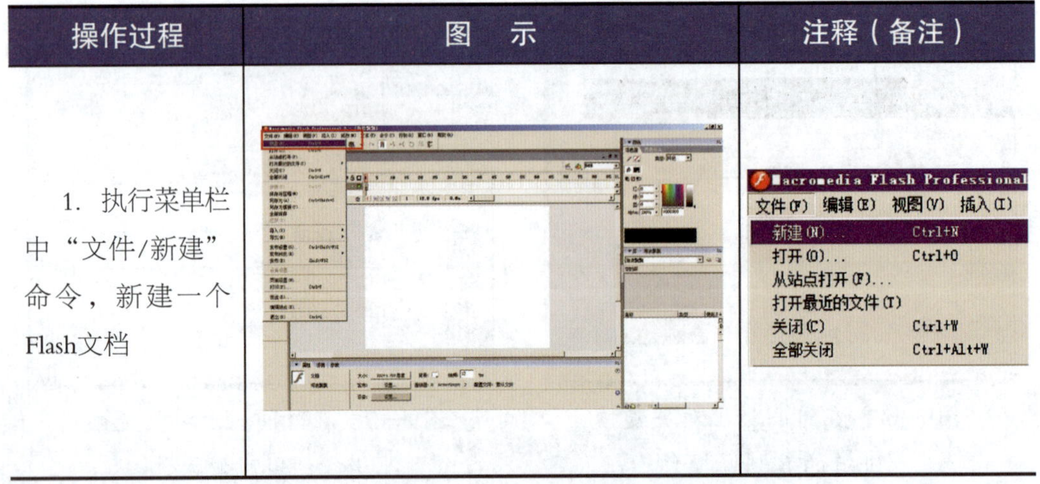	

续表

操作过程	图　示	注释（备注）
2. 执行菜单栏中“文件/保存”命令，在弹出的“另存为”对话框中，将上面新建的Flash文档命名为“行走的路上复杂动画”	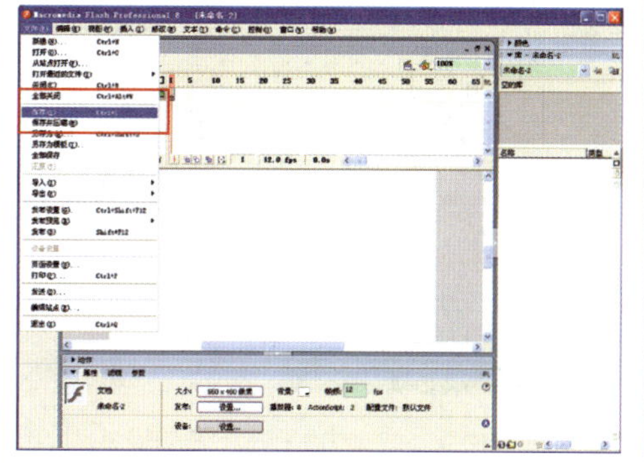	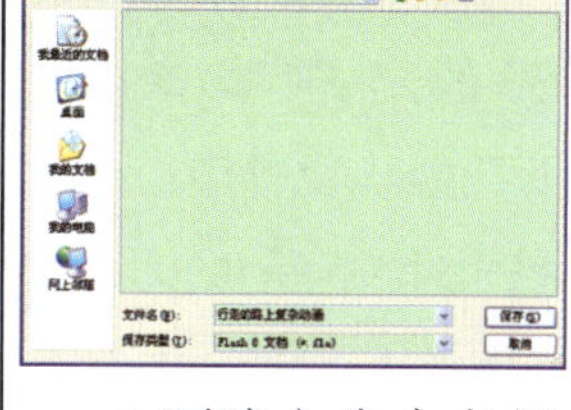 ◆要建立先命名保存，再进行后续操作的习惯
3. 单击属性面板中的“文档属性”按钮，在“文档属性”对话框中设置尺寸为1 024 px×768 px，背景白色，单击“确定”按钮	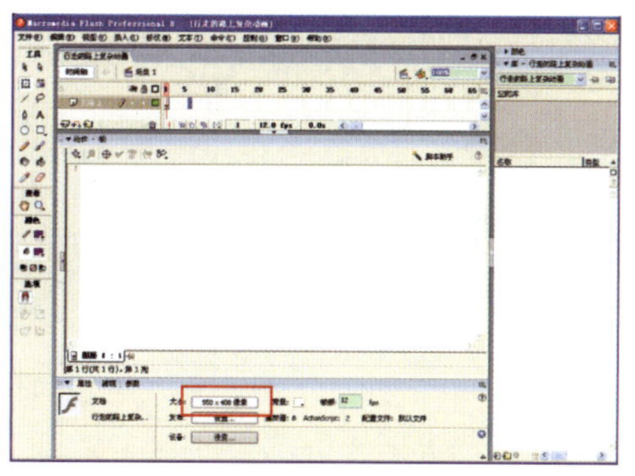	
4. 执行菜单栏中“文件/打开”命令，选中任务3所完成的“临摹背景”的Flash文件，单击“打开”按钮（也可打开光盘素材文件：资源下载/任务9/素材1–临摹背景）	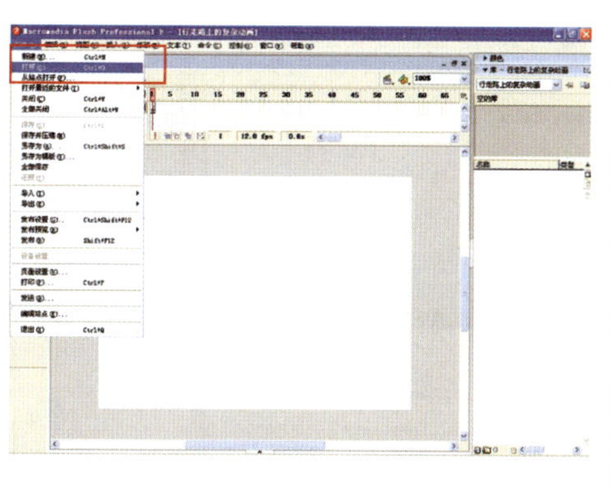	

续表

操作过程	图　示	注释（备注）
5. 在刚刚打开的“临摹背景”Flash文件中，选中时间轴第1帧，单击鼠标右键，在快捷菜单中选择“复制帧”命令	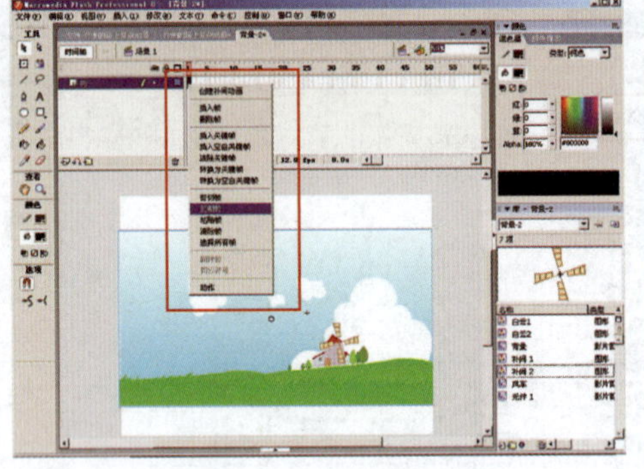	◆进行复制帧的操作主要是为了将当前文件中的内容拷贝到其他文件中
6. 选中新建的“行走的路上复杂动画”Flash文件，选中时间轴第1帧，单击鼠标右键，在快捷菜单中选择“粘贴帧”命令	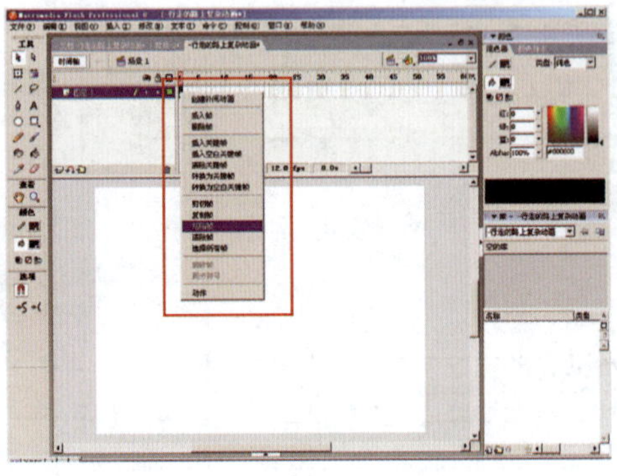	◆进行粘贴帧的操作主要是为了把上一步拷贝的背景图粘贴到本文件中。通过此操作可了解如何在不同Flash文件中实现素材的共用
7. 这时，可以看到背景图片粘贴到了场景中，相应的元件也复制到了库面板中 单击库面板下方的“新建文件夹”按钮，在库面板中出现一个文件夹，命名为“背景文件”	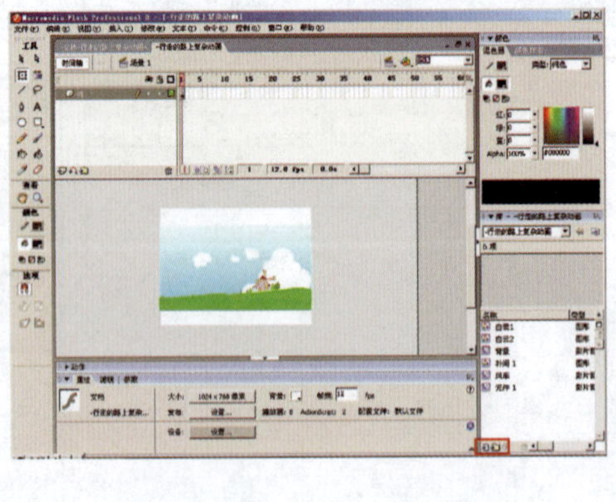	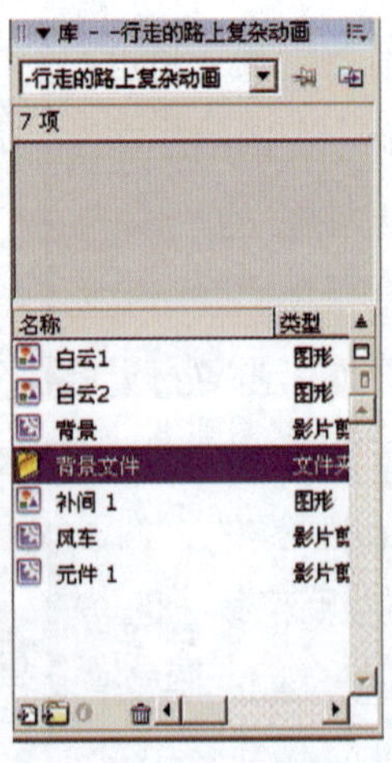

续表

操作过程	图　示	注释（备注）
8. 按住“Shift”键，将库面板中所有元件选中，拖曳到新建的“背景文件”的文件夹中	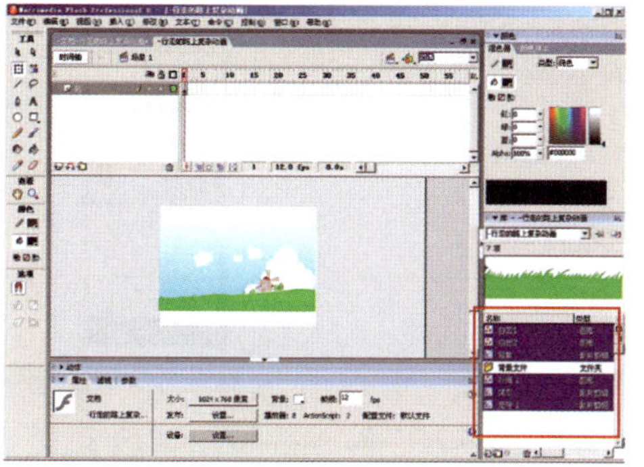	◆将拷贝背景图生成的相应元件整理放置在同一个文件夹中，可以使库面板条理明晰，在进行后续复杂操作时面板内容更加简洁，易于选择
9. 使用“任意变形工具”，单击场景中的背景图形，然后成比例缩放至适合场景大小	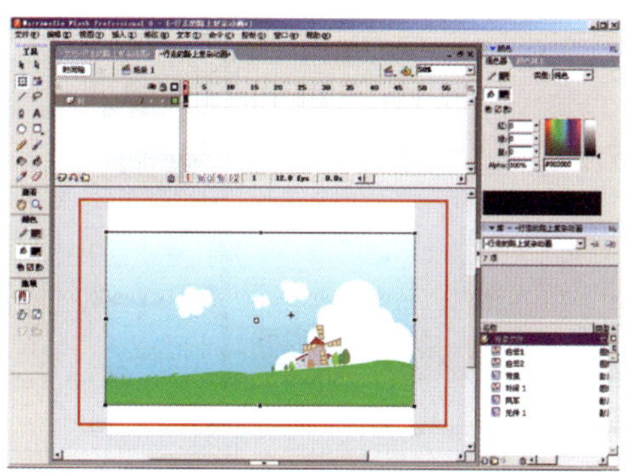	◆使用“任意变形工具”，若想成比例缩放图形大小，可按住“Shift”键，然后操作
10. 执行菜单栏中“文件/打开”命令，选中任务4所完成的“蝴蝶飞舞的动作补间动画”的Flash文件，单击“打开”按钮（也可打开光盘素材文件：资源下载/任务9/素材2-蝴蝶飞舞的动作补间动画）	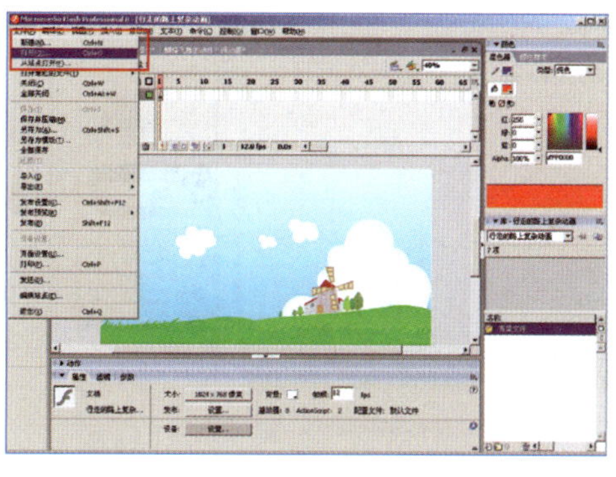	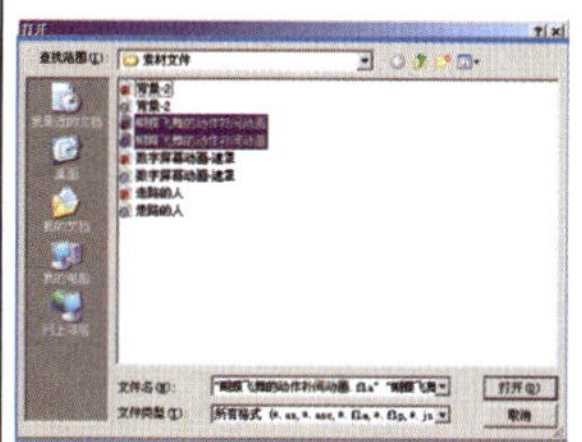

续表

操作过程	图　示	注释（备注）
11. 在打开的“蝴蝶飞舞的动作补间动画”文件的库面板中，按住“Shift”键选中所有元件，单击鼠标右键，在快捷菜单中选择“复制”命令	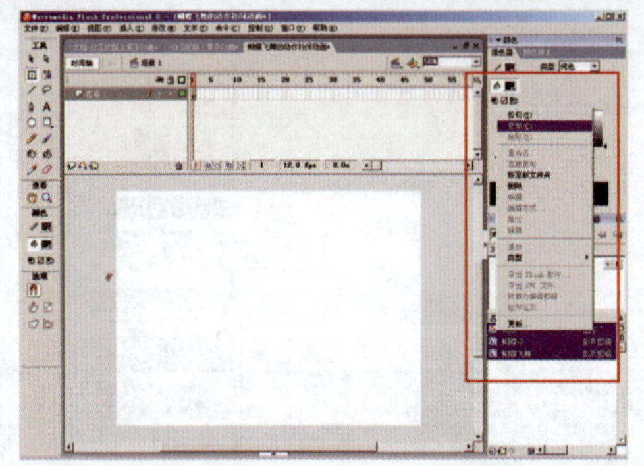	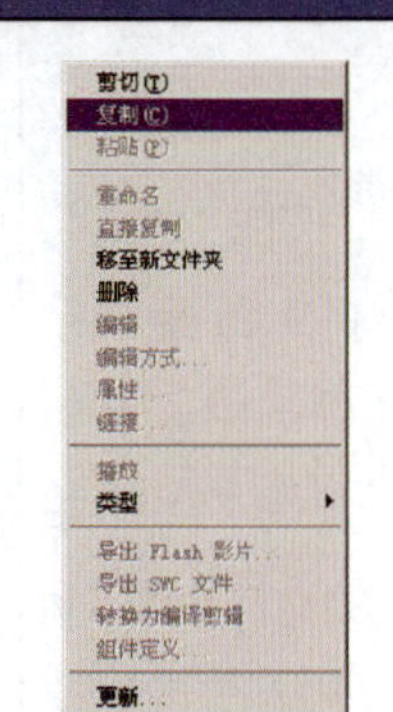
12. 选中“行走的路上复杂动画”Flash文件，单击库面板下方的“新建文件夹”按钮，添加新的文件夹，命名为“蝴蝶飞舞”	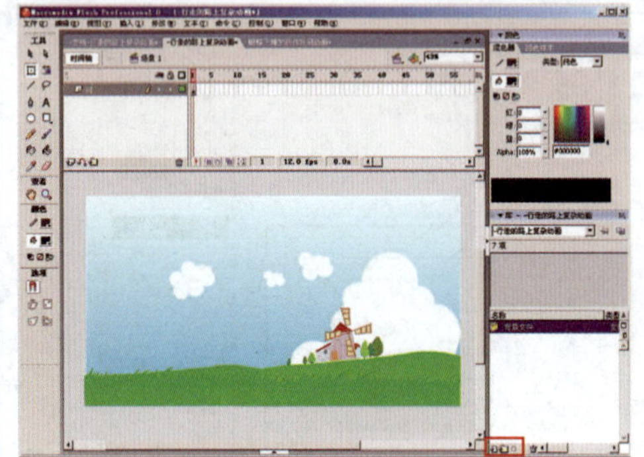	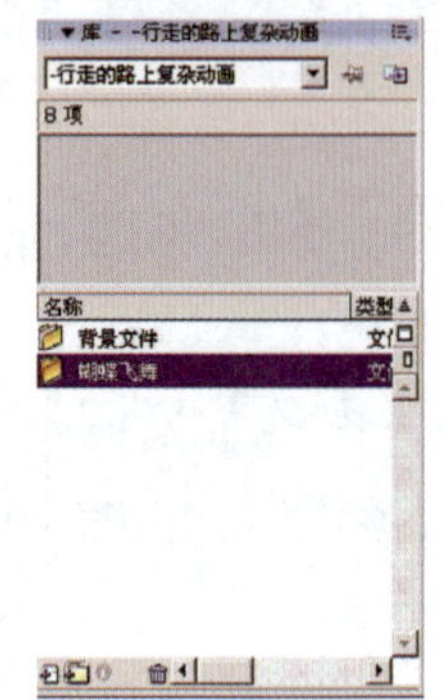
13. 选中库面板中新建的“蝴蝶飞舞”文件夹，单击鼠标右键，在快捷菜单中选择“粘贴”命令，将步骤11中复制的“蝴蝶飞舞的动作补间动画”文件中的各个元件粘贴到文件夹中（粘贴完成后，可以看到库面板中的“蝴蝶飞舞”文件夹下出现相应的元件）	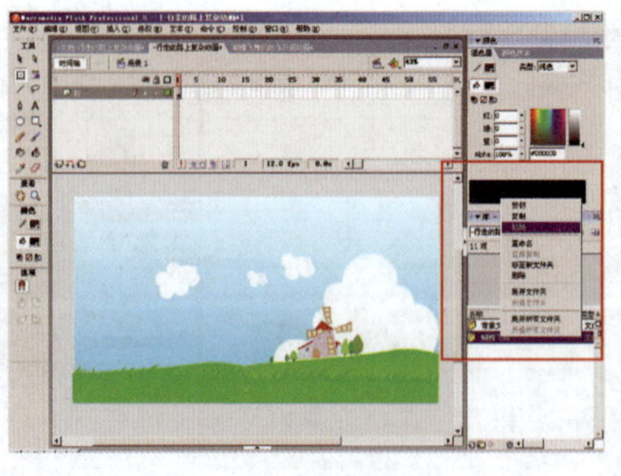	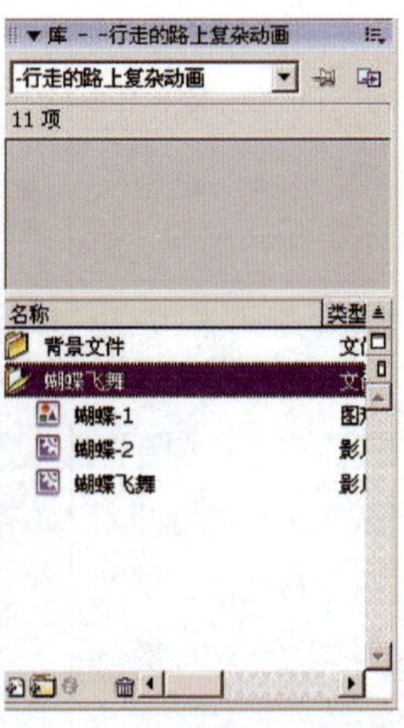

续表

<table>
<tr><th>操作过程</th><th>图　示</th><th>注释（备注）</th></tr>
<tr><td>14. 执行菜单栏“文件/打开”命令，选中任务8所完成的“数字屏幕动画−遮罩”的Flash文件，单击“打开”按钮（也可打开光盘素材文件：资源下载/任务9/素材3−数字屏幕动画−遮罩）</td><td>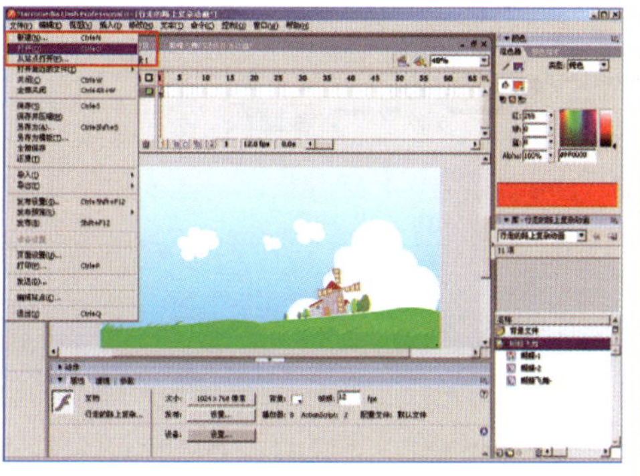</td><td></td></tr>
<tr><td>15. 在“数字屏幕动画−遮罩”Flash文件的库面板中，选中名为“遮罩动画”的影片剪辑元件，单击鼠标右键，在快捷菜单中选择“复制”命令</td><td>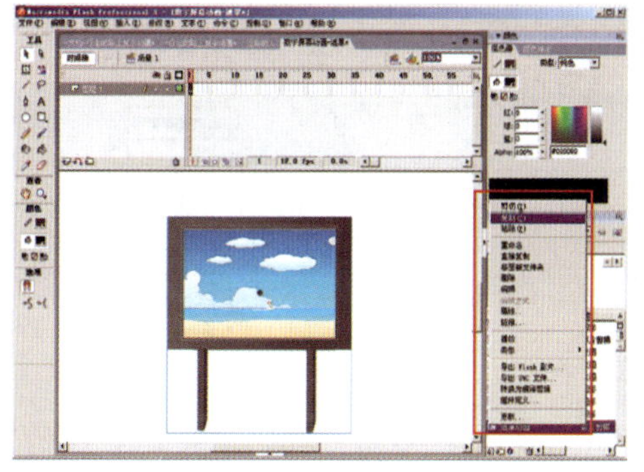</td><td>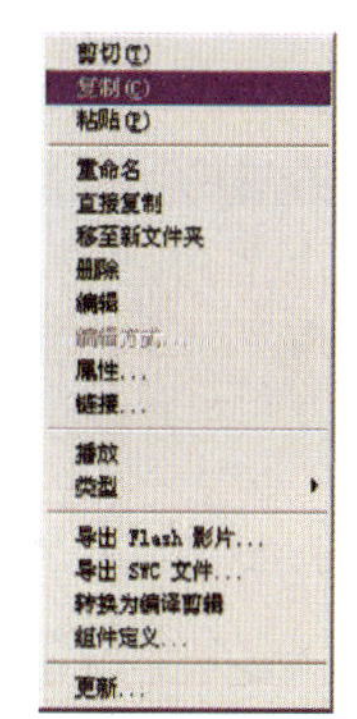
</td></tr>
<tr><td>16. 选中“行走的路上复杂动画”文件，在库面板下方单击“新建文件夹”按钮，添加文件夹，命名为“数字屏幕”。然后单击鼠标右键，在快捷菜单中选择“粘贴”命令，将步骤15中复制的“遮罩动画”影片剪辑元件粘贴到文件夹中</td><td>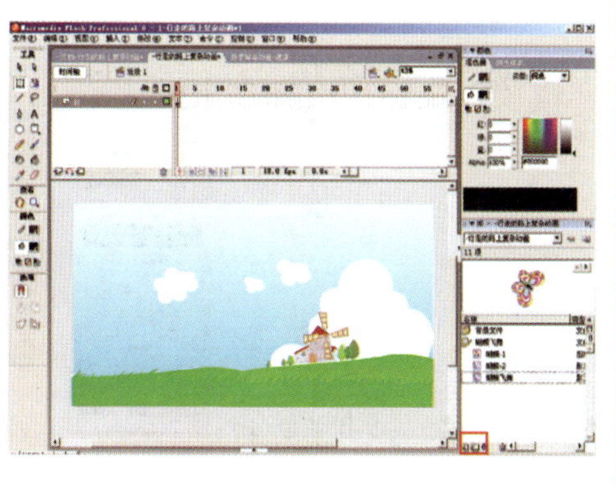</td><td>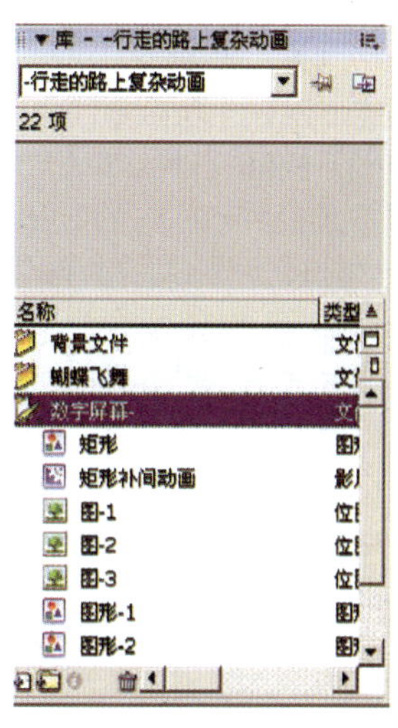
</td></tr>
</table>

续表

操作过程	图　示	注释（备注）
17．执行菜单栏“文件/打开”命令，选中任务4所完成的“行走的小男孩儿/走路的人”的Flash文件，单击“打开”按钮（也可打开光盘素材文件：资源下载/任务9/素材4-行走的小男孩儿）	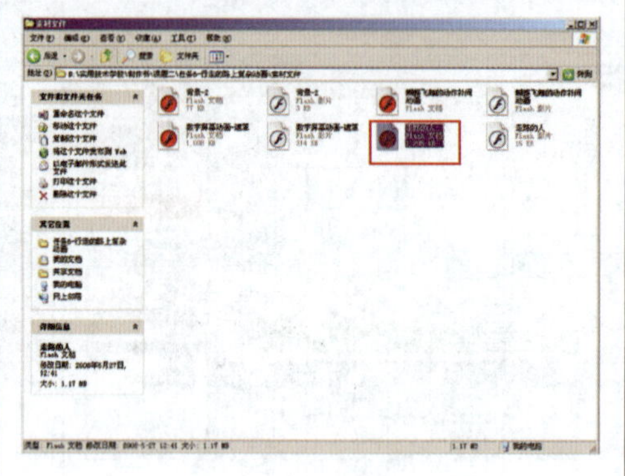	◆此处的打开方法和前面介绍的打开方式有所不同，是为了让学生掌握多种开启方式
18．在“行走的小男孩儿”的文件中，选中库面板中名为“元件1/走路的人”影片剪辑元件，单击鼠标右键，在快捷菜单中选择“复制”命令	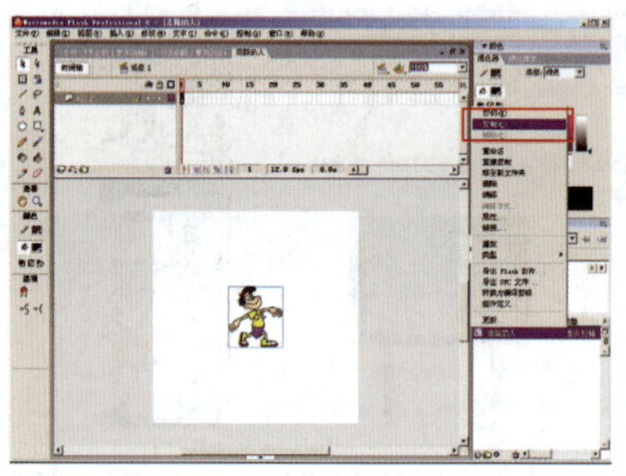	剪切(T) 复制(C) 粘贴(P) 重命名 直接复制 移至新文件夹 删除 编辑 编辑方式... 属性... 链接... 播放 类型 导出 Flash 影片... 导出 SWC 文件... 转换为编译剪辑 组件定义... 更新...
19．选中“行走的路上复杂动画”Flash文件，单击库面板下方的“新建文件夹”按钮，添加新文件夹，命名为“走路的人”。然后单击鼠标右键，在快捷菜单中选择“粘贴”命令，将刚才复制的“走路的人”元件粘贴到文件夹中		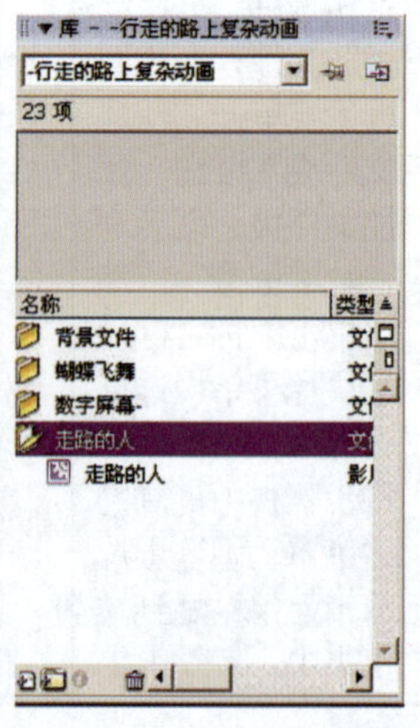

续表

操作过程	图示	注释（备注）
20．在元件库的基本元素建立完成后，就可以进行动态的制作了，首先来制作风车转动的动画 双击“行走的路上复杂动画”Flash文件场景中的背景图形，进入名为“背景”的影片剪辑元件中进行编辑	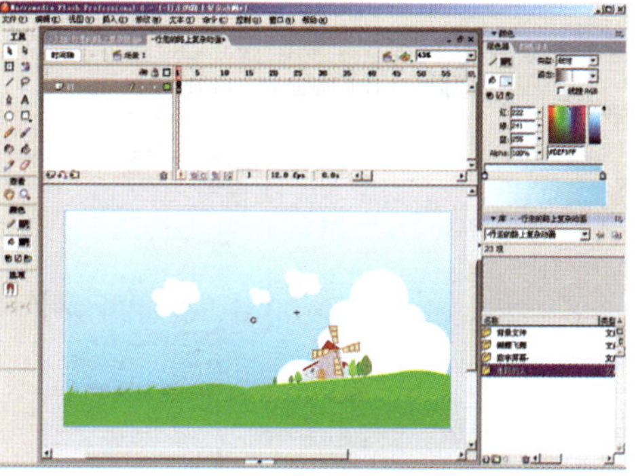	◆双击进入“背景”影片剪辑元件后，可以看到标签栏形成了场景后面套着影片剪辑“背景”的状态，这说明已经进入了编辑模式
21．选择“草地”图层上时间轴第91帧，单击鼠标右键，在快捷菜单中选择“插入帧”命令，对草地这部分内容在时间轴上进行延长 用同样的方法将时间轴上的其他图层都延长至第91帧	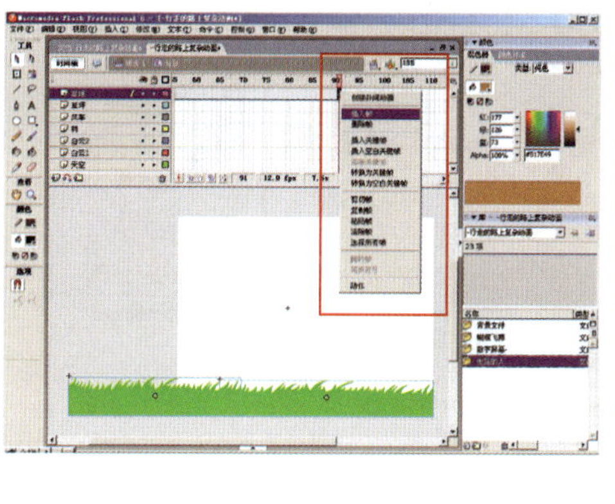	创建补间动画 插入帧 删除帧 插入关键帧 插入空白关键帧 清除关键帧 转换为关键帧 转换为空白关键帧 剪切帧 复制帧 粘贴帧 清除帧 选择所有帧 翻转帧 同步符号 动作
22．选中场景中的“风车”对象，双击进入其编辑模式	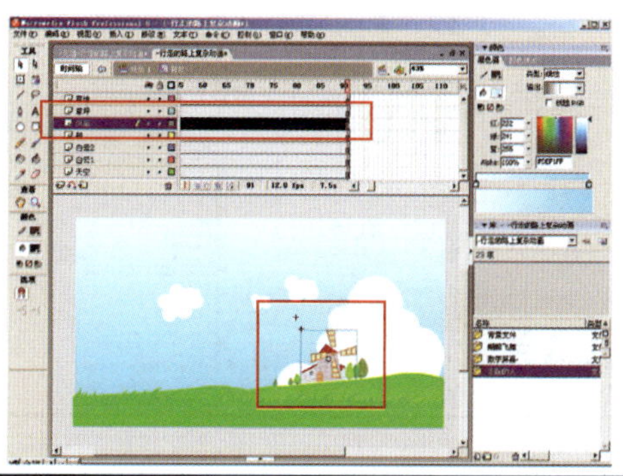	场景 1　背景　风车 ◆此时，时间轴上方标签栏形成“场景1”，后面是它的下一级名为“背景”的内容，“背景”后面是下一级“风车”的内容

续表

操作过程	图　示	注释（备注）
23. 在“风车”影片剪辑元件中，选中“风帆”图层上时间轴第84帧，单击鼠标右键，在快捷菜单中选择“插入关键帧”命令，将风帆关键帧中的内容在时间轴上延长，为随后制作补间动画做准备	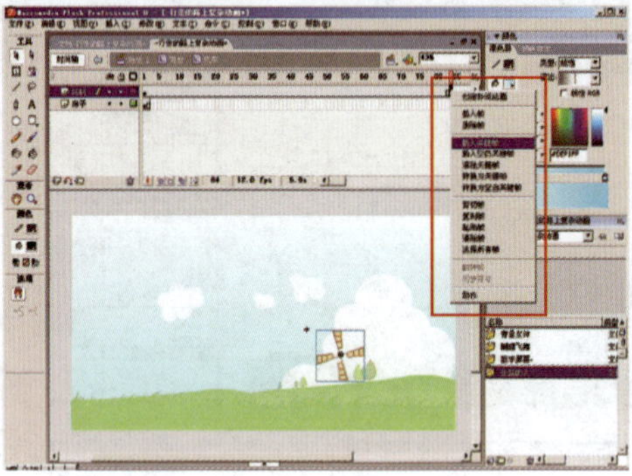	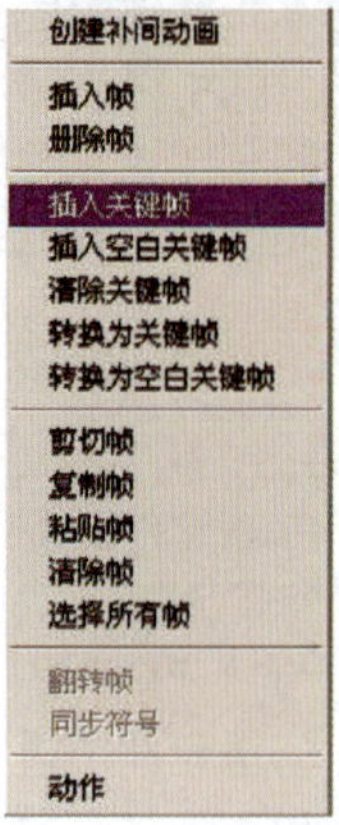
24. 再选中“房子”图层上时间轴第84帧，单击鼠标右键，在快捷菜单中选择“插入帧”命令，将房子内容的图层在时间轴上延长	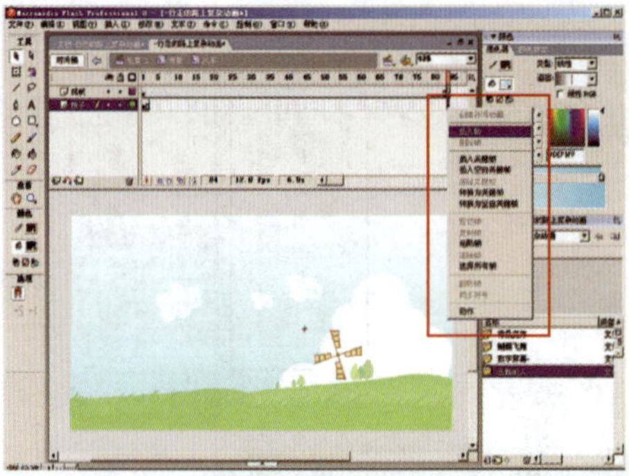	
25. 再次选中“风帆”图层上时间轴第1帧，单击鼠标右键，在快捷菜单中选择“创建补间动画”命令，制作补间动画	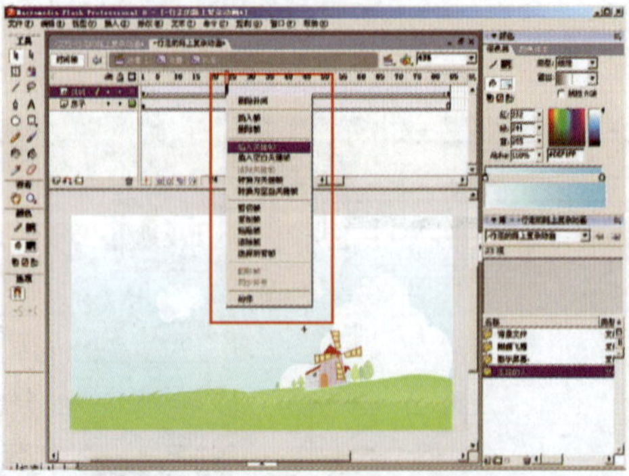	◆这个补间动画主要是要形成风帆转动的效果

续表

操作过程	图　示	注释（备注）
26．然后选中“风帆”图层上时间轴第24帧，单击鼠标右键，在快捷菜单中选择“插入关键帧”命令，为第24帧插入一个关键帧	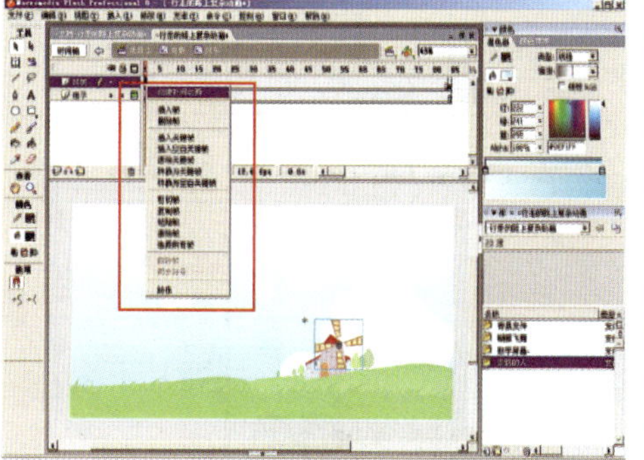	◆在这里使用的插入关键帧命令主要是为了对风帆转动效果进行微调
27．在第24帧的场景中选定“风帆”，使用“任意变形工具”沿顺时针方向将风帆转动45° 同理，分别在第47、66帧上插入关键帧，并用“任意变形工具”在第47、66、84帧上顺时针转动风帆，最终在第1～84帧间形成一个完整的风帆转动的补间动画	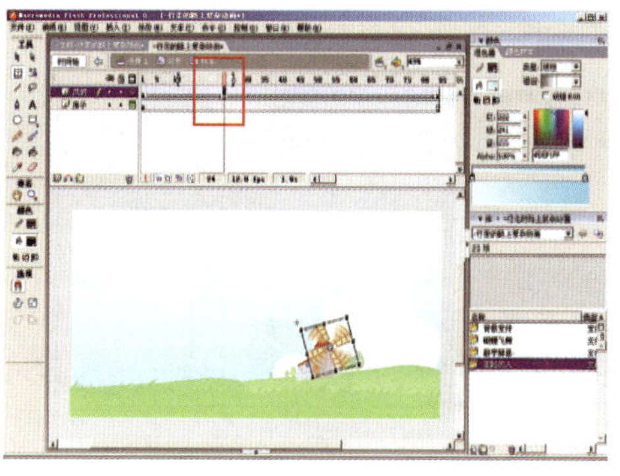	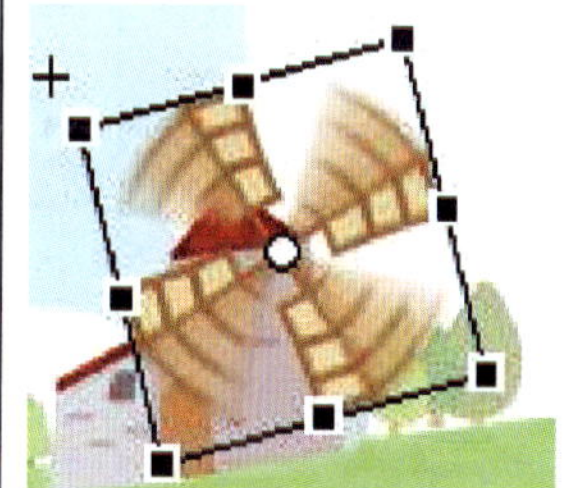
28．制作数字屏幕的动画效果。单击时间轴上方的标签栏上“背景”影片剪辑元件，进入“背景”元件的编辑模式	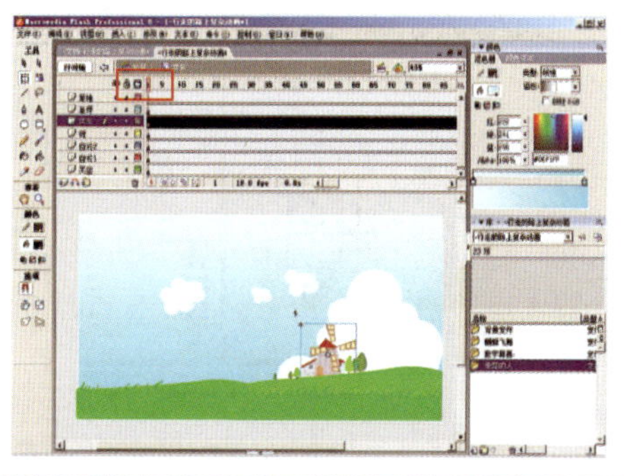	场景 1　背景 ◆标签栏上出现的是“场景”后面套着一个“背景”影片剪辑，就说明已回到“背景”影片剪辑元件的编辑模式

续表

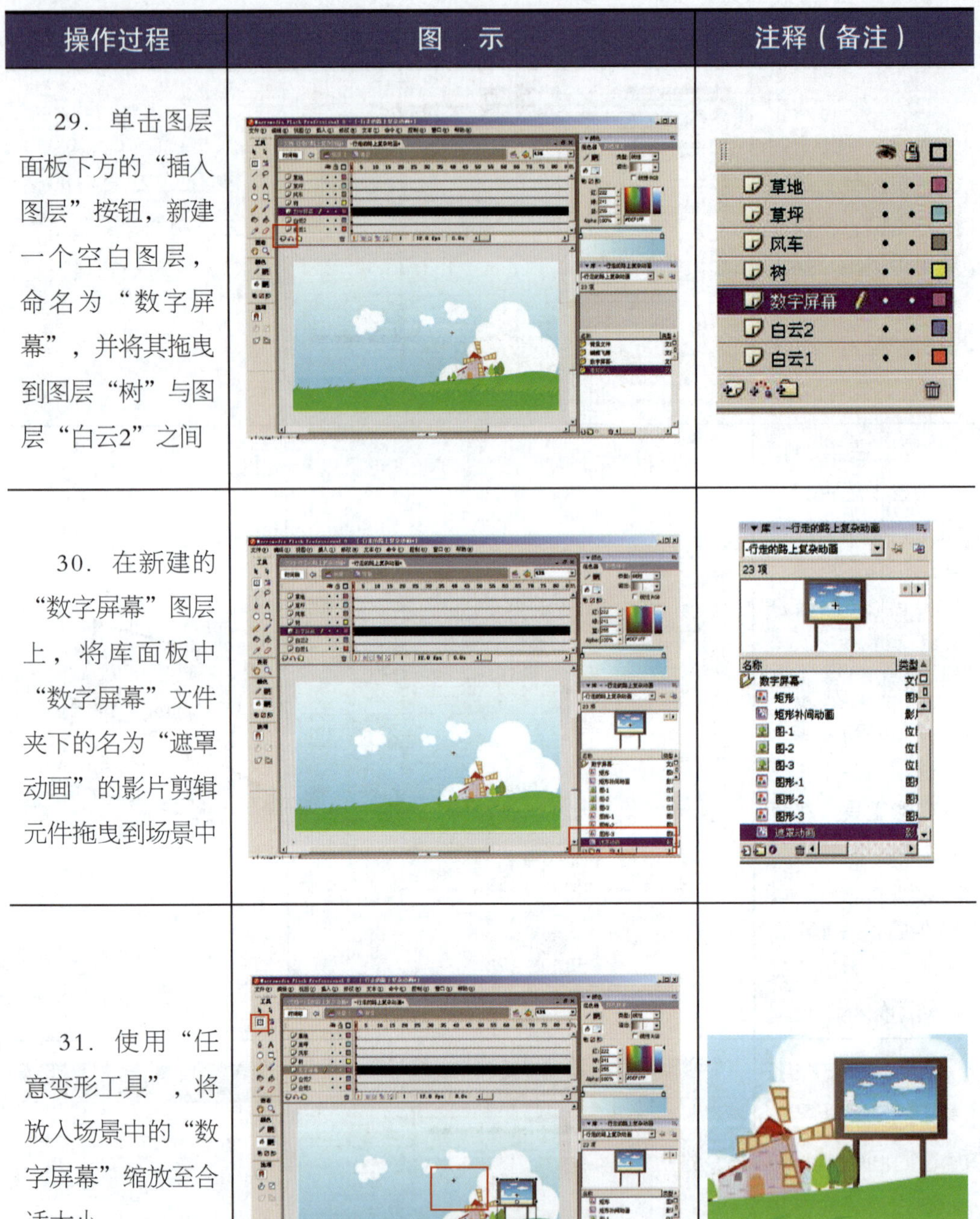

操作过程	图　示	注释（备注）
29. 单击图层面板下方的“插入图层”按钮，新建一个空白图层，命名为“数字屏幕”，并将其拖曳到图层“树”与图层“白云2”之间		
30. 在新建的“数字屏幕”图层上，将库面板中“数字屏幕”文件夹下的名为“遮罩动画”的影片剪辑元件拖曳到场景中		
31. 使用“任意变形工具”，将放入场景中的“数字屏幕”缩放至合适大小		

续表

<table>
<tr><th>操作过程</th><th>图　示</th><th>注释（备注）</th></tr>
<tr><td>32. 单击图层下方的“插入图层”按钮，在图层“草地”与“草坪”之间新建一个图层，命名为“人走路”</td><td>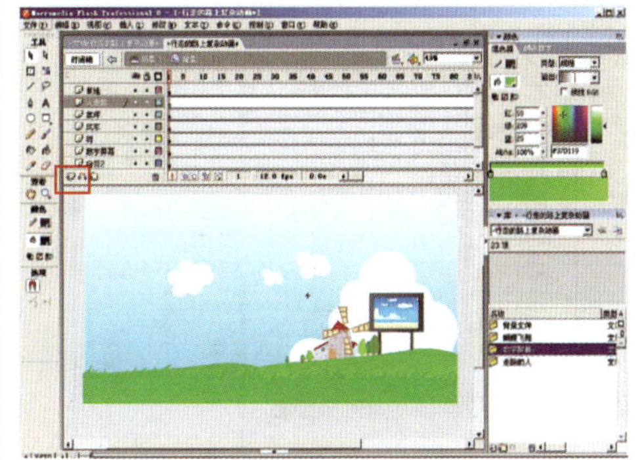</td><td>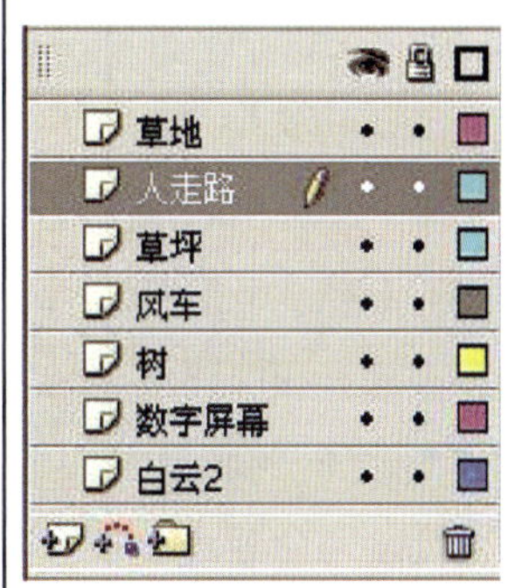
</td></tr>
<tr><td>33. 在“人走路”图层上，将库面板中“走路的人”文件夹中的“走路的人”影片剪辑元件拖曳到场景中，并使用“任意变形工具”缩放至合适大小，放置在场景的左侧</td><td>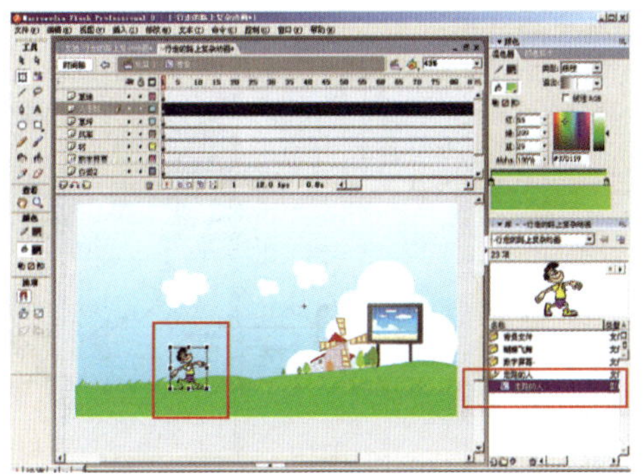</td><td>
</td></tr>
<tr><td>34. 选中“人走路”图层上时间轴最后1帧，单击鼠标右键，在快捷菜单中选择“插入关键帧”命令</td><td>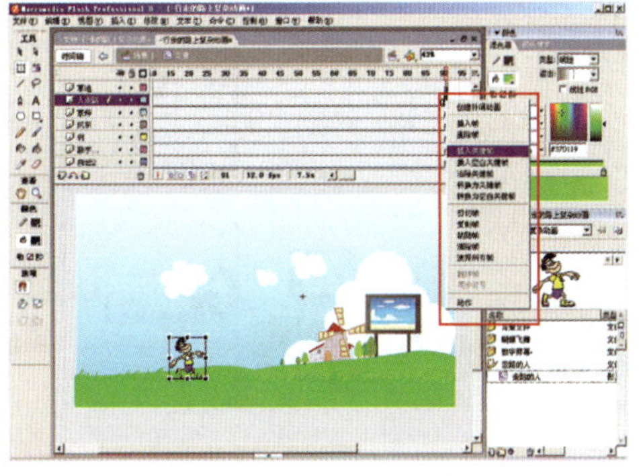</td><td>◆此处进行插入关键帧的操作主要是为了给男孩儿走路添加一个补间动画，最终形成男孩儿从场景左边走入、右边走出的位置移动效果</td></tr>
</table>

续表

操作过程	图　示	注释（备注）
35. 再选中“人走路”图层上时间轴第1帧，单击鼠标右键，在快捷菜单中选择“创建补间动画”命令	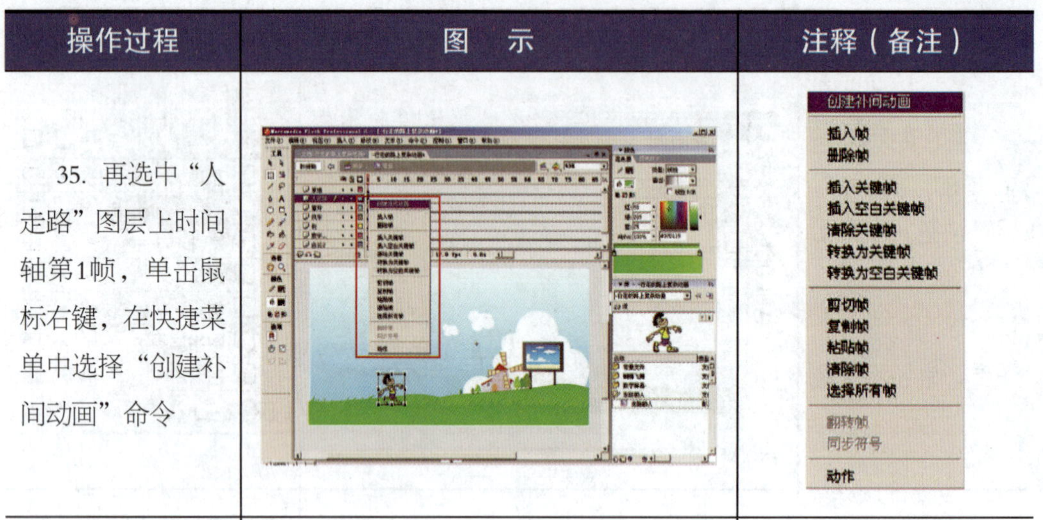	
36. 再次选中“人走路”图层上时间轴最后1帧，将这一帧中走路的男孩儿移动到场景的最右侧，至此，人物走路的补间动画就完成了	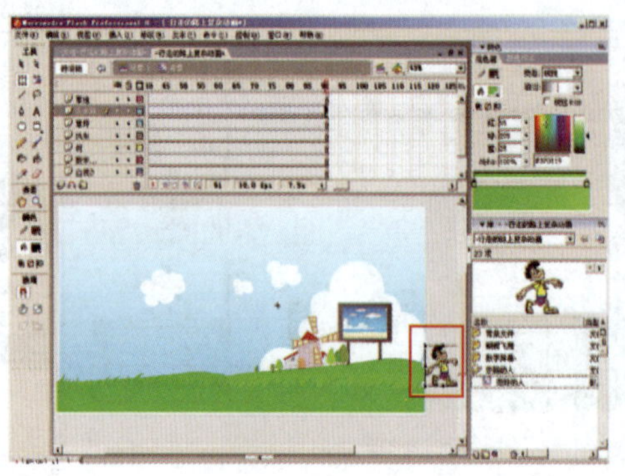	
37. 单击标签栏中的“场景1”，回到场景1状态下进行编辑 接下来添加蝴蝶飞舞的动画	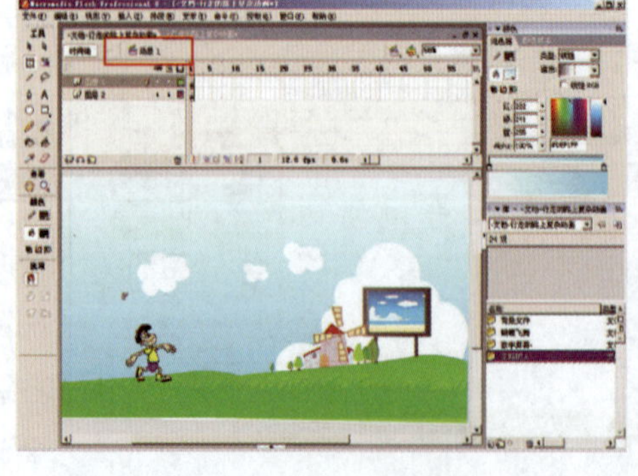	

续表

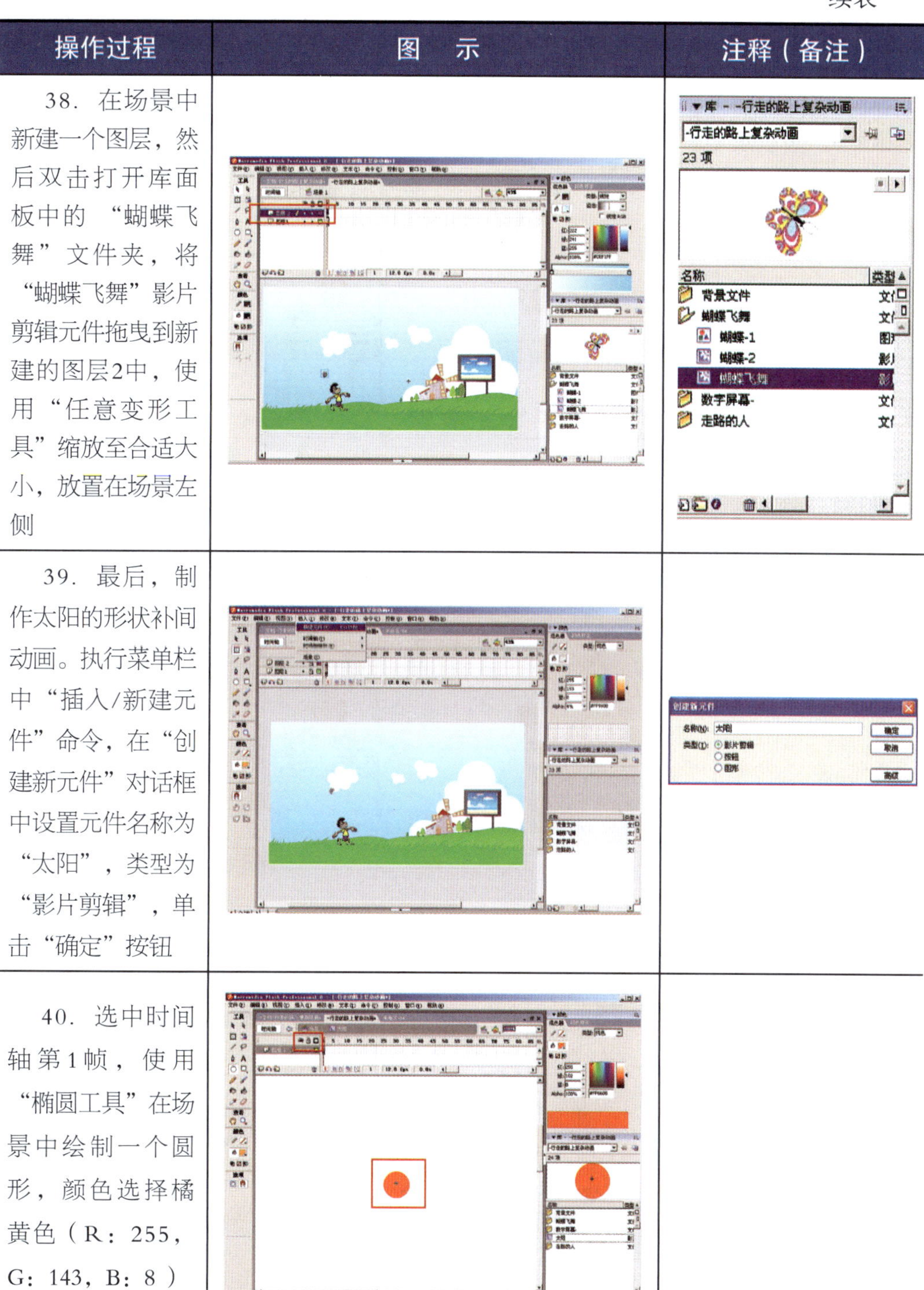

操作过程	图 示	注释（备注）
38．在场景中新建一个图层，然后双击打开库面板中的“蝴蝶飞舞”文件夹，将“蝴蝶飞舞”影片剪辑元件拖曳到新建的图层2中，使用“任意变形工具”缩放至合适大小，放置在场景左侧		
39．最后，制作太阳的形状补间动画。执行菜单栏中“插入/新建元件”命令，在“创建新元件”对话框中设置元件名称为“太阳”，类型为“影片剪辑”，单击“确定”按钮		
40．选中时间轴第1帧，使用“椭圆工具”在场景中绘制一个圆形，颜色选择橘黄色（R：255，G：143，B：8）		

续表

操作过程	图　示	注释（备注）
41．选中时间轴第30帧，单击鼠标右键，在快捷菜单中选择“插入帧”命令，并将第30帧上圆形的色彩改为黄色（R：255，G：255，B：6）		
42．分别对时间轴第1、第30帧中的圆形各执行菜单栏中“修改/形状/柔化填充边缘”命令，在“柔化填充边缘”对话框中设定距离为“20 px”，步骤数为“ 20”，方向为“扩展”，单击“确定”按钮	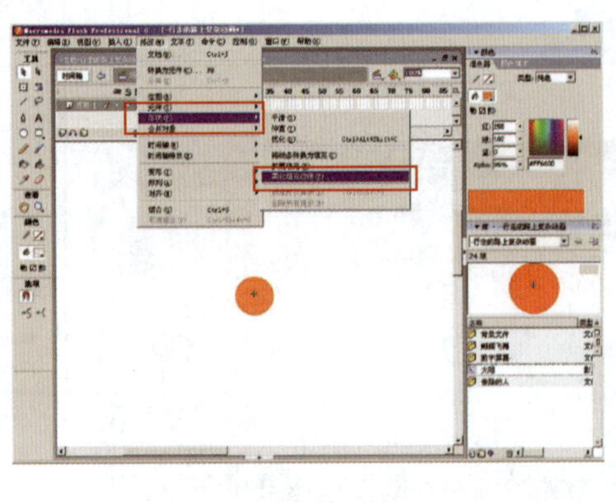	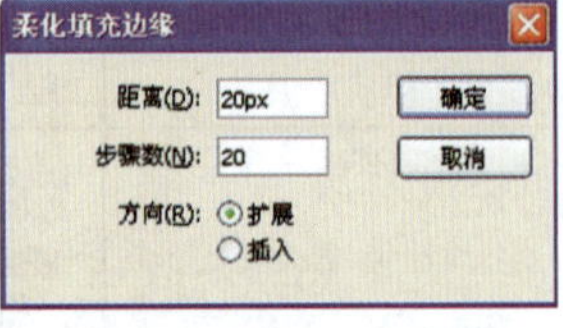 ◆本操作主要是为了给对象柔化边缘，使得对象逐渐柔和过渡到透明效果
43．选中时间轴第1帧，单击属性面板，在“补间”下拉菜单中选择“形状”选项	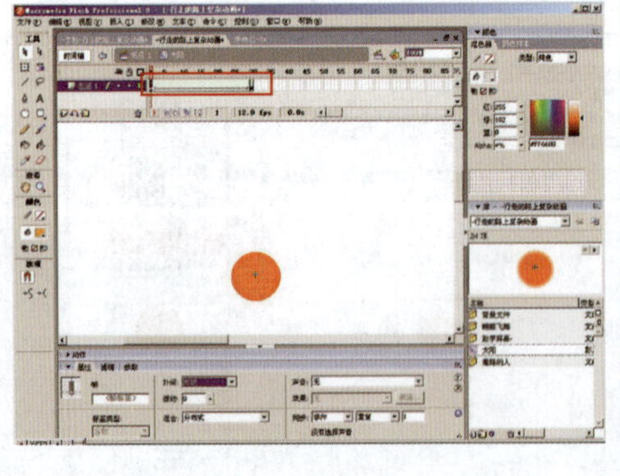	

续表

操作过程	图　示	注释（备注）
44. 按住“Shift”键，将时间轴第1~30帧全部选中，单击鼠标右键，在快捷菜单中选择“复制帧”命令		删除补间 插入帧 删除帧 插入关键帧 插入空白关键帧 清除关键帧 转换为关键帧 转换为空白关键帧 剪切帧 复制帧 粘贴帧 清除帧 选择所有帧 翻转帧 同步符号 动作
45. 选中时间轴第31帧，单击鼠标右键，在快捷菜单中选择“粘贴帧”命令		◆通过复制帧和粘贴帧的操作，可以将第1～30帧的内容复制出来，最终通过翻转帧命令形成太阳照耀时，光线闪烁忽大忽小的效果
46. 按住“Shift”键，选中时间轴第31～60帧，单击鼠标右键，在快捷菜单中选择“翻转帧”命令	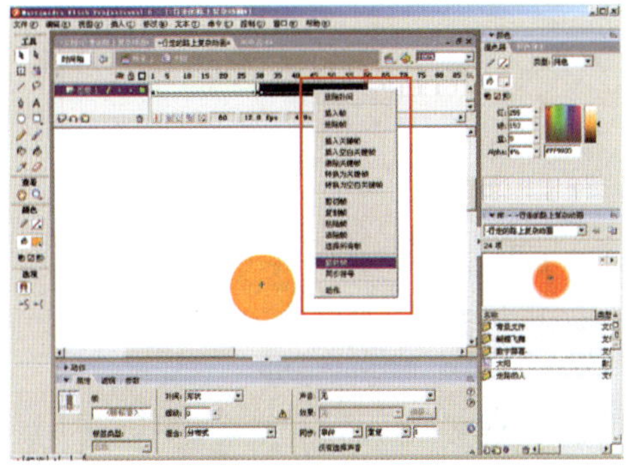	◆翻转帧操作主要是将所选中帧的内容进行翻转播放，这样的操作可以提高制作效率

续表

操作过程	图　示	注释（备注）
47. 返回到场景1中，新建一个图层3，将库面板中制作的“太阳”影片剪辑元件拖曳到图层3中，使用“任意变形工具”缩放至合适大小并放到场景上部 至此，行走的路上复杂动画制作完成	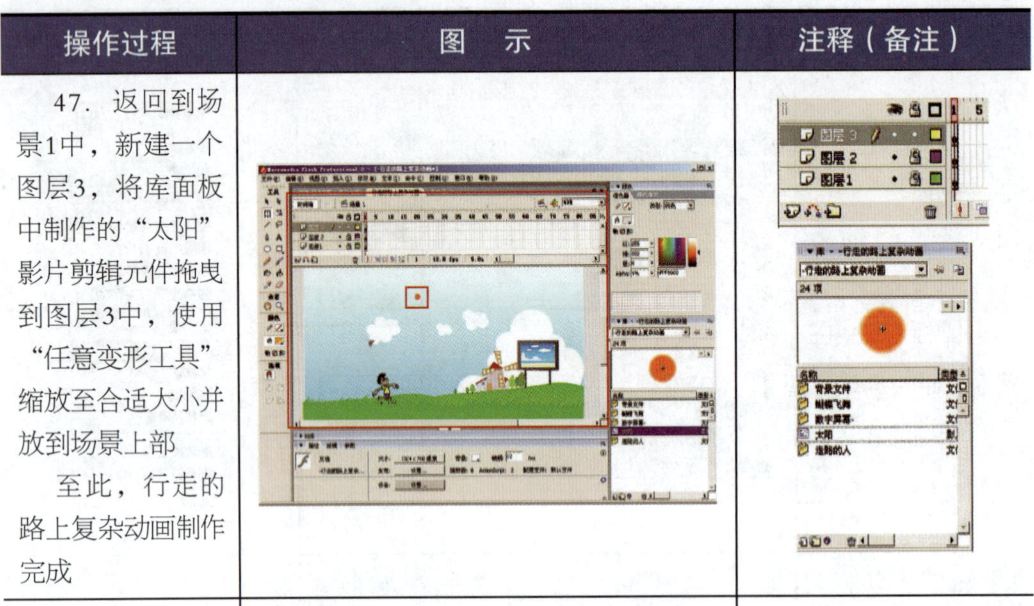	
48. 执行菜单栏中“控制/测试影片”命令，即可完整观看制作的行走的路上复杂动画	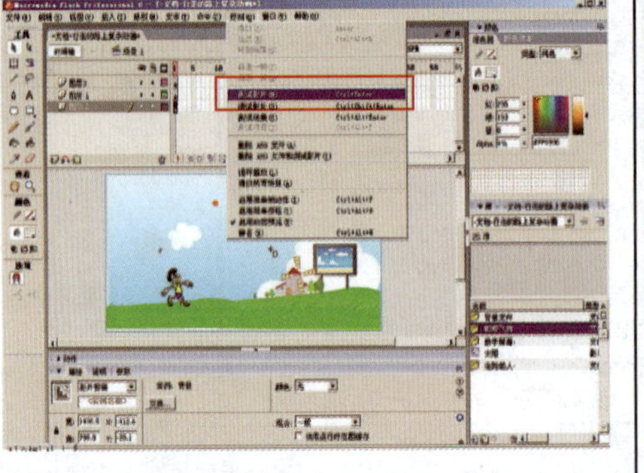	播放(P) Enter 后退(R) Ctrl+Alt+R 转到结尾(G) 前进一帧(F) 后退一帧(B) 测试影片(M) Ctrl+Enter 调试影片(D) Ctrl+Shift+Enter 测试场景(S) Ctrl+Alt+Enter 测试项目(J) Ctrl+Alt+P 删除 ASO 文件(A) 删除 ASO 文件和测试影片(T) 循环播放(L) 播放所有场景(A) 启用简单帧动作(I) Ctrl+Alt+F 启用简单按钮(T) Ctrl+Alt+B ✓ 启用动态预览(W) 静音(N) Ctrl+Alt+M
49. 最终完成的动画效果如右图所示。如果没有问题，可将该Flash文件进行保存		

思考与练习

一、思考题

1．不同Flash中时间轴上的关键帧的相互调用要如何进行操作？使用什么命令？

2．不同Flash库面板中的各类元件的相互调用如何操作？使用什么命令？

二、实训题

请以“愉快的生活”为主题，自行设计制作一个动画。要求综合运用运动补间、形状补间、引导层、遮罩等几类动画，至少要综合运用其中的三种。

课题三　动画后期

任务10　制作运动镜头效果

任务目标：

◆了解动画中推、拉、摇、移等不同类型的运动镜头

◆掌握不同运动镜头中的场景与元件的调整方法

◆能制作简单的运动镜头动画效果

任务引入

通过运用Flash中相应的工具、元件、动画形式，制作出如图10—1所示的带有镜头变化的复杂动画，通过镜头有效的加工处理，以及镜头语言的设计，达到丰富动画作品的目的，最终完成一个从故事到视觉语言上都比较完整的Flash动画。

图10—1　带有镜头变化的复杂动画

任务分析

本任务将以课题二中制作的男孩儿行走的复杂动画作为素材，制作带有镜头变换效果的动画。丰富的镜头变化是进行动画创作的一个重要内容，通过不同形式的镜

头表现，能够丰富动画的视觉效果，形成一个视觉活泼、镜头语言相对丰富的动画。

镜头变换主要是通过灵活地综合应用之前学习过的几种动画类型，最终实现各种镜头语言效果。通过本实例，学生应初步把握动画中常用的镜头语言的种类；掌握如何在时间轴上对动画镜头语言进行制作和处理。

相关知识

动画中的镜头语言

动画也是视觉艺术之一，因此也需要通过丰富细致的画面来更好地体现动画故事内容并吸引和打动观众，这就要求动画制作中要遵循一定的视觉规律，制作中要尽量避免对画面的单一化、平面化处理。因此，动画中常常使用一些镜头语言来丰富画面视觉效果。动画中一般常见的镜头语言有以下七种。

1. 推镜头

推镜头，是画面由整体到局部、镜头由大画面推进到细节上的过程。制作方法主要是通过动作补间进行制作。具体来说就是使用任意变形工具对画面中的对象进行缩放，同时配合动作补间动画就可以达到此效果，如图10—2所示。

图10—2 推镜头（整体到局部）

2. 拉镜头

拉镜头，是画面由局部到整体，镜头由细节过渡到整体的过程。制作方法主要是利用动作补间动画来完成。具体来说就是通过使用任意变形工具对画面对象进行缩放，同时配合动作补间动画就可以达到此效果（这个镜头语言的制作方法正好和推镜头是相反的变化，拉镜头是对象由大到小的变化，推镜头是对象由小到大的变化）。拉镜头和推镜头中，各自的开始帧和结束帧互相正好是画面中局部和整体的相逆过程，如图10—3所示。

图10—3　拉镜头（局部到整体）

3. 移镜头

移镜头，是指镜头移动对画面中不动的对象进行拍摄，在移动镜头中，画面中对象的角度不会发生变化。制作中由于画面仍然主要是场景中的对象位置的变化，因此依然是采用动作补间来完成，如图10—4所示。

图10—4　移镜头

4. 跟镜头

跟镜头，是指镜头跟随画面中的主体对象进行拍摄，形成主体对象在画面中的中心位置不变，前后景随移动而变化的效果。即在Flash制作中对主体不进行位置的变化操作，而对相应的前后景要进行位置的变化制作。制作时主要还是背景位置的变化，因此通过动作补间动画就可以达到此效果，如图10—5所示。

图10—5　跟镜头

5. 摇镜头

摇镜头，是指拍摄设备的位置不动，而只对镜头进行左右上下等的摇动处理，类似于人身体不动，而头转动观看四周的效果。在Flash制作中对画面物体要进行大小远近等不同的透视处理才行。制作时主要还是通过预先对一些对象进行些效果处理，再结合逐帧和补间动画就可以达到此效果，如图10—6所示。

图10—6 摇镜头

注意区别移镜头、跟镜头、摇镜头：移镜头的画面中对象角度没有变化；摇镜头的对象视觉角度会发生变化，需要按照美术中的透视规律进行变形处理；跟镜头的前景和后景会随移动而变化，但对象主体在画面中的位置不变。

6. 切镜头

切镜头，是指一个画面直接切到下一个画面，两个画面之间发生的跳转形成内容场景或者视觉角度的变化，丰富画面，避免视觉语言的单调。制作时主要通过工具配合逐帧动画就可以达到此效果，如图10—7所示。

图10—7 切镜头

7. 甩镜头

甩镜头，是指从一个画面甩到另一个画面的过程，主要实现场景、内容或者景别的变化，甩镜头的显著标志是上一个镜头甩到下一个镜头的中间过程中会出现画面模糊的效果。制作时主要通过对部分镜头画面进行模糊效果处理，然后再结合逐帧和补间动画就能完成该效果，如图10—8所示。

图10—8 甩镜头

任务实施

素材文件位置：光盘/资源下载/任务10

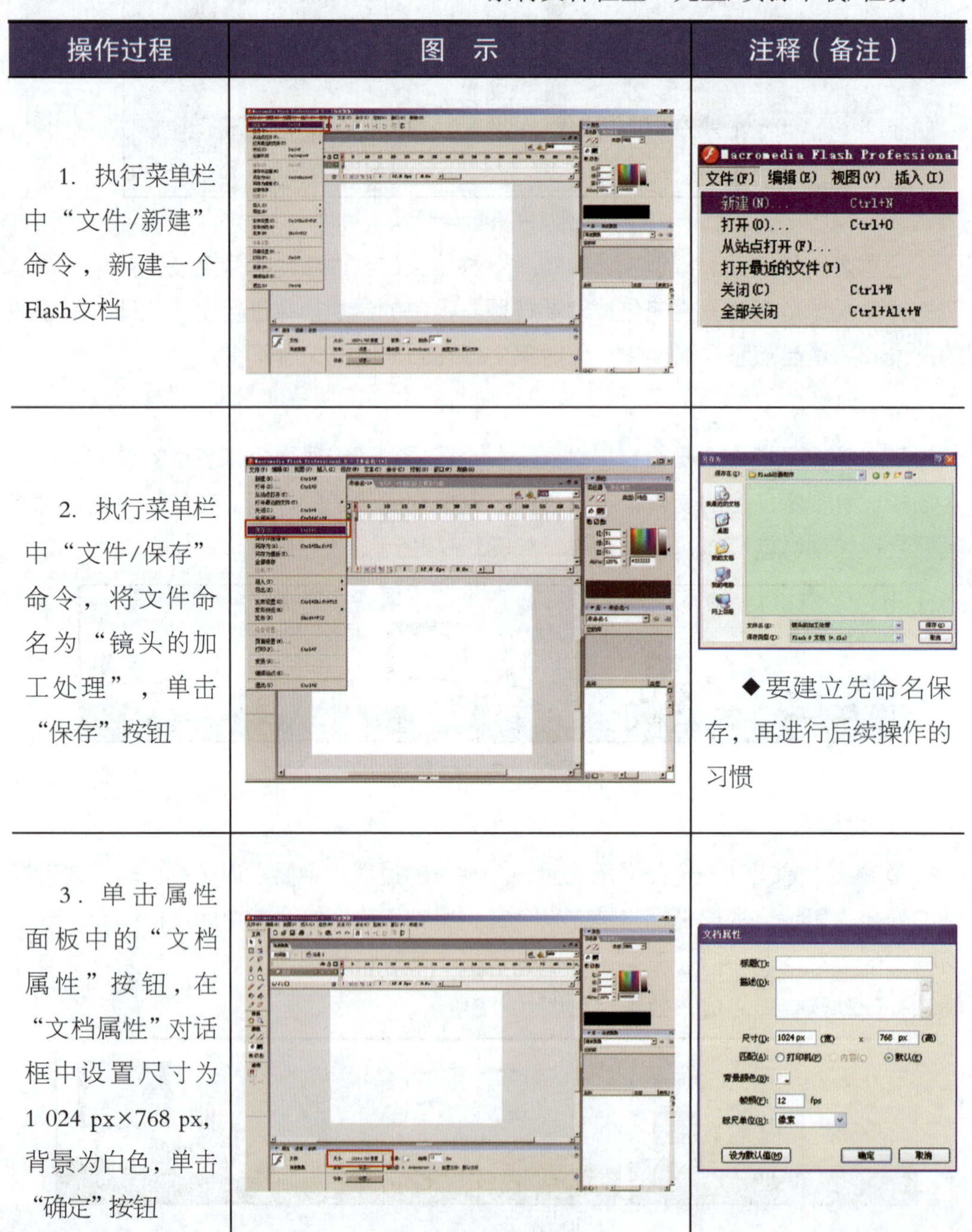

操作过程	图　示	注释（备注）
1. 执行菜单栏中“文件/新建”命令，新建一个Flash文档		
2. 执行菜单栏中“文件/保存”命令，将文件命名为“镜头的加工处理”，单击“保存”按钮		◆要建立先命名保存，再进行后续操作的习惯
3. 单击属性面板中的“文档属性”按钮，在“文档属性”对话框中设置尺寸为1 024 px×768 px，背景为白色，单击“确定”按钮		

续表

操作过程	图 示	注释（备注）
4. 执行菜单栏中“文件/打开”命令，在“打开文件”对话框中，选中任务9制作的“行走的路上复杂动画”Flash文件，单击“打开”按钮	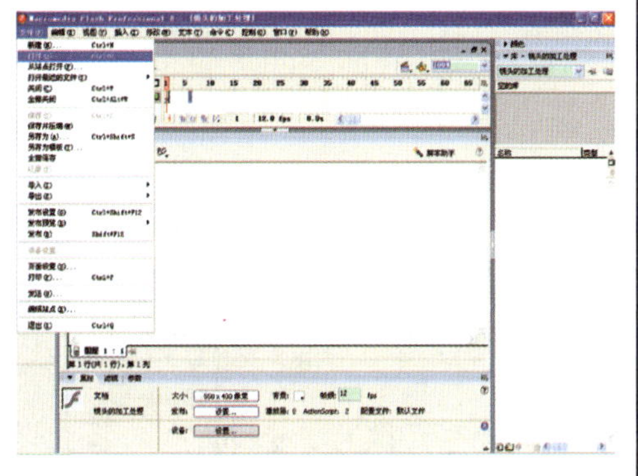	◆ 也可打开光盘素材文件：资源下载/任务10/素材-行走的路上复杂动画
5. 在“行走的路上复杂动画”Flash文件中，在库面板中选中所有装有元件的文件夹，单击鼠标右键，在快捷菜单中选择“复制”命令	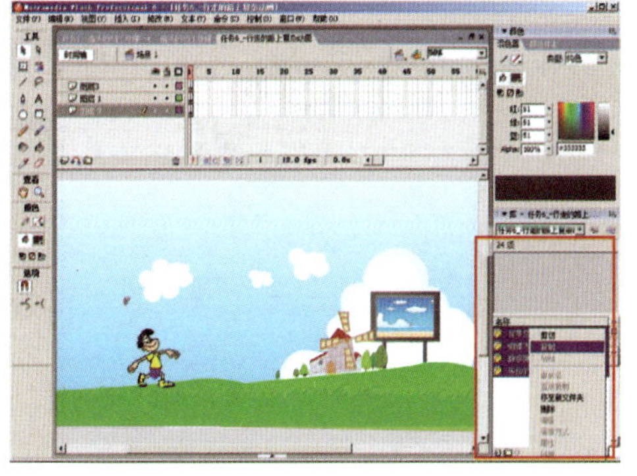	剪切 复制 粘贴 重命名 直接复制 移至新文件夹 删除 编辑 编辑方式... 属性... 链接...
6. 在“镜头的加工处理”Flash文件的库面板中，单击鼠标右键，在快捷菜单中选择“粘贴”命令，将“行走的路上复杂动画”Flash文件中的元件都粘贴到“镜头的加工处理”文件中	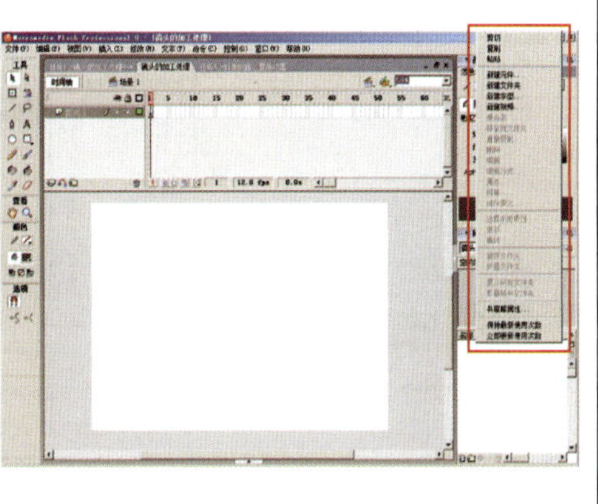	剪切 复制 粘贴 新建元件... 新建文件夹 新建字型... 新建视频... 重命名 移至新文件夹... 直接复制... 删除 编辑 编辑方式... 属性... 链接... 组件定义...

续表

操作过程	图　示	注释（备注）
7．这时，可以看到文件夹粘贴到了库面板中 接下来制作跟镜头动画效果 单击打开库面板中名为“背景文件”文件夹，将其中“背景”影片剪辑元件拖曳到图层1的场景中，并使用“任意变形工具”将其成比例放大(高度和场景一致即可；长度可能超出场景大小，使其左边对齐场景即可)	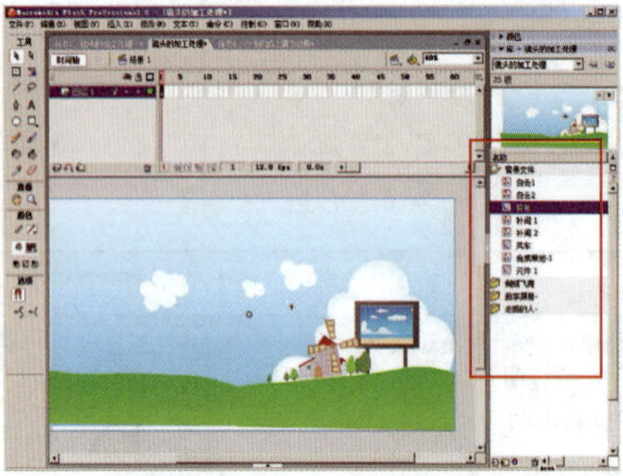	◆ 跟镜头是指镜头跟随画面中的主体对象进行拍摄，形成主体对象在画面中的中心位置不变，前后景随移动而变化的效果。即在Flash制作中，对主体人物不进行位置的变化操作，而对前后景进行位置的变化制作，通过补间动画和相应的工具进行位置的变化就可以达到此效果
8．双击图层1，将其重新命名为“背景-1”	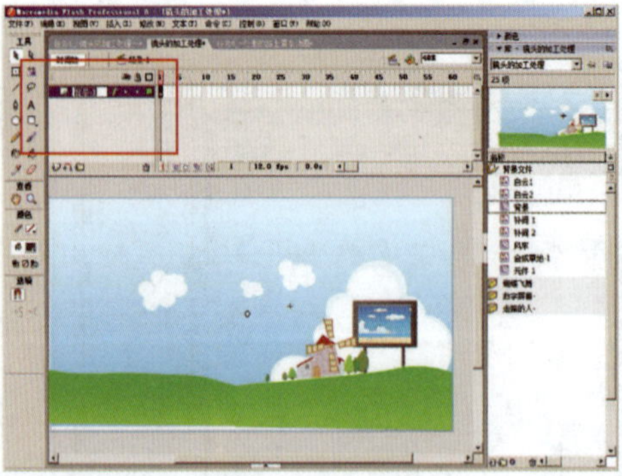	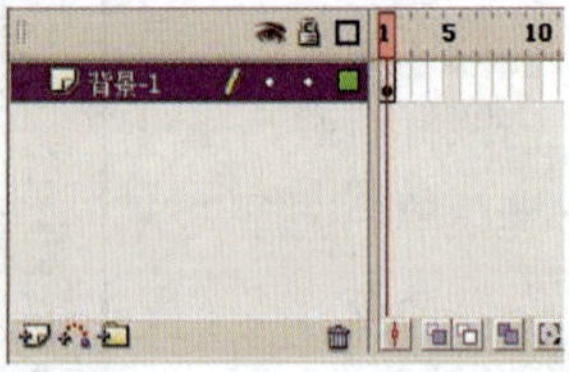

续表

操作过程	图　示	注释（备注）
9．选中“背景-1”图层上时间轴第204帧，单击鼠标右键，在快捷菜单中选择“插入关键帧”命令	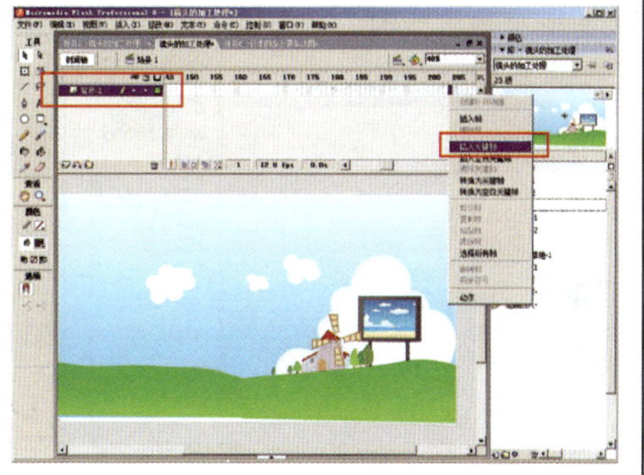	创建补间动画 插入帧 删除帧 插入关键帧 插入空白关键帧 清除关键帧 转换为关键帧 转换为空白关键帧 剪切帧 复制帧 粘贴帧 清除帧 选择所有帧 翻转帧 同步符号 动作
10．选中时间轴第204帧的内容，并在场景中将这一帧的背景拖曳至场景最左边，使其完全出离场景位置	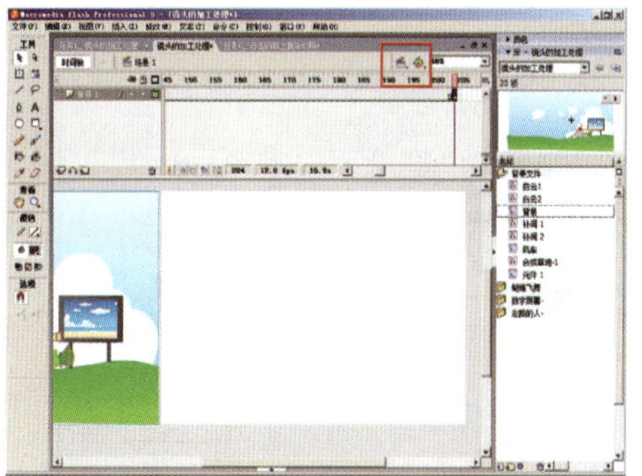	◆可以按住“Shift”键的同时拖曳场景，这样可达到平行拖曳图形的目的
11．选中“背景-1”图层上时间轴第1帧，单击鼠标右键，在快捷菜单中选择“创建补间动画”命令；为该图层中的图形创建补间动画	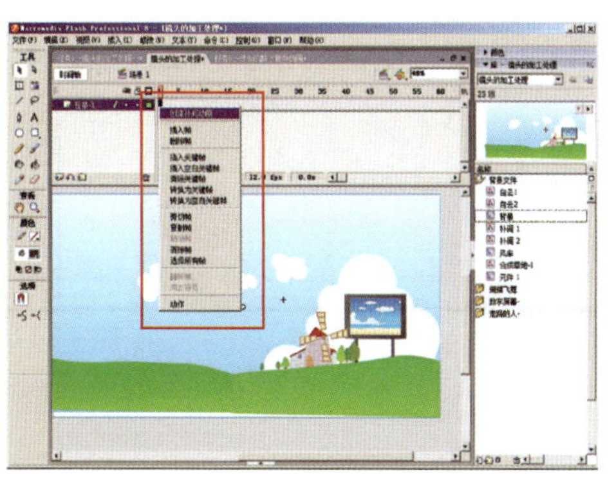	创建补间动画 插入帧 删除帧 插入关键帧 插入空白关键帧 清除关键帧 转换为关键帧 转换为空白关键帧 剪切帧 复制帧 粘贴帧 清除帧 选择所有帧 翻转帧 同步符号 动作

续表

操作过程	图　示	注释（备注）
12. 单击时间轴下方的“插入图层”按钮，新建一个图层，命名为“人物”		
13. 选中“人物”图层上时间轴第203帧，单击鼠标右键，在快捷菜单中选择“插入空白关键帧”命令。将库面板中名为“走路的人”文件夹中的“走路的人”影片剪辑元件拖曳到“人物”图层，这时场景中就出现了人物走路的图形，将其放置在场景中央		

续表

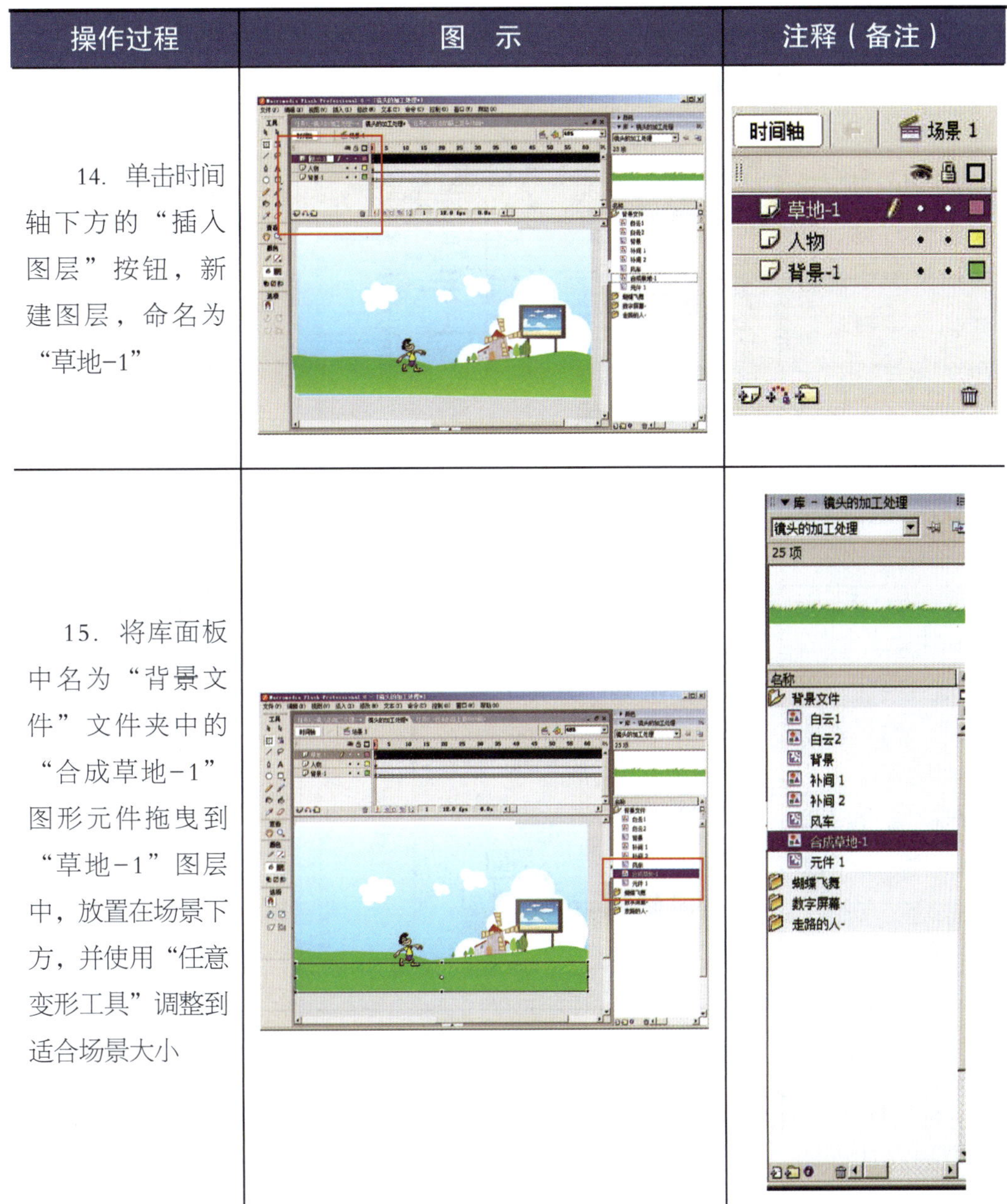

操作过程	图　示	注释（备注）
14. 单击时间轴下方的“插入图层”按钮，新建图层，命名为“草地-1”		
15. 将库面板中名为“背景文件”文件夹中的“合成草地-1”图形元件拖曳到“草地-1”图层中，放置在场景下方，并使用“任意变形工具”调整到适合场景大小		

续表

操作过程	图　示	注释（备注）
16. 选中“草地-1”图层上时间轴第204帧，单击鼠标右键，在快捷菜单中选择“插入关键帧”命令，并将这一帧的草地图形在场景中拖曳至和背景图一样出离场景的左边放置	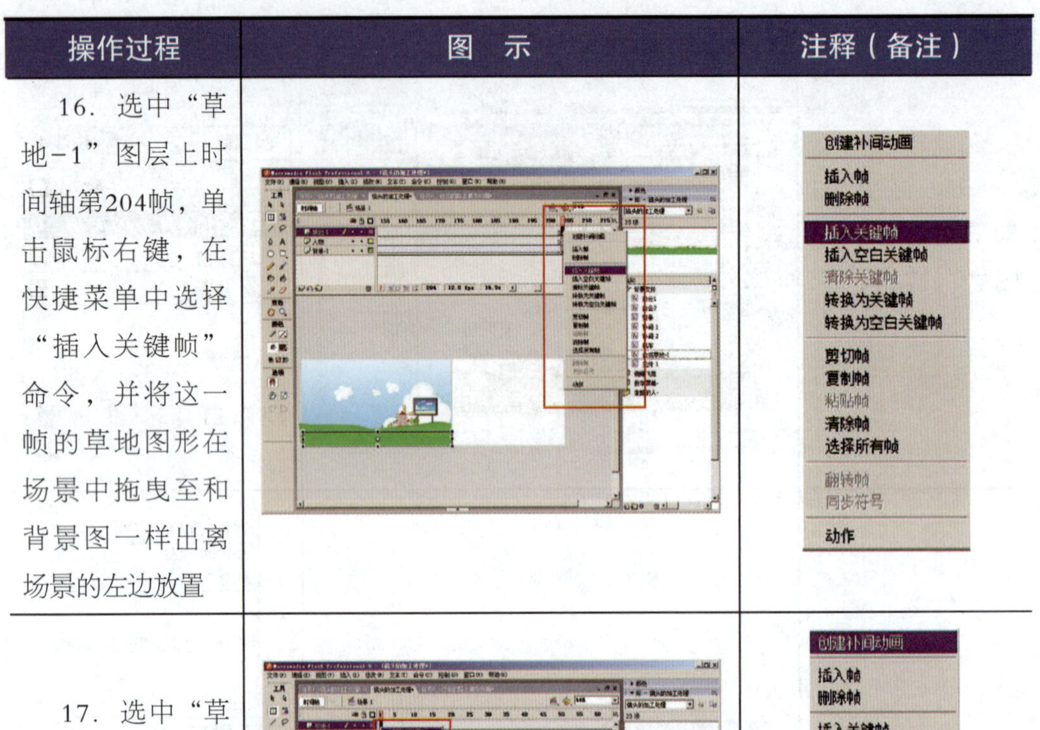	
17. 选中“草地-1”图层上时间轴第1帧，单击鼠标右键，在快捷菜单中选择“创建补间动画”命令	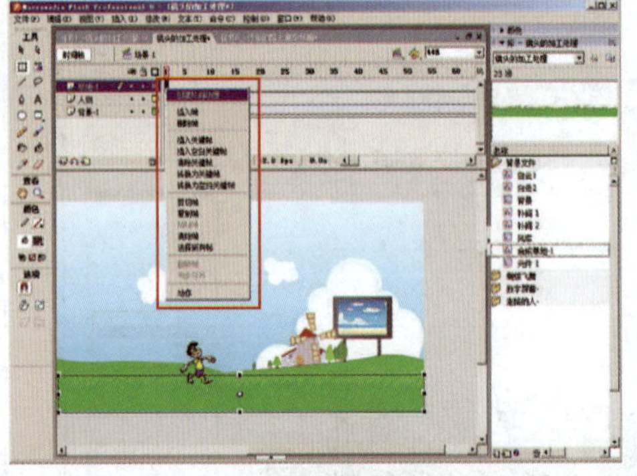	创建补间动画 插入帧 删除帧 插入关键帧 插入空白关键帧 清除关键帧 转换为关键帧 转换为空白关键帧 剪切帧 复制帧 粘贴帧 清除帧 选择所有帧 翻转帧 同步符号 动作
18. 单击图层下方的“插入图层”按钮，新建图层，命名为“蝴蝶”	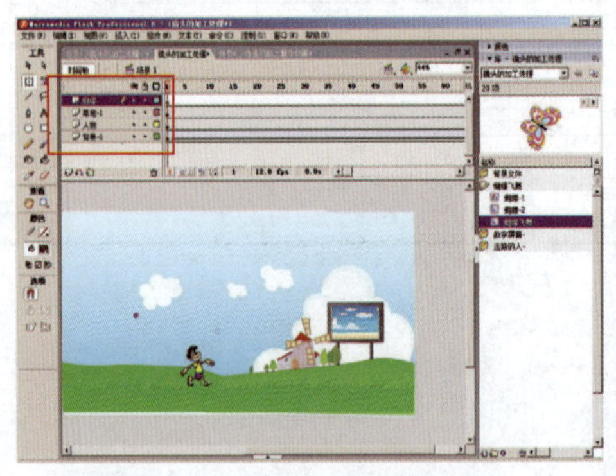	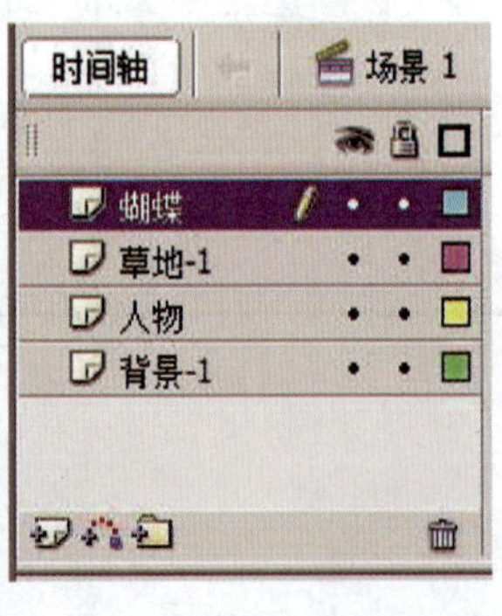

续表

操作过程	图 示	注释（备注）
19. 在“蝴蝶”图层上，将库面板中的“蝴蝶飞舞”文件夹下的“蝴蝶飞舞”影片剪辑元件拖曳到场景中，放置在场景左边的外侧，缩放至合适大小	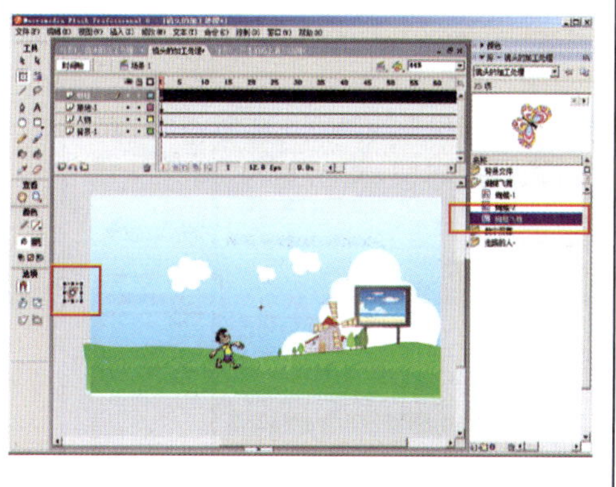	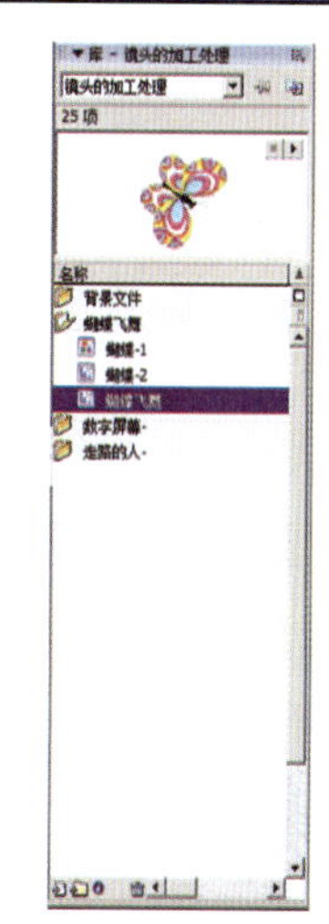
20. 单击图层下方的“插入图层”按钮，新建图层，命名为“背景-2”，然后拖曳至“背景-1”下方	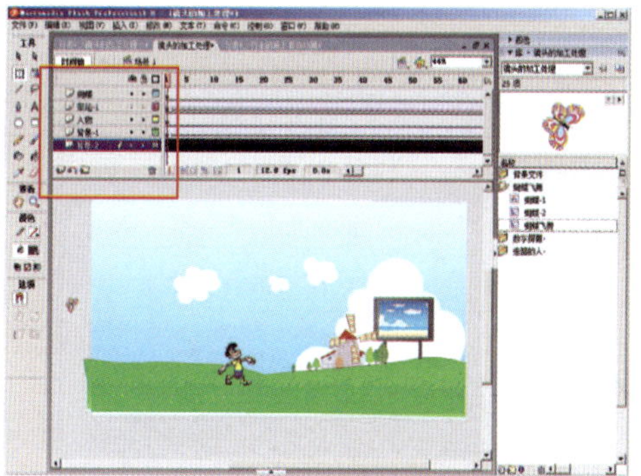	
21. 选中“背景-2”图层上时间轴第32帧，单击鼠标右键，在快捷菜单中选择“插入空白关键帧”命令	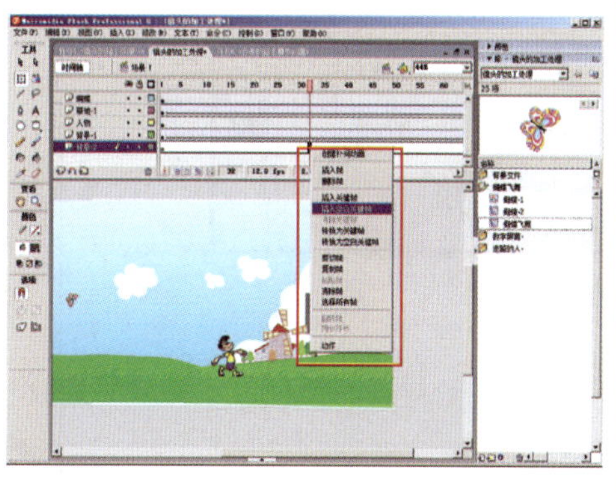	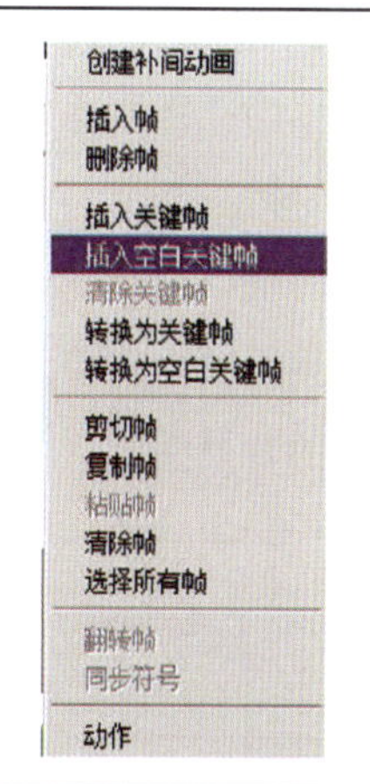

续表

操作过程	图　示	注释（备注）
22．在“背景-2”图层，将库面板中“背景文件”文件夹下的“背景”影片剪辑元件拖曳到场景中，放置在前一背景的右侧	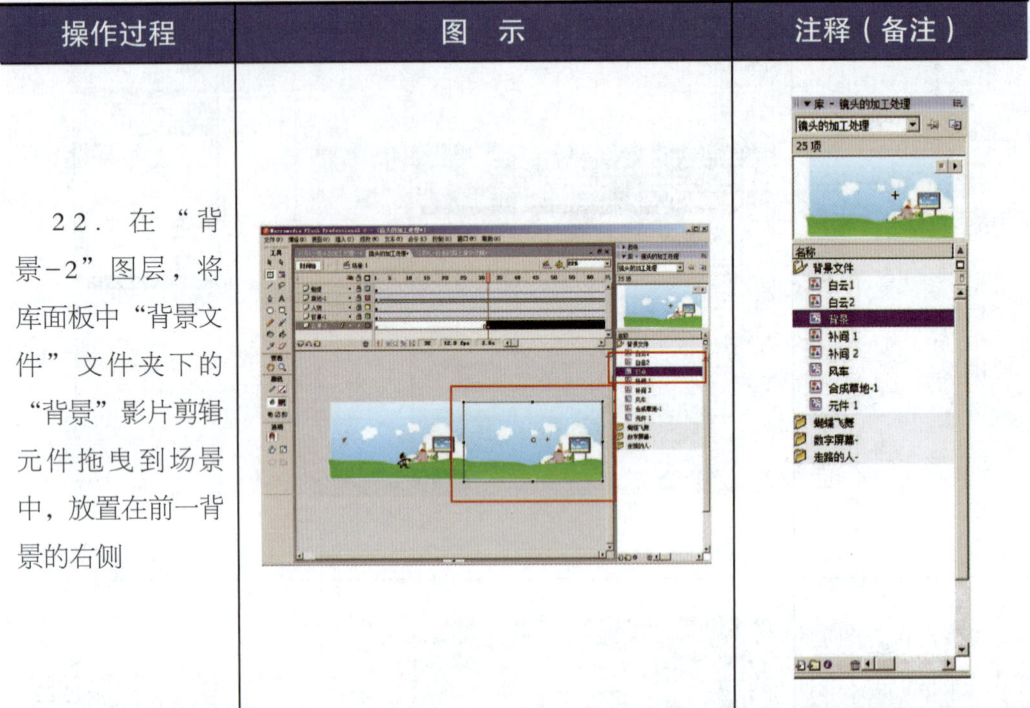	
23．选中“背景-2”图层上时间轴第203帧，单击鼠标右键，在快捷菜单中选择“插入关键帧”命令，将这一帧中的背景拖曳到场景中，和左边的背景图紧密衔接	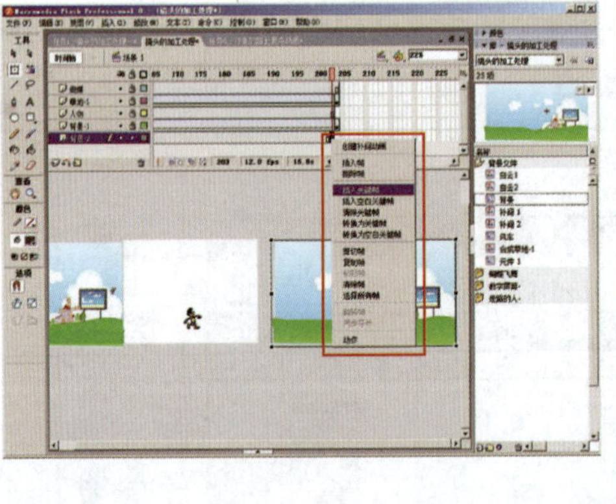	创建补间动画 插入帧 删除帧 插入关键帧 插入空白关键帧 清除关键帧 转换为关键帧 转换为空白关键帧 剪切帧 复制帧 粘贴帧 清除帧 选择所有帧 翻转帧 同步符号 动作 ◆插入关键帧就是为了复制一个和前一个关键帧一样的内容

续表

操作过程	图 示	注释（备注）
24. 选中“背景-2”图层上时间轴第1～202帧中的任意一帧位置，单击鼠标右键，在快捷菜单中选择“创建补间动画”命令，形成完整的背景补间动画	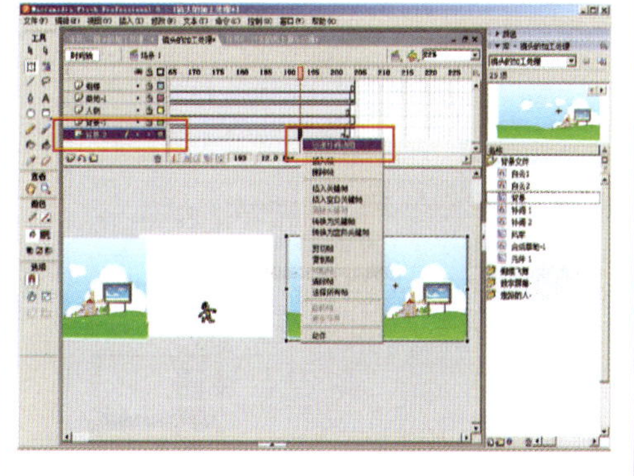	
25. 按时间轴下方的“插入图层”按钮，新建图层，命名为“草地-2”，将其放置在“草地-1”的图层上方	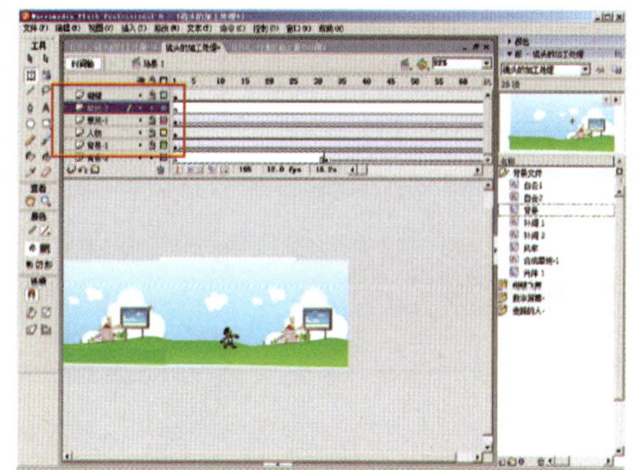	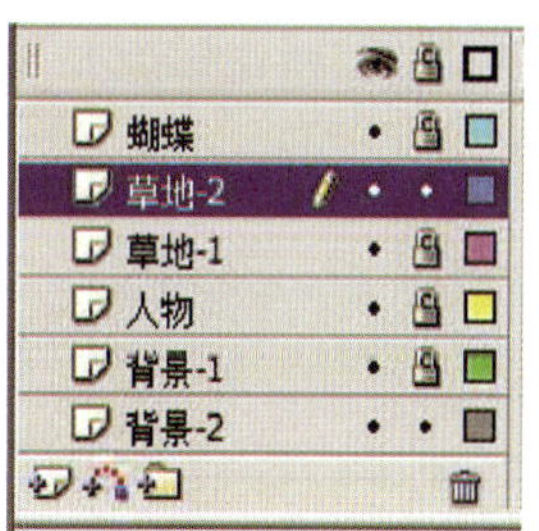
26. 选中“草地-2”图层上时间轴第32帧，单击鼠标右键，在快捷菜单中选择“插入空白关键帧”命令	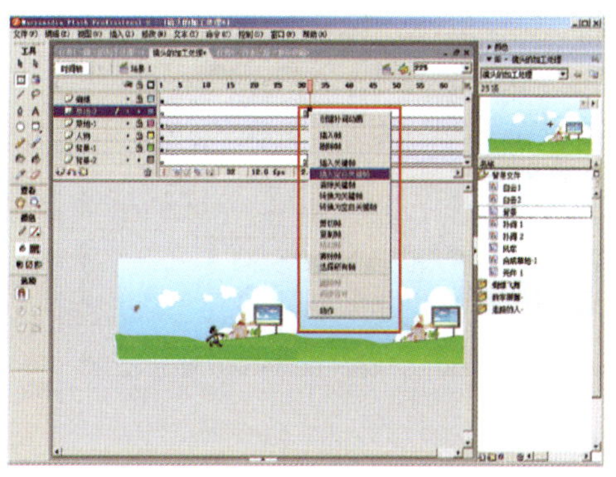	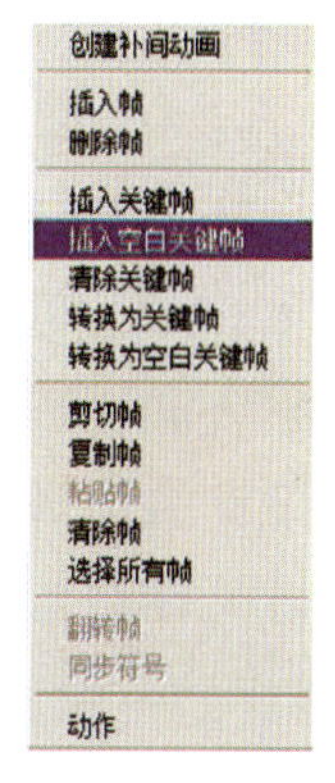 ◆插入空白关键帧就是为了形成一个空白的关键帧，便于制作其他新内容

续表

操作过程	图　示	注释（备注）
27. 全部选中“草地-2”图层上时间轴第32～203帧，拖曳库面板中“背景文件”文件夹下的“合成草地-1”图形元件，放置在场景中右边缺少草地的背景图中，调整到合适大小	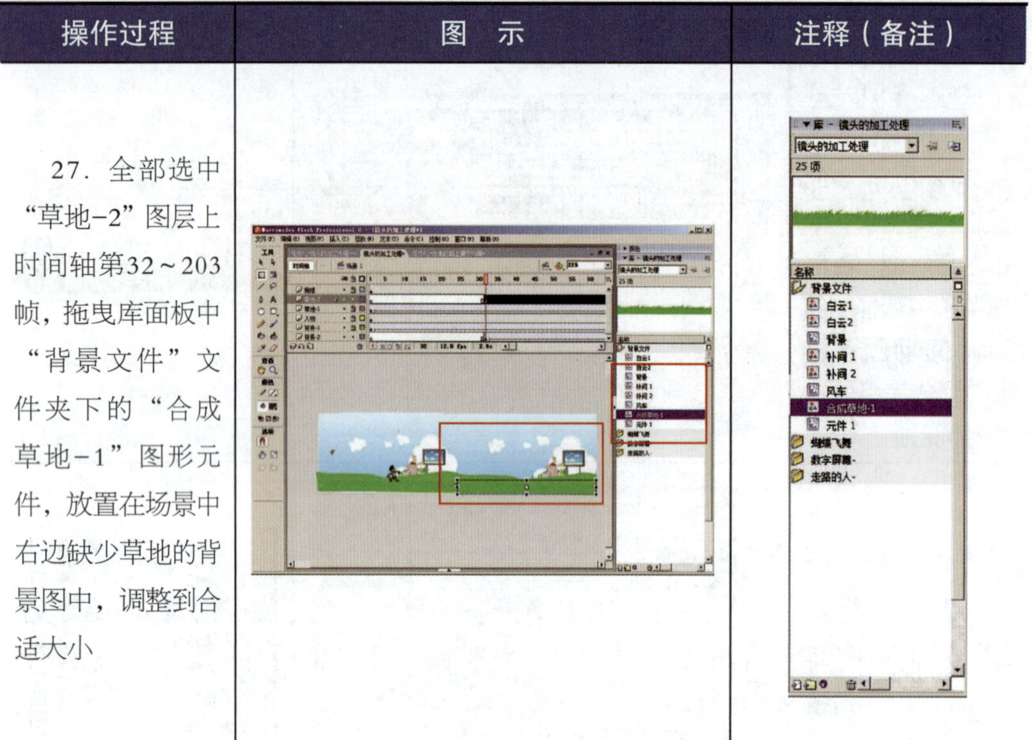	
28. 选中“草地-2”图层上时间轴第203帧，单击鼠标右键，在快捷菜单中选择“插入关键帧”命令	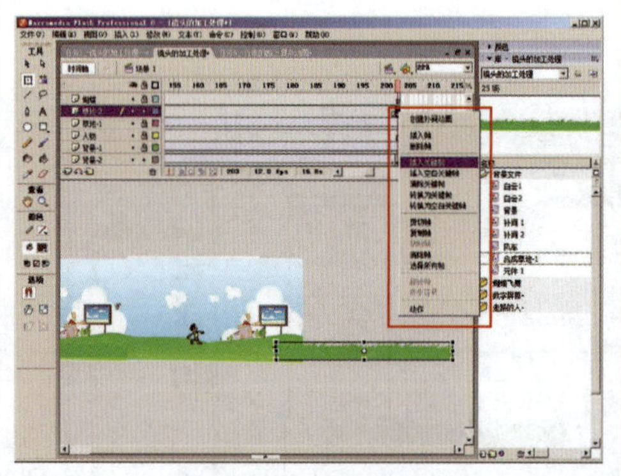	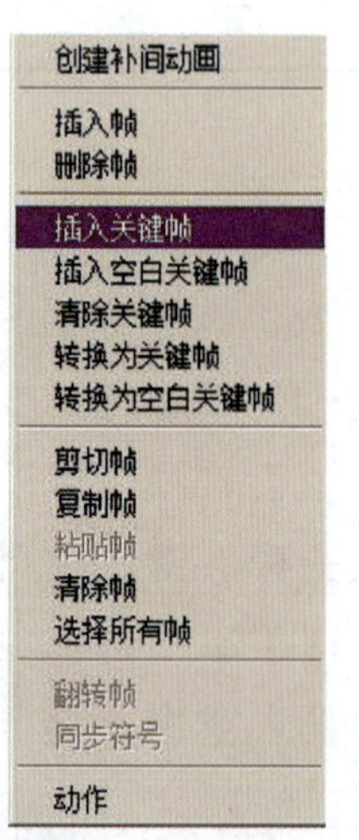

续表

操作过程	图 示	注释（备注）
29. 选中“草地-2”图层上时间轴第32～202帧中的任意一帧，单击鼠标右键，在快捷菜单中选择“创建补间动画”命令 至此，跟镜头动画效果制作完成		创建补间动画 插入帧 删除帧 插入关键帧 插入空白关键帧 清除关键帧 转换为关键帧 转换为空白关键帧 剪切帧 复制帧 粘贴帧 清除帧 选择所有帧 翻转帧 同步符号 动作
30. 接下来完成推镜头的动画效果。在开始的几个步骤中，要对一些需要制作成推镜头的内容进行位置、大小等的效果变化 选中“草地-2”图层上时间轴第204帧，单击鼠标右键，选择“插入关键帧”命令	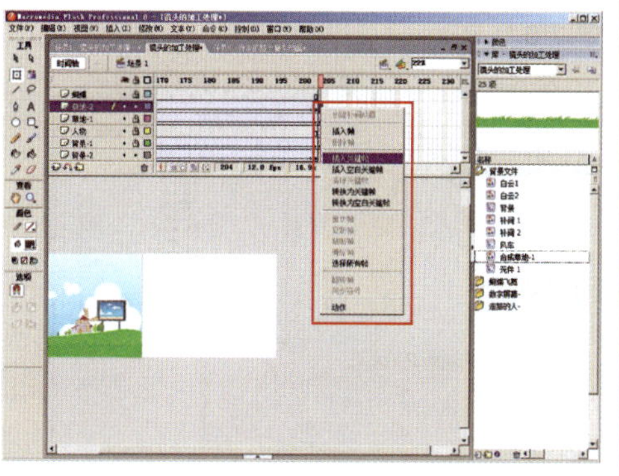	◆推镜头是画面由整体到局部，镜头由全景画面推进到特写的过程。通过使用缩放等工具对画面对象进行缩放，同时配合动作补间动画就可以达到此效果

续表

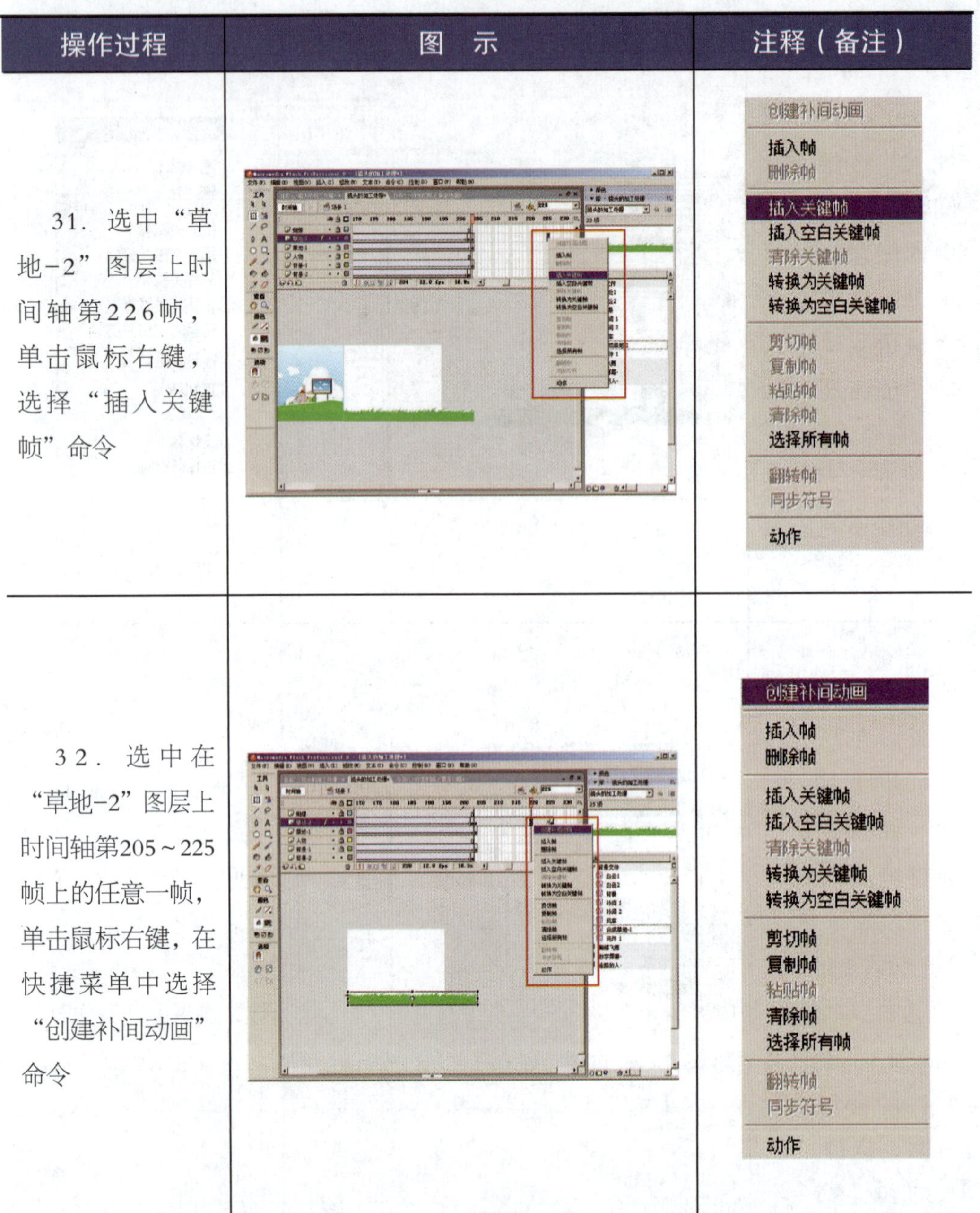

操作过程	图　示	注释（备注）
31. 选中“草地-2”图层上时间轴第226帧，单击鼠标右键，选择“插入关键帧”命令		创建补间动画 插入帧 删除帧 插入关键帧 插入空白关键帧 清除关键帧 转换为关键帧 转换为空白关键帧 剪切帧 复制帧 粘贴帧 清除帧 选择所有帧 翻转帧 同步符号 动作
32. 选中在“草地-2”图层上时间轴第205～225帧上的任意一帧，单击鼠标右键，在快捷菜单中选择“创建补间动画”命令		创建补间动画 插入帧 删除帧 插入关键帧 插入空白关键帧 清除关键帧 转换为关键帧 转换为空白关键帧 剪切帧 复制帧 粘贴帧 清除帧 选择所有帧 翻转帧 同步符号 动作

续表

操作过程	图 示	注释（备注）
33. 接着选中“草地-2”图层上时间轴第204帧，使用“任意变形工具”，拖曳草地中心的圆形，使其变换到白色场景的中心位置	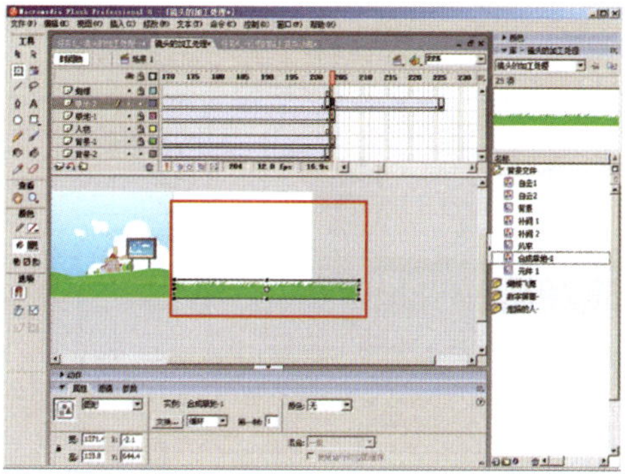	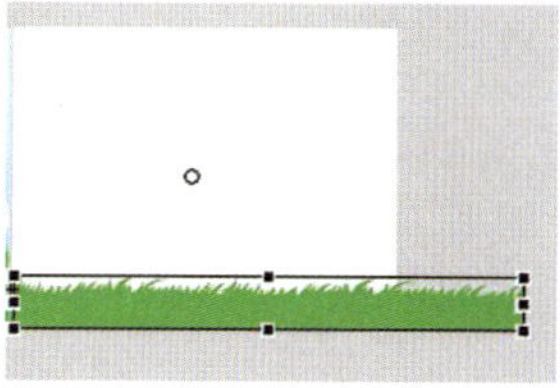
34. 选中“草地-2”图层上时间轴第226帧，使用“任意变形工具”，拖曳草地中心的圆形，使其变换到白色场景的中心位置（应注意和第204帧中的圆点在同一位置），然后将第226帧中草地放大至出离场景 至此，完成草地的推镜头动画效果	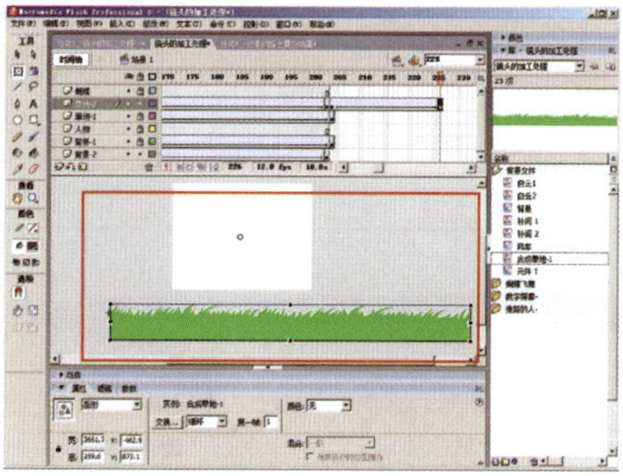	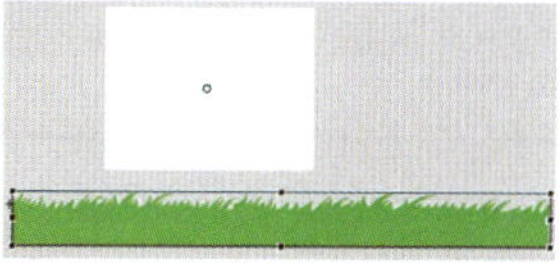

续表

操作过程	图　示	注释（备注）
35．下面再对其他需要形成推镜头效果的内容进行制作 选中“人物”图层上时间轴第204帧，单击鼠标右键，在快捷菜单中选择“插入关键帧”命令		创建补间动画 插入帧 删除帧 插入关键帧 插入空白关键帧 清除关键帧 转换为关键帧 转换为空白关键帧 剪切帧 复制帧 粘贴帧 清除帧 选择所有帧 翻转帧 同步符号 动作
36．选中“人物”图层上时间轴第226帧，单击鼠标右键，在快捷菜单中选择“插入关键帧”命令	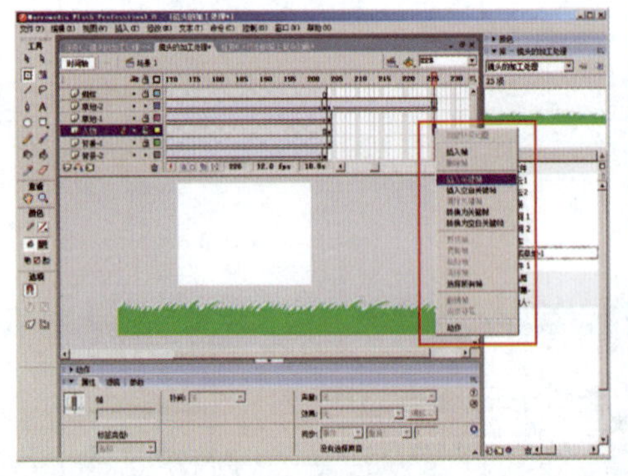	创建补间动画 插入帧 删除帧 插入关键帧 插入空白关键帧 清除关键帧 转换为关键帧 转换为空白关键帧 剪切帧 复制帧 粘贴帧 清除帧 选择所有帧 翻转帧 同步符号 动作
37．选中“人物”图层上时间轴第205～225帧中的任意一帧，单击鼠标右键，在快捷菜单中选择“创建补间动画”命令	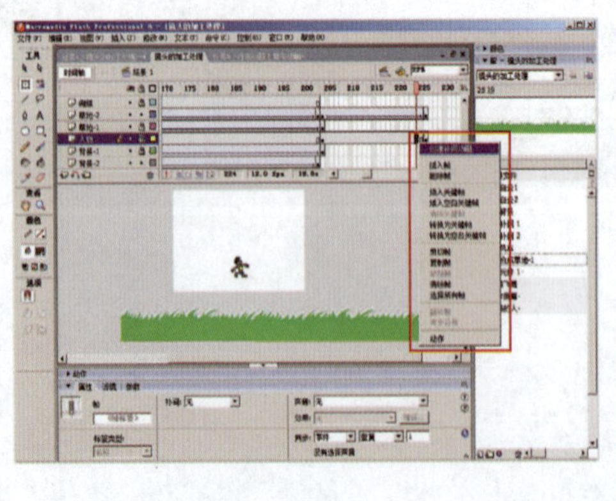	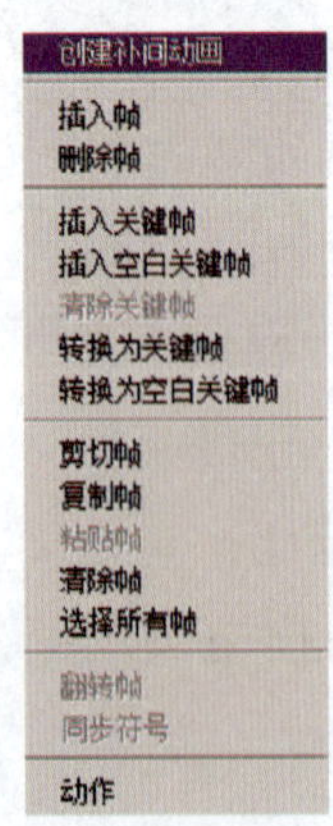

续表

操作过程	图　示	注释（备注）
38. 选中“人物”图层上时间轴第226帧，使用“任意变形工具”，将场景中的人物放大至整个头部的特写效果	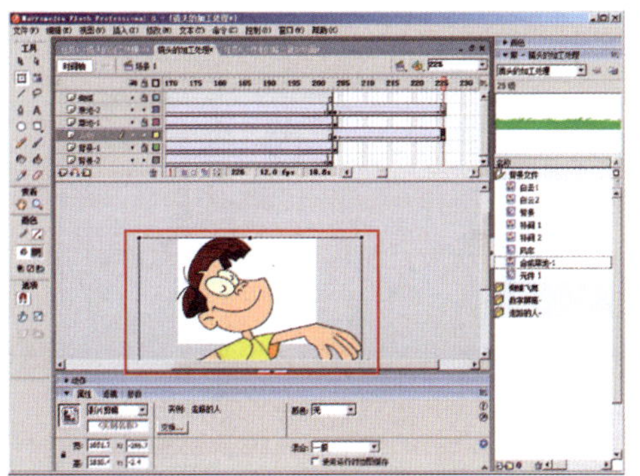	
39. 选中“背景-2”图层上时间轴上的第204帧，单击鼠标右键，在快捷菜单中选择“插入关键帧”命令	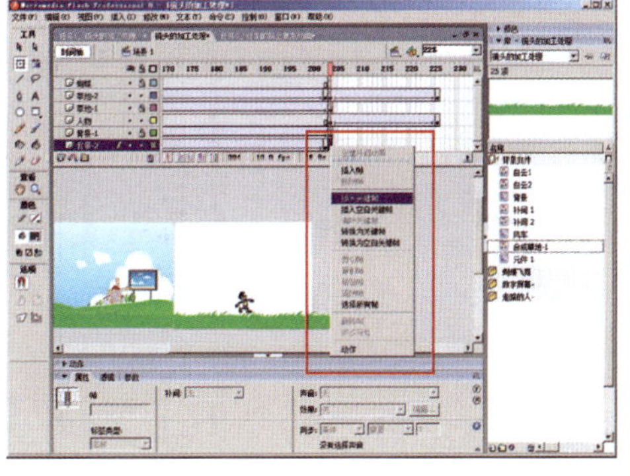	创建补间动画 插入帧 删除帧 插入关键帧 插入空白关键帧 清除关键帧 转换为关键帧 转换为空白关键帧 剪切帧 复制帧 粘贴帧 清除帧 选择所有帧 翻转帧 同步符号 动作
40. 选中“背景-2”图层上时间轴第226帧，单击鼠标右键，在快捷菜单中选择“插入关键帧”命令	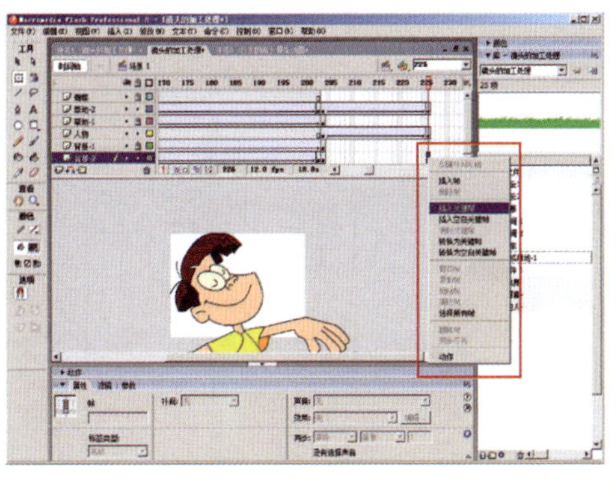	创建补间动画 插入帧 删除帧 插入关键帧 插入空白关键帧 清除关键帧 转换为关键帧 转换为空白关键帧 剪切帧 复制帧 粘贴帧 清除帧 选择所有帧 翻转帧 同步符号 动作

续表

操作过程	图　示	注释（备注）
41. 选中“背景-2”图层上时间轴第205～225帧中的任意一帧，单击鼠标右键，在快捷菜单中选择“创建补间动画”命令	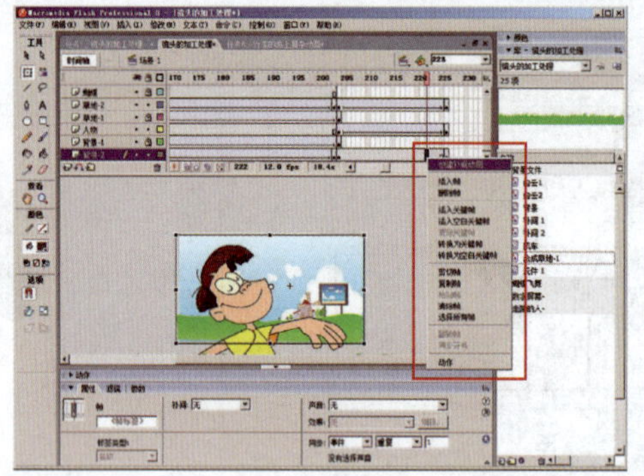	创建补间动画 插入帧 删除帧 插入关键帧 插入空白关键帧 清除关键帧 转换为关键帧 转换为空白关键帧 剪切帧 复制帧 粘贴帧 清除帧 选择所有帧 翻转帧 同步符号 动作
42. 选中“背景-2”图层上时间轴第226帧，使用“任意变形工具”，将该帧中的人物放大至合适大小（与“草地-2”以及“人物”图层的放大效果相协调即可） 至此，推镜头动画效果制作完成	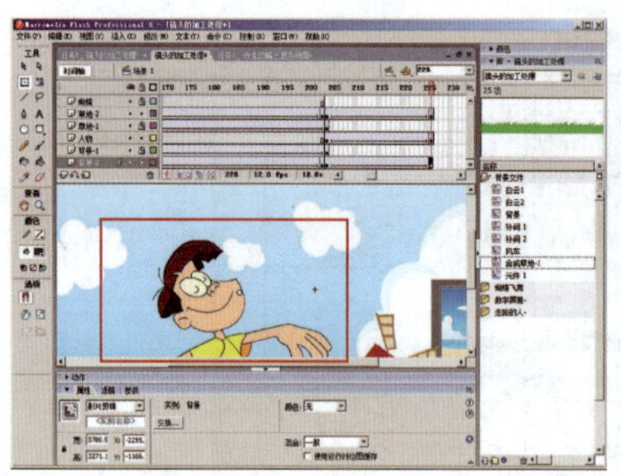	
43. 接下来，开始制作移镜头动画效果 选中“背景-2”图层上时间轴第244帧，单击鼠标右键，在快捷菜单中选择“插入关键帧”命令		◆ 移镜头主要是镜头的移动，对画面中不动的对象进行拍摄。因此，在Flash动画制作中，通过对对象的缩放和补间动画实现从全景到对人物局部进行表现的镜头语言

续表

操作过程	图　示	注释（备注）
44. 选中“背景-2”图层上时间轴第245帧，单击鼠标右键，在快捷菜单中选择“插入关键帧”命令	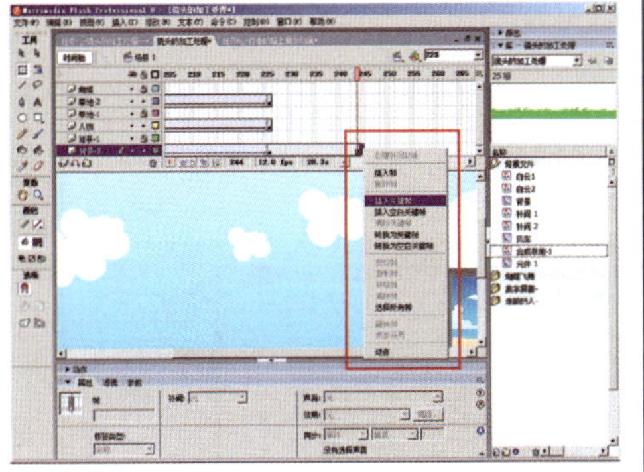	创建补间动画 插入帧 删除帧 插入关键帧 插入空白关键帧 清除关键帧 转换为关键帧 转换为空白关键帧 剪切帧 复制帧 粘贴帧 清除帧 选择所有帧 翻转帧 同步符号 动作
45. 选中“背景-2”图层上时间轴第304帧，单击鼠标右键，在快捷菜单中选择“插入关键帧”命令	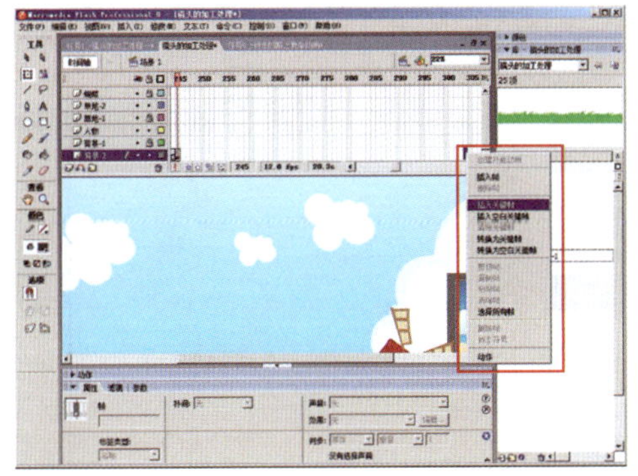	创建补间动画 插入帧 删除帧 插入关键帧 插入空白关键帧 清除关键帧 转换为关键帧 转换为空白关键帧 剪切帧 复制帧 粘贴帧 清除帧 选择所有帧 翻转帧 同步符号 动作
46. 选中“背景-2”图层上时间轴第246～303帧中的任意一帧，单击鼠标右键，在快捷菜单中选择“创建补间动画”命令 至此，“背景-2”图层的移镜头制作完成	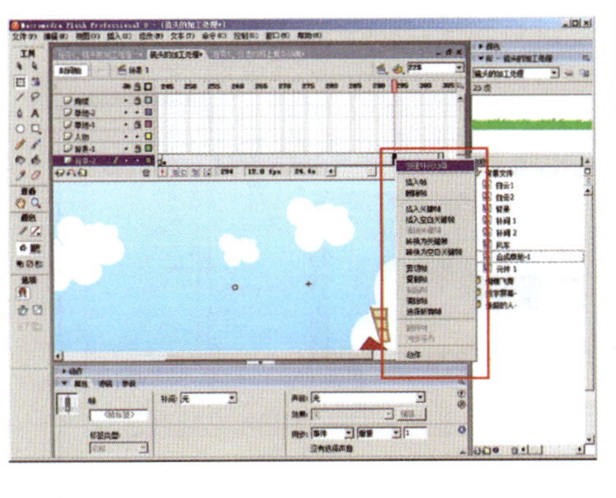	创建补间动画 插入帧 删除帧 插入关键帧 插入空白关键帧 清除关键帧 转换为关键帧 转换为空白关键帧 剪切帧 复制帧 粘贴帧 清除帧 选择所有帧 翻转帧 同步符号 动作

续表

操作过程	图　示	注释（备注）
47. 下面开始制作拉镜头动画效果 选中“背景-2”图层上时间轴第304帧，使用“选择工具”选中该帧的内容，将其进行平行移动，调整后使得场景中只出现数字屏幕	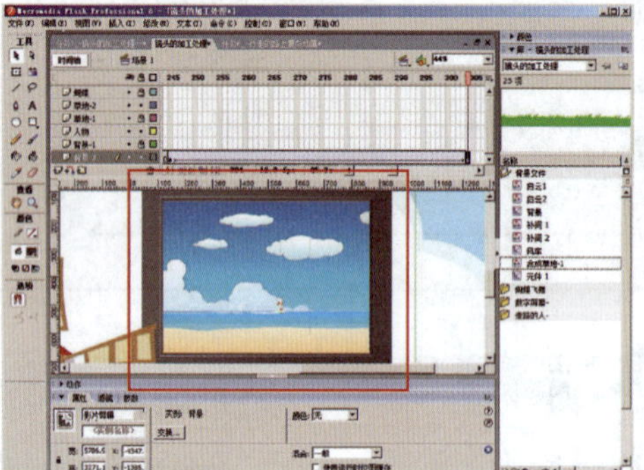	◆拉镜头是画面由局部到整体，镜头由细节到整体的过程。通过使用工具对画面对象进行缩放，同时配合动作补间动画就可以达到此效果。拉镜头和推镜头中各自的开始帧和结束帧互相正好是画面中局部和整体的相逆过程
48. 选中“背景-2”图层上时间轴第327帧，单击鼠标右键，在快捷菜单中选择“插入帧”命令		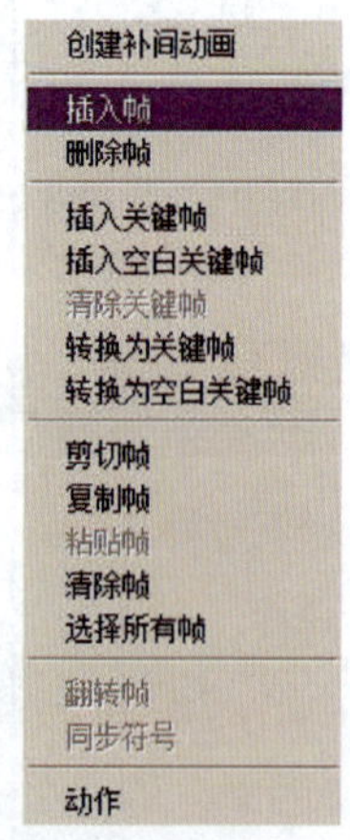

续表

操作过程	图 示	注释（备注）
49. 选中“背景-2”图层上时间轴第328帧，单击鼠标右键，在快捷菜单中选择“插入关键帧”命令	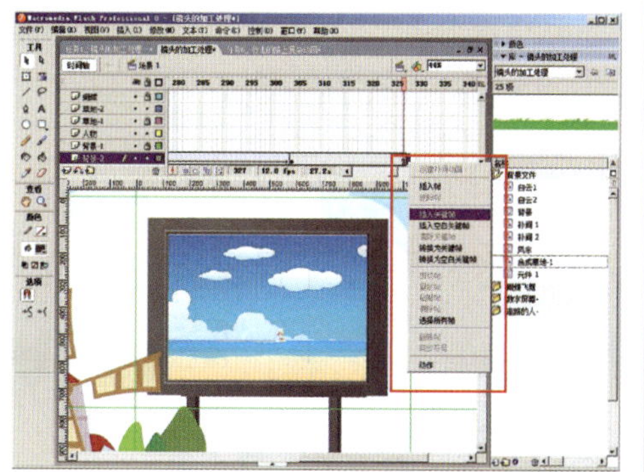	创建补间动画 插入帧 删除帧 插入关键帧 插入空白关键帧 清除关键帧 转换为关键帧 转换为空白关键帧 剪切帧 复制帧 粘贴帧 清除帧 选择所有帧 翻转帧 同步符号 动作
50. 选中“背景-2”图层上时间轴第352帧，单击鼠标右键，在快捷菜单中选择“插入关键帧”命令	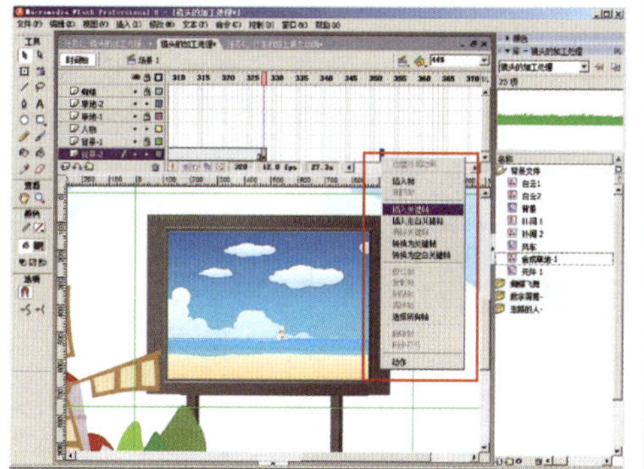	创建补间动画 插入帧 删除帧 插入关键帧 插入空白关键帧 清除关键帧 转换为关键帧 转换为空白关键帧 剪切帧 复制帧 粘贴帧 清除帧 选择所有帧 翻转帧 同步符号 动作
51. 选中“背景-2”图层上时间轴第329～351帧中的任意一帧，单击鼠标右键，在快捷菜单中选择“创建补间动画”命令 至此，“背景-2”的拉镜头制作完成	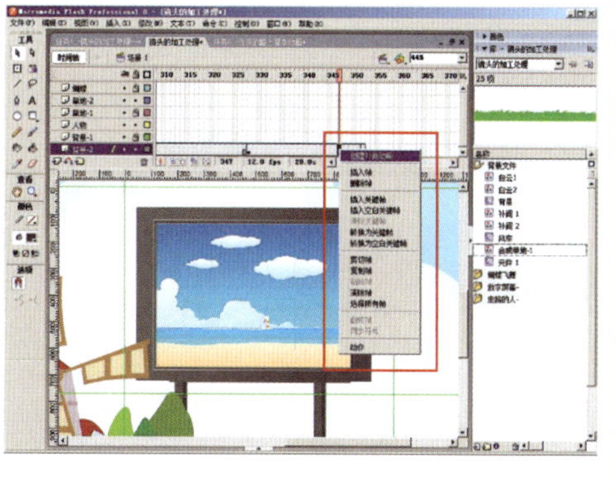	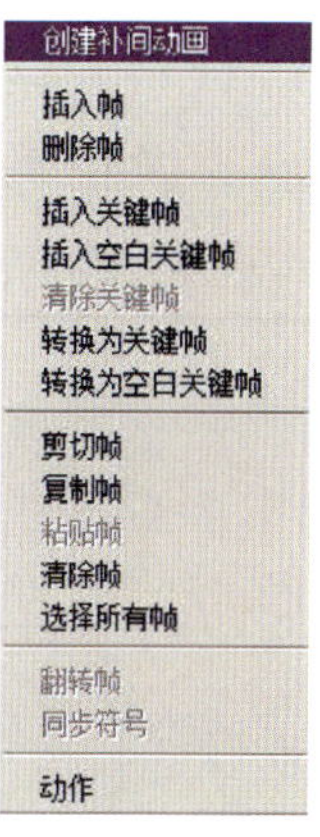

续表

操作过程	图　示	注释（备注）
52．选中“背景-2”图层上时间轴第351帧，使用“任意变形工具”，将该帧中的内容调整至原始图形大小（也可将该图层第204帧中的内容拷贝至当前的第352帧）		
53．选中“背景-2”图层上时间轴第377帧，单击鼠标右键，在快捷菜单中选择“插入帧”命令 至此，“背景-2”图层的跟镜头、推镜头、移镜头以及拉镜头全部完成	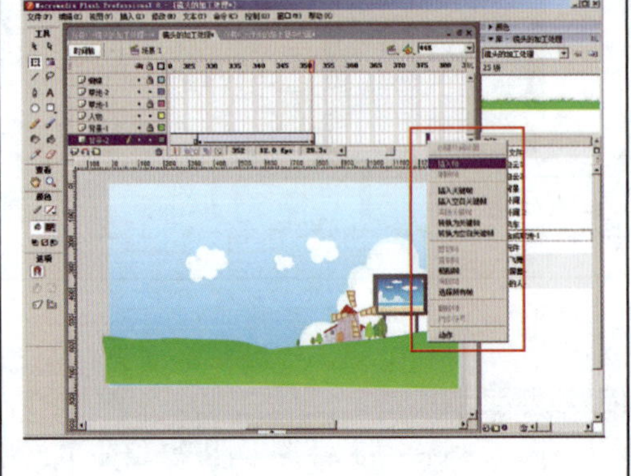	

续表

操作过程	图 示	注释（备注）
54．同理，可制作“人物”图层和“草地-2”图层的移镜头和拉镜头动画效果 首先制作“人物”图层的移镜头 选中“人物”图层上时间轴第244帧，单击鼠标右键，在快捷菜单中选择“插入帧”命令	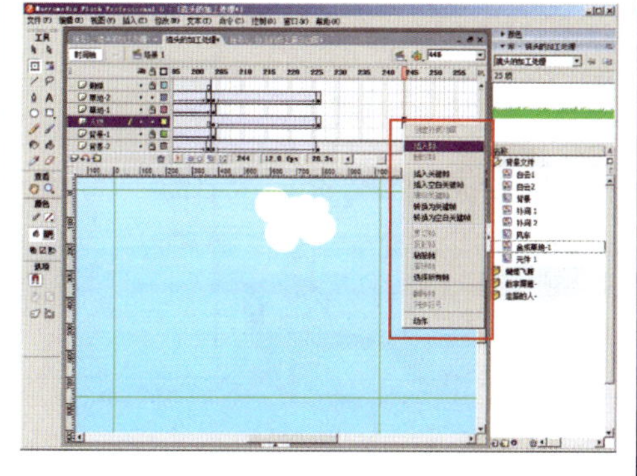	创建补间动画 插入帧 删除帧 插入关键帧 插入空白关键帧 清除关键帧 转换为关键帧 转换为空白关键帧 剪切帧 复制帧 粘贴帧 清除帧 选择所有帧 翻转帧 同步符号 动作
55．选中“人物”图层上时间轴第245帧，单击鼠标右键，在快捷菜单中选择“插入关键帧”命令	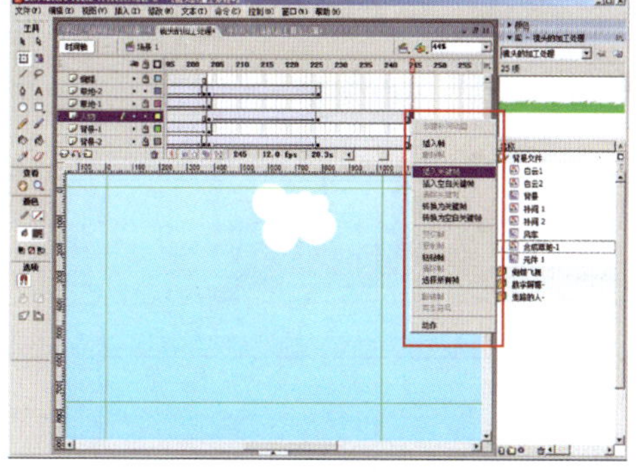	创建补间动画 插入帧 删除帧 插入关键帧 插入空白关键帧 清除关键帧 转换为关键帧 转换为空白关键帧 剪切帧 复制帧 粘贴帧 清除帧 选择所有帧 翻转帧 同步符号 动作
56．选择“人物”图层上时间轴第304帧，单击鼠标右键，在快捷菜单中选择“插入关键帧”命令	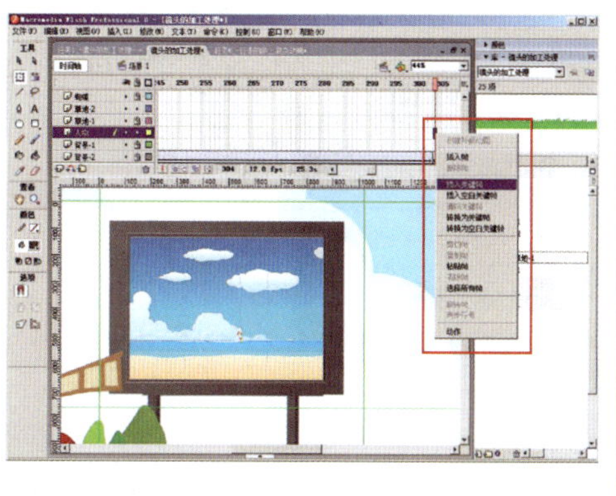	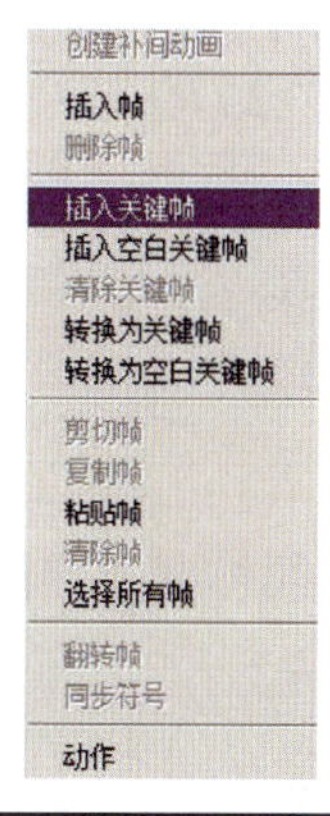

续表

操作过程	图　示	注释（备注）
57. 选中“人物”图层上时间轴第246～304帧中的任意一帧，单击鼠标右键，在快捷菜单中选择“创建补间动画”命令	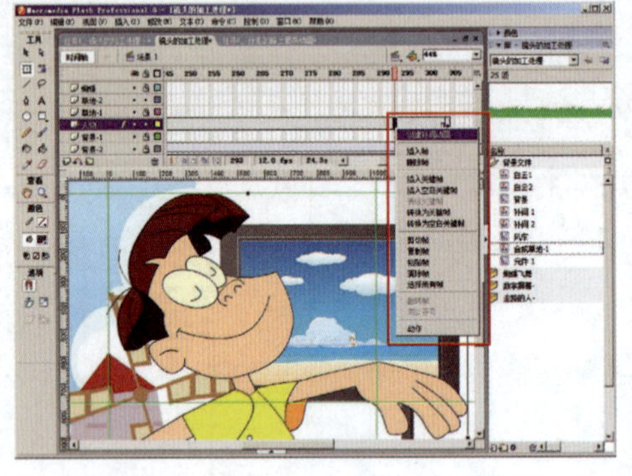	创建补间动画 插入帧 删除帧 插入关键帧 插入空白关键帧 清除关键帧 转换为关键帧 转换为空白关键帧 剪切帧 复制帧 粘贴帧 清除帧 选择所有帧 翻转帧 同步符号 动作
58. 选中“人物”图层上时间轴第304帧，将这一帧中的人物图形平行移动至场景左侧之外，使得场景中只留下数字屏幕的图形	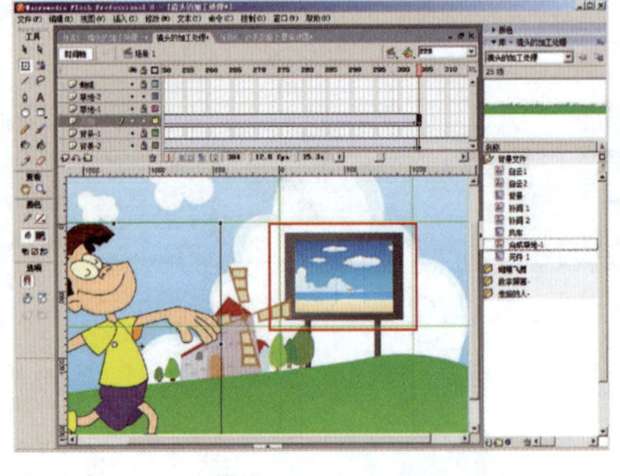	
59. 选中“人物”图层上时间轴第327帧，单击鼠标右键，在快捷菜单中选择“插入帧”命令 至此，“人物”图层的移镜头制作完成	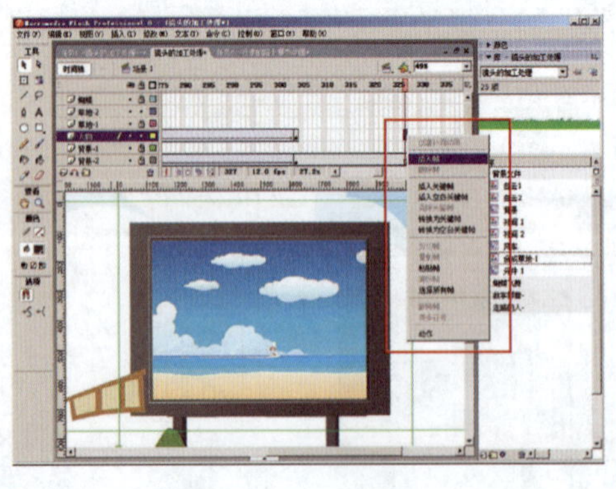	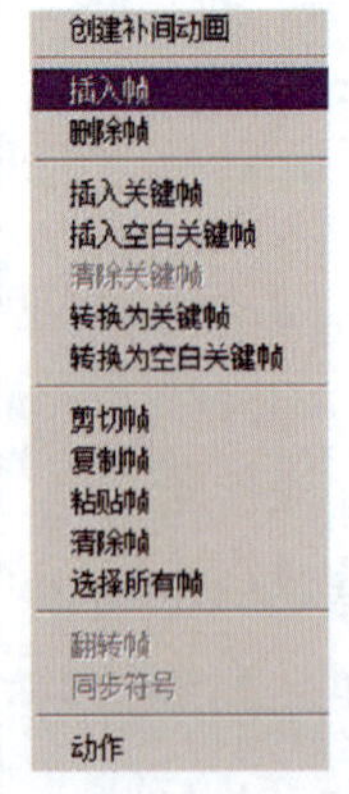

续表

操作过程	图 示	注释（备注）
60．接下来，制作“人物”图层的拉镜头动画效果 选中“人物”图层上时间轴第328帧，单击鼠标右键，在快捷菜单中选择“插入关键帧”命令	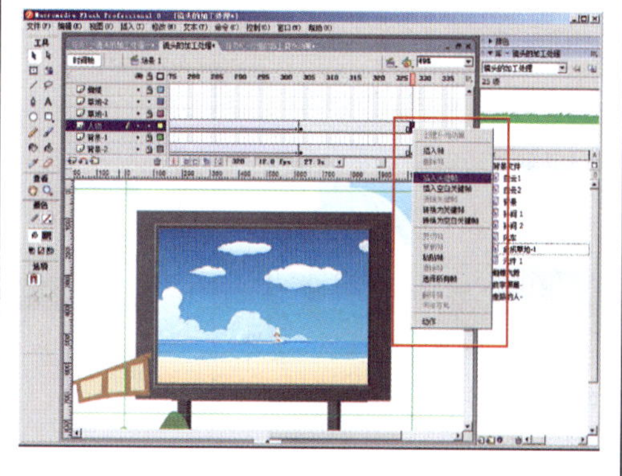	创建补间动画 插入帧 删除帧 插入关键帧 插入空白关键帧 清除关键帧 转换为关键帧 转换为空白关键帧 剪切帧 复制帧 粘贴帧 清除帧 选择所有帧 翻转帧 同步符号 动作
61．选中“人物”图层上时间轴第352帧，单击鼠标右键，在快捷菜单中选择“插入关键帧”命令	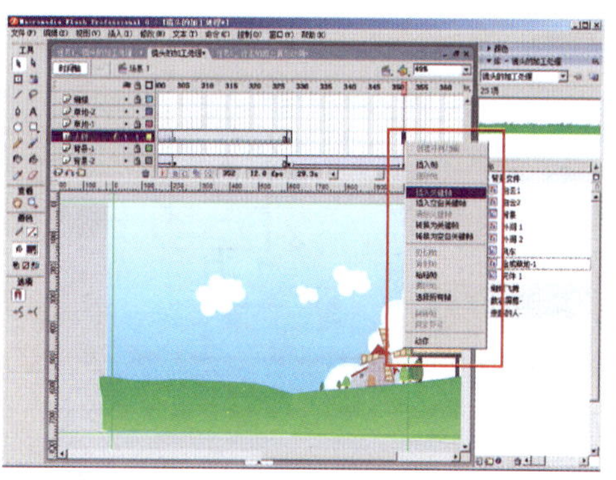	创建补间动画 插入帧 删除帧 插入关键帧 插入空白关键帧 清除关键帧 转换为关键帧 转换为空白关键帧 剪切帧 复制帧 粘贴帧 清除帧 选择所有帧 翻转帧 同步符号 动作
62．选中“人物”图层上时间轴第327～351帧中的任意一帧，单击鼠标右键，在快捷菜单中选择“创建补间动画”命令	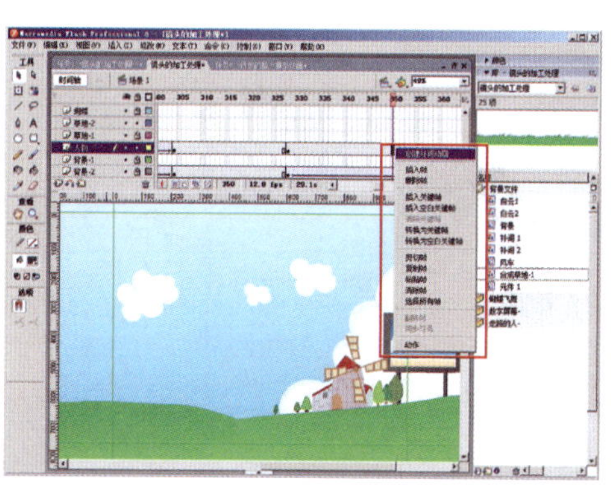	创建补间动画 插入帧 删除帧 插入关键帧 插入空白关键帧 清除关键帧 转换为关键帧 转换为空白关键帧 剪切帧 复制帧 粘贴帧 清除帧 选择所有帧 翻转帧 同步符号 动作

续表

操作过程	图　示	注释（备注）
63. 选中“人物”图层上时间轴第352帧，将该帧中的人物缩小至合适大小，使之与“背景-2”图层的大小相适应（和“人物”图层第204帧中的大小一致即可）	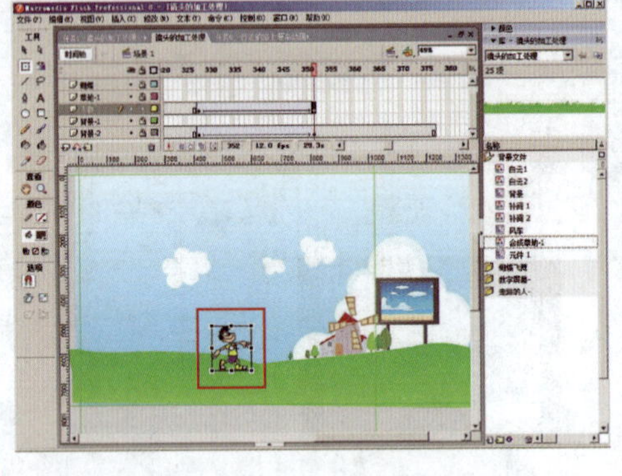	
64. 选中“人物”图层上时间轴第377帧，单击鼠标右键，在快捷菜单中选择“插入帧”命令 至此，“人物”图层的拉镜头制作完成	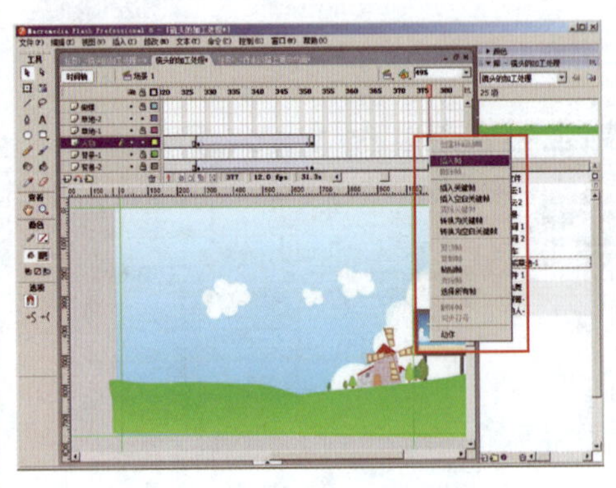	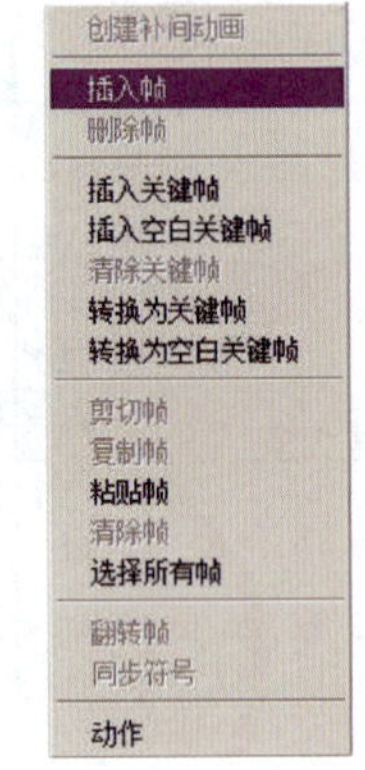
65. 下面制作“草地-2”图层的移镜头和拉镜头动画效果。首先制作“草地-2”图层的移镜头 选中“草地-2”图层上时间轴第244帧，单击鼠标右键，在快捷菜单中选择“插入帧”命令	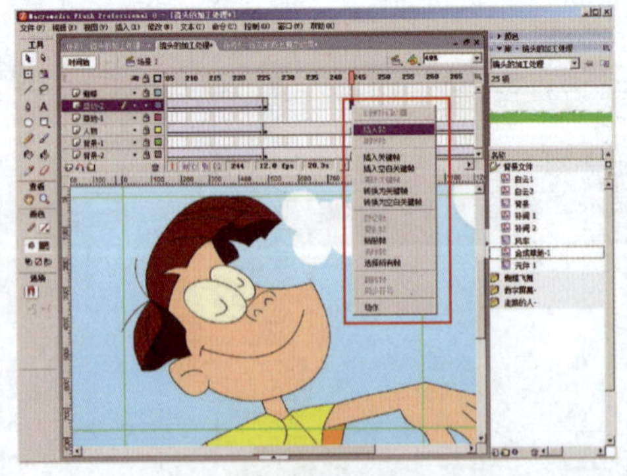	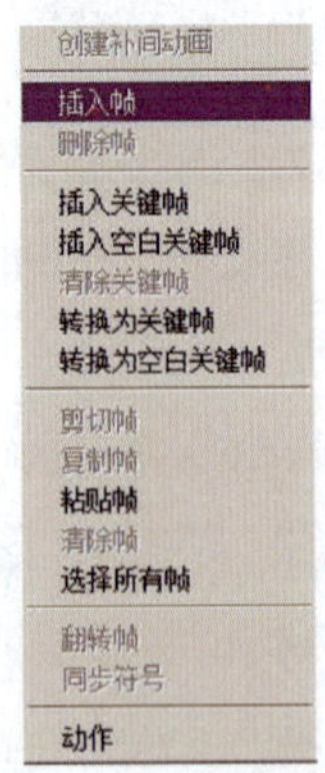

续表

操作过程	图　示	注释（备注）
66．选中“草地-2”图层上时间轴第245帧，单击鼠标右键，在快捷菜单中选择“插入关键帧”命令		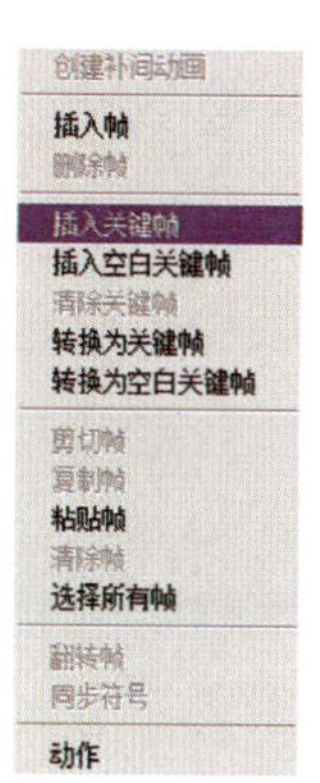
67．选中“草地-2”图层上时间轴第304帧，单击鼠标右键，在快捷菜单中选择“插入关键帧”命令	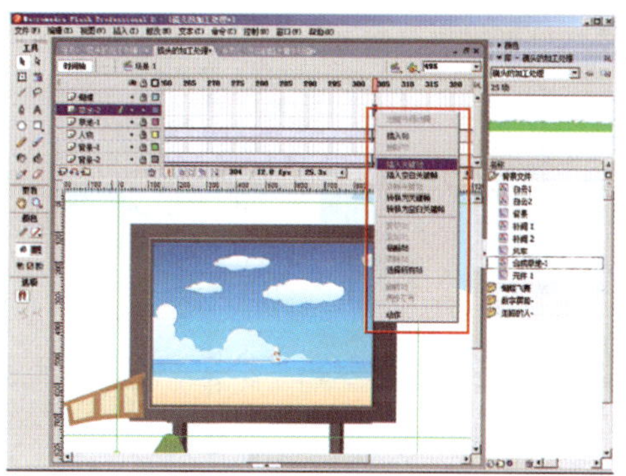	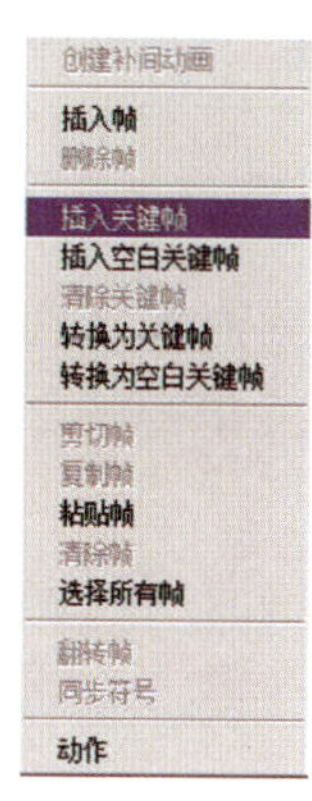
68．选中“草地-2”图层上时间轴第246～303帧中的任意一帧，单击鼠标右键，在快捷菜单中选择“创建补间动画”命令	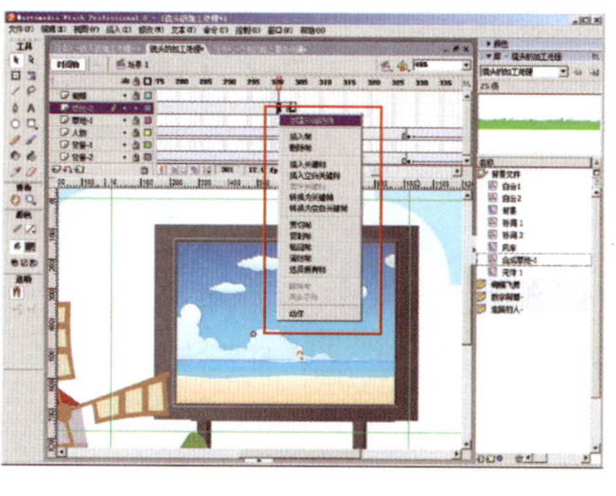	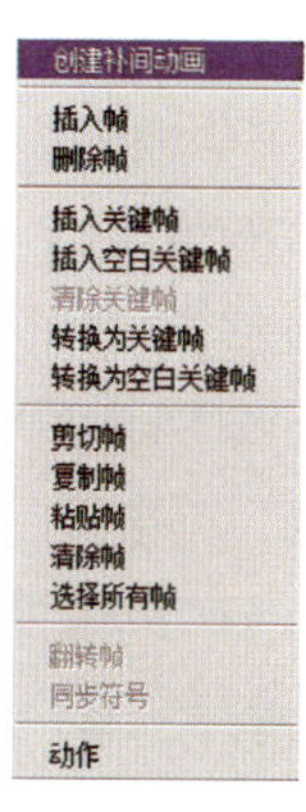

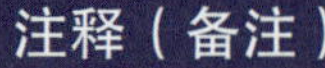

续表

操作过程	图　示	注释（备注）
69. 选中“草地-2”图层上时间轴第304帧，将这一帧中的草地图形平行移动至场景左边，放在之前制作的人物和背景的下方，使其完整和谐	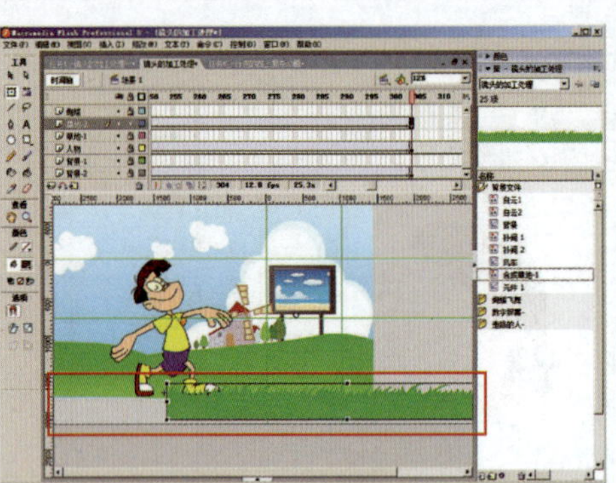	
70. 选中“草地-2”图层上时间轴第327帧，单击鼠标右键，在快捷菜单中选择“插入帧”命令 至此，“草地-2”图层的移镜头制作完成	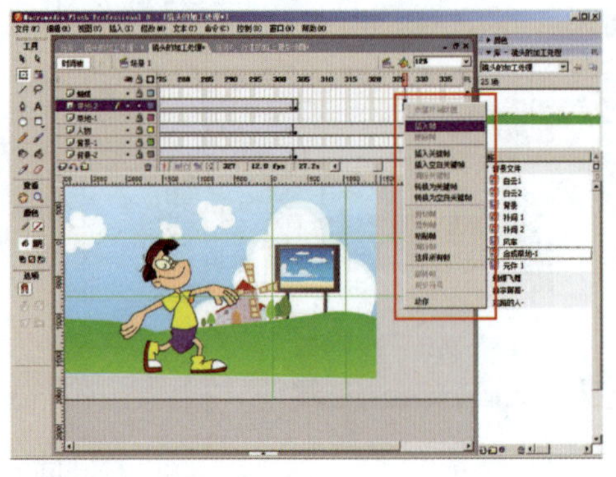	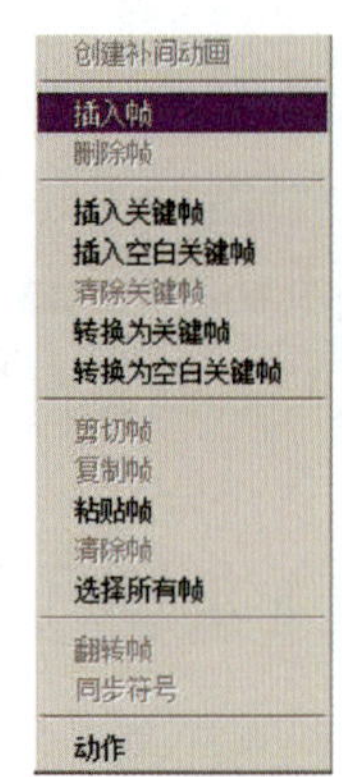
71. 接下来，制作“草地-2”图层的拉镜头 选中“草地-2”图层上时间轴第328帧，单击鼠标右键，在快捷菜单中选择“插入关键帧”命令	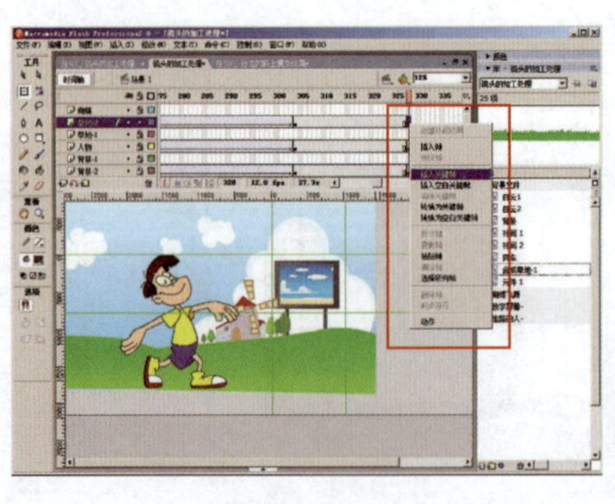	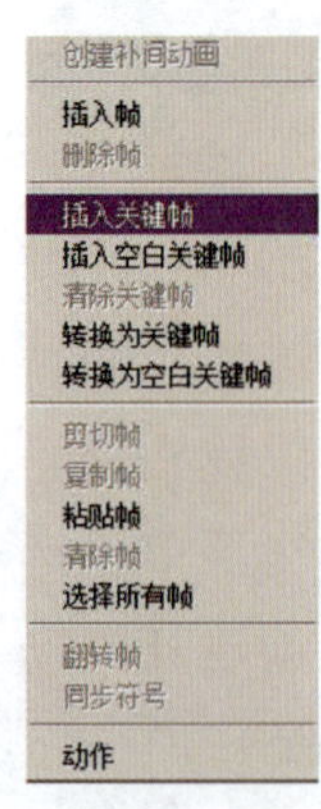

续表

操作过程	图　示	注释（备注）
72. 选中“草地-2”图层上时间轴第352帧，单击鼠标右键，在快捷菜单中选择“插入关键帧”命令	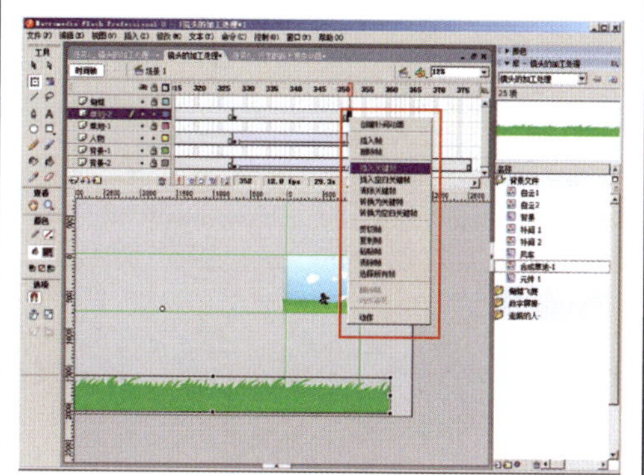	创建补间动画 插入帧 删除帧 插入关键帧 插入空白关键帧 清除关键帧 转换为关键帧 转换为空白关键帧 剪切帧 复制帧 粘贴帧 清除帧 选择所有帧 翻转帧 同步符号 动作
73. 选中“草地-2”图层上时间轴第329～351帧中的任意一帧，单击鼠标右键，在快捷菜单中选择“创建补间动画”命令	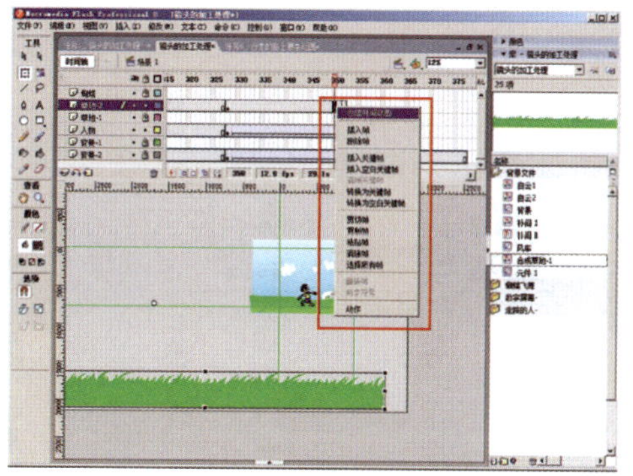	创建补间动画 插入帧 删除帧 插入关键帧 插入空白关键帧 清除关键帧 转换为关键帧 转换为空白关键帧 剪切帧 复制帧 粘贴帧 清除帧 选择所有帧 翻转帧 同步符号 动作
74. 选中“草地-2”图层上时间轴第352帧，使用“任意变形工具”将其缩小至合适大小，放置在场景中人物的下方（缩放大小以符合场景中背景和人物的尺寸即可）	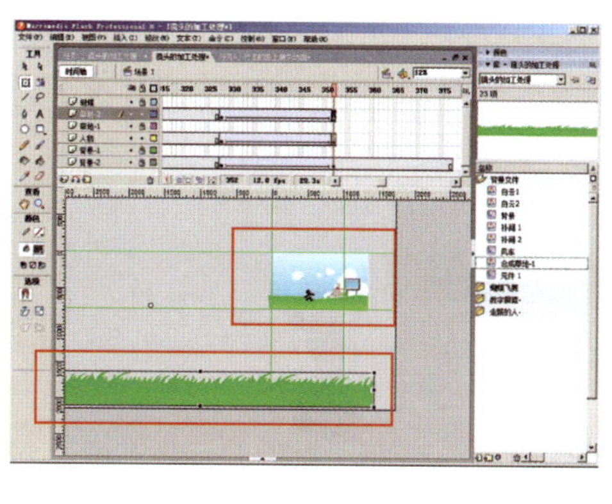	

续表

操作过程	图示	注释（备注）
75．选中"草地-2"图层上时间轴第377帧，单击鼠标右键，在快捷菜单中选择"插入帧"命令 至此，"草地-2"图层的拉镜头制作完成 镜头的整体加工处理完成		创建补间动画 插入帧 删除帧 插入关键帧 插入空白关键帧 清除关键帧 转换为关键帧 转换为空白关键帧 剪切帧 复制帧 粘贴帧 清除帧 选择所有帧 翻转帧 同步符号 动作
76．执行菜单栏中"控制/测试影片"命令即可输出观看效果	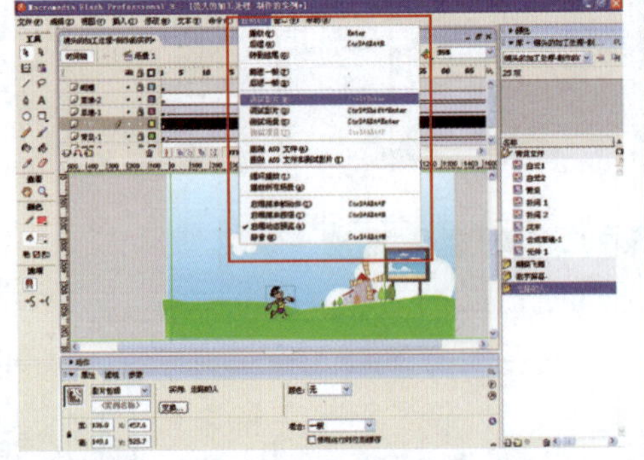	控制(O) 窗口(W) 帮助(H) 播放(P) Enter 后退(R) Ctrl+Alt+R 转到结尾(G) 前进一帧(F) . 后退一帧(B) , 测试影片(M) Ctrl+Enter 调试影片(D) Ctrl+Shift+Enter 测试场景(S) Ctrl+Alt+Enter 测试项目(J) Ctrl+Alt+P 删除 ASO 文件(A) 删除 ASO 文件和测试影片(T) 循环播放(L) 播放所有场景(A) 启用简单帧动作(I) Ctrl+Alt+F 启用简单按钮(T) Ctrl+Alt+B ✔ 启用动态预览(W) 静音(N) Ctrl+Alt+M
77．最终完成的动画效果如右图所示。如果没有问题，可将该Flash文件进行保存		

思考与练习

一、思考题

1．动画制作中常用镜头的种类有哪些?

2．动画常用镜头的摇镜头、移镜头、跟镜头有何区别?

二、实训题

请运用动画中的常用镜头，自行设计制作一个动画中的镜头合成效果，要求一个动画中至少要综合运用动画常用镜头中的三种。

任务11　制作转场效果

任务目标：
◆了解转场模式的设计与制作方法
◆掌握交换元件面板的使用方法
◆掌握同时对多图层进行遮罩的方法
◆能制作简单的圈入、圈出的转场效果

任务引入

本任务主要是运用Flash相应的工具、场景及前面学习过的补间动画和遮罩动画，制作出如图11—1所示的城市与郊区之间场景的转换效果。转场主要是通过制作一些效果或者遮挡（如圈入、圈出），使背景发生变化，这样做可以使画面内容变化得比较自然而且合理。本实例主要是通过转场实现郊区风车磨坊效果的场景到城市楼房的场景效果的转换。

图11—1　转场设计

任务分析

场景转换的目的主要是为了使动画视觉效果更加连贯，这部分制作可以运用之前学习过的镜头语言的表达方法，也可以使用前阶段学习过的几种Flash类型动画，只要能够符合动画故事的需要，并将学习过的内容进行综合灵活应用即可。

本任务是强调技能的综合应用的练习，通过转场效果的制作，目的是在提升类型动画综合制作技术的同时，掌握分场景进行动画制作并进行场景过渡的方法。最终使练习者在制作过程中，理解和掌握多个场景进行动画创作的方法，同时把握好如何使多幕场景融合过渡自然，并最终形成一个流畅的动画故事主题。

相关知识

动画片中转场方式使用较多的是在主体形象不变的情况下，通过制作一些效果或者遮挡（如圈入、圈出），使背景发生变化，这样做可以使画面内容变化得比较自然而且合理。圈入圈出效果常被应用于美国迪士尼动画，主要是通过遮罩动画类型与补间动画类型相结合制作完成的。

一、交换元件面板

在Flash中，当想要用别的元件替换掉当前已经应用的某个元件时，可以选中需要被替换掉的元件，然后在属性面板的中间位置会出现一个名为“交换”的按钮，如图11—2所示。点击该按钮后，会出现如图11—3所示的“交换元件”面板，该面板左边为浏览窗口，可以浏览到当前元件对象；中间为库面板中所有的元件（可以在这里选择用来代替原来元件的新元件，选中新元件后，左边的浏览窗口也会随之出现新元件对象的预览图像）；面板中间下部有一个按钮，叫做“直接复制元件”按钮，用于对选中的元件直接进行复制。使用交换元件面板可以快捷地将元件进行替换和修改，尤其对于多种元件套层在一起的对象的修改更加方便。

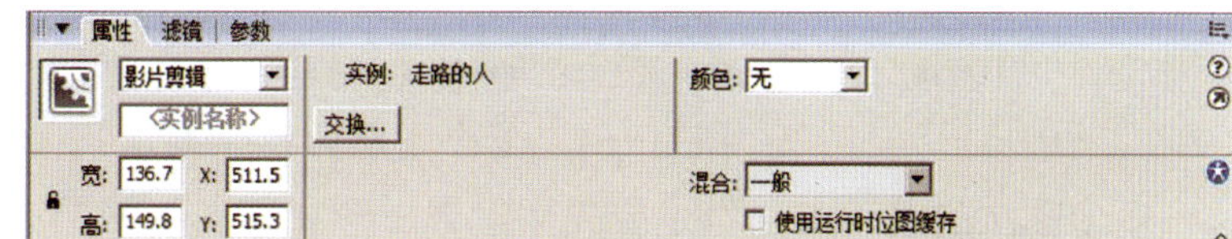

图11—2 属性面板上的“交换”按钮

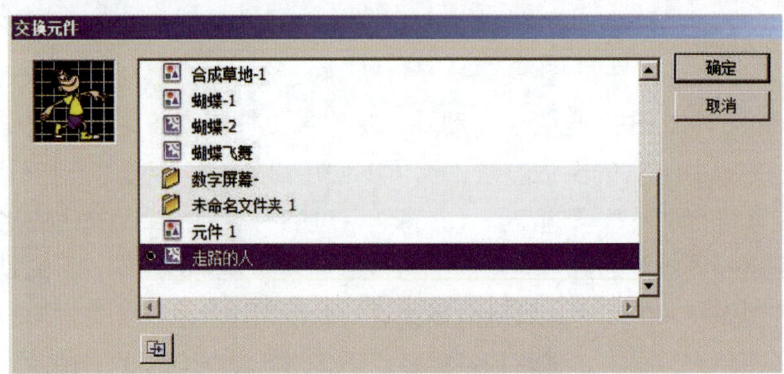

图11—3 “交换元件”面板

二、多个图层的遮罩方法

在前面的实例中介绍了使用遮罩进行动画效果的制作，在本实例中将进一步综合运用遮罩制作转场效果，并将进一步讲授一个图形同时对多个图层进行遮罩的方法。在转场效果的动画制作中，通常可以通过一个图形同时对多个图层进行遮罩来达到过渡不同场景的效果，最终在时间轴上形成的效果如图11—4所示。

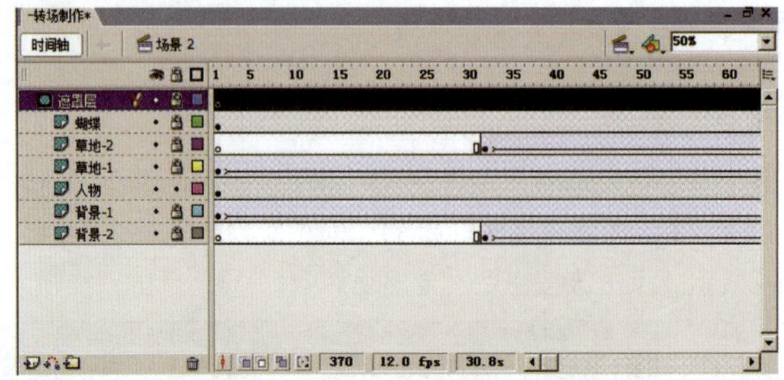

图11—4 多个图层的遮罩效果

多个图层的遮罩方法也是要先用遮罩图形将下面的图层进行遮罩，然后一个一个地使用鼠标左键拖曳要运用遮罩的其他图形，使其靠近前面制作了遮罩效果的图层或者直接拖曳到该图层之上，当靠近上一图层并出现了虚线时即可放开鼠标。注意：如果想保持该图层相对于其他图层的位置不变，则在原位置基础上用鼠标左键点击拖曳，使其稍微向上靠近上一图层，而不要拖曳到上一图层的上面，这样放开鼠标时，该图层也会加入到遮罩动画中，但位置依然可以保持在原位。如果图层位置的变化不会影响到场景中前景和背景的视觉效果，则直接使用鼠标左键点击拖曳该图层到使用了遮罩效果的图层之上，再松开鼠标左键也可以完成多个图层的遮罩。

三、场景面板

场景面板是动画制作中的常用工具之一，因为有些动画制作的内容多、时间长、场景也不同，在同一个场景制作后进行调整比较烦琐，因此需要进行多场景的制作，以便于观看和调整。场景面板如图11—5所示。

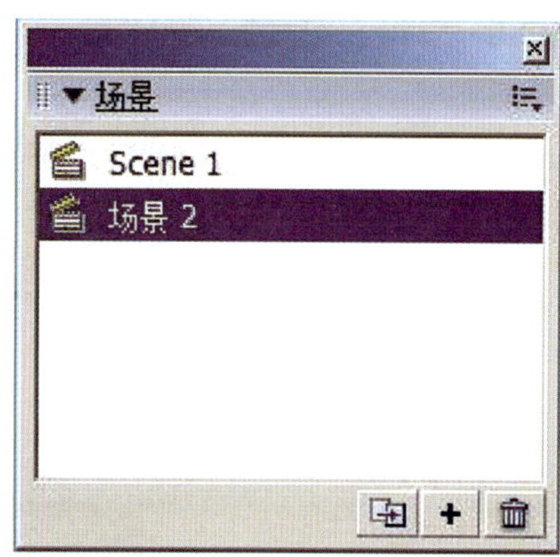

图11—5 场景面板

场景面板的下方有三个按钮，从左到右依次为：直接复制场景、添加场景、删除场景。

◆ 直接复制场景。选中某一场景后，点选该按钮，可以直接复制一个与选中场景内容完全相同的场景。

◆ 添加场景。可以添加多个场景，并且在场景名称上双击可以修改场景名称。

◆ 删除场景。将选中的场景删除。

如果想改变场景的名称，只需在场景面板中选中要改变名字的场景，然后双击，即可输入新名称。

任务实施

素材文件位置：光盘/资源下载/任务11

操作过程	图　示	注释（备注）
1. 执行菜单栏中“文件/打开”命令，在“打开”对话框中选中任务10所制作的“镜头的加工处理”Flash文件，单击“打开”按钮	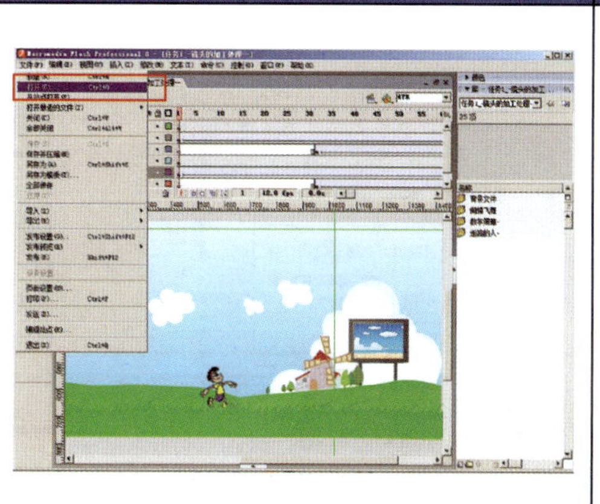	◆也可打开光盘素材文件：资源下载/任务11/素材-镜头的加工处理

续表

操作过程	图 示	注释（备注）
2. 将时间轴的红色播放头拖曳到第254帧的位置，这时可以看到场景中的画面，显示的是“镜头的加工处理”Flash文件中的结尾部分内容	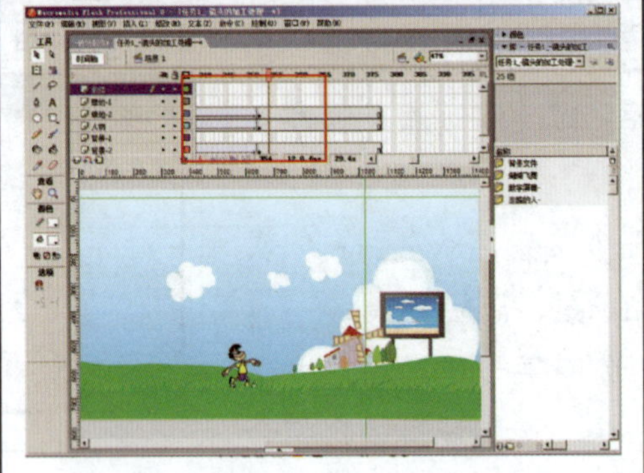	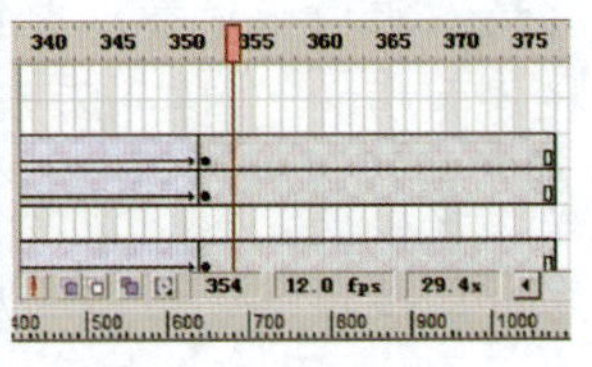
3. 执行菜单栏中的“窗口/其他面板/场景”命令，在“场景”对话框中单击面板下方的最左侧的“直接复制场景”按钮，将场景1进行直接复制	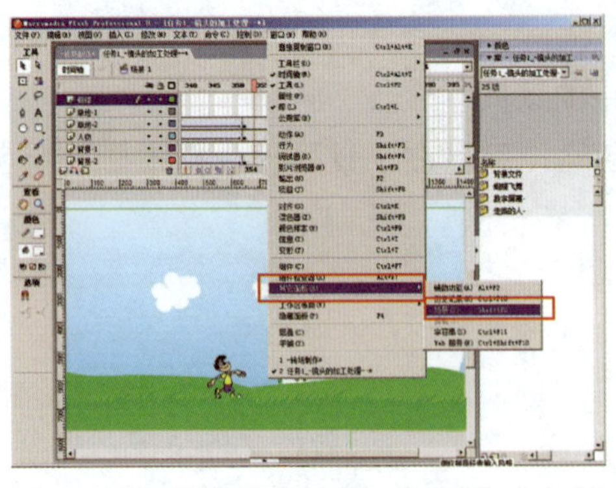	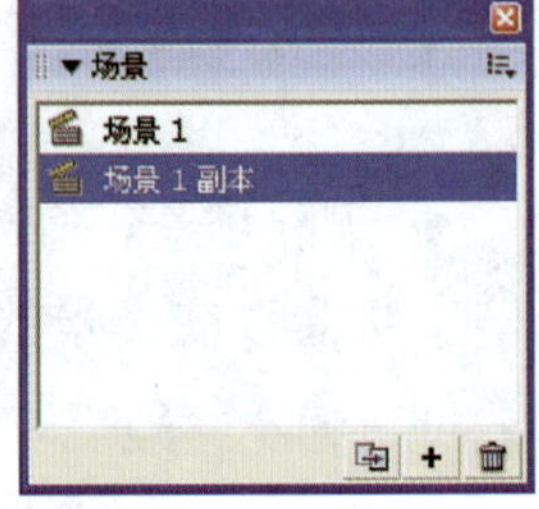 ◆ 本操作主要是为了把场景1中的内容完全进行复制，以便于之后的使用
4. 在新复制的名为“场景1副本”的场景名称上双击，将其修改为“场景2”	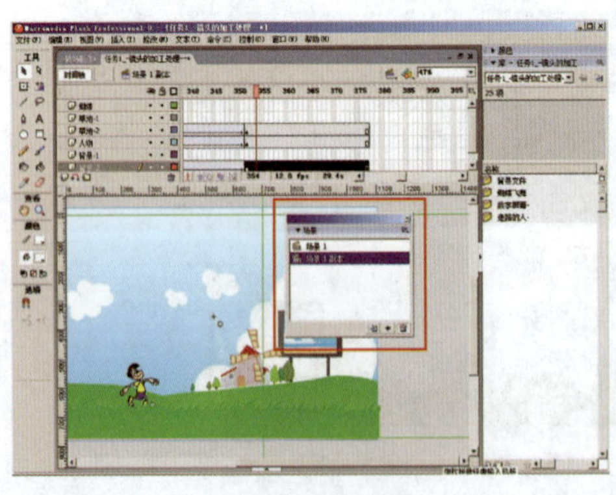	

续表

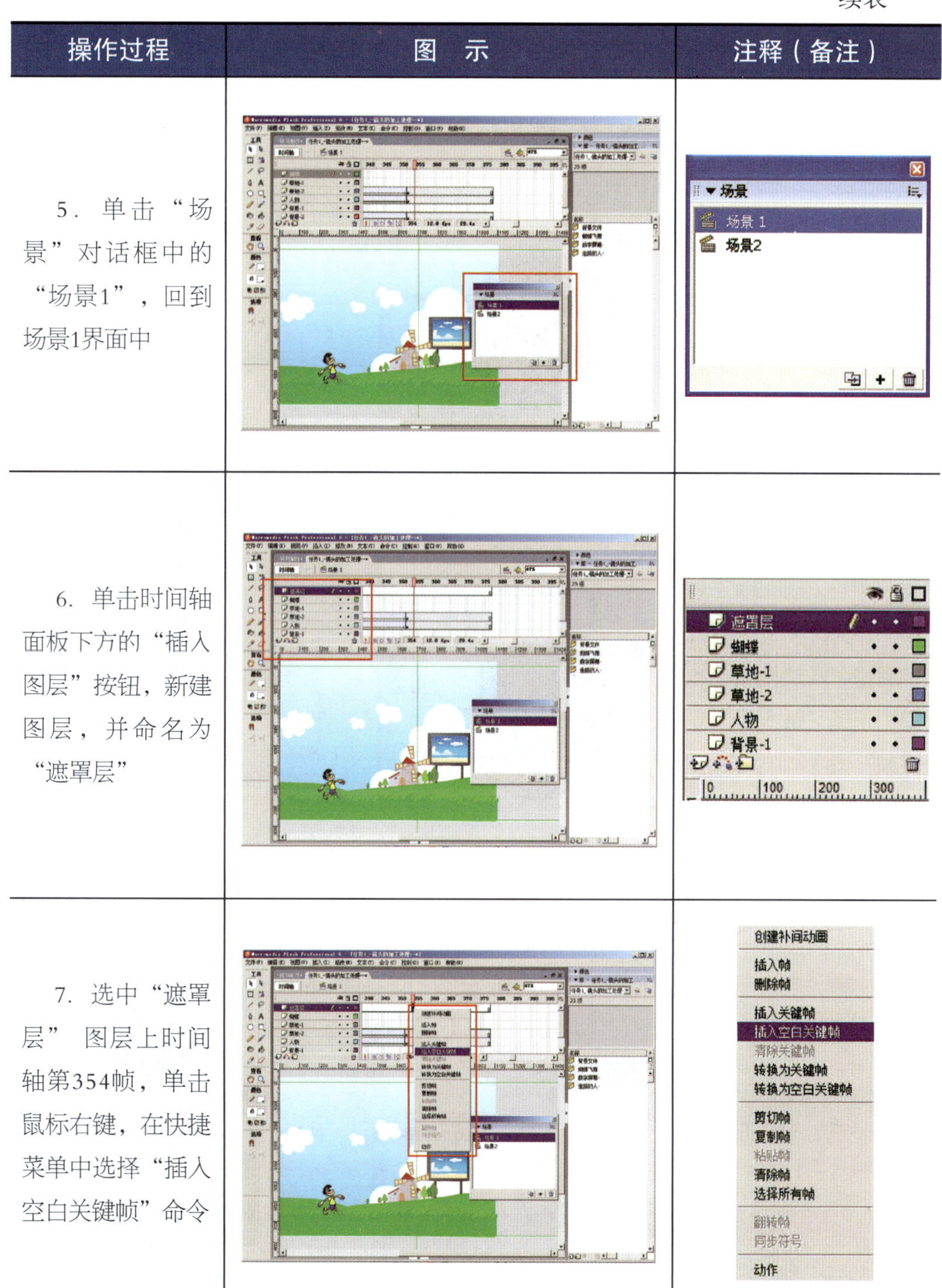

操作过程	图　示	注释（备注）
5．单击“场景”对话框中的“场景1”，回到场景1界面中		
6．单击时间轴面板下方的“插入图层”按钮，新建图层，并命名为“遮罩层”		
7．选中“遮罩层”图层上时间轴第354帧，单击鼠标右键，在快捷菜单中选择“插入空白关键帧”命令		

续表

操作过程	图　示	注释（备注）
8. 在新建的空白关键帧上使用“椭圆工具”，绘制一个圆形，色彩不限，大小必须能遮挡住整个场景中的内容	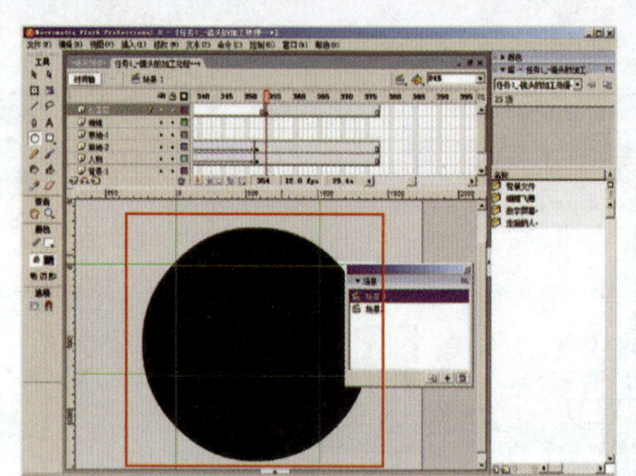	工具
9. 选中“遮罩层”图层上时间轴第370帧，单击鼠标右键，在快捷菜单中选择“插入关键帧”命令	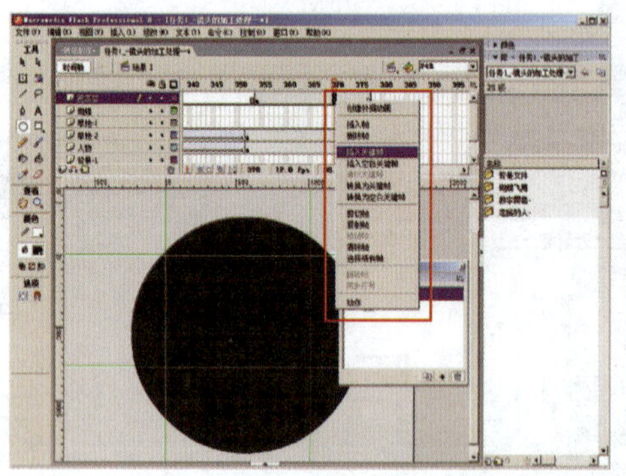	创建补间动画 插入帧 删除帧 插入关键帧 插入空白关键帧 清除关键帧 转换为关键帧 转换为空白关键帧 剪切帧 复制帧 粘贴帧 清除帧 选择所有帧 翻转帧 同步符号 动作
10. 选中“遮罩层”图层上时间轴第377帧，单击鼠标右键，在快捷菜单中选择“插入关键帧”命令；然后再选中新建的第370～377帧之间的关键帧上的内容，使用“任意变形工具”，将用于遮罩的圆形缩小到刚好遮盖住人物的脸部	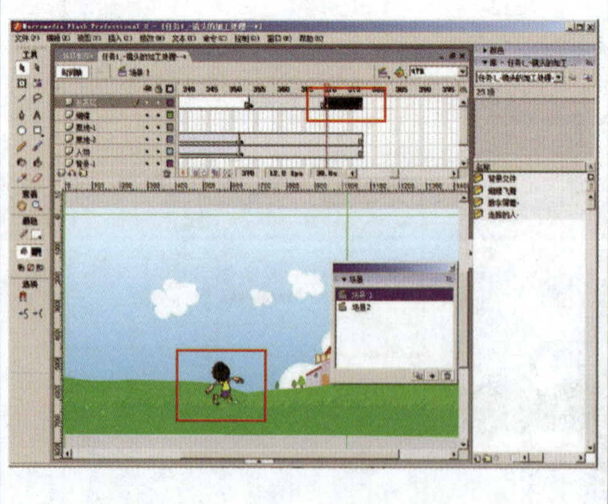	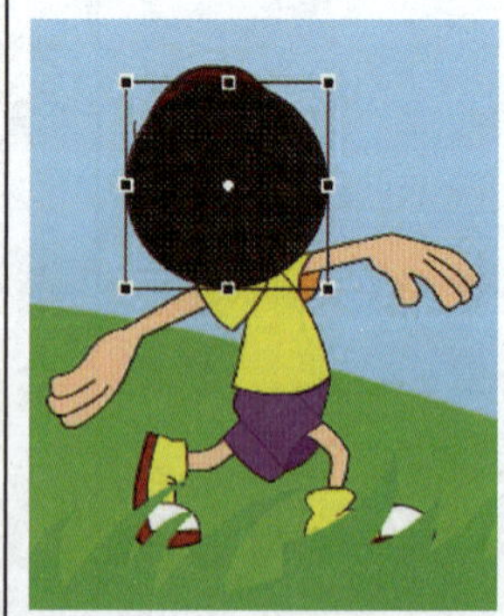

续表

操作过程	图　示	注释（备注）
11．选中“遮罩层”图层上时间轴第354帧，在下方的属性面板中，将补间类型选择为“形状”，这时如果拖动时间轴播放头，可以发现第354～370帧之间形成了一个形状补间动画	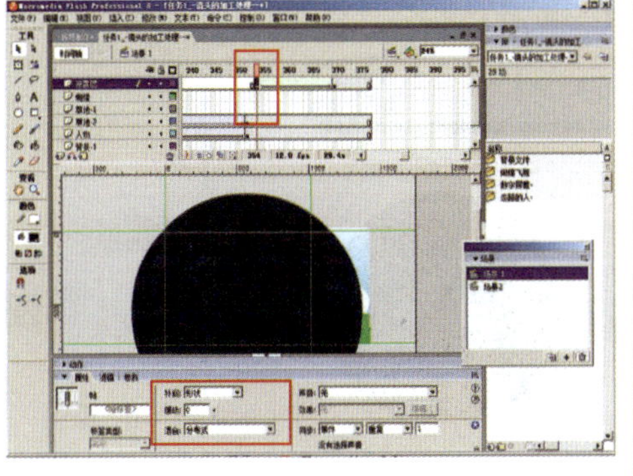	
12．选中“遮罩层”图层名称右侧，单击鼠标右键，在快捷菜单中选择“遮罩层”命令，形成遮罩动画	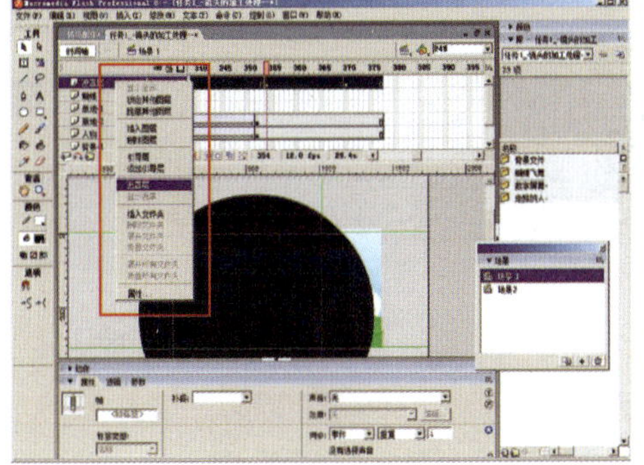	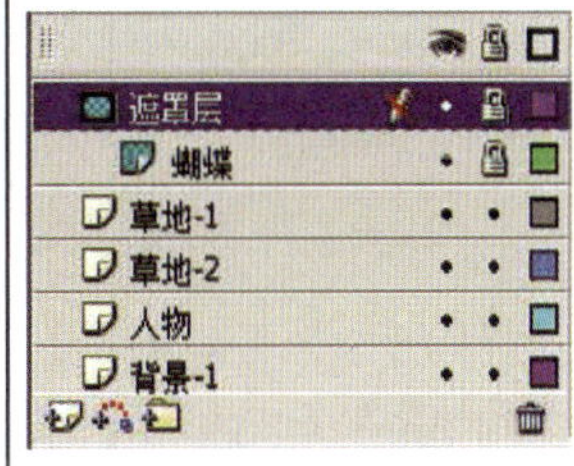
13．单击“草地-1”图层，按住左键向上拖曳，拖曳时使其出现靠近“蝴蝶”图层的虚线时即可松开左键，形成如右图的效果：“草地-1”图层也被遮罩进去了	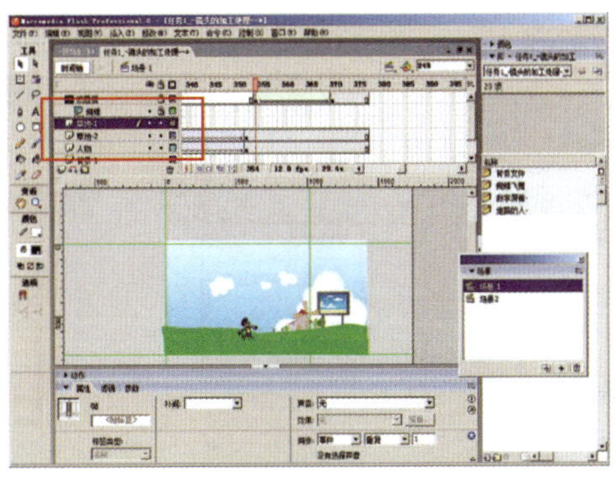	◆注意：图层原来在“蝴蝶”图层下方，现在被遮罩了，但位置仍然保持在“蝴蝶”图层下方

续表

操作过程	图　示	注释（备注）
14．使用和第13步一样的方法，将“草地－2”“人物”“背景－1”“背景－2”四个图层都拖曳成为遮罩对象之一，但各图层所在的位置要保持不变	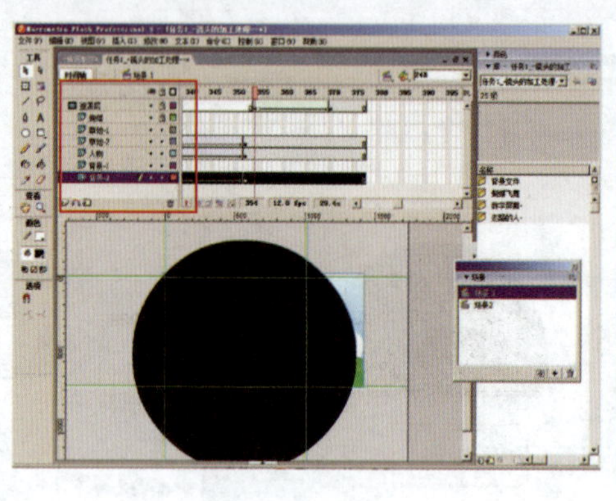	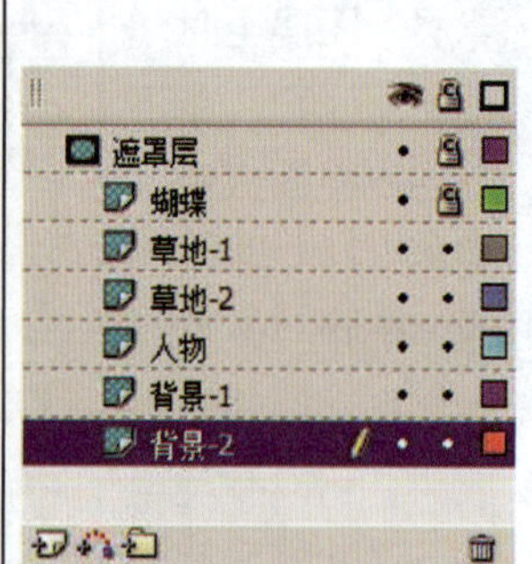
15．这时可以看到形成了从全景逐渐消失，只剩人物头部的画面。这时，单击属性面板中的文档属性，将背景颜色修改为黑色。这样就实现了动画中常用的结束圈出的效果	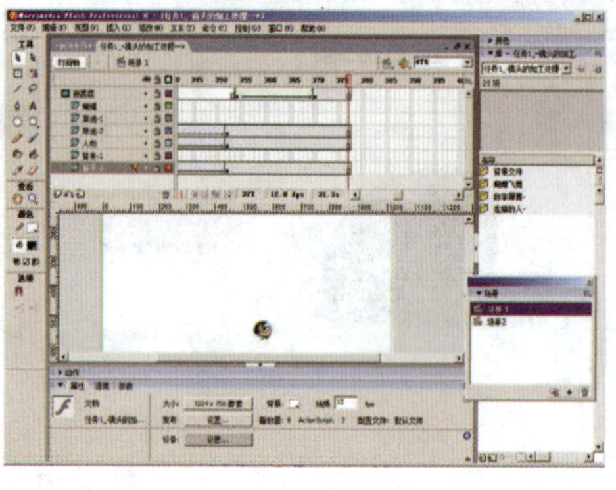	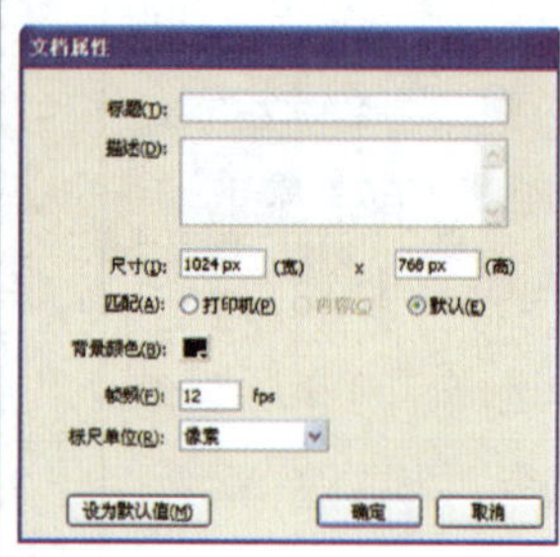
16．在场景面板中，选中场景2，进入到场景2的内容中	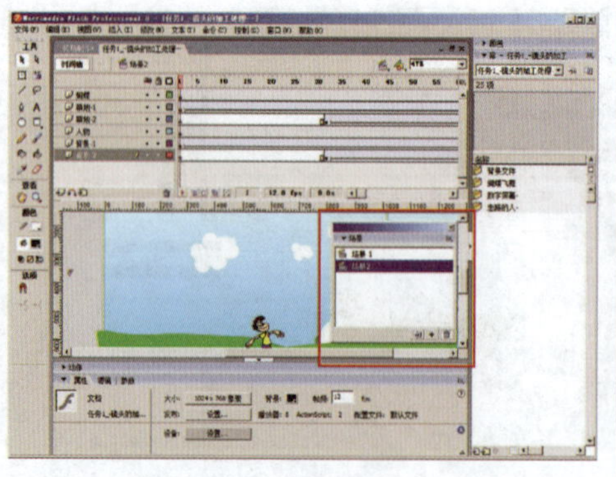	

续表

操作过程	图　示	注释（备注）
17. 将场景2中的“草地-1”“草地-2”“背景-2”三个图层删除		◆这些被删除的内容主要是在后面的操作中不需要再出现在时间轴上的内容
18. 执行菜单栏中“文件/导入/导入到库”命令，或者导入素材图片文件（见光盘：资源下载/任务11/素材2-新背景）		
19. 执行菜单栏中“插入/新建元件”命令，在“创建新元件”对话框中，设置元件名称为“户外风光-1”，元件类型为“图形”		

续表

操作过程	图　示	注释（备注）
20．将导入库面板中的“新背景”图形拖曳入“户外风光-1”图形元件中	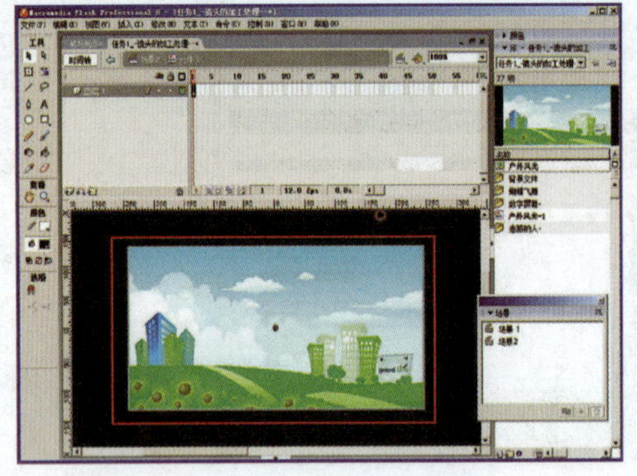	
21. 单击时间轴上方“场景2”标签，回到场景2中 选中“背景-1”图层上时间轴第1帧，然后再单击场景中的图形	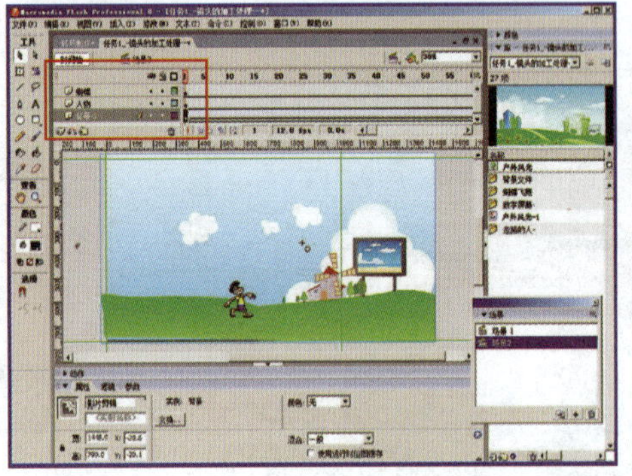	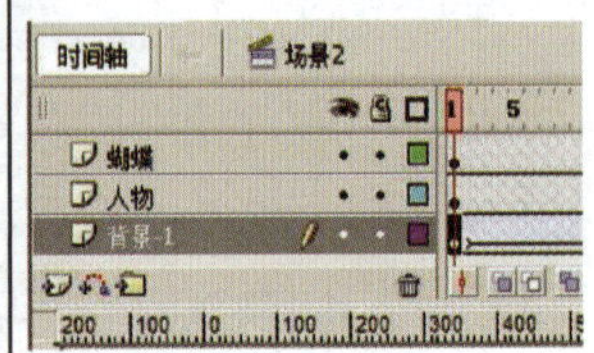
22．在属性面板中，单击“交换”按钮，在“交换元件”对话框中，找到并选择新建的“户外风光-1”图形元件，单击“确定”按钮即可替换掉背景图	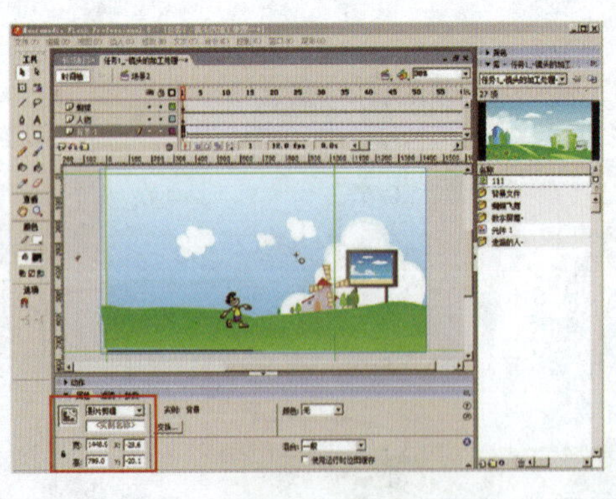	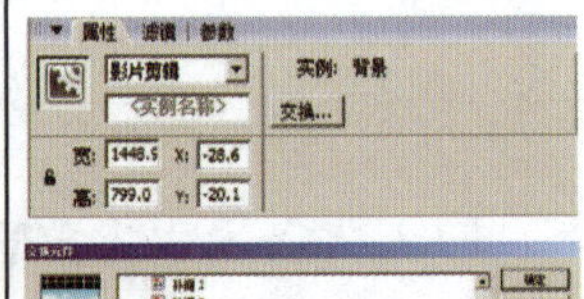 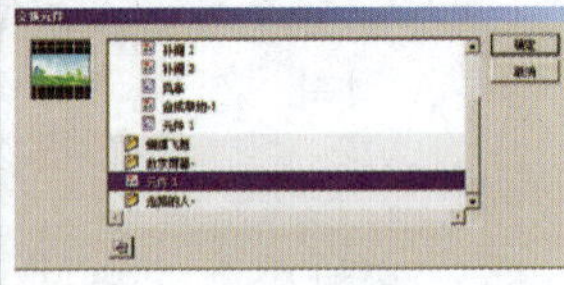 ◆ “交换元件”命令主要用于对某一对象元件进行整个替换，通过它可以将元件整个替换为另一个元件

续表

操作过程	图　示	注释（备注）
23. 使用“任意变形工具”将图形调整至高度与场景等同，长度可超出场景，位置上左边对齐场景左侧。按照第22步中的方法，将“背景-1”的第107帧建立关键帧，并使用“交换”按钮变换为新背景，位置调至左侧超出场景，形成背景向左侧的移动效果；删除第108帧之后的内容	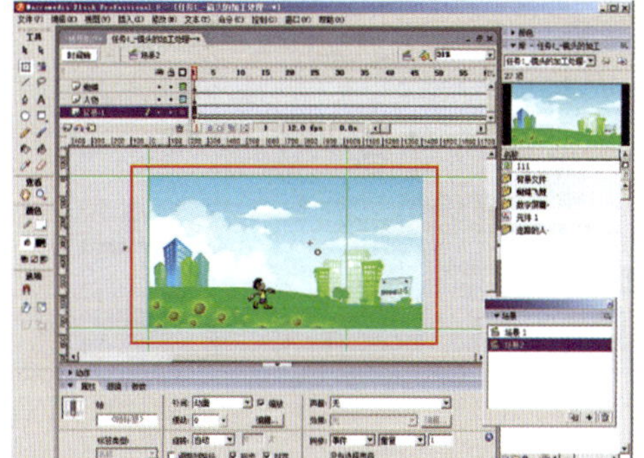	 ◆ 此处将高度进行调整，主要是为了把该“户外风光”背景图和之前的背景图对齐，避免播放动画时不流畅
24. 选中“人物”图层上时间轴第9帧，单击鼠标右键，在快捷菜单中选择“插入关键帧”命令，并将本图层的第107帧后面的关键帧都删除	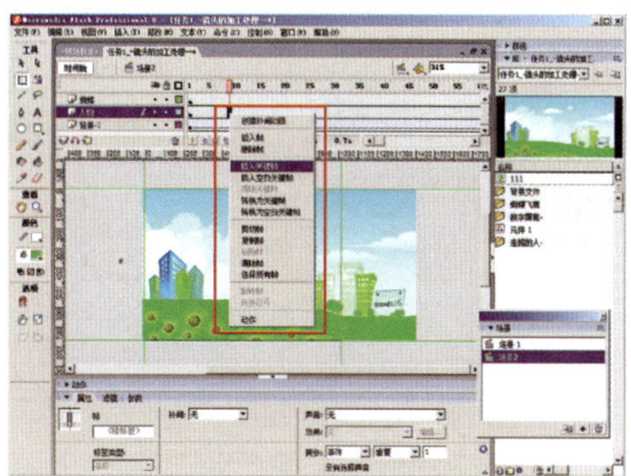	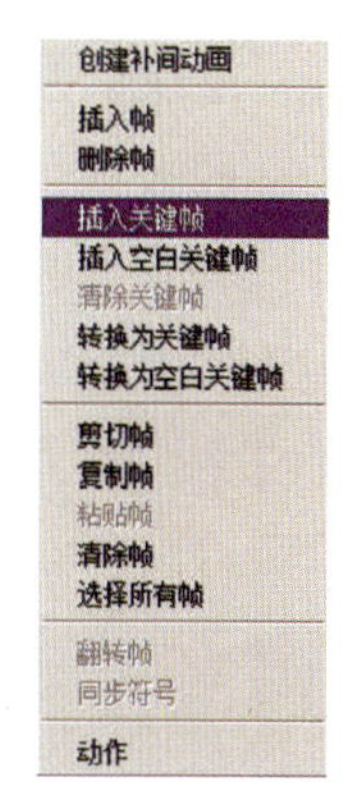 ◆ 插入关键帧主要是为了建立和前一帧一样内容的关键帧

续表

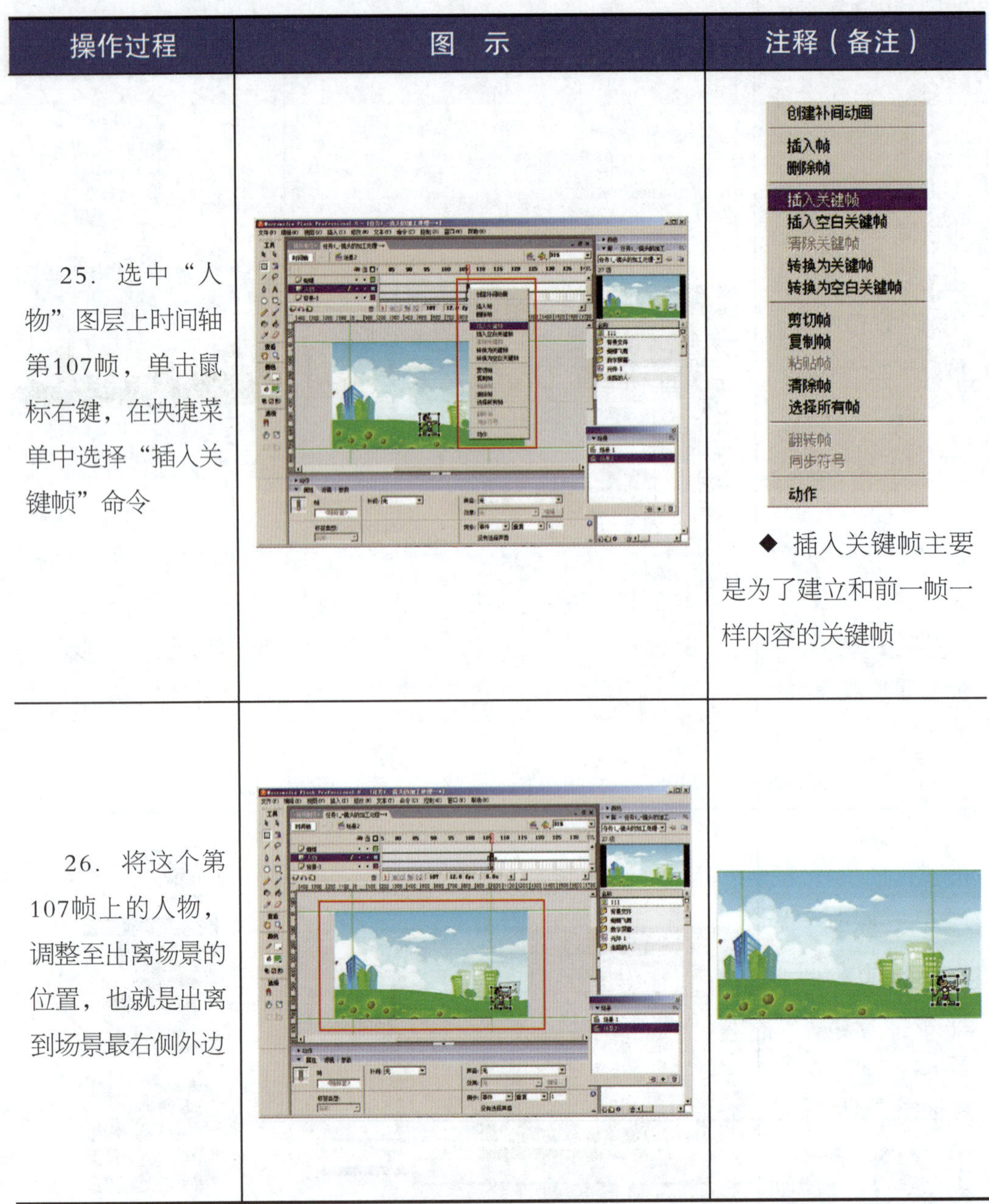

操作过程	图 示	注释（备注）
25．选中“人物”图层上时间轴第107帧，单击鼠标右键，在快捷菜单中选择“插入关键帧”命令		创建补间动画 插入帧 删除帧 插入关键帧 插入空白关键帧 清除关键帧 转换为关键帧 转换为空白关键帧 剪切帧 复制帧 粘贴帧 清除帧 选择所有帧 翻转帧 同步符号 动作 ◆ 插入关键帧主要是为了建立和前一帧一样内容的关键帧
26．将这个第107帧上的人物，调整至出离场景的位置，也就是出离到场景最右侧外边		

续表

操作过程	图　示	注释（备注）
27. 选中“人物”图层上时间轴第9帧，单击鼠标右键，在快捷菜单中选择“创建补间动画”命令	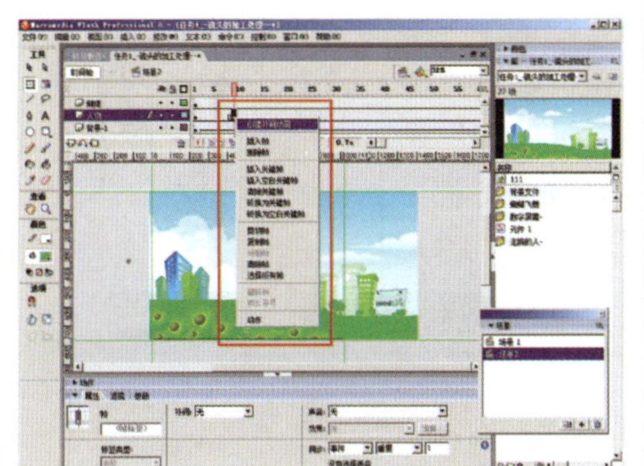	创建补间动画 插入帧 删除帧 插入关键帧 插入空白关键帧 清除关键帧 转换为关键帧 转换为空白关键帧 剪切帧 复制帧 粘贴帧 清除帧 选择所有帧 翻转帧 同步符号 动作
28. 选中“蝴蝶”图层上时间轴第108帧之后的全部内容，单击鼠标右键，在快捷菜单中选择“删除帧”命令	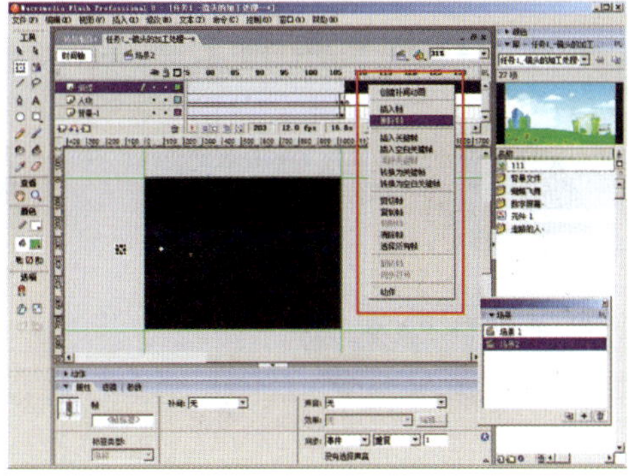	创建补间动画 插入帧 删除帧 插入关键帧 插入空白关键帧 清除关键帧 转换为关键帧 转换为空白关键帧 剪切帧 复制帧 粘贴帧 清除帧 选择所有帧 翻转帧 同步符号 动作
29. 新建图层，命名为“遮罩层”，使用“椭圆工具”在该图层上时间轴第1帧绘制一个圆形，盖住人物的脸部	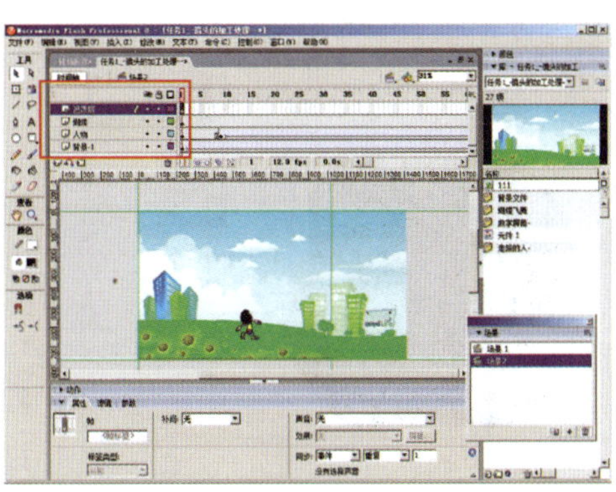	遮罩层 蝴蝶 人物 背景-1 

续表

操作过程	图　示	注释（备注）
30. 选中“遮罩层”图层上时间轴第9帧，单击鼠标右键，在快捷菜单中选择“插入关键帧”命令；同时，再为第29帧也“插入关键帧”	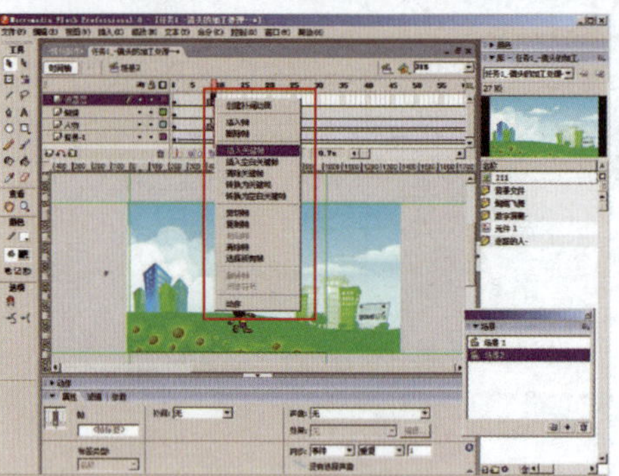	
31. 将“遮罩层”图层的第29帧的圆形遮罩大小调整至超出场景范围，最终遮挡住整个场景	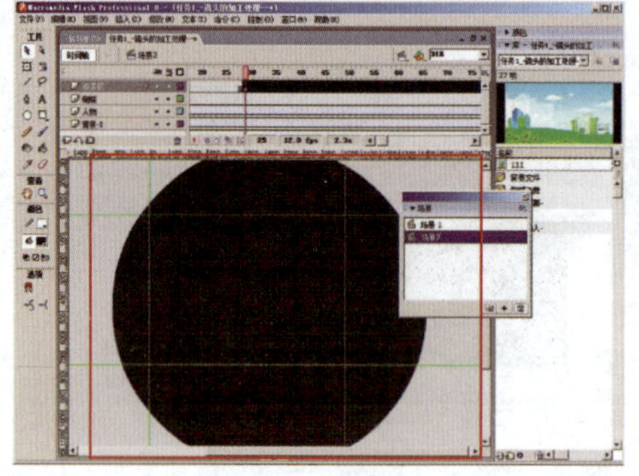	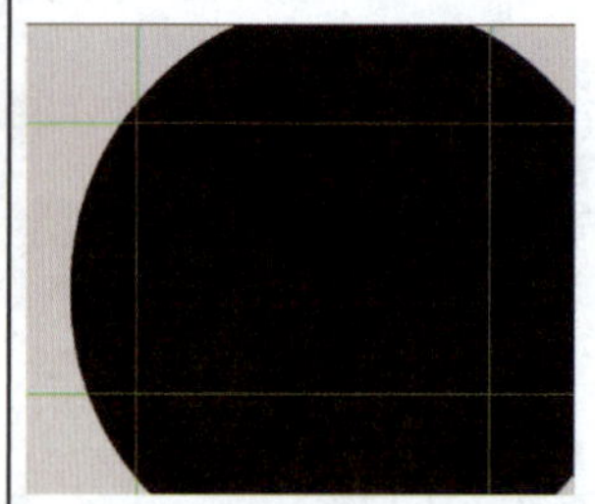
32. 选中“遮罩层”图层时间轴上的第107帧，单击鼠标右键，在快捷菜单中选择“插入帧”命令	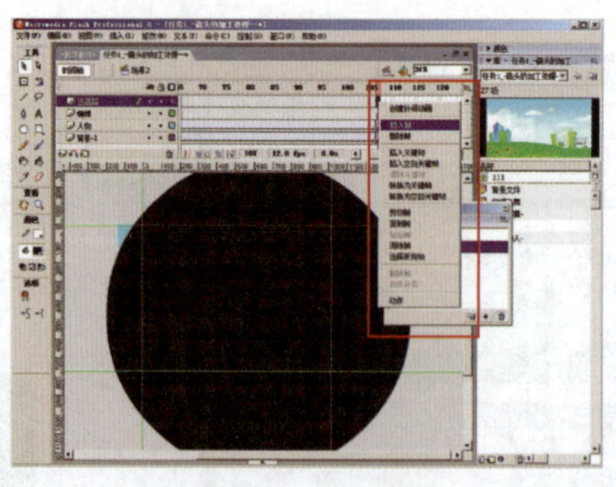	◆插入帧主要是为了建立和前一帧内容一样的一个延长的关键帧，插入帧的内容是一样的，时间轴上延长了内容，但是文件量不会发生变化。如果删除其中某一帧，则所有帧的内容都会被删除

续表

操作过程	图　示	注释（备注）
33. 再次选中“遮罩层”图层上时间轴第9帧，在属性面板中，将补间动画类型选择为“形状”	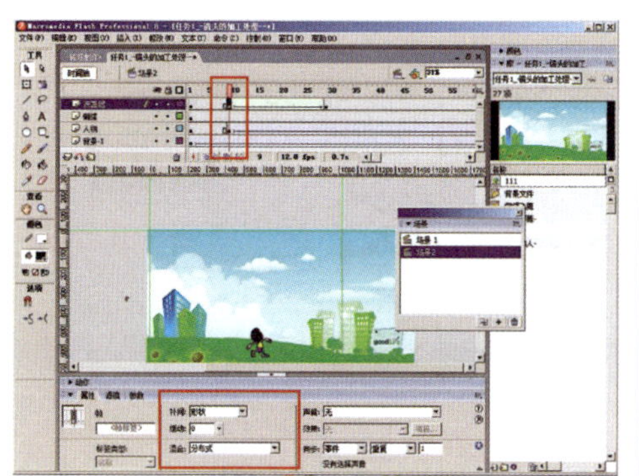	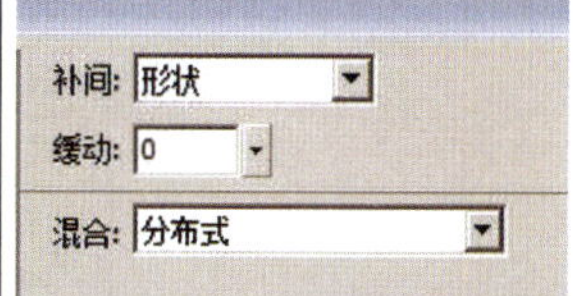
34. 在“遮罩层”图层名称右侧，单击鼠标右键，在快捷菜单中选择“遮罩层”命令，创建遮罩动画	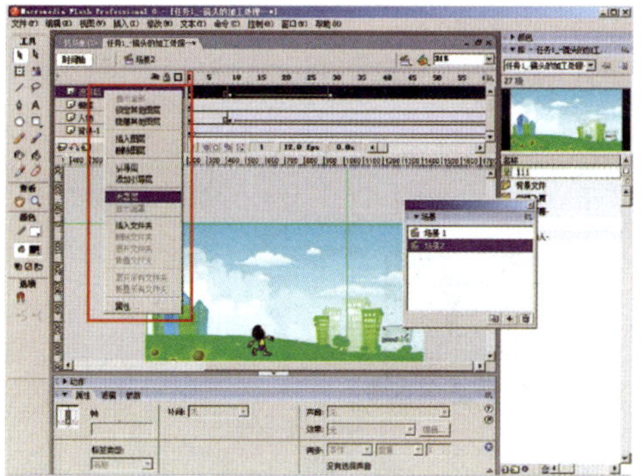	
35. 将“人物”图层和“背景-1”图层分别拖曳至遮罩层的遮罩之下，注意图层上下位置关系保持不变	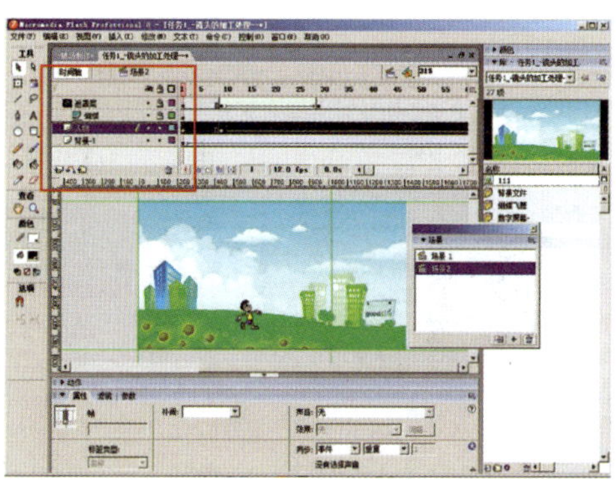	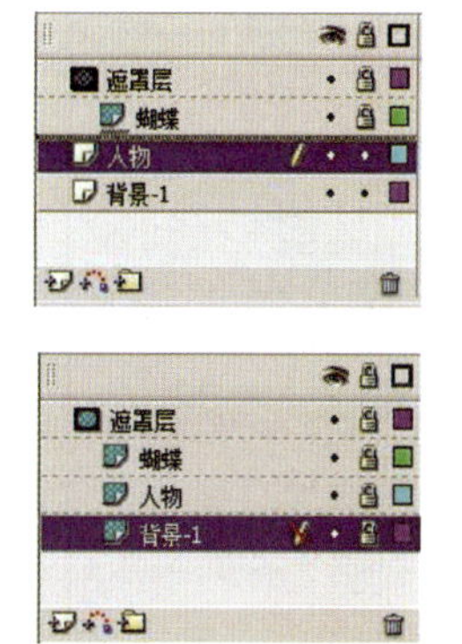

续表

操作过程	图　示	注释（备注）
36. 这时场景中可以看到已经出现了由人物头部到全景的一个圈入的转场效果 选中“蝴蝶”图层上时间轴第108帧，单击鼠标右键，在快捷菜单中选择“插入关键帧”命令	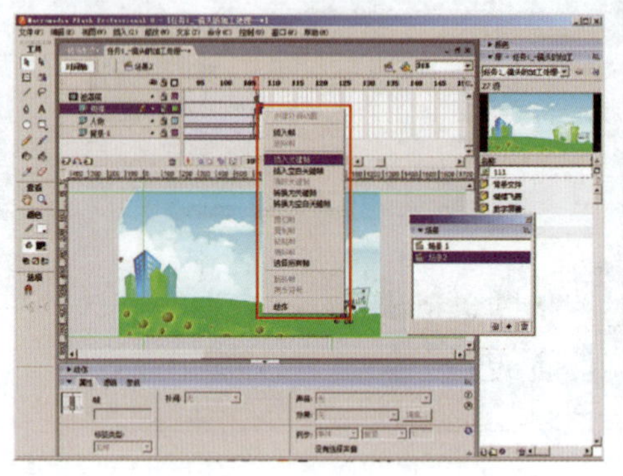	创建补间动画 插入帧 删除帧 插入关键帧 插入空白关键帧 清除关键帧 转换为关键帧 转换为空白关键帧 剪切帧 复制帧 粘贴帧 清除帧 选择所有帧 翻转帧 同步符号 动作
37. 选中“蝴蝶”图层上时间轴第120帧，单击鼠标右键，在快捷菜单中选择“插入关键帧”命令	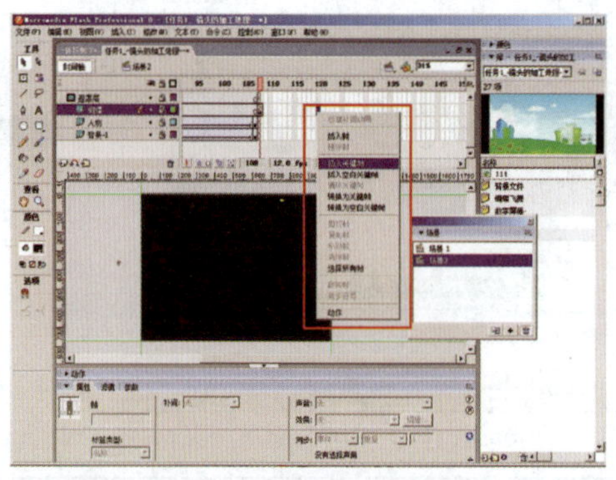	创建补间动画 插入帧 删除帧 插入关键帧 插入空白关键帧 清除关键帧 转换为关键帧 转换为空白关键帧 剪切帧 复制帧 粘贴帧 清除帧 选择所有帧 翻转帧 同步符号 动作
38. 再选中“蝴蝶”图层上时间轴第108帧，单击鼠标右键，在快捷菜单中选择“创建补间动画”命令	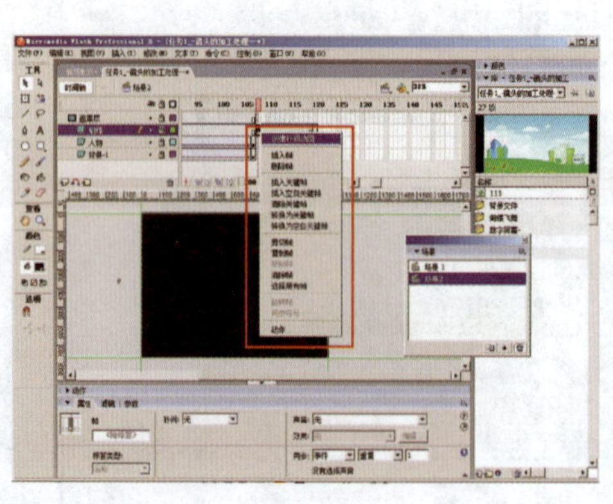	创建补间动画 插入帧 删除帧 插入关键帧 插入空白关键帧 清除关键帧 转换为关键帧 转换为空白关键帧 剪切帧 复制帧 粘贴帧 清除帧 选择所有帧 翻转帧 同步符号 动作

续表

操作过程	图 示	注释（备注）
39. 给“蝴蝶”图层解锁，选中该图层上时间轴第120帧，再单击场景中的蝴蝶对象，在属性面板中右侧的“颜色”下拉菜单中选择“Alpha”，数值调整为0，最后再把“蝴蝶”图层锁定	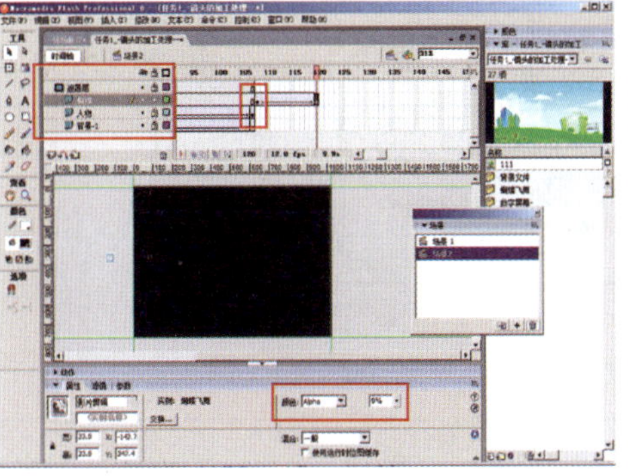	颜色: Alpha 0% 混合: 一般 使用运行时位图缓存 ◆“颜色”下拉菜单中“Alpha”命令的改变，主要是对对象的透明度进行改变，形成一种透明的效果
40. 解锁“背景-1”图层，分别选中该图层上时间轴第108和第120帧，依次单击鼠标右键，在快捷菜单中选择“插入关键帧”命令	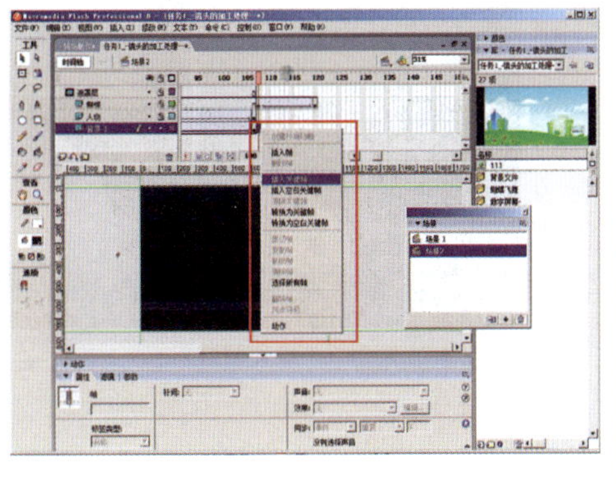	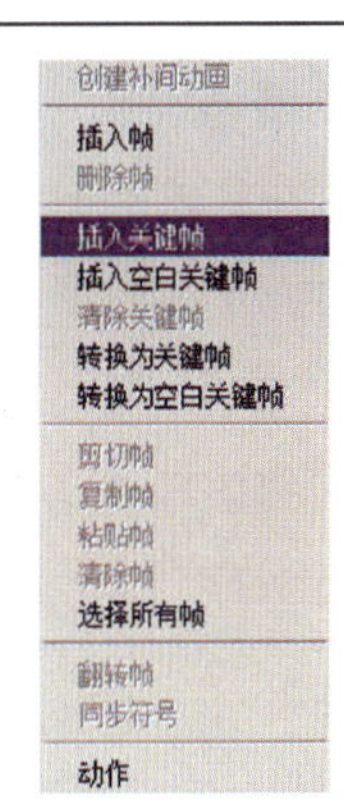
41. 选中“背景-1”图层上时间轴第120帧，再单击一下场景中的背景对象，在属性面板中的“颜色”下拉菜单中选择“Alpha”，数值调整为0	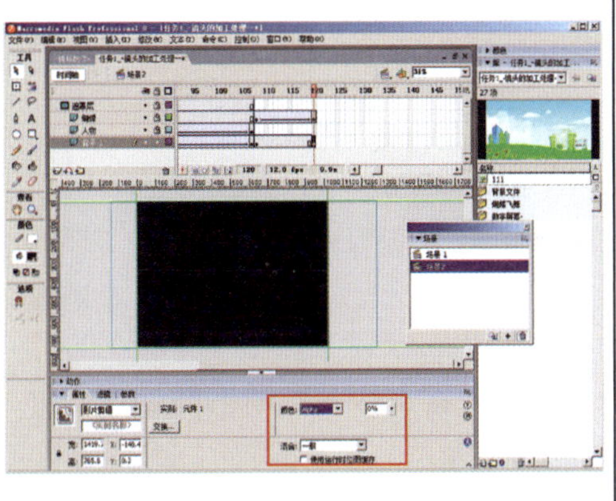	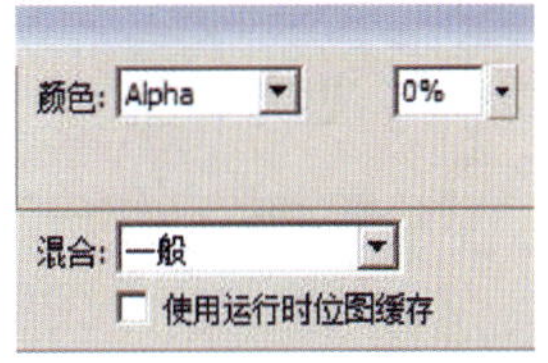 ◆“颜色”下拉菜单中“Alpha”命令的改变，主要是对对象的透明度进行改变，形成一种透明的效果

续表

操作过程	图　示	注释（备注）
42．选中“背景-1”图层上时间轴第108帧，单击鼠标右键，在快捷菜单中选择“创建补间动画”命令 至此，转场的效果制作完成	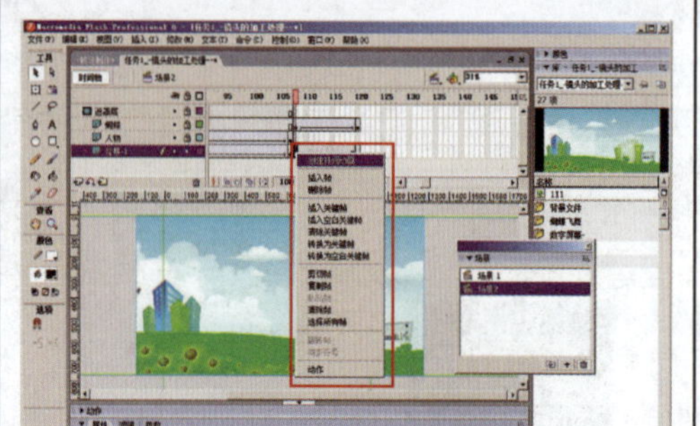	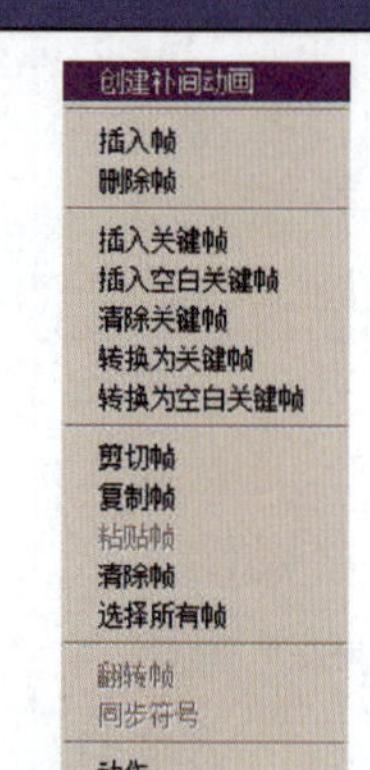
43．执行菜单栏中“控制/测试影片”来输出观看最终的转场效果 最终完成的动画效果如右图所示。如果没有问题，可将该Flash文件进行保存		

思考与练习

一、思考题

1．在动画制作中如何对场景进行复制?

2．如何对多个图层同时进行遮罩?

二、实训题

请使用本实例的内容，自己设计制作一个新的转场效果。

任务12 制作Flash动画片头

任务目标：

◆了解Flash动画片头字幕的设计方法

◆掌握文本工具的类型、特点和使用方法

◆掌握滤镜的使用方法

◆能够将文本与Flash基本动画类型结合并综合应用

任务引入

运用Flash的“文本工具”和滤镜面板及前面学习过的几种类型动画，制作出如图12—1所示的片头动画。

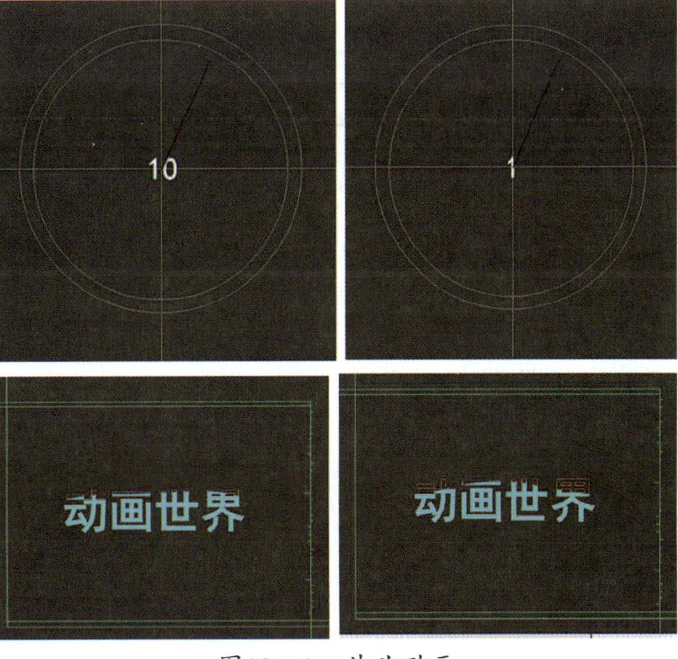

图12—1 片头动画

任务分析

本任务是通过制作文字效果的操作过程，实现四种动画类型与文本动画结合的综合制作技巧。在这个任务中，重要的是综合和灵活应用前面介绍的不同类型的知识，了解在制作Flash动画片头的过程中，场景、滤镜、文本工具及四种动画类型的综合运用方法。

相关知识

一、“文本工具”的类型及其特点

在Flash中制作动画，文字的应用是非常多的，片名以及很多动画介绍都要用到它，因而对于文字的处理和调整也是Flash中一个非常重要的内容，以下介绍Flash中的文字面板。

Flash中的文本类型主要为三种：静态文本、动态文本、输入文本。静态文本在动画设计中应用最为广泛，也是本书介绍的重点。后两种类型在含有编程的交互式动态制作中更为常用，本实例在此不做过多的介绍。

1. 静态文本

静态文本，主要是指文本的输入和编排，大多在动画中起到解释说明的作用，这也是文本工具最基本的作用，因此在动画中使用也最频繁。静态文本的“属性”面板如图12—2所示。

图12—2　静态文本的“属性”面板

2. 动态文本

动态文本，主要是通过编写脚本语言，使得外部文件链接到Flash制作的动态文本框中，也就是通过语言控制来显示外部文件的文本。动态文本的“属性”面板如图12—3所示。

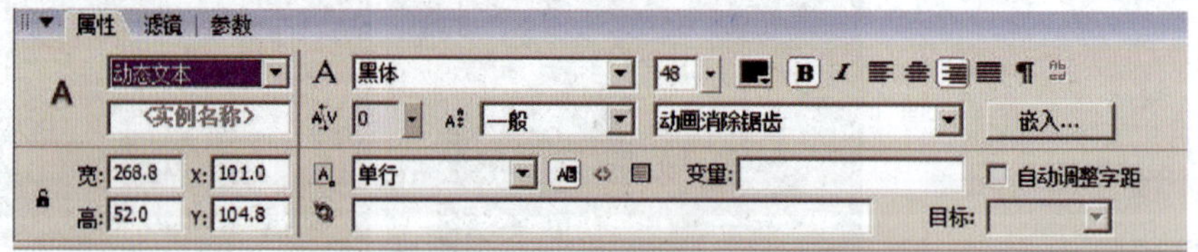

图12—3　动态文本的“属性”面板

3. 输入文本

输入文本，主要是指用于交互操作的文本，利用文本框中文字的输入，达到操作者收集或者交换信息的目的。常见的交互式文本应用有留言板、身份验证等很多形式。输入文本的“属性”面板如图12—4所示。

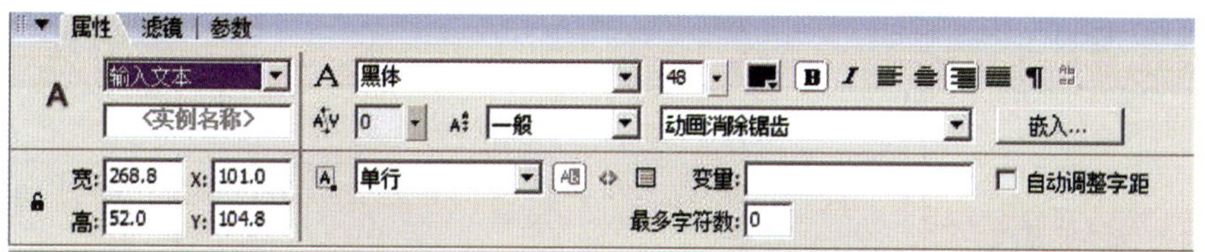

图12—4 输入文本的“属性”面板

二、“文本工具”的应用

三种类型的“文本工具”面板上的内容基本一致，只是在动态文字和输入文字两类需要使用语言进行控制的文字中多了几个关于语言等设置的选项，在本动画实例的制作中主要以常用的静态文本为主进行介绍，如图12—5所示。其各项命令的含义见表12—1。

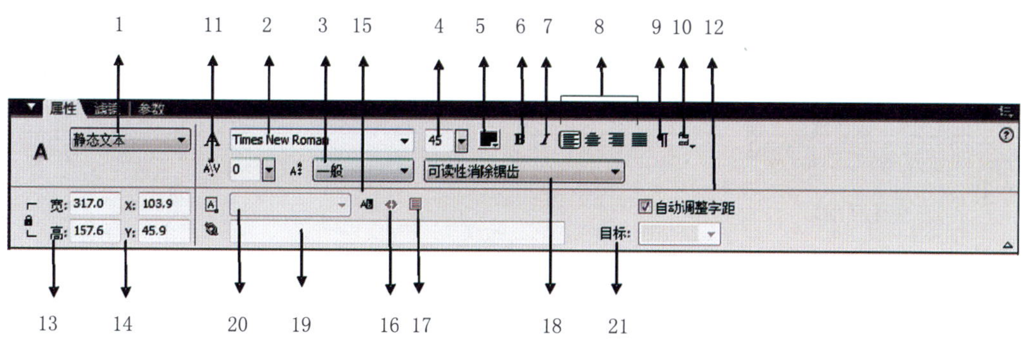

图12—5 静态文本面板的各选项

表12—1 静态文本面板的各选项含义

序号	命 令	含 义
1	文本类型	用来设置文本类型，包括静态、动态、输入文本3种
2	字体	设置选用何种字体
3	字符位置	包括一般、上标、下标3种，默认情况下为一般
4	字号	字体的大小，字号大字体显示在场景中就大
5	颜色	这里设置的是文字的颜色
6	粗体	选中字，点击该按钮后，字体变粗

续表

序号	命 令	含 义
7	斜体	选中字，点击该按钮后，字体变倾斜
8	对齐方式	包括两端对齐、左对齐、右对齐、中间对齐，默认情况下一般显示为左对齐
9	编辑格式选择	单击该按钮后，弹出的对话框可以进行缩进、边距、行距等的调整
10	文本方向	可调整文本横向或者纵向的排列
11	字间距	用来调整文字字间距
12	自动调整字距	选择后，会自动调整字符间的距离，但不是对所有字体都有效
13	宽高	设置文本宽高尺寸
14	X和Y	文本的位置
15	可选	文本输出后呈现可选状态
16	将文本呈现为HTML	用于为文本添加超链接
17	显示边框	在文本周围添加边框显示
18	字体呈现方式	包括使用设备字体、位图文本、动画性消除锯齿、可读性消除锯齿、自定义消除锯齿5种
19	URL链接	输入地址后，用于和互联网进行链接
20	线条类型	设置输出文本的显示行数，不能应用于静态文本
21	目标	设置网页的打开方式

三、滤镜面板

滤镜面板只适用于文本、影片剪辑和按钮，也就是说只有这三类元素可以使用滤镜。Flash的滤镜有：投影、渐变斜角、发光、模糊、斜角、渐变发光、调整颜色7个内容，各内容都有相应的进行色彩、发光、模糊度等的调整内容，只需要在对话框中键入数值或点击调整按钮（有下拉三角形的按钮）即可；滤镜面板如图12—6所示。

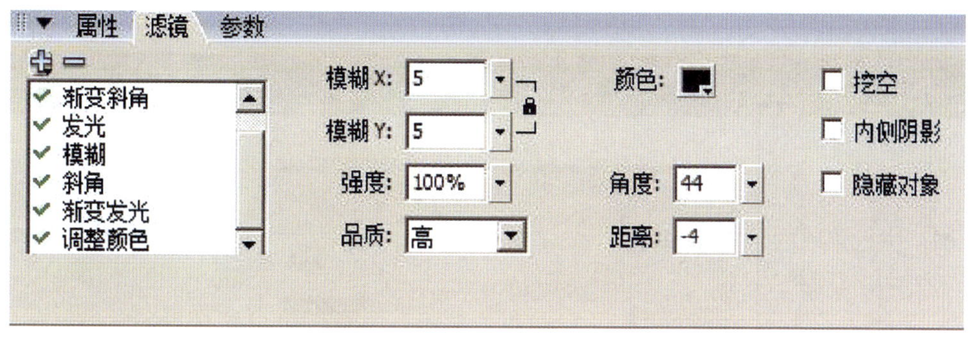

图12—6 滤镜面板

滤镜的使用需要进行激活，在属性面板中选中滤镜属性面板，然后单击左上方的“加号”即可激活，之后可在右侧的状态选项中进行设置。在模糊选项中，数值越大，模糊度也越大；在角度、距离选项中，随着角度、距离的数值变化，对象相应的角度和距离也发生变化；品质是指进行该项调整的图像显示质量，品质越高，显示效果越好，但文件量也大；挖空将遮盖原图像，只显示剩下的区域的效果；内侧阴影选中后可以出现浮雕般的内侧阴影感觉；隐藏对象将完全隐藏原图像，只显示投影部分的效果。滤镜效果不仅可以用来处理文字、按钮、影片剪辑，而且还可以在其他动画类型中进行应用，形成滤镜动画。需要注意的是滤镜使用过多会造成动画的文件量增大，因此应用要适当。

任务实施

素材文件位置：光盘/资源下载/任务12

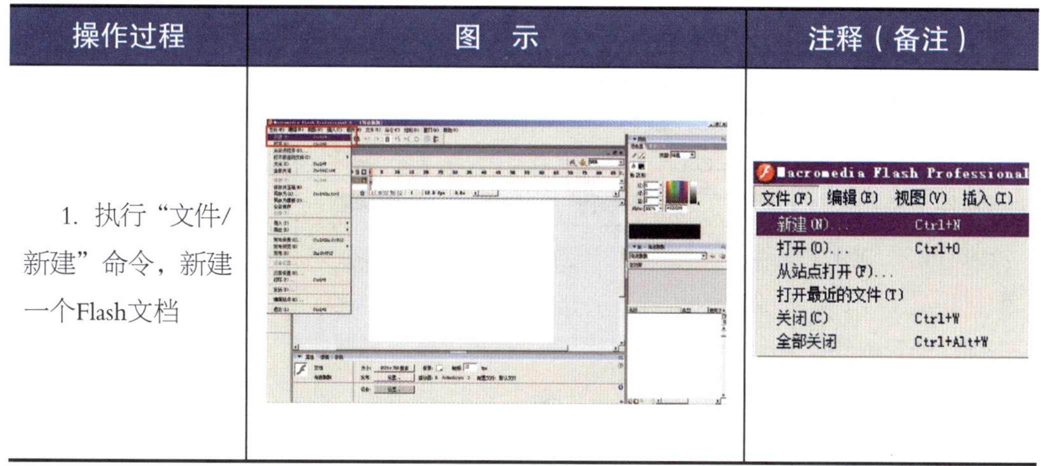

操作过程	图　示	注释（备注）
1. 执行“文件/新建”命令，新建一个Flash文档		Macromedia Flash Professional 文件(F) 编辑(E) 视图(V) 插入(I) 新建(N)... Ctrl+N 打开(O)... Ctrl+O 从站点打开(F)... 打开最近的文件(T) 关闭(C) Ctrl+W 全部关闭 Ctrl+Alt+W

续表

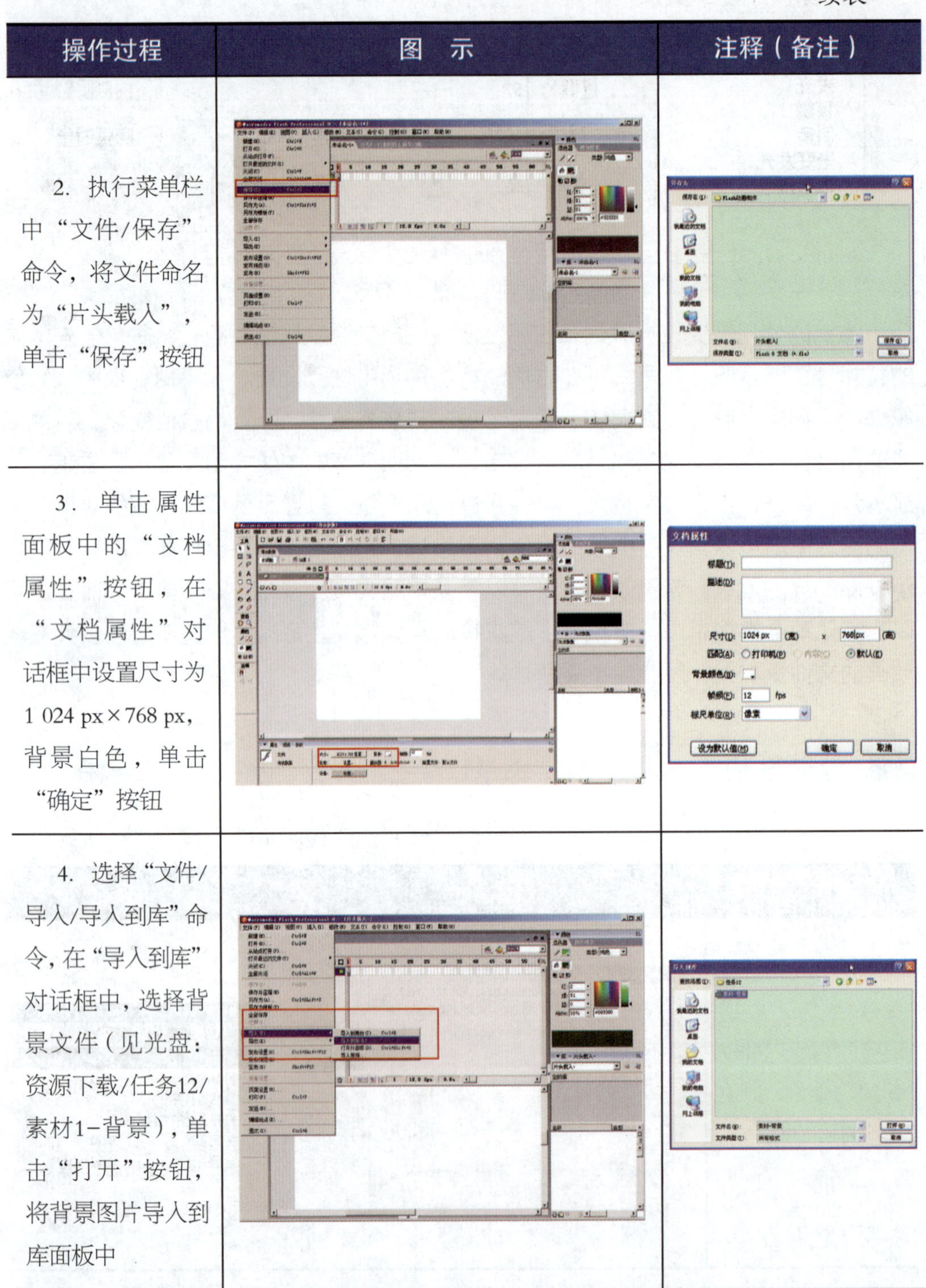

操作过程	图　示	注释（备注）
2. 执行菜单栏中“文件/保存”命令，将文件命名为“片头载入”，单击“保存”按钮		
3. 单击属性面板中的“文档属性”按钮，在“文档属性”对话框中设置尺寸为 1 024 px×768 px，背景白色，单击“确定”按钮		
4. 选择“文件/导入/导入到库”命令，在“导入到库”对话框中，选择背景文件（见光盘：资源下载/任务12/素材1–背景），单击“打开”按钮，将背景图片导入到库面板中		

续表

操作过程	图 示	注释（备注）
5．将图层1重命名为“背景-1”，然后将库面板中的名为“背景”的图片拖曳到“背景-1”图层第1帧的场景中，缩放至合适大小	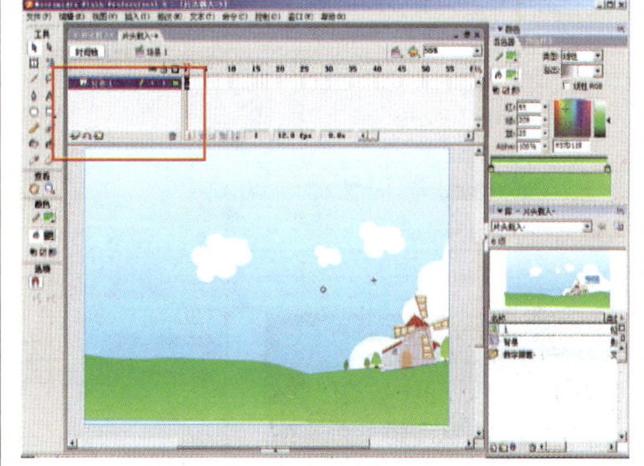	
6．选中“背景-1”图层时间轴第238帧，单击鼠标右键，在快捷菜单中选择“插入帧”命令，为此背景设置一个延长帧	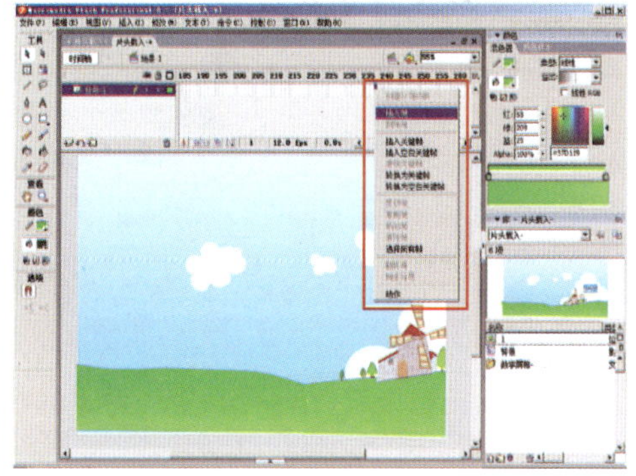	◆此处需要背景图一直作为底图充当后景，因此要制作一个延长帧。以前知识点中，曾介绍过在同一个延长帧中，内容都是一样的，但占据同样帧数的关键帧和延长帧相比，延长帧的文件量要小一些
7．新建一个图层，命名为“背景-2”，在该图层上使用“矩形工具”在整个场景中绘制一个绿色的矩形，并确认该层的第1～238帧都是绘制有这个绿色矩形的一个延长帧	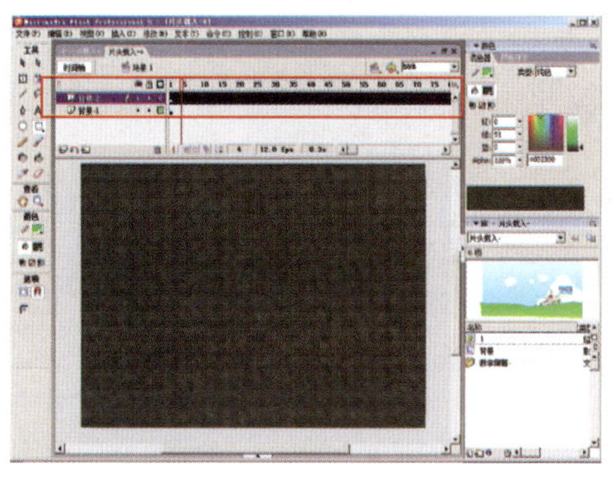	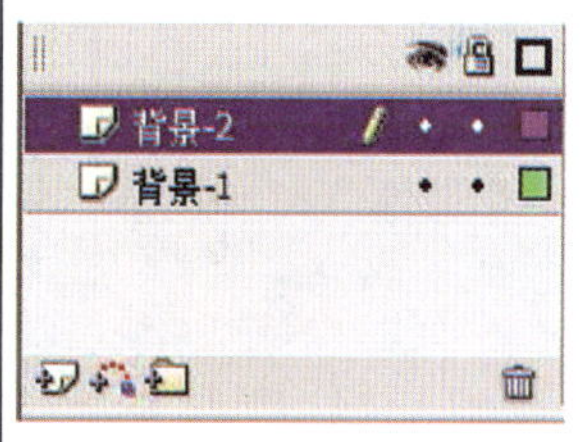 ◆看到该层第1～238帧都是灰色的，起始帧有一个黑色圆点，结束帧有一个白色小矩形方框即可确认

续表

操作过程	图示	注释（备注）
8. 新建一个图层，命名为“背景－3”，运用“线条”和“椭圆”工具在“背景－3”图层的场景中绘制如右图所示的图形，绘制完成后，确认该图层的第1～179帧都是绘制有该图形的一个延长帧	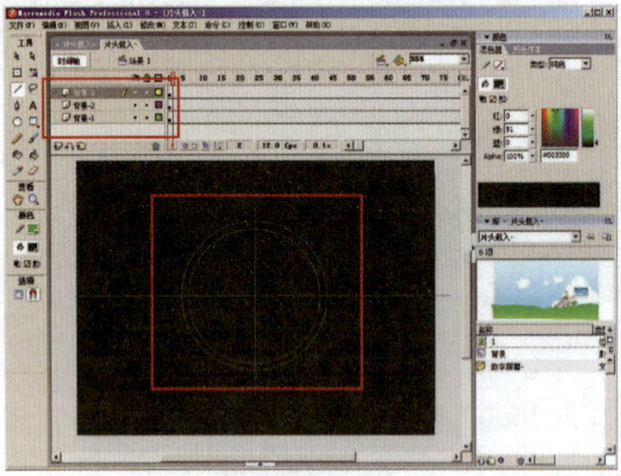	 背景-3 背景-2 背景-1 ◆左图画面是为制作老电影中播放前倒计时而准备的画面背景
9. 执行菜单栏中“插入/新建元件”命令，在“创建新元件”对话框中将元件命名为“10”，类型为“图形”，单击“确定”按钮 然后在图形元件中使用“文本工具”输入数字“10”，字号为48，字体为黑体	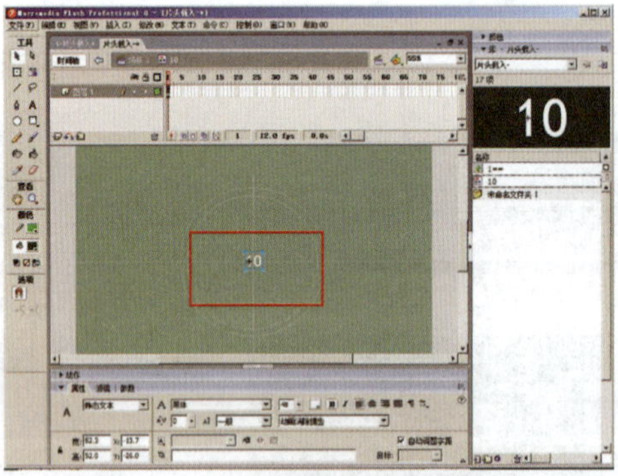 10	 创建新元件 名称(N): 10 类型(T): 影片剪辑 按钮 图形 确定 取消 高级

续表

操作过程	图示	注释（备注）
10．接下来按照步骤9的方法，依次建立“9～1”的9个图形元件，每个元件键入相应的名称，类型仍为“图形”元件 然后在9～1的每个图形元件中使用“文本工具”分别顺寻输入数字“9～1”，字号为48，字体为黑体	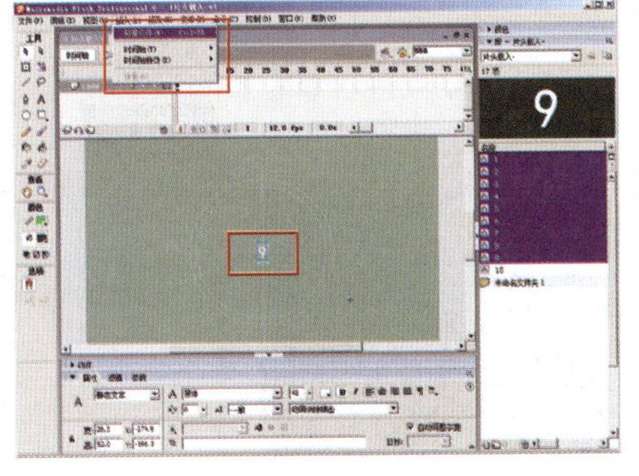	
11．回到场景1中，新建图层，命名为“10”，将图形元件“10”拖曳入该图层的场景中，放置在时间轴的第2～19帧	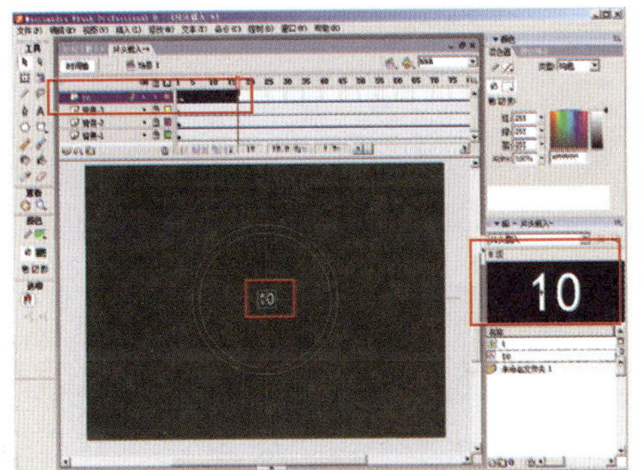	
12．在场景1中再次新建图层，命名为“10-1”，选中时间轴第1帧，单击鼠标右键，在快捷菜单中选择“插入空白关键帧”命令 在第2帧上使用工具绘制如右图所示的色块（后面逐帧开始绘制遮罩数字10需用的色块）	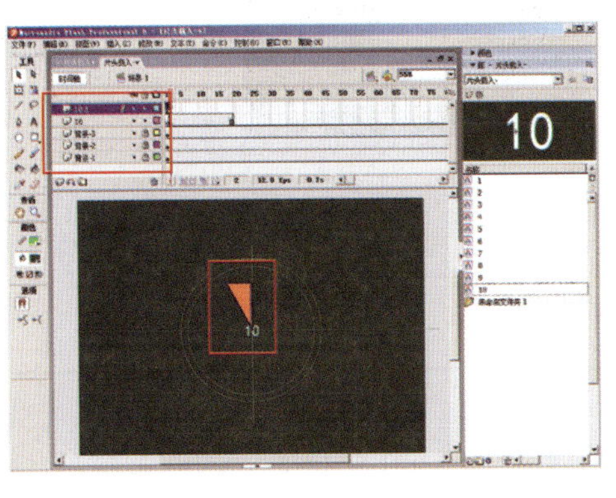	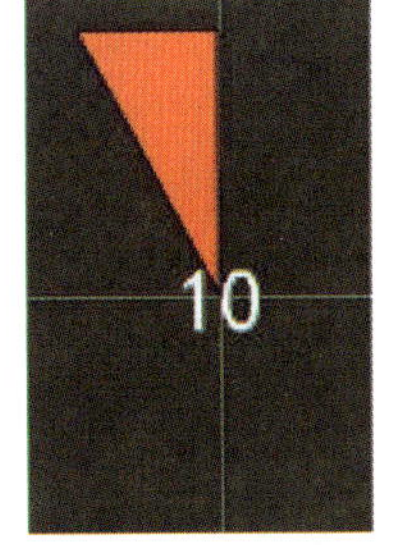 ◆此处新建空白关键帧是为了在这一帧让元件“10”显现，然后逐渐开始变换下一个数字

续表

操作过程	图　示	注释（备注）
13. 选中“10-1”图层时间轴第3帧，单击鼠标右键，选择快捷菜单中“插入关键帧”命令，进一步使用工具绘制如右图所示的色块，继续遮罩数字10	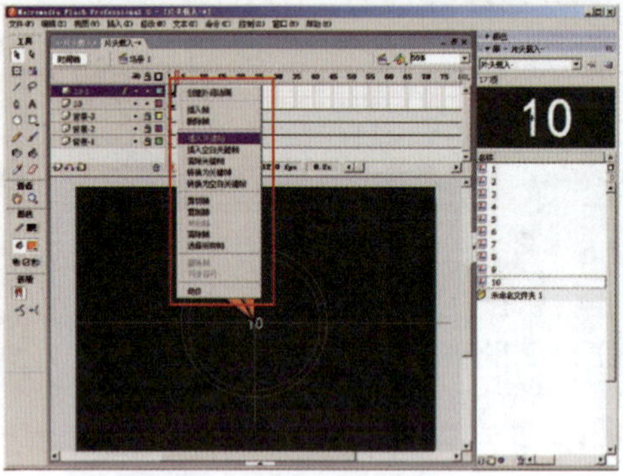	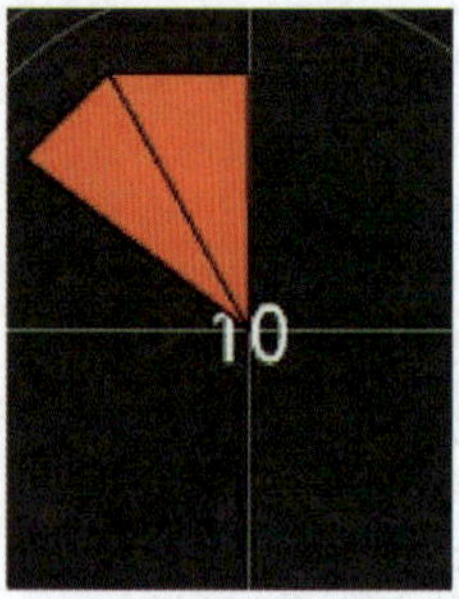
14. 按照上述方法依次选中“10-1”图层第4～17帧，为其插入关键帧，然后绘制遮罩数字10的色块。每一帧都要比前一帧覆盖的多一些，最终在第17帧形成右图所示的色块，完全遮挡住数字10	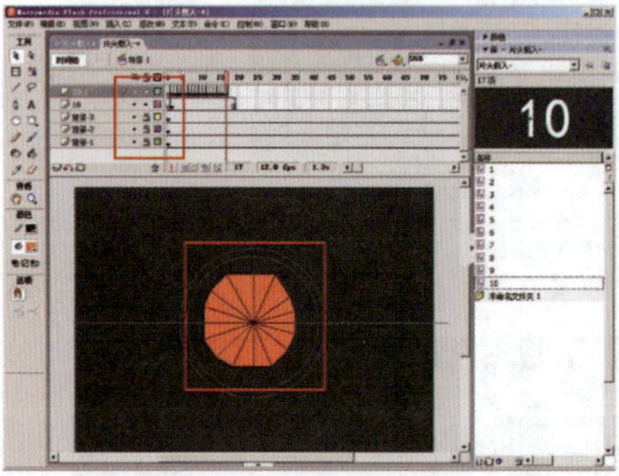	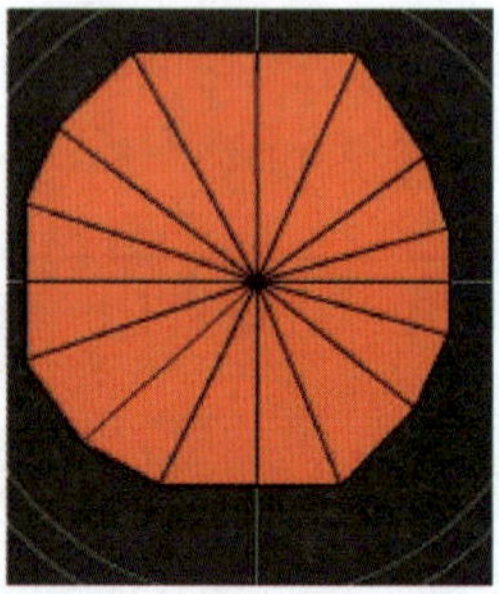

续表

操作过程	图 示	注释（备注）
15．制作完遮挡数字的色块后，新建图层，命名为“10-2”,选中时间轴第1帧，单击鼠标右键，在快捷菜单中选择“插入空白关键帧”命令；在第2帧的场景中使用“线条工具”绘制一个黑色的线条，放置在“10-1”图层第2帧中所对应的色块的左边缘	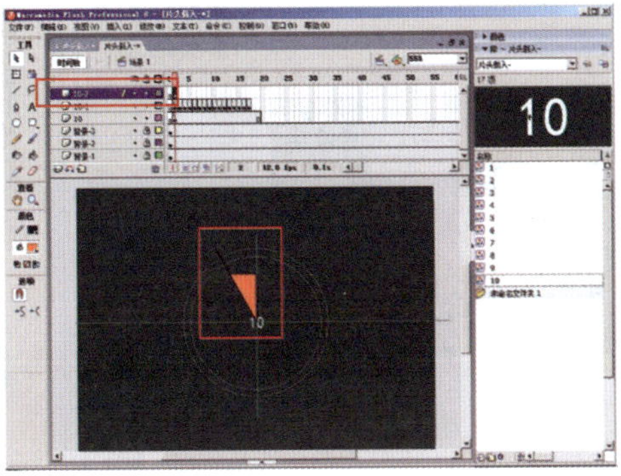	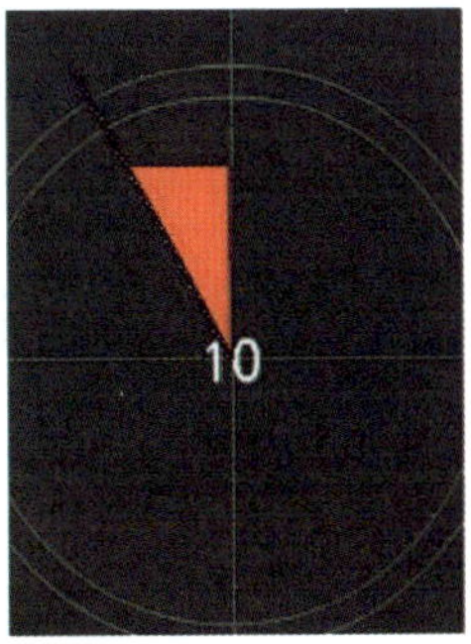 ◆黑色线条作为指针效果使用
16．选中“10-2”图层时间轴上的第3帧上，单击鼠标右键，在快捷菜单中选择“插入空白关键帧”命令，然后在该帧中使用“线条工具”绘制一个黑色的线条，放置在“10-1”图层第3帧中所对应的色块的左边缘	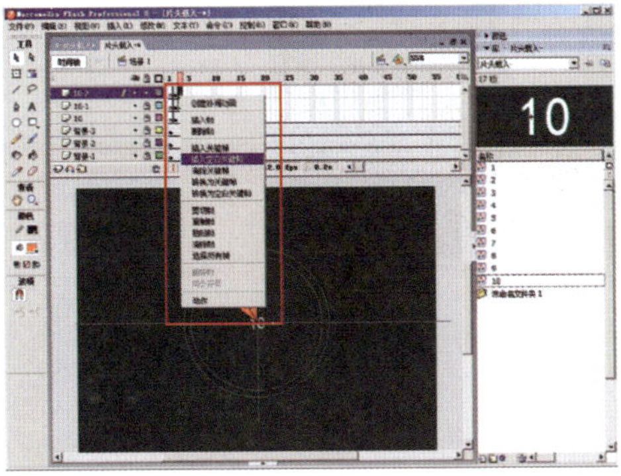	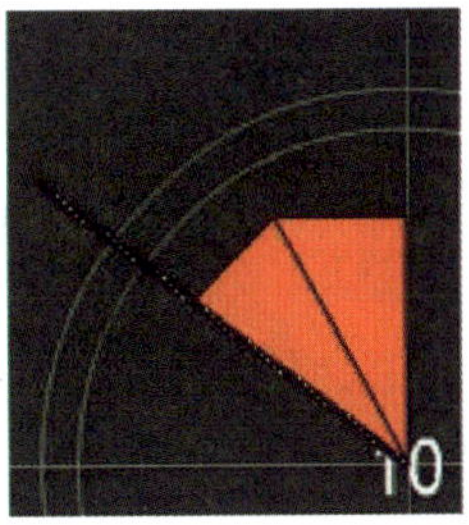

续表

操作过程	图示	注释（备注）
17. 按照以上方式，依次在“10-2”图层的第4～17帧上绘制一个黑色的线条，放置在与“10-1”图层相对应的帧中所绘制色块的左边缘，最终形成黑色线条如同时针般围绕色块行进一圈	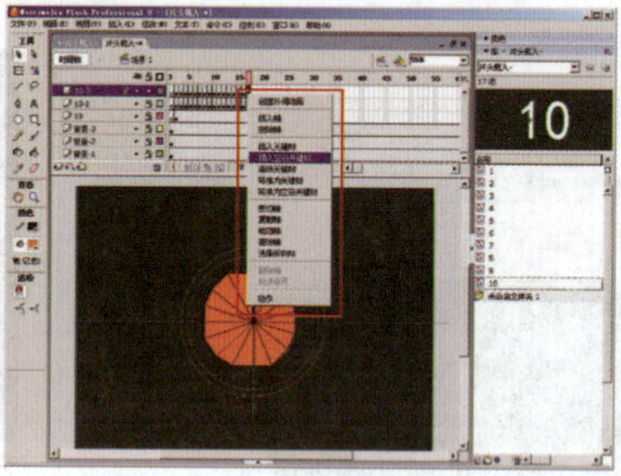	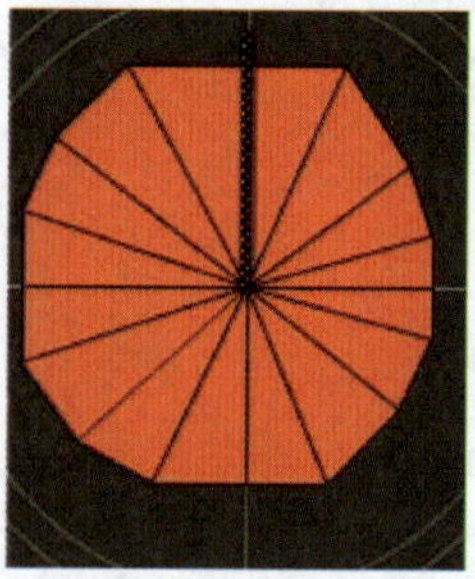 ◆色块遮到哪里，黑色线条就走到哪里
18. 选中“10-1”图层，单击鼠标右键图层名称的右边空白处，在快捷菜单中选择“遮罩层”命令，为数字10制作遮罩动画，至此，数字10的遮罩效果完成	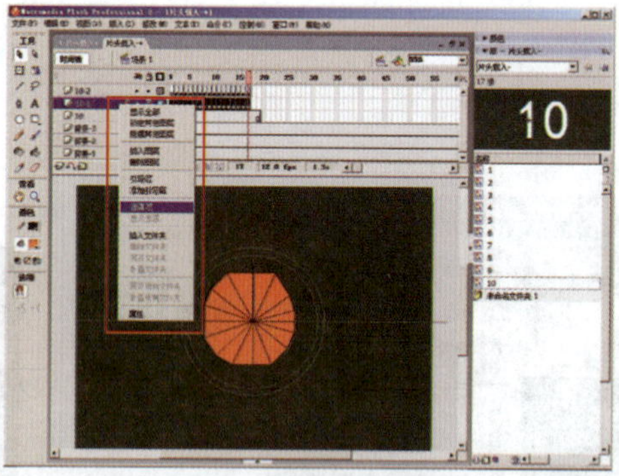	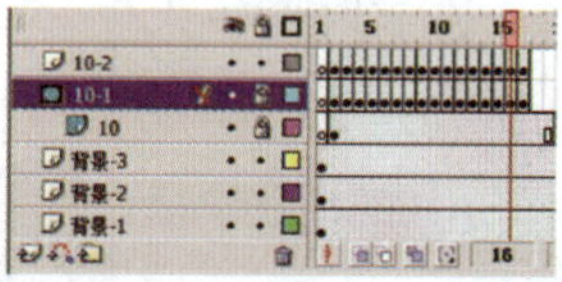

续表

操作过程	图 示	注释（备注）
19. 接下来，依次为数字9至数字1制作遮罩动画。新建图层，命名为“9”（数字10共用了19帧，因此紧接着从第20帧开始制作），并且在库面板中将图形元件“9”拖曳至该图层第20～37帧的场景中放置	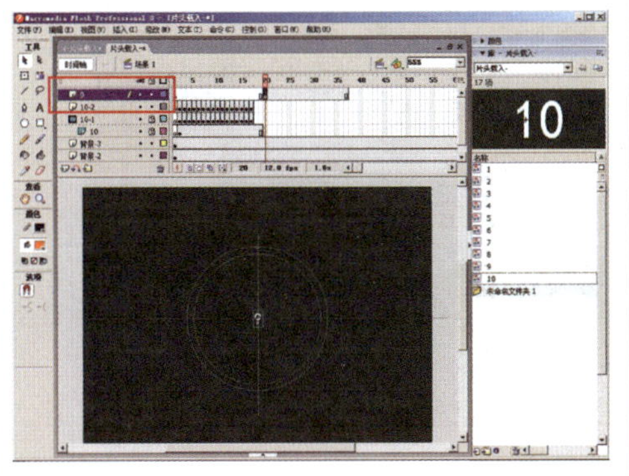	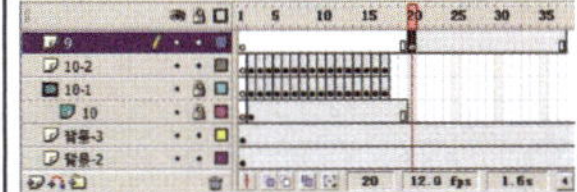
20. 再次新建图层，命名为“9-1”，选中“9-1”图层时间轴第20帧，单击鼠标右键，在快捷菜单中选择“插入空白关键帧”命令	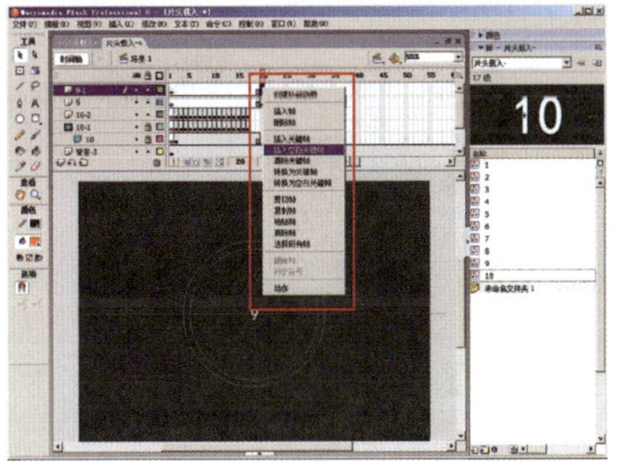	创建补间动画 插入帧 删除帧 插入关键帧 插入空白关键帧 清除关键帧 转换为关键帧 转换为空白关键帧 剪切帧 复制帧 粘贴帧 清除帧 选择所有帧 翻转帧 同步符号 动作
21. 选中“10-1”图层上有内容的关键帧（即第2～17帧），单击鼠标右键，在快捷菜单中选择“复制帧”命令	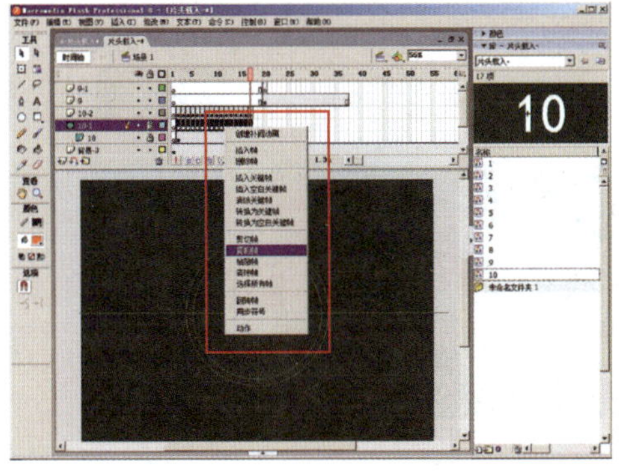	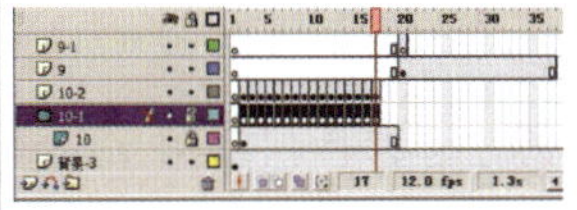

续表

操作过程	图　示	注释（备注）
22. 选中“9-1”图层时间轴第20帧，单击鼠标右键，在快捷菜单中选择“粘贴帧”命令，将前面遮罩数字10所做的遮罩色块直接复制过来遮罩数字9，避免重复工作	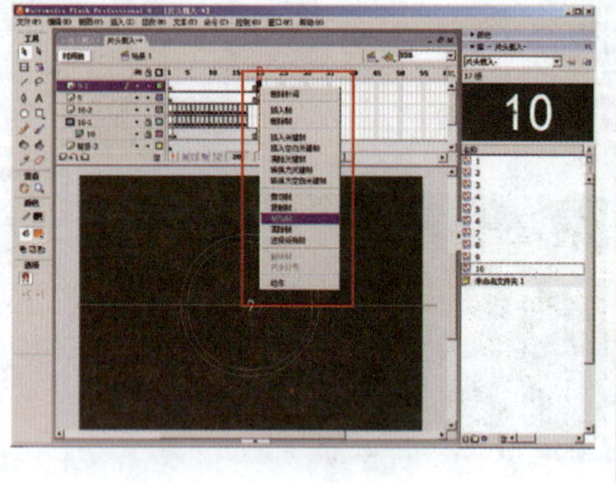	删除补间 插入帧 删除帧 插入关键帧 插入空白关键帧 清除关键帧 转换为关键帧 转换为空白关键帧 剪切帧 复制帧 粘贴帧 清除帧 选择所有帧 翻转帧 同步符号 动作
23. 选中“9-1”图层，在图层右边空白部分单击鼠标右键，在快捷菜单中点选一次“遮罩层”命令	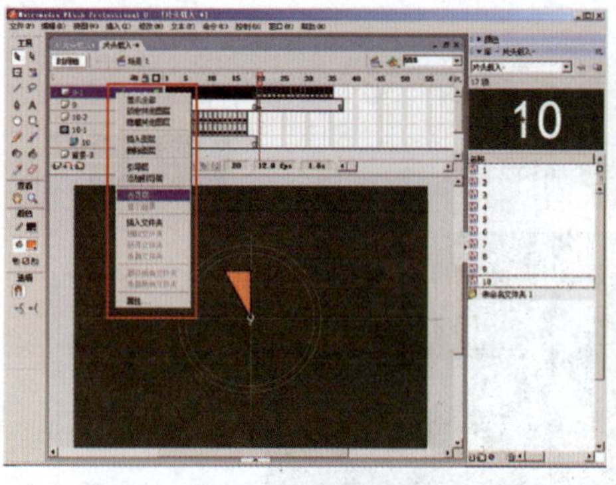	◆这么做是由于第22步中为了避免重复工作，而将前面遮罩数字10所做的遮罩色块直接复制过来遮罩数字9，直接复制过来的图层上的遮罩会出现些问题，需要重新点击“遮罩层”命令才能正确完成本步的操作
24. 选中“10-2”图层时间轴第2～17帧，单击鼠标右键，在快捷菜单中选择“复制帧”命令	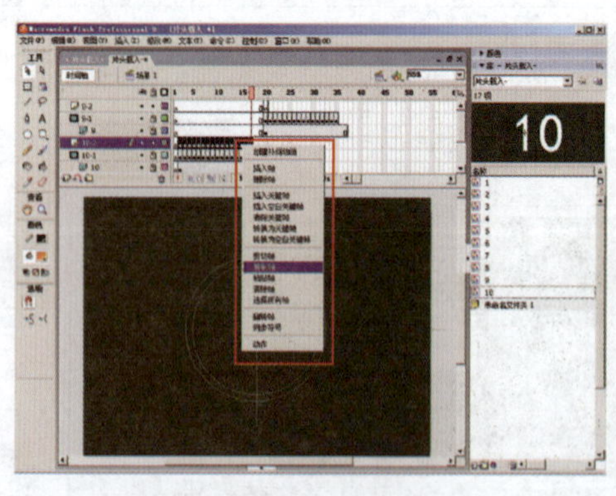	创建补间动画 插入帧 删除帧 插入关键帧 插入空白关键帧 清除关键帧 转换为关键帧 转换为空白关键帧 剪切帧 复制帧 粘贴帧 清除帧 选择所有帧 翻转帧 同步符号 动作

续表

操作过程	图　示	注释（备注）
25. 在“9−1”图层上新建一个图层，命名为“9−2”，选中第20帧，单击鼠标右键，在快捷菜单中选择“插入空白关键帧”命令，然后在这个空白关键帧上再次单击鼠标右键，在快捷菜单中选择“粘贴帧”命令。此时数字9的遮罩动画制作完成	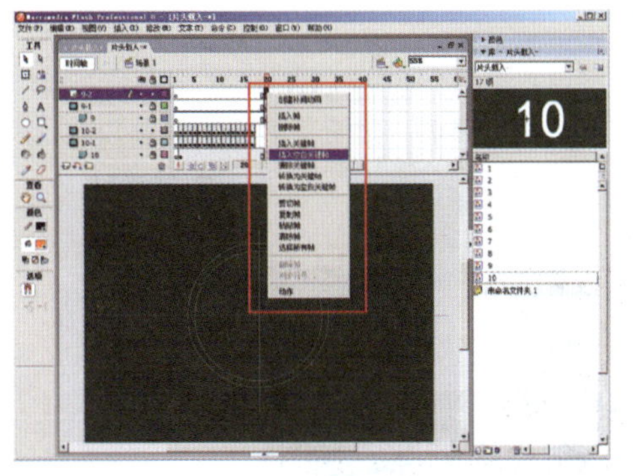	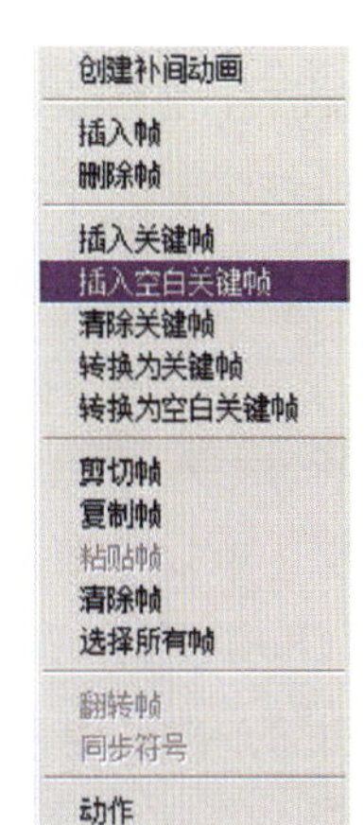
26. 接下来，按照步骤19～25的方法，依次制作数字8～1的遮罩动画；需要特别提醒的是：制作时，不要忘记时间轴上要如数字10和数字9般错落开来	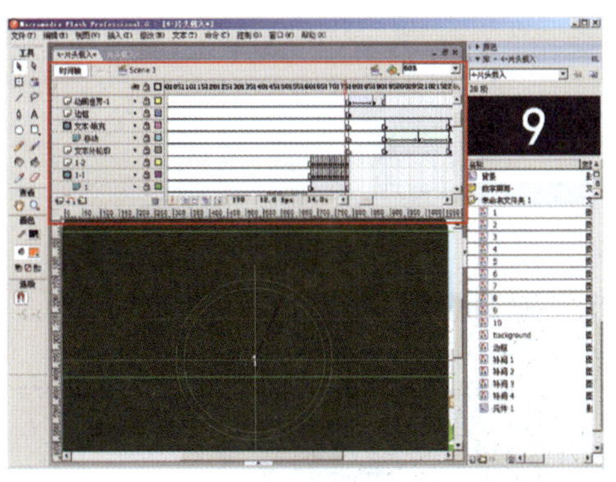	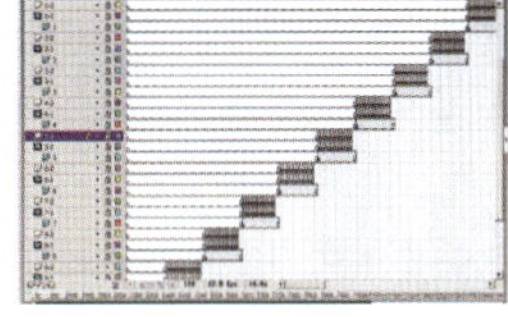 ◆ 数字8做在第38～55帧的位置；数字7做在第56～73帧的位置；数字6做在第74～91帧的位置；数字5做在第92～109帧的位置；数字4做在第110～127帧的位置；数字3做在第128～145帧的位置；数字2做在第146～163帧的位置；数字1做在第164～179帧的位置

续表

操作过程	图示	注释（备注）
27. 将数字10～1的遮罩动画都制作完成后，在图层栏最上方新建一个图层，命名为“边框”。数字1完成的最后一帧是第179帧，所以现在从第180帧开始制作下面的内容：选中“边框”图层时间轴第180帧，单击鼠标右键，在快捷菜单中选择“插入空白关键帧”命令		创建补间动画 插入帧 删除帧 插入关键帧 插入空白关键帧 清除关键帧 转换为关键帧 转换为空白关键帧 剪切帧 复制帧 粘贴帧 清除帧 选择所有帧 翻转帧 同步符号 动作
28. 执行菜单栏中“插入/新建元件”命令，在“创建新元件”对话框中设置元件名称为“边框”，类型为“图形”，单击“确定”按钮	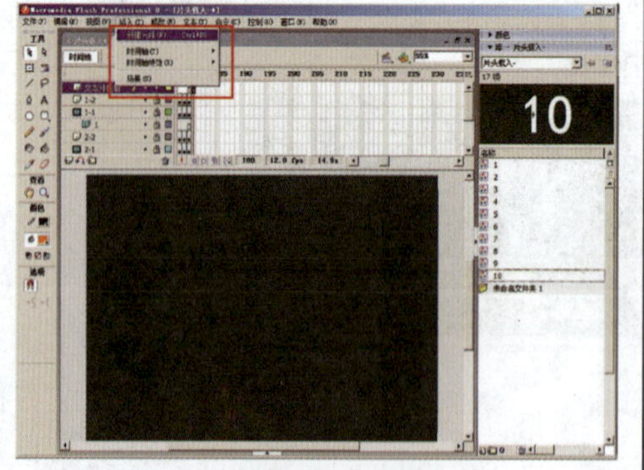	

续表

操作过程	图　示	注释（备注）
29．在图形元件“边框”中，使用相应工具绘制如右图所示的图形 回到场景1，选中“边框”图层时间轴第180～238帧，拖曳入图形元件“边框”，缩放至适合场景大小	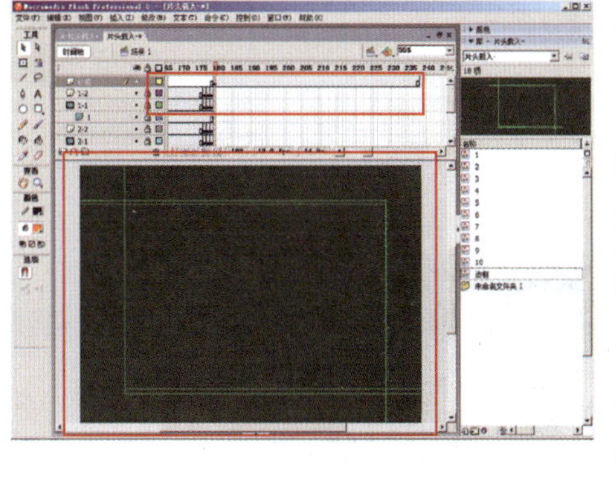	
30．执行菜单栏中“插入/新建元件”命令，在“创建新元件”对话框中设置元件名称为“元件1”，类型为“影片剪辑”，单击“确定”按钮	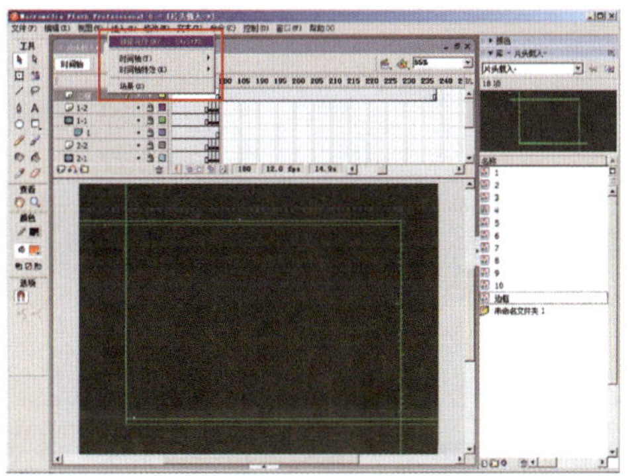	
31．在影片剪辑元件“元件1”中输入文字“动画世界”，字号48，颜色为蓝色；然后，选中文字“动画世界”，再执行菜单栏中“修改/分离”命令2次，使得文字“动画世界”被完全分离	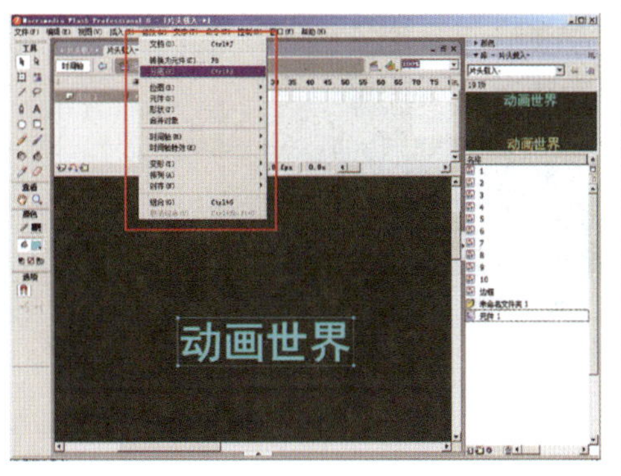	动画世界 ◆字上有很多小色点就说明被完全分离了，这样做是为了给文字填充边线色彩

续表

操作过程	图　示	注释（备注）
32. 选择工具箱中的“墨水瓶工具”，将文字边缘线的颜色设定为橘红色，然后在文字边缘单击填充，将文字外轮廓填充为橘红色 双击填充好的文字边缘线，全部选中后，在属性面板将边线宽度设为2	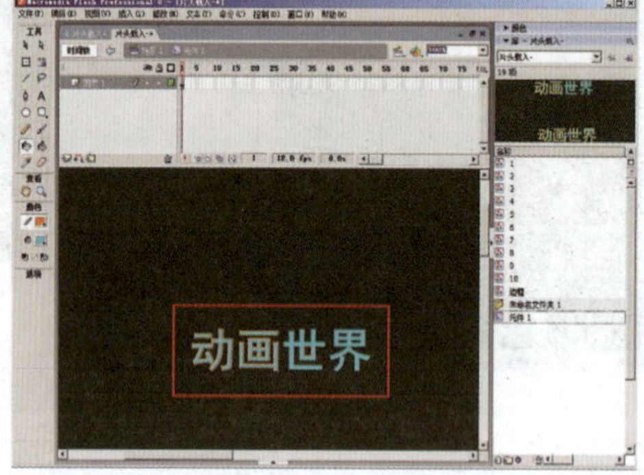	动画世界 ◆“墨水瓶工具”是专门进行边线色彩填充使用的，因此若要为某对象的边线填充色彩，只需要选中“墨水瓶”工具，然后鼠标靠近需填充边线色彩的对象的轮廓边，然后单击鼠标即可
33. 回到场景1中，在最上方新建图层，命名为“动画世界-1”，选中该图层时间轴第180～194帧，单击鼠标右键，在快捷菜单中选择“插入空白关键帧”命令，然后将影片剪辑“元件1”拖曳到这些关键帧上，形成一个延长帧，并且在场景中将这些帧上的文字“动画世界”缩小些	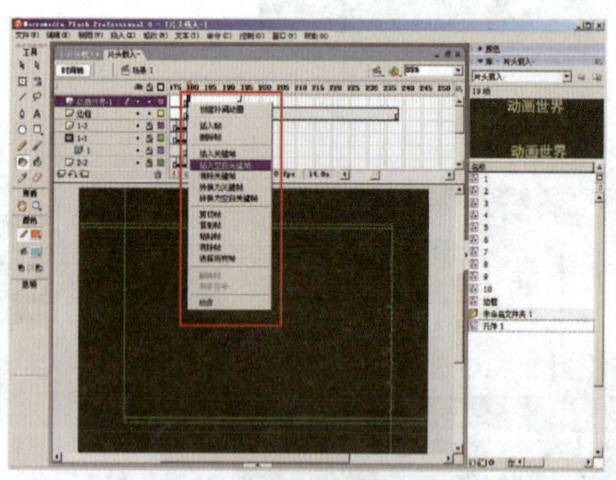	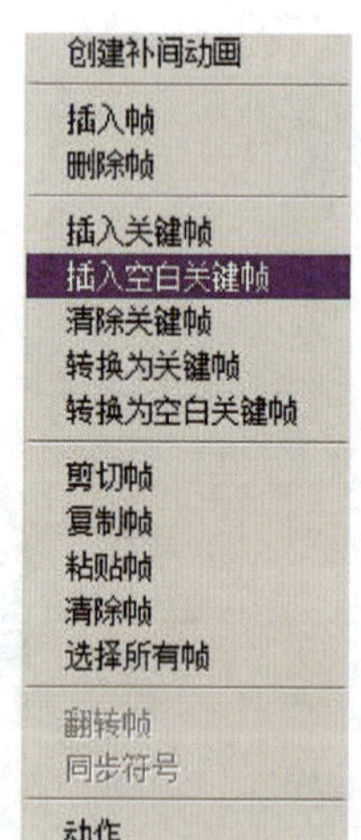

续表

操作过程	图　示	注释（备注）
34. 选中“动画世界-1”图层时间轴第190帧，单击鼠标右键，在快捷菜单中选择“插入关键帧”命令，对这帧上的文字使用“任意变形工具”放大些，与前一帧形成区别，以便于制作补间动画	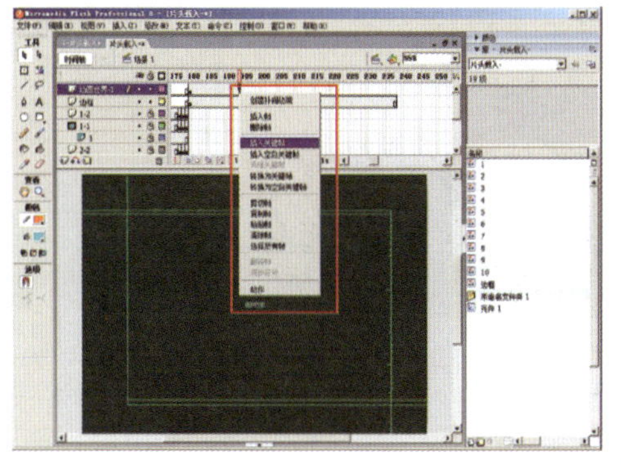	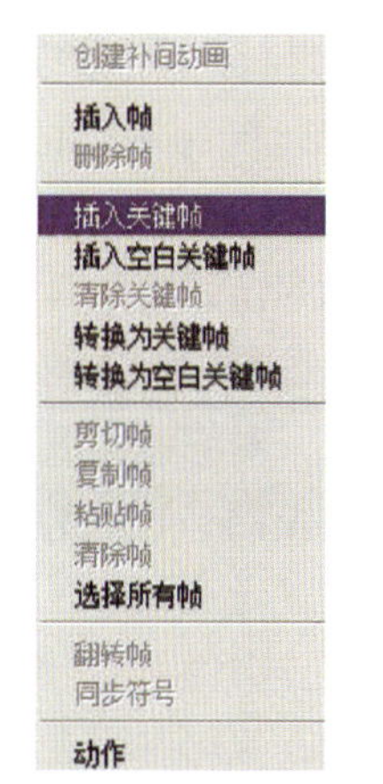 创建补间动画 插入帧 删除帧 插入关键帧 插入空白关键帧 清除关键帧 转换为关键帧 转换为空白关键帧 剪切帧 复制帧 粘贴帧 清除帧 选择所有帧 翻转帧 同步符号 动作
35. 选中“动画世界-1”图层时间轴第180帧，单击鼠标右键，在快捷菜单中选择“创建补间动画”命令	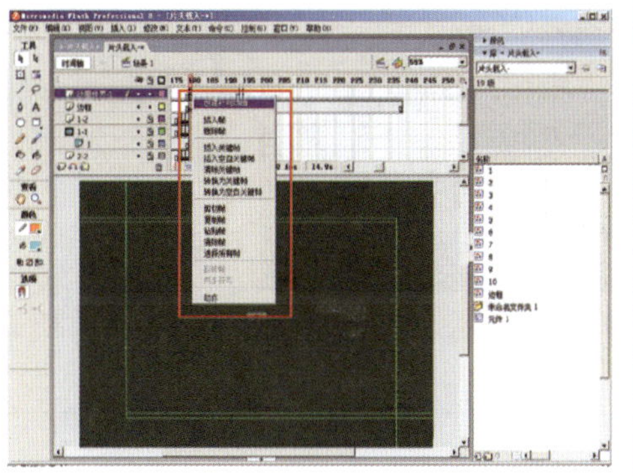	创建补间动画 插入帧 删除帧 插入关键帧 插入空白关键帧 清除关键帧 转换为关键帧 转换为空白关键帧 剪切帧 复制帧 粘贴帧 清除帧 选择所有帧 翻转帧 同步符号 动作
36. 选中“动画世界-1”图层时间轴第194帧，单击鼠标右键，在快捷菜单中选择“插入帧”命令	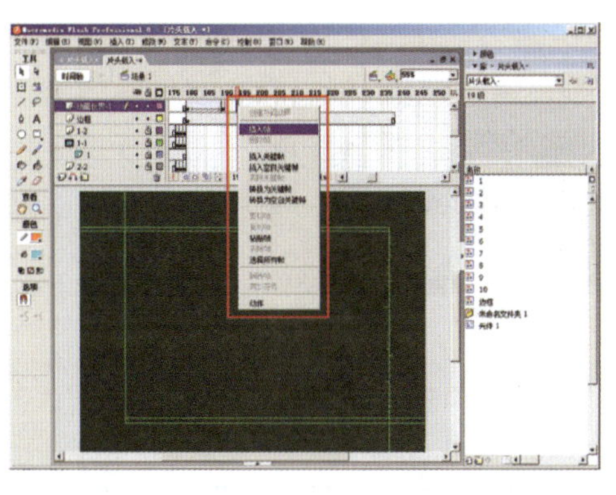	创建补间动画 插入帧 删除帧 插入关键帧 插入空白关键帧 清除关键帧 转换为关键帧 转换为空白关键帧 剪切帧 复制帧 粘贴帧 清除帧 选择所有帧 翻转帧 同步符号 动作

续表

操作过程	图　示	注释（备注）
37. 再次选中"动画世界-1"图层时间轴第180帧，单击属性面板中的滤镜面板，再单击场景中的文字对象，对滤镜面板中的模糊、渐变斜角、发光三项进行设置，数值可自行设定，也可参照右两栏的数值	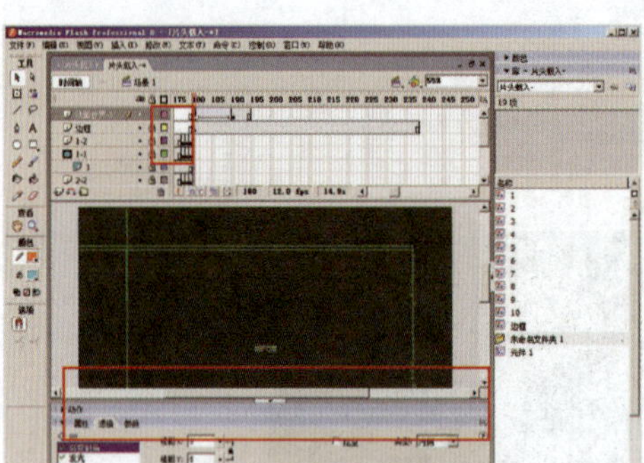	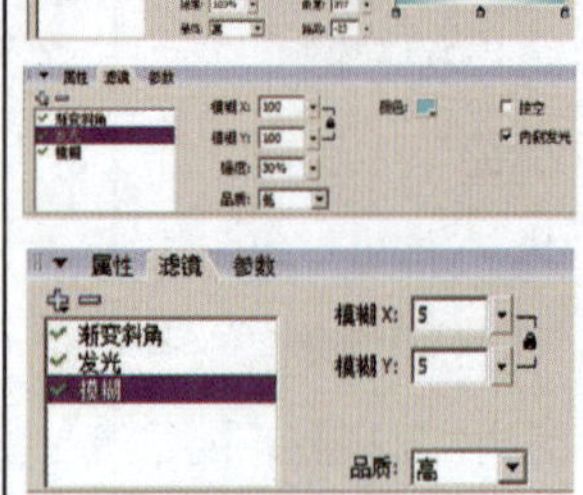
38. 新建图层，命名为"动画世界-2"，选中该图层时间轴第183～194帧，单击鼠标右键，在快捷菜单中选择"插入空白关键帧"命令	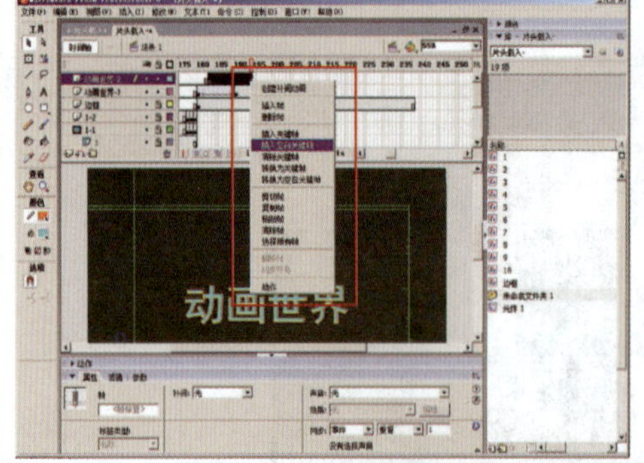	
39. 选中"动画世界-1"图层时间轴第180帧，再按住"Shift"键单击该图层的第194帧，全部选中"动画世界-1"图层时间轴所有关键帧，单击鼠标右键，在快捷菜单中选择"复制帧"命令	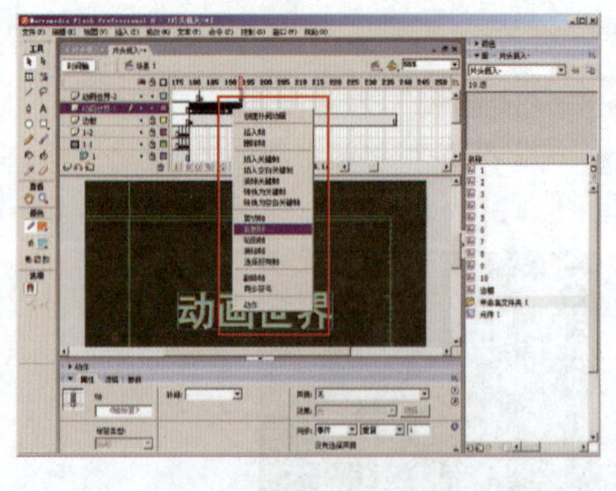	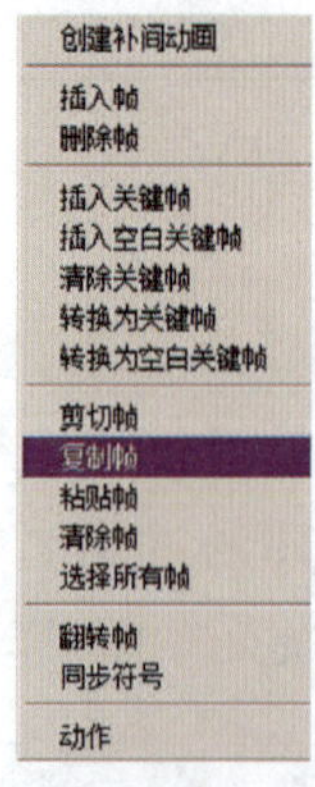

续表

操作过程	图　示	注释（备注）
40. 选中"动画世界-2"图层时间轴第180帧，单击鼠标右键，在快捷菜单中选择"粘贴帧"命令，调整使得该图层时间轴上的第180～191帧为补间动画，第191～194帧为延长帧即可	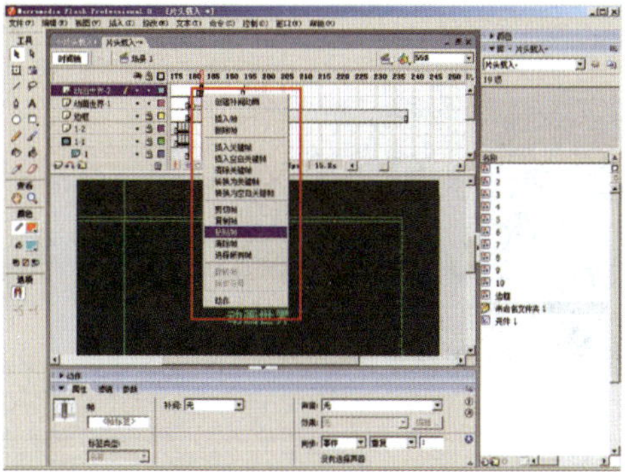	◆调整的方法为：点击一下选中第194帧，然后再用鼠标拖曳到第191帧即可
41. 按照步骤38～40的方法，新建图层"动画世界-3"和"动画世界-4"，并且将"动画世界-1"的关键帧分别复制到"动画世界-3"和"动画世界-4"中，调整使得时间轴上的帧依次出现	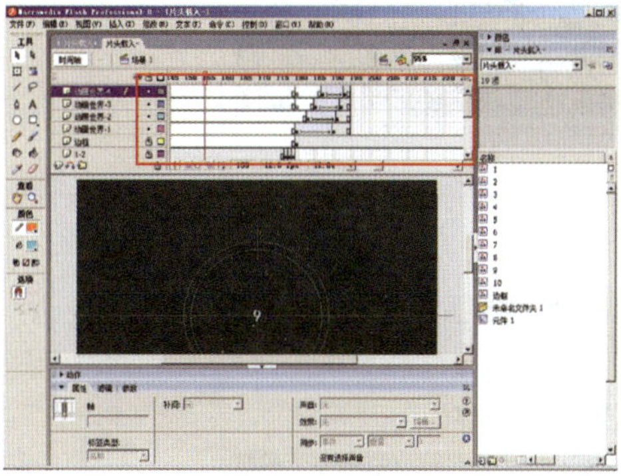	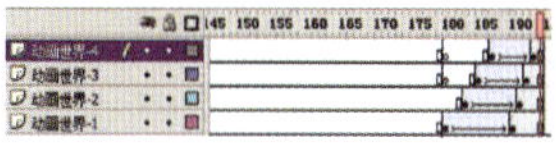

续表

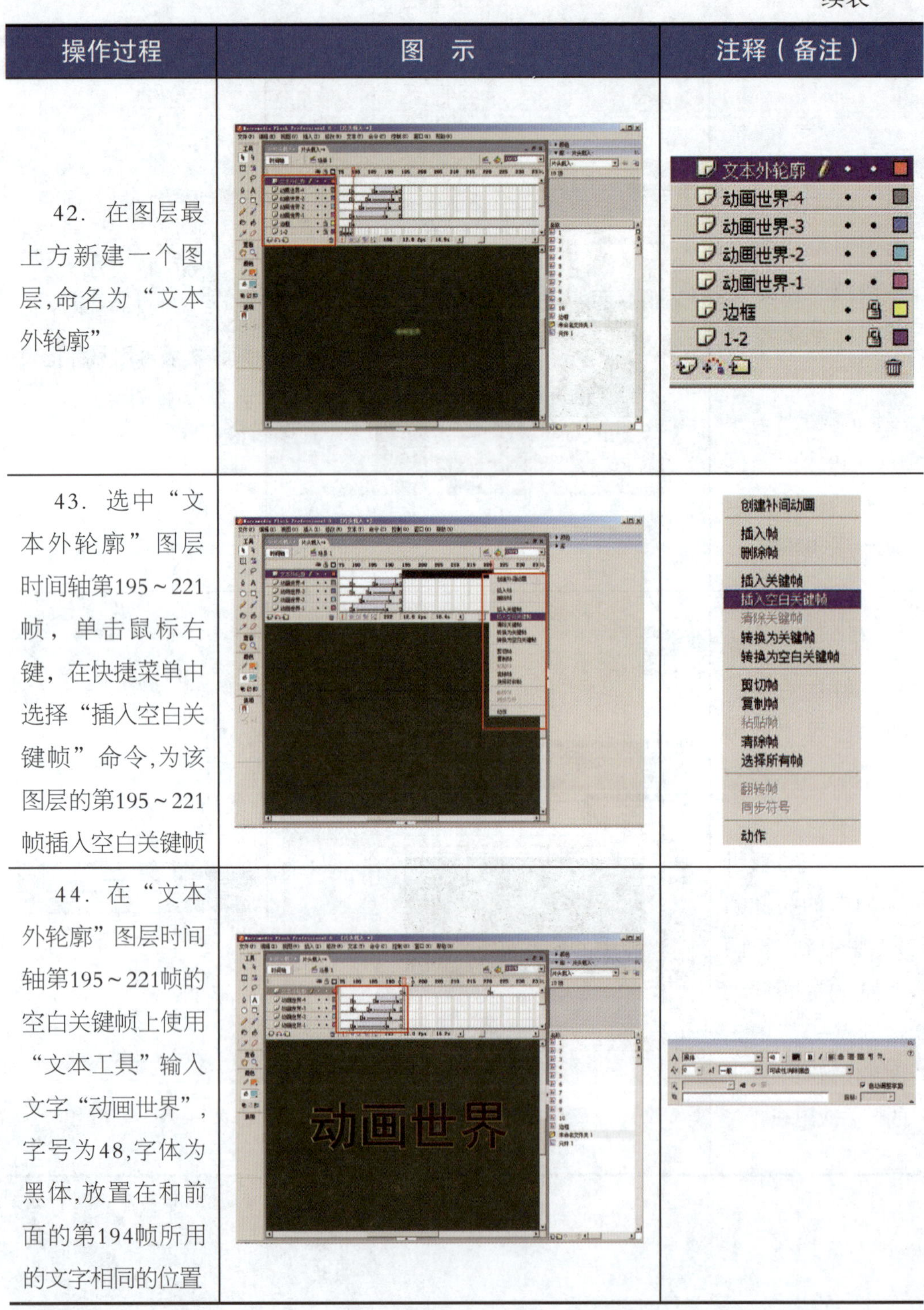

操作过程	图　示	注释（备注）
42. 在图层最上方新建一个图层,命名为“文本外轮廓”		
43. 选中“文本外轮廓”图层时间轴第195～221帧，单击鼠标右键，在快捷菜单中选择“插入空白关键帧”命令,为该图层的第195～221帧插入空白关键帧		
44. 在“文本外轮廓”图层时间轴第195～221帧的空白关键帧上使用“文本工具”输入文字“动画世界”,字号为48,字体为黑体,放置在和前面的第194帧所用的文字相同的位置		

续表

操作过程	图 示	注释（备注）
45．选中刚才输入的“动画世界”文本,单击鼠标右键，在快捷菜单中选择“转换为元件”命令，在“转换为元件”对话框中设置元件名称为“动画世界文本”，类型为“图形”，单击“确定”按钮	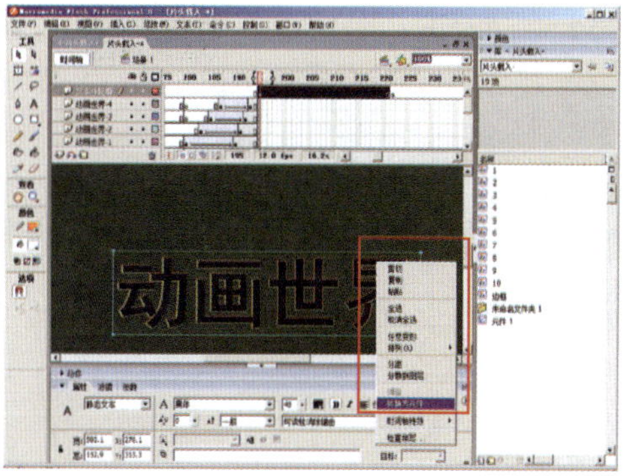	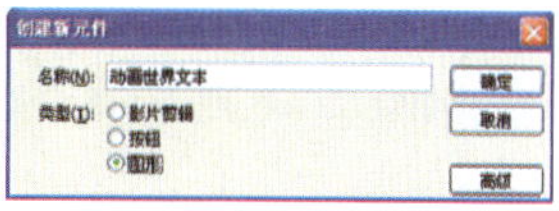
46．再次选中“动画世界”文本，单击鼠标右键，在快捷菜单中选择“转换为元件”命令，在“转换为元件”对话框中设置元件名称为“动画世界文本2”，类型为“图形”，单击“确定”按钮	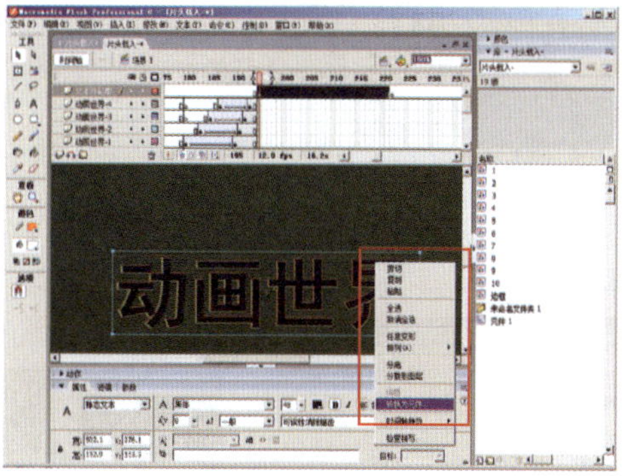	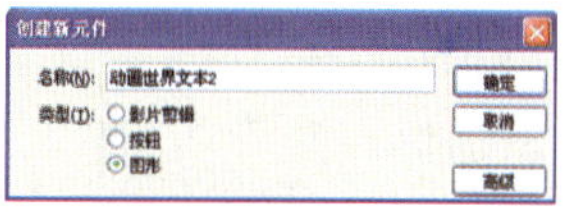

续表

操作过程	 图　示	注释（备注）
47．双击文本“动画世界”，进入其所在的图形元件“动画世界文本2”中，选中文字“动画世界”，再执行菜单栏中“修改/分离”命令两次，对文字进行分离	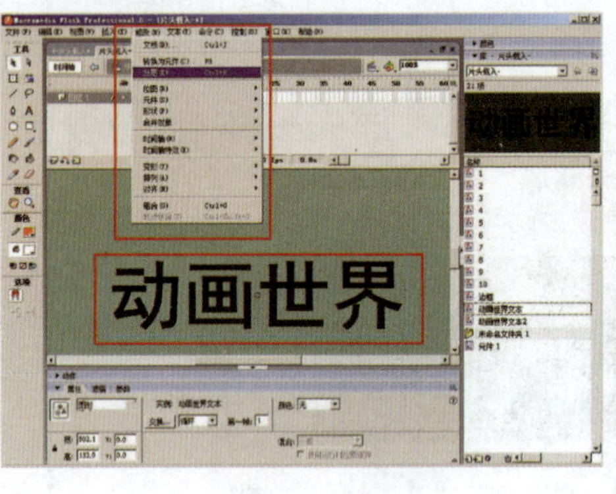	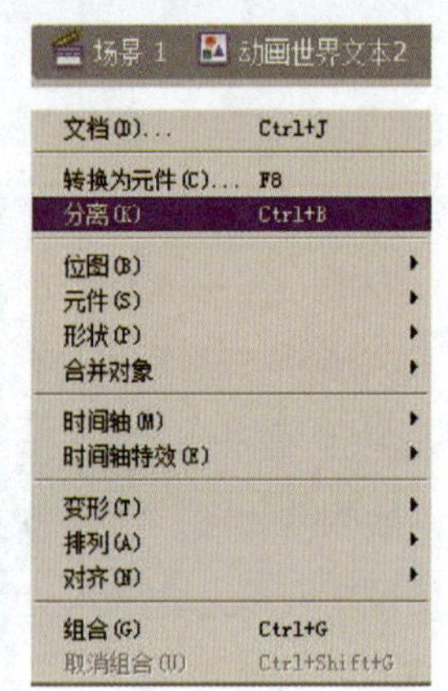
48．文字分离完成后，将文字的外轮廓颜色选择为橘红色，然后使用工具箱中的“墨水瓶工具”，在文字外轮廓边缘单击，依次为“动画世界”四个字增加边线效果	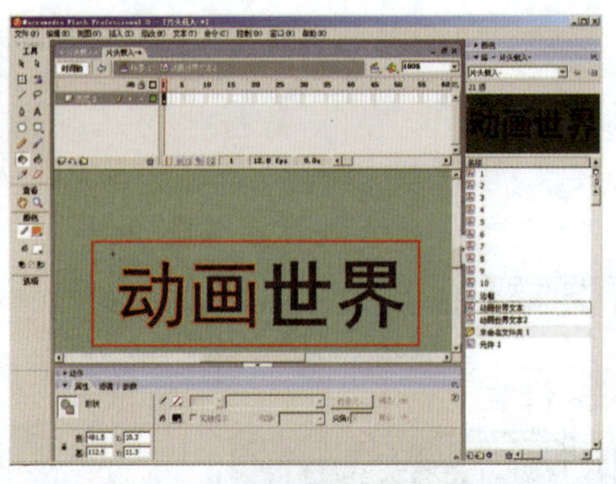	
49．将文字中心原来设置的填充颜色删除	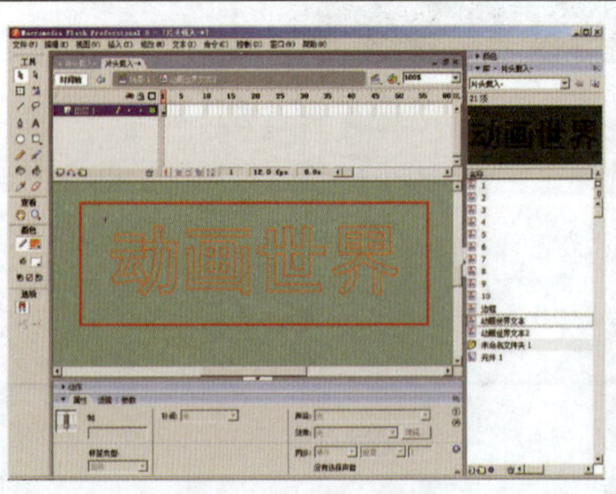	动画世界 ◆选中文字中心的填充颜色，然后使用键盘上的“Delete”键，即可删除填充颜色

续表

操作过程	图　示	注释（备注）
50．返回到场景1中，选中“文本外轮廓”图层时间轴第222帧，单击鼠标右键，在快捷菜单中选择“插入关键帧”命令，为该帧插入一个关键帧	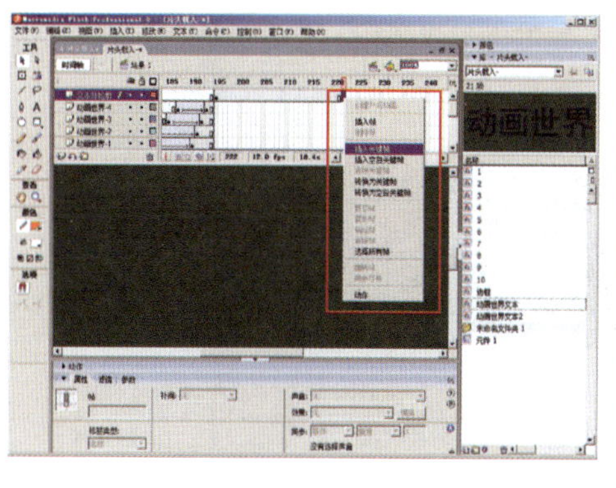	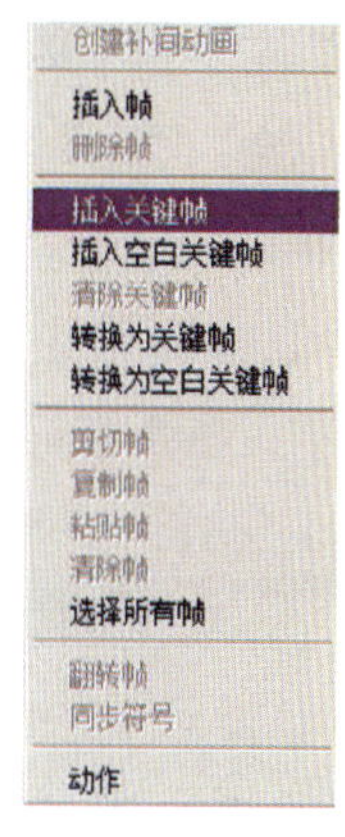 ◆为后面要制作完成的补间动画做准备
51．选中“文本外轮廓”图层时间轴第233帧，单击鼠标右键，在快捷菜单中选择“插入关键帧”命令，为该帧插入一个关键帧	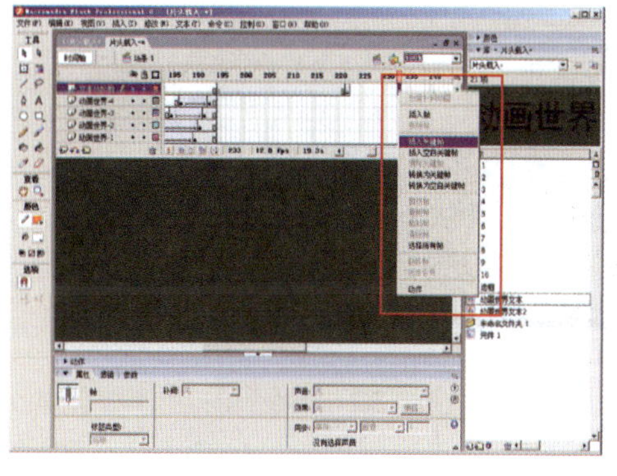	
52．选中“文本外轮廓”图层时间轴第222帧，单击鼠标右键，在快捷菜单中选择“创建补间动画”命令，为该帧创建补间动画	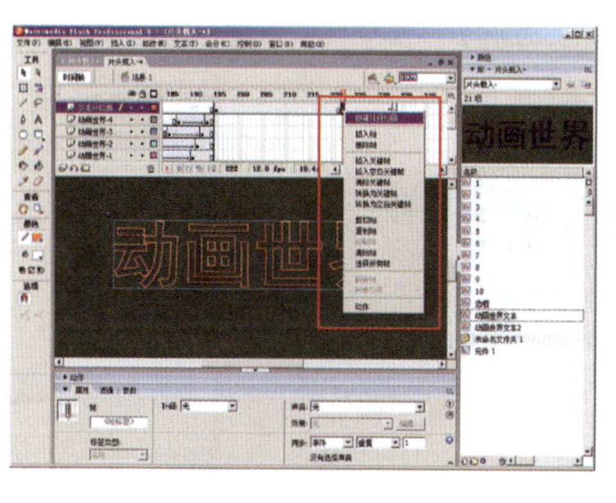	

续表

操作过程	图　示	注释（备注）
53．选中“文本外轮廓”图层时间轴第233帧，然后再单击场景中的文字，在属性面板中，设置“颜色”选项，在其下拉菜单中选择“Alpha”，右边数值框设置为1	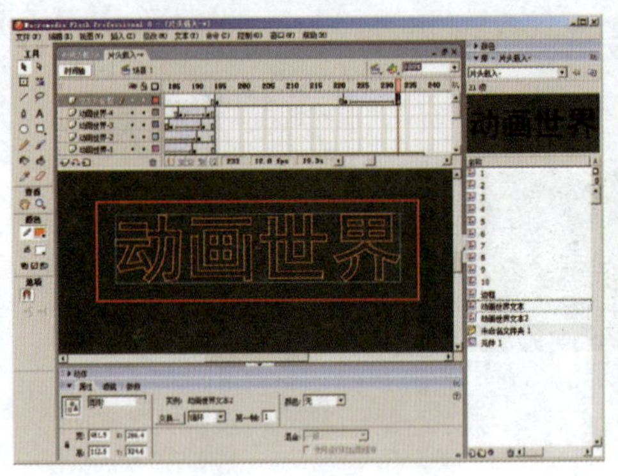	颜色：Alpha 1% 混合：一般 使用运行时位图缓存 ◆“Alpha”值设置为1的目的是使字效出现透明度的变化
54．选中“文本外轮廓”图层时间轴第238帧，单击鼠标右键，在快捷菜单中选择“插入帧”命令	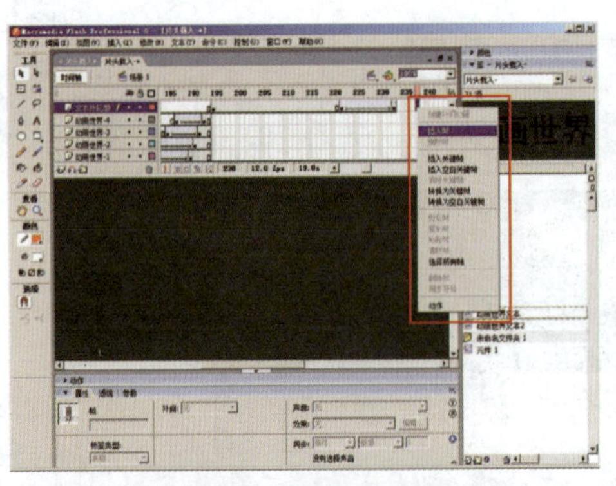	创建补间动画 插入帧 删除帧 插入关键帧 插入空白关键帧 清除关键帧 转换为关键帧 转换为空白关键帧 剪切帧 复制帧 粘贴帧 清除帧 选择所有帧 翻转帧 同步符号 动作
55．在“文本外轮廓”图层上方，新建图层，命名为“移动”	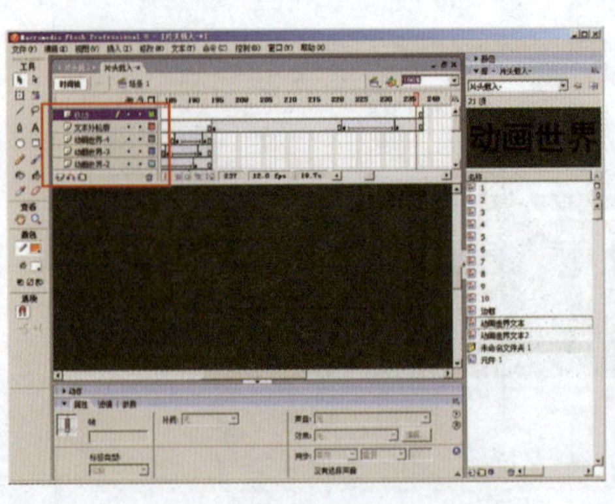	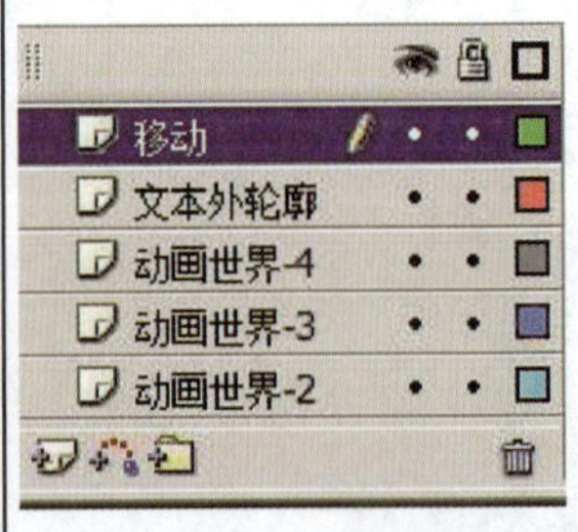

续表

操作过程	图 示	注释（备注）
56．选中“移动”图层时间轴第195～233帧，单击鼠标右键，在快捷菜单中选择“插入空白关键帧”命令	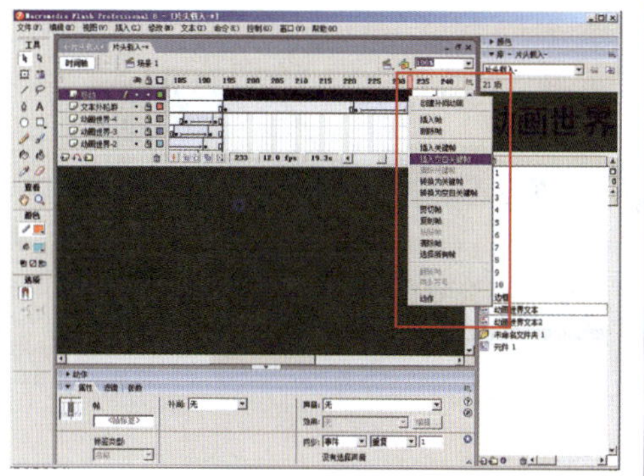	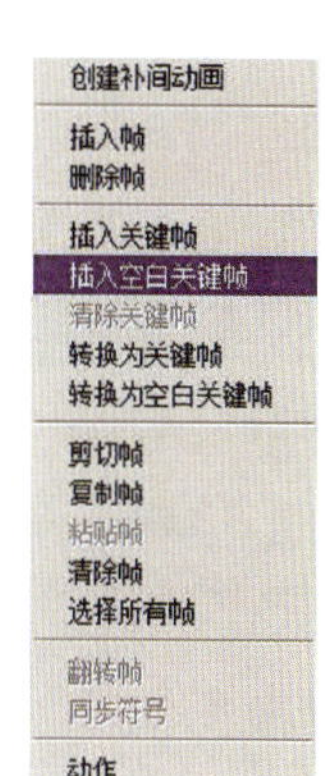
57．在“移动”图层的空白关键帧上，使用“钢笔工具”，颜色选择蓝色，绘制蓝色水波样图形，位置以能盖住下一图层的文字的大部分为宜	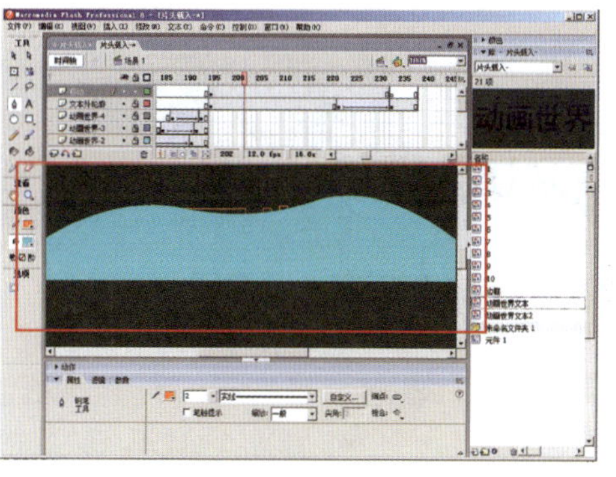	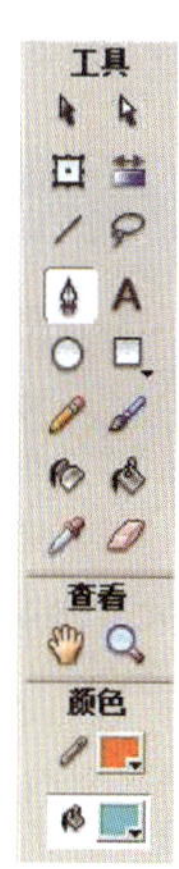
58．选中“人物”图层时间轴上第233帧，单击鼠标右键，在快捷菜单中选择“插入关键帧”命令	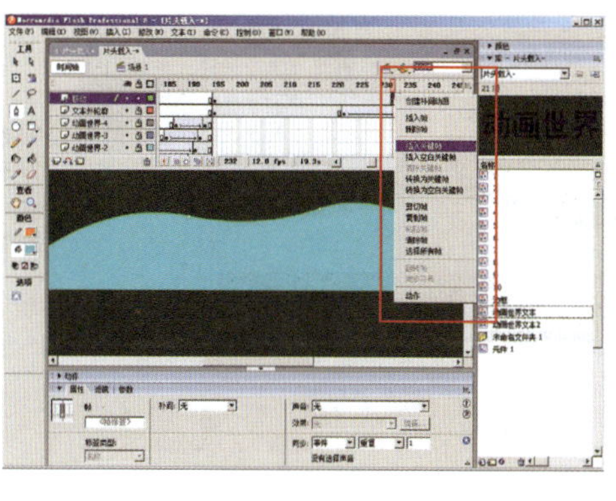	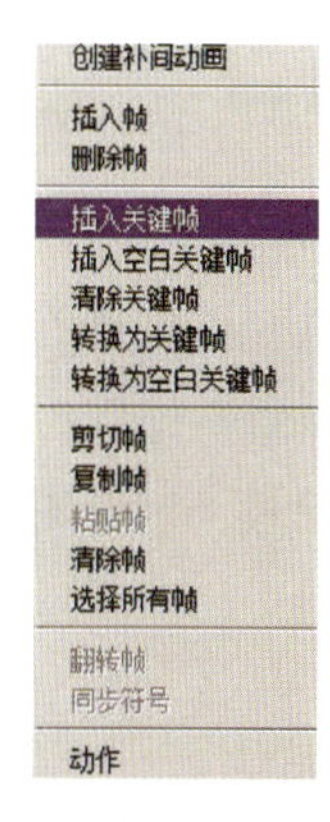

续表

操作过程	图　示 	注释（备注）
59. 选中“移动”图层时间轴第195帧，单击属性面板，在图形属性面板中，右边的“补间”下拉菜单中选择“形状”命令，为该帧制作形状补间动画	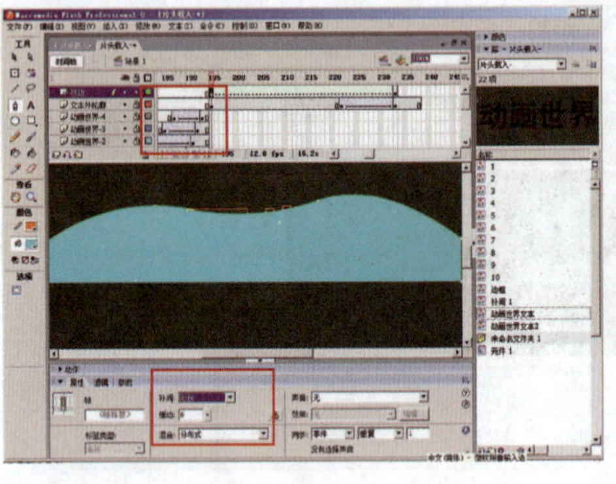	补间: 形状 缓动: 0 混合: 分布式
60. 分别选中“移动”图层时间轴第209帧和第222帧，单击鼠标右键，在快捷菜单中选择“插入关键帧”命令，为这两帧分别插入一个关键帧	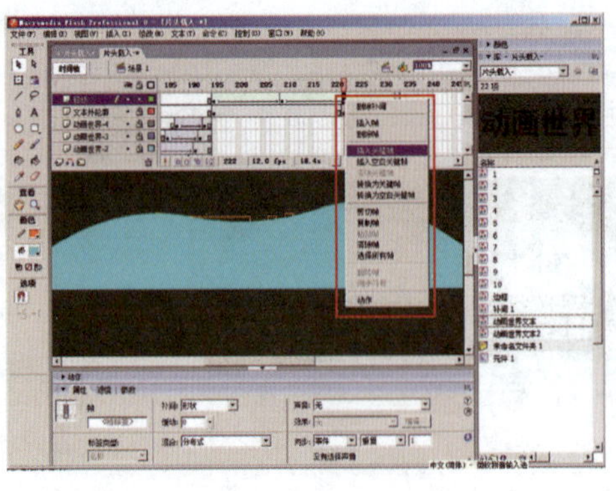	创建补间动画 插入帧 删除帧 插入关键帧 插入空白关键帧 清除关键帧 转换为关键帧 转换为空白关键帧 剪切帧 复制帧 粘贴帧 清除帧 选择所有帧 翻转帧 同步符号 动作
61. 使用“选择工具”将“移动”图层时间轴的第209帧中的水波效果调整为右图所示形状	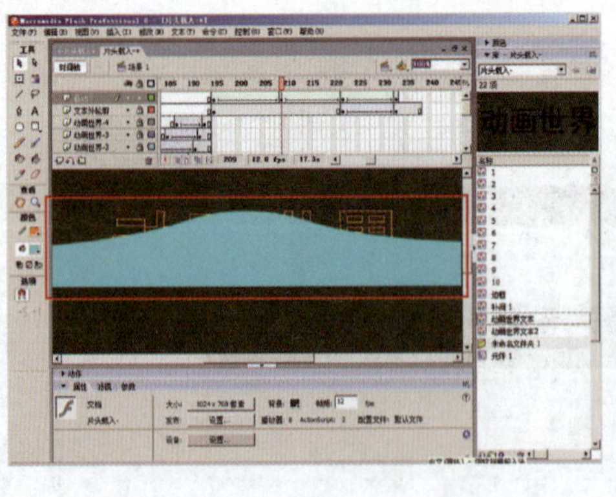	

续表

操作过程	图　示	注释（备注）
62．选中“移动”图层时间轴第238帧，单击鼠标右键，在快捷菜单中选择“插入帧”命令	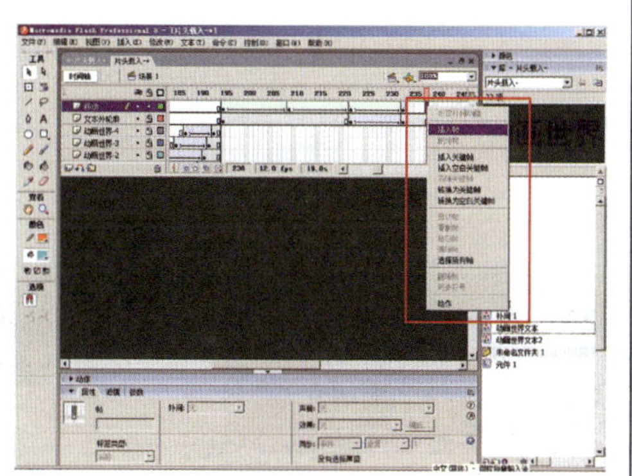	创建补间动画 插入帧 删除帧 插入关键帧 插入空白关键帧 清除关键帧 转换为关键帧 转换为空白关键帧 剪切帧 复制帧 粘贴帧 清除帧 选择所有帧 翻转帧 同步符号 动作
63．在“移动”图层上方，新建一个图层，命名为“文本－填充”，并在该图层时间轴第195～221帧之间建立一个空白关键帧（单击选中第195～221帧，在右键快捷菜单中选中“插入空白关键帧”）	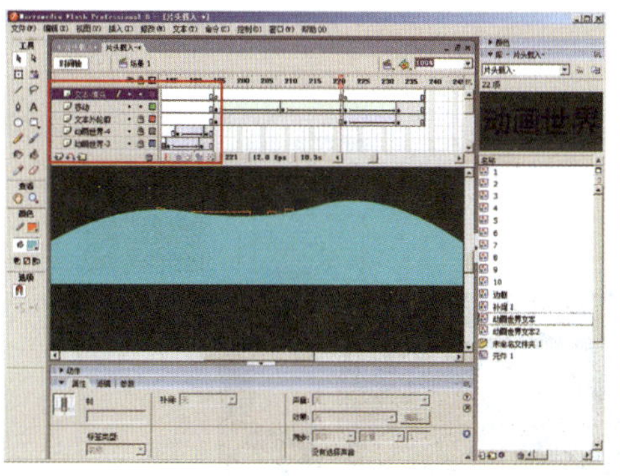	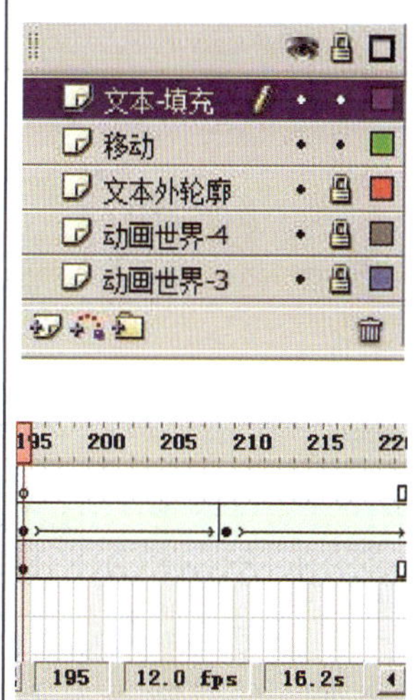

续表

操作过程	图　示	注释（备注）
64. 在“文本-填充”图层时间轴第195～221帧之间的空白关键帧上，将库面板中的图形元件“动画世界文本”拖曳到场景中，放置在和“文本外轮廓”图层位置相同的地方，使文字出现橘红色边框的效果		
65. 选中“文本-填充”图层时间轴第222帧，单击鼠标右键，在快捷菜单中选择“插入关键帧”命令；再选中第233帧，单击鼠标右键，在快捷菜单中选择“插入关键帧”命令	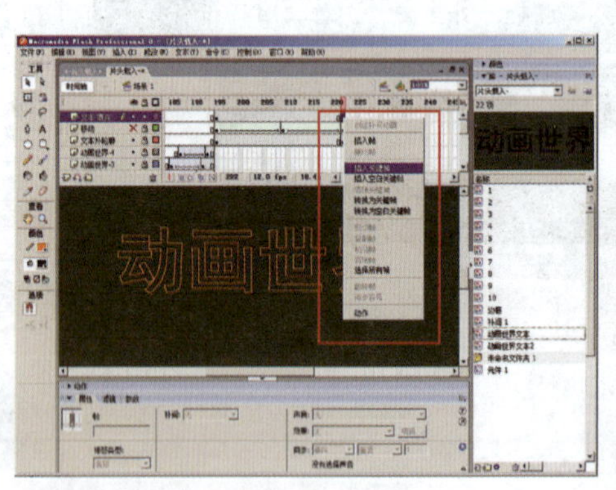	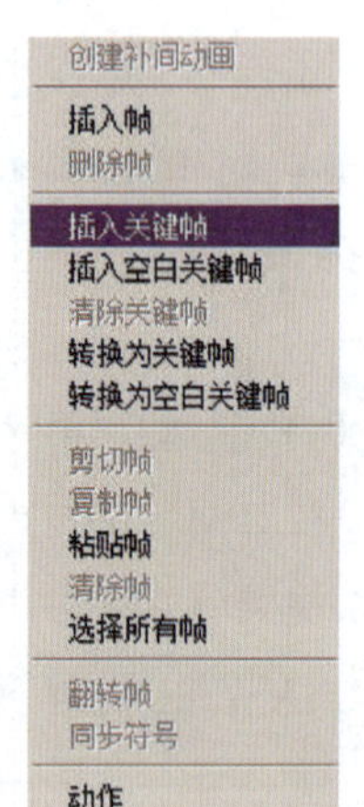

续表

操作过程	图 示	注释（备注）
66. 选中“文本-填充”图层时间轴第222帧，单击鼠标右键，选择“创建补间动画”命令	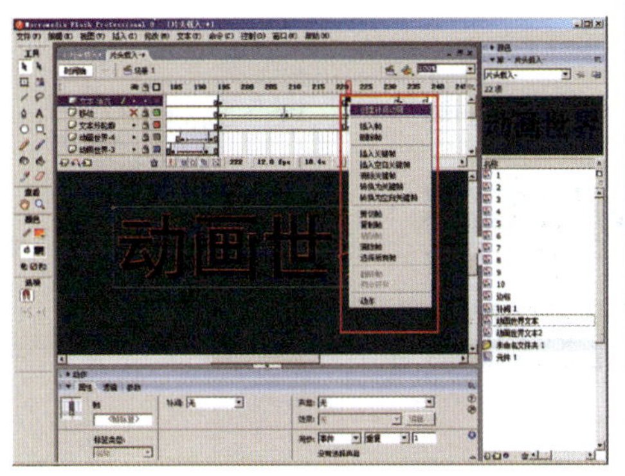	创建补间动画 插入帧 删除帧 插入关键帧 插入空白关键帧 清除关键帧 转换为关键帧 转换为空白关键帧 剪切帧 复制帧 粘贴帧 清除帧 选择所有帧 翻转帧 同步符号 动作
67. 选中“文本-填充”图层时间轴第233帧，单击该帧在场景中的对象，在图形属性面板的右边的“颜色”选项中，将“Alpha”值设定为1	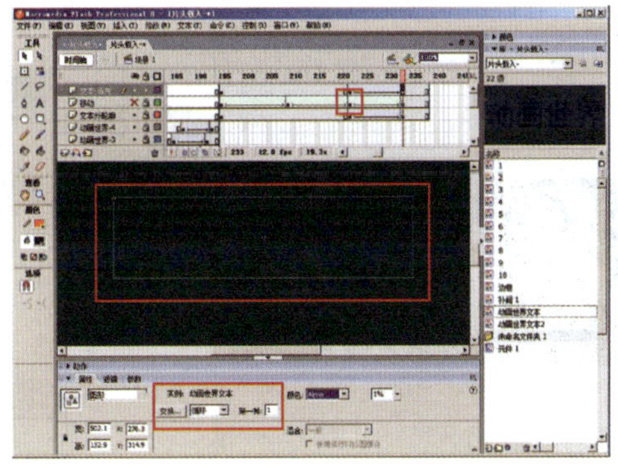	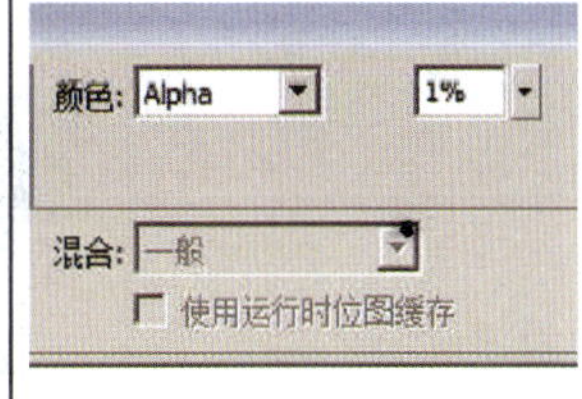
68. 在“文本-填充”图层名称右侧单击鼠标右键，在快捷菜单中选择“遮罩层”命令，此时就完成了片头的制作	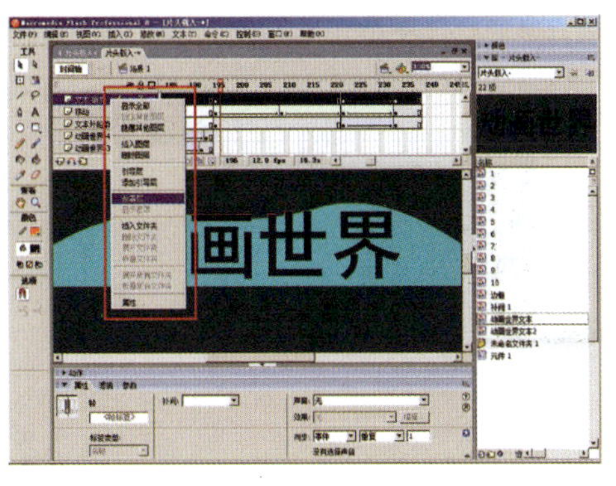	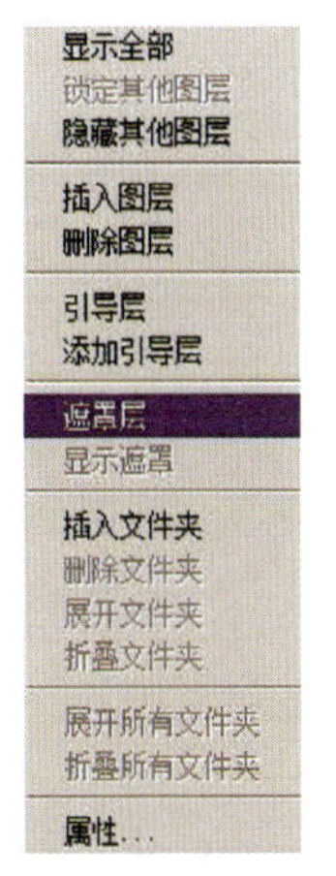

续表

操作过程	图　示 	注释（备注）
69. 下面利用场景面板将“片头载入”的Flash文件和任务10所制作的“镜头的加工处理”Flash进行合成，执行菜单栏中“窗口”下的“其它面板/场景”命令	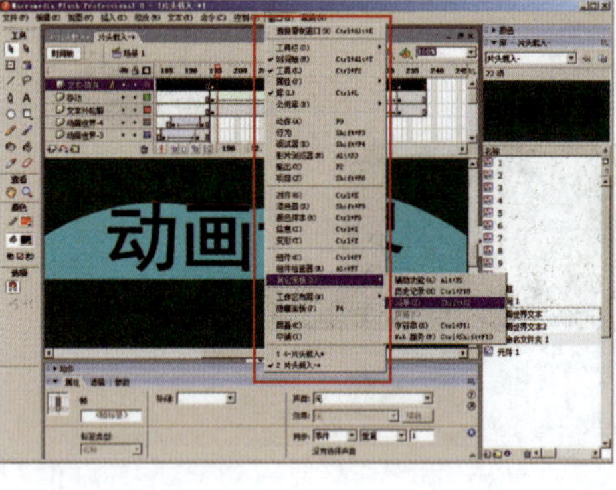	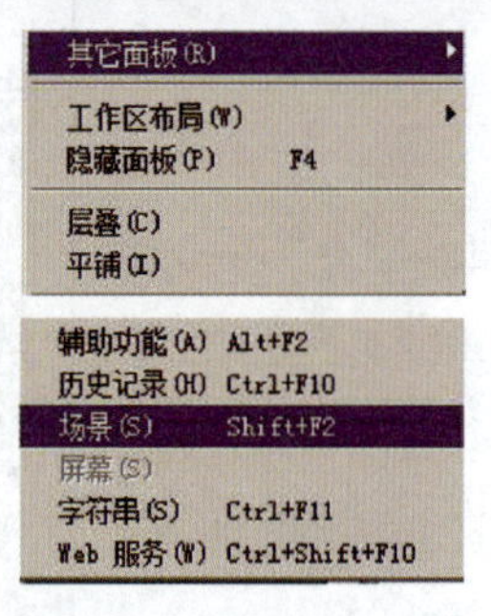 ◆这里主要是将片头部分和镜头加工部分进行合成
70. 在弹出的对话框中选择位于下方第二个“添加场景”按钮，为该动画添加一个场景为“场景2”	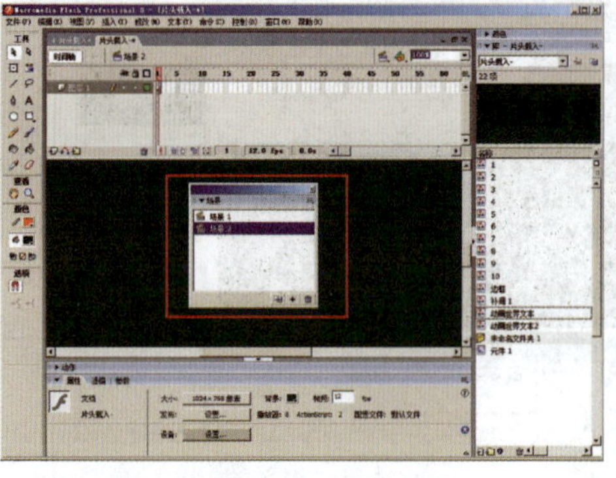	
71. 执行菜单栏中“文件/打开”命令，在“打开”对话框中选择任务11所制作的“制作转场效果”Flash文件	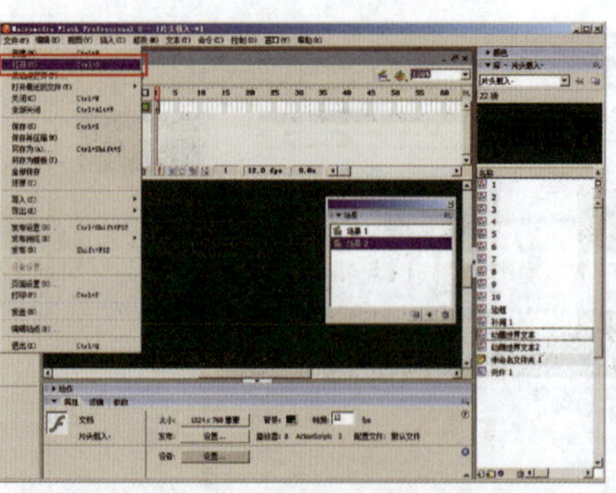	 ◆或打开光盘素材文件：资源下载/任务12/素材2-制作转场效果

续表

操作过程	图 示	注释（备注）
72. 在“镜头的加工处理” Flash文件中，将场景中的所有帧选中，单击鼠标右键，选择“复制帧”命令	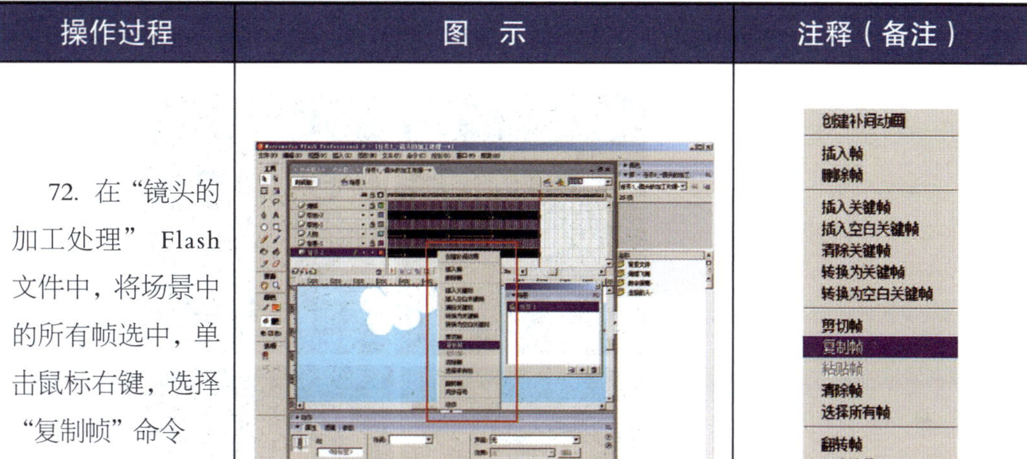	
73. 回到刚制作完的“片头载入”Flash文件中，在场景属性面板中，选中“场景2”，用鼠标右键单击图层上的空白帧，在快捷菜单中选择“粘贴帧”命令，就将两个任务的Flash文件内容整合到一个文件中了。对于场景2中不合适的地方稍加调整即可输出观看	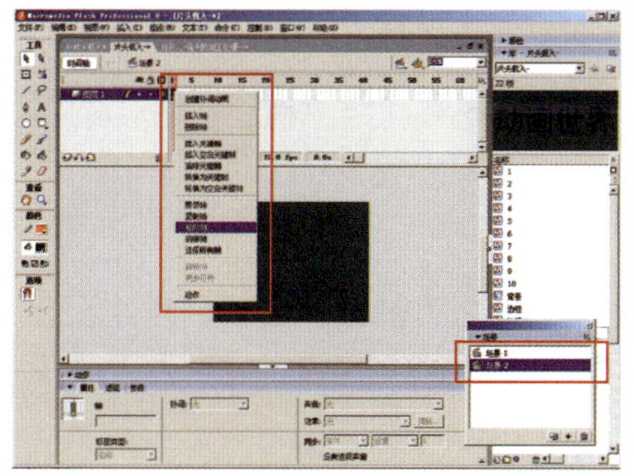	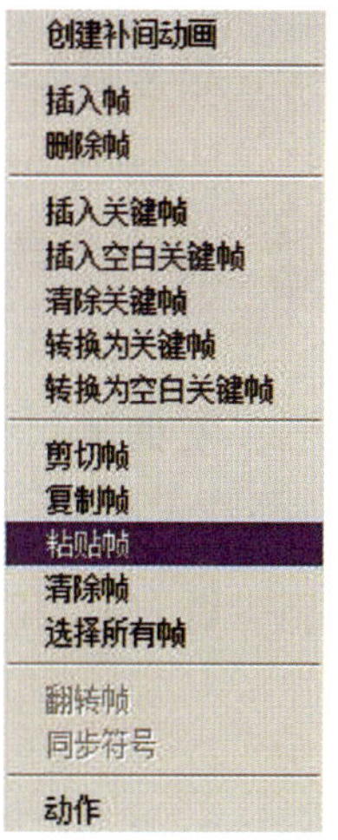

续表

操作过程	图示	注释（备注）
74．执行菜单栏中“控制/测试影片”来输出观看最终的转场效果 最终完成的动画效果如右图所示。如果没有问题，可将该Flash文件进行保存	10 1 动画世界 动画世界	

思考与练习

一、思考题

1．动画制作中如何对场景进行增加？

2．在多个场景的情况下，播放次序是按照什么进行的？

二、实训题

请以Flash中几种基本动画类型为基础，自行创意并设计制作一个片头动画，要求至少综合运用Flash中常用动画类型中的两种。

任务13 对Flash动画进行音频编辑

任务目标：

- ◆掌握在Flash动画中加入音频并进行编辑的方法
- ◆能够对Flash动画进行音效合成

任务引入

运用Flash相应的属性面板和音频编辑面板，制作出如图13—1所示的配有音频的完整动画，最后要实现背景音乐在动画中淡入和淡出的声音效果。

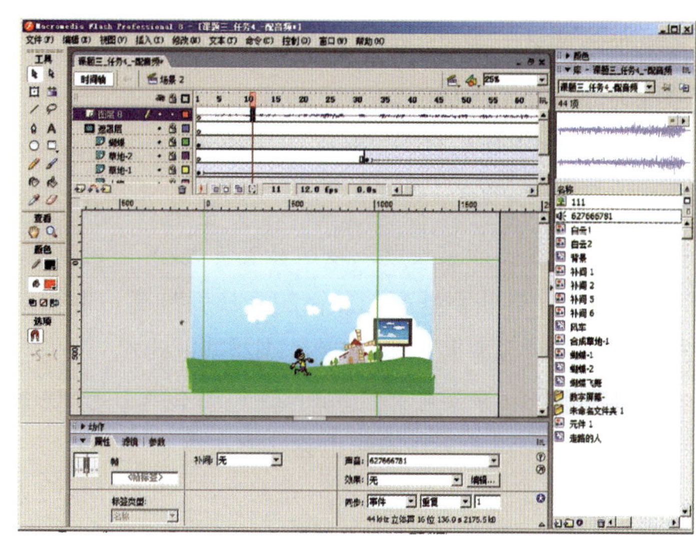

图13—1 配有音频的完整动画

任务分析

前面内容的学习主要是制作动画效果以及丰富动画的镜头语言，并为动画制作片头字幕等内容，本任务是在视觉内容基本完成的基础上，对于动画的声音进行制作和处理，以使得动画更加完整，更加有血有肉，主题突出。

添加音频效果，主要是通过属性面板中的音频编辑栏来进行。

相关知识

属性面板中的音频编辑栏

在Flash的属性面板中，音频编辑栏主要是对音乐、音效类的声音文件进行效果编辑。在Flash里除了可以针对具体的声音文件进行压缩方式、采样频率等设定之外，还可以在不同的帧里对声音作特效处理和音量控制，如图13—2所示即为属性面板上的音频编辑栏。

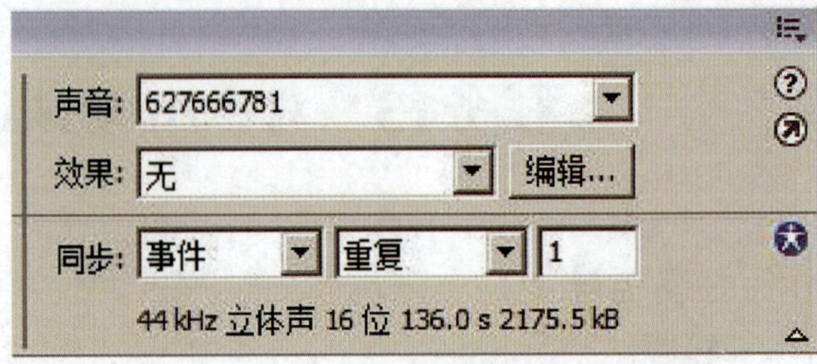

图13—2　属性面板上的音频编辑栏

音频编辑栏中的各项命令可以对Flash动画中要使用的所有音频进行编辑，使之更符合动画故事制作和网络动画发布等的需要。以下介绍音频编辑栏的各项内容。

1. 声音选项

在声音下拉菜单选项中包含了声音库中所有的声音文件，使用者可以在弹出的声音下拉菜单中选取所要使用的声音文件。若选择“无”，就会将声音文件从帧中移除，即恢复无声状态。

2. 声音文件信息

在声音下拉菜单选项下显示了声音文件的相关信息，包括采集频率、声讯种类、位分辨率、声音长度以及声音文件大小。

（1）采样频率越高，声音的音质就越高，但相对的文件体积也就会变大。一般常用的采样频率有11 kHz、22 kHz和44 kHz。

（2）声讯种类可分为Stereo（立体声）与Mono（单声道）。使用Stereo比Mono好，但相对的文件体积也会比Mono大。

（3）人们常用的声音位分辨率有8 bit和16 bit两种，采用的位分辨率越高，音质也越好，但相对的文件体积也越大。

（4）声音文件的大小与Flash运行的快慢有着很重要的关系，所以不建议在Flash中导入太大的声音文件。

3. 声音效果

声音效果有八种，如图13—3所示。选取声音效果之后，单击右边的“编辑”按钮，打开“编辑封套”对话框，可以从左右声道窗口中看到对应声音特效的音量控制节点的分布状态，如图13—4所示。

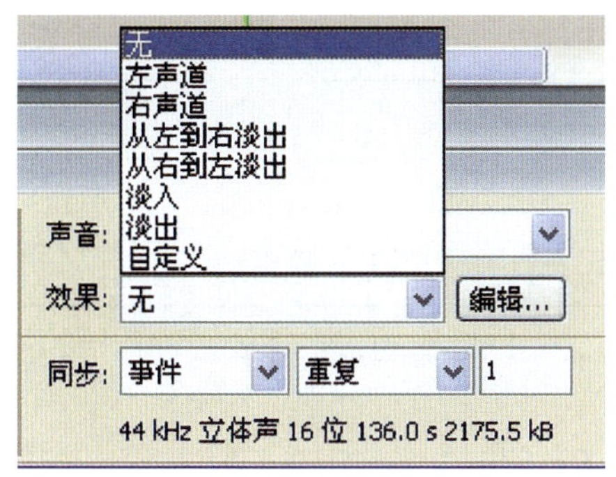

图13—3　声音特效选单

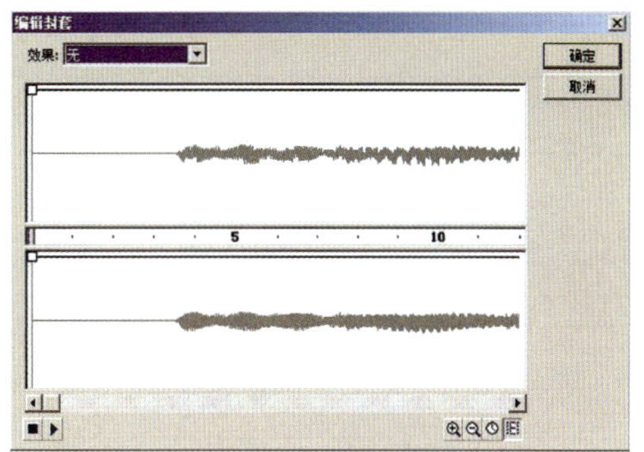

图13—4　声音编辑对话框

4. 编辑封套

单击声音面板中的“编辑”按钮，打开“编辑封套”对话框，通过“编辑封套”对话框可以自定义声音的起点、终点以及声音播放时的音量等，如图13—5所示。图中有上、下两个声音波形，上部声音波形代表左声道，下部声音波形代表右声道，各部分解释含义见表13—1。

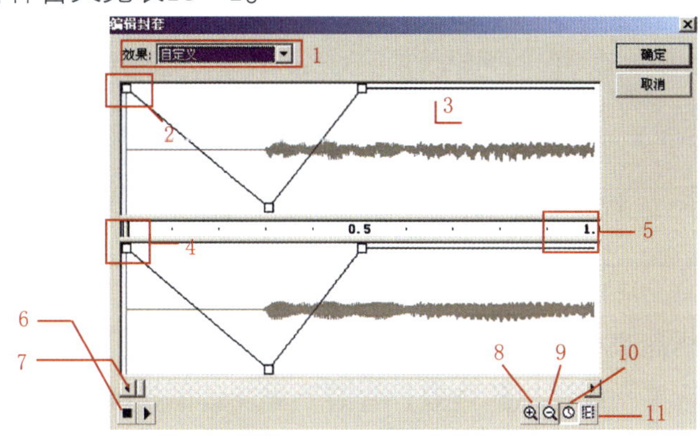

图13—5　编辑封套

表13—1　编辑封套选项含义

序号	选　项	含　义
1	下拉列表框	可以选择系统提供的效果
2	控制手柄	通过控制手柄来调节左右声道的声音高低，用鼠标在波形上点击会出现新的手柄，用鼠标拖动手柄来调节声音高低，手柄在波形中越靠上声音越高，越靠下声音越低，那些淡入淡出的声效就是通过手柄实现的，想要删除一个手柄，用鼠标拖到波形外即可

续表

序号	选　项	含　义
3	声音线	反映声音的变化情况，通过控制手柄的高低变化，声音线也会随之变化，反映出的是声音变大或变小的趋势
4	开始控制器	控制音乐开始的位置，用鼠标拖动，在想要音乐开始的位置释放鼠标即可
5	结束控制器	控制音乐结束的位置，用鼠标拖动，在想要音乐结束的位置释放鼠标即可，与开始控制器结合可以截取声音片段
6	停止	使编辑好的音乐停止播放
7	开始	播放编辑好的音乐
8	放大比例	放大声音波形比例，以适于细节调整
9	缩小比例	缩小声音波形比例，以适于整体掌握
10	以时间显示	以时间显示音乐波形的长度(可以看到在上下两个声音波形的中间有一个坐标轴，它用来显示是以时间还是以帧计算音乐的长度)
11	以帧显示	以帧数显示音乐波形的长度

要想做出音乐忽高忽低、淡入淡出等其他效果，调节控制手柄是关键，也可以从下拉列表框中选择系统提供的声效，查看不同特效的控制手柄的不同位置来加以体会。

需要注意的是，Flash动画里的音效分为两种："事件音效"与"背景音效"。"事件音效"（event）在平常时并不发出声音，只等待浏览者引发特定事件之后（如鼠标盘旋其上），才反映出互动声响。而一旦发出声响，就会完整地播放，即使中途碰到影帧停止，声音也不会停止播放。"背景音效"（stream）则完全与影片同步，只要影帧在播放，音效就持续播放，一旦影帧停止，音效也立即停止。在一个Flash电影里，如果同时包含有图像及背景音效，电影的播送进度会以背景音效的节拍为重，适时地省略、跳过一些影帧。

5. 声音同步类型

为了使声音能与Flash动画搭配得更好，可以对声音属性面板中的"同步"选项进行设定。在弹出的“同步”选项中，可以看到其中包含有“事件”“开始”“停止”和“数据流”四种声音同步类型（见图13—6），其含义见表13—2。

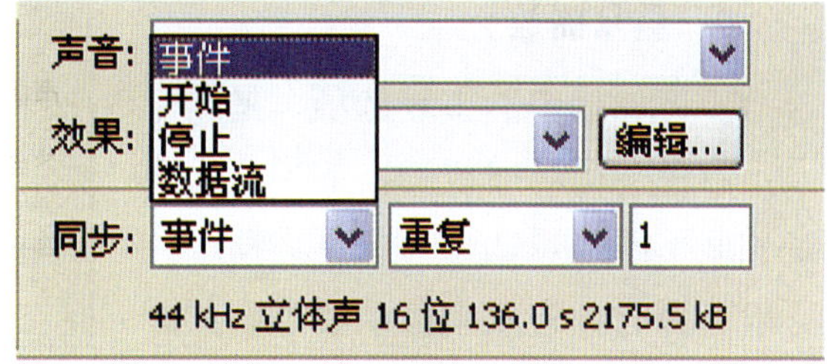

图13—6 声音同步类型菜单

表13—2 声音同步类型含义

序号	类 型	含 义
1	事件声音	必须等到声音的信息完全下载后才会开始播放，如果声音文件的体积太大，往往会造成在声音下载的过程中出现停格的现象，所以在选用事件声音类型时，应尽可能使用较短的声音文件。另外，当Flash动画的影帧长度跟声音长度不等长时，又会出现在某一方先播放完，而另一方还在播放的现象
2	开始声音	将声音同步类型设为“开始”与设成“事件”的效果几乎是一样的，两者的不同之处仅在于开始类型还多了一项检测重复声讯的功能。可以发现：在设定了事件同步类型的情况下，声音分别在两处音效起始点上被启动一次，而被设定在后面的音效起始点则被忽略了，也就是说，开始会将重复的声讯忽略
3	停止	中止声音播放，选取该选项可以强行令事件和开始的声音中途停止
4	数据流	流式声音数据流同步类型会将声讯平均分配在所需要的影帧中，也就是说，声音文件占据了多少影帧，就播放多少帧。而且它还采用一边下载一边播放的方式，只要开始帧的数据下载完成后就立刻播放，因为流式声音的下载需要一定的时间，所以可能会因此造成声音和画面播放的稍许中断和停格现象。但是如果浏览者的计算机配置不够高，屏幕画面来不及重绘出新影帧里的内容，Flash电影就会自动省略、跳过一些影帧，以便全力配合背景音乐的正常节拍。数据流下的音效一旦碰到影帧停止（电影已播送到最后一个影帧），会立即也跟着停止，即使是音乐尚未完整播送完毕

6. 重复播放

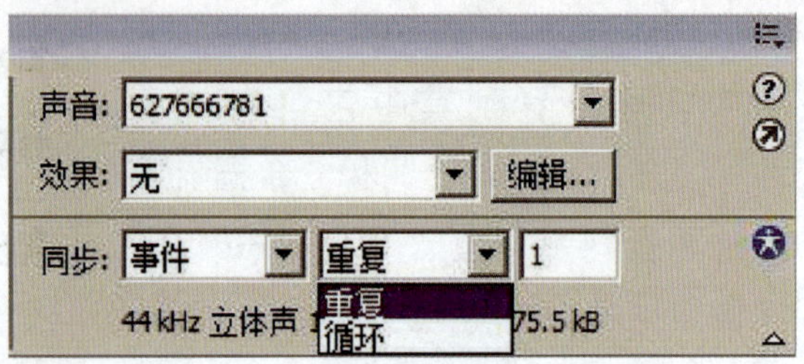

图13—7　声音同步类型菜单

声音面板中的重复选项，是用来设定声音的循环播放的，如果认为声音长度不够，想让它一直循环播放，可以选择它，它就会自动播放，如图13—7所示。循环选项，是用来设定声音的循环播放次数的，如果希望音乐持续地播放，可以将重复次数设高一点，此时，不会增大动画体积，如图13—7所示。

任务实施

素材文件位置：光盘/资源下载/任务13

操作过程	图　示	注释（备注）
1. 执行菜单栏中“文件/打开”命令，打开上一任务制作完成的“动画片头”文件的第二场景——镜头处理部分；然后将所需音频文件导入到库（见光盘：资源下载/任务13/素材1-片头载入；素材2-背景音乐）	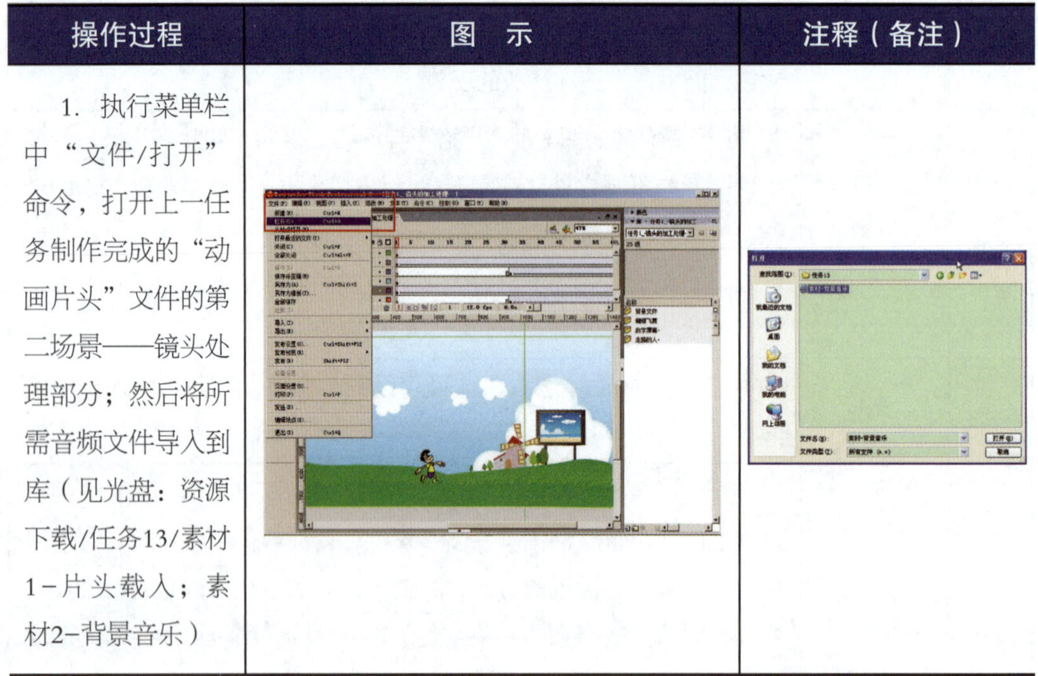	

续表

操作过程	图　示	注释（备注）
2. 单击时间轴下方的“插入图层”按钮，为文件添加一个新的图层		◆插入图层就是为了新建一个图层
3. 选中刚才新建的图层，然后在下方的声音属性面板中选择“声音”选项，在下拉菜单中选择“背景音乐”，至此，刚才导入的背景音乐就被载入到了本Flash作品中的图层中		
4. 在声音属性面板中，选中“效果”下拉菜单中的“自定义”选项		

续表

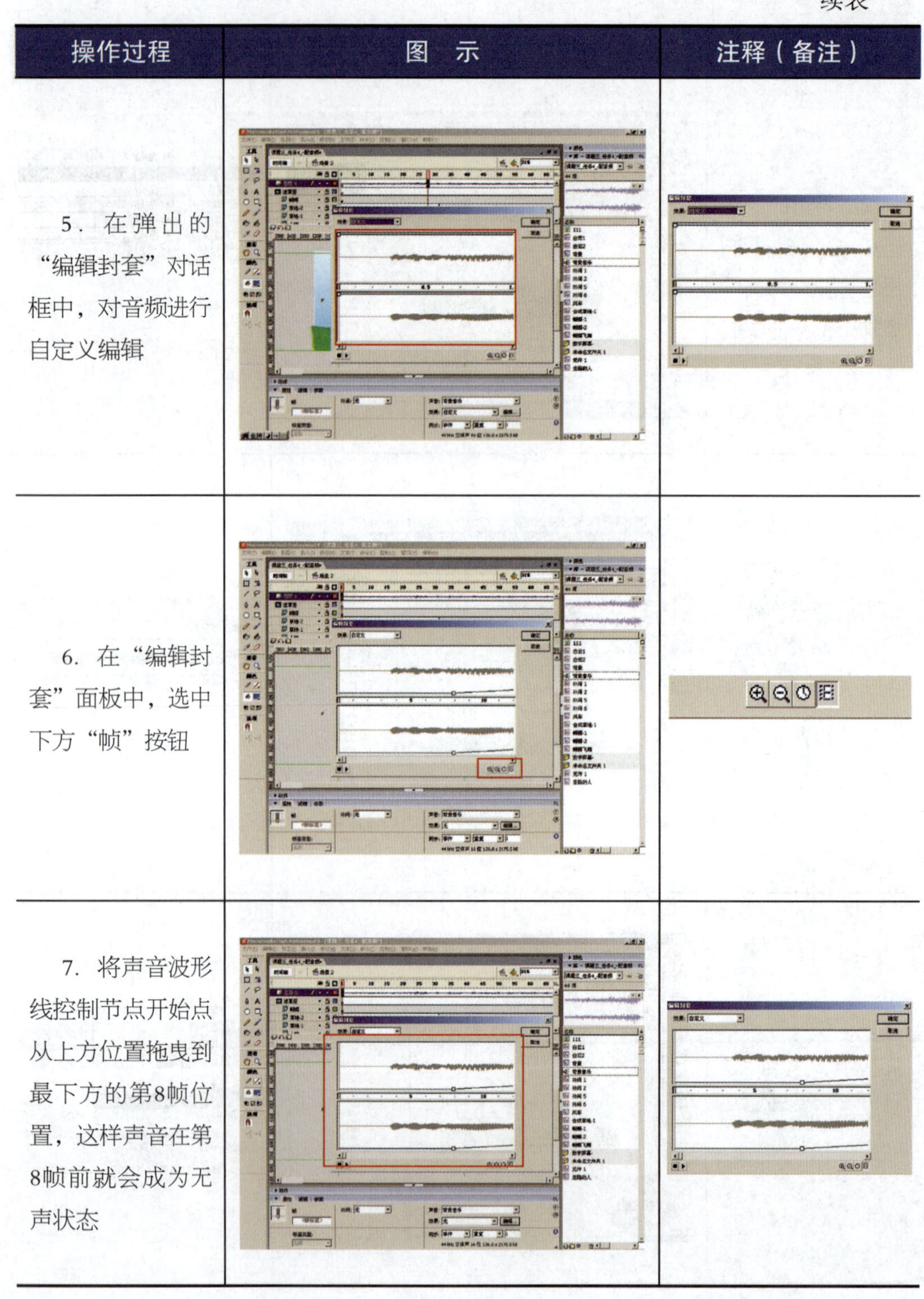

操作过程	图 示	注释（备注）
5. 在弹出的“编辑封套”对话框中，对音频进行自定义编辑		
6. 在“编辑封套”面板中，选中下方“帧”按钮		
7. 将声音波形线控制节点开始点从上方位置拖曳到最下方的第8帧位置，这样声音在第8帧前就会成为无声状态		

续表

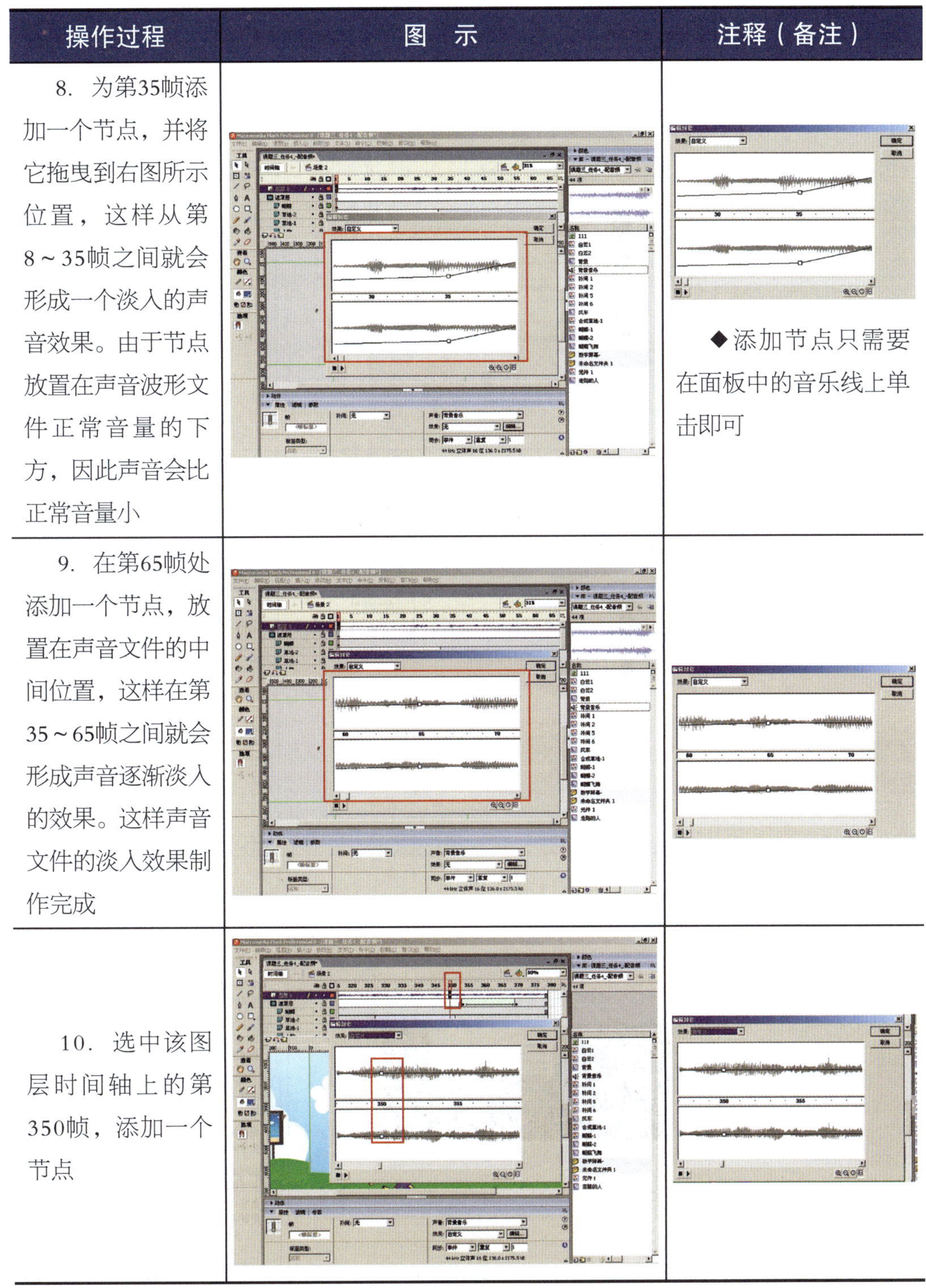

操作过程	图　示	注释（备注）
8. 为第35帧添加一个节点，并将它拖曳到右图所示位置，这样从第8～35帧之间就会形成一个淡入的声音效果。由于节点放置在声音波形文件正常音量的下方，因此声音会比正常音量小		◆添加节点只需要在面板中的音乐线上单击即可
9. 在第65帧处添加一个节点，放置在声音文件的中间位置，这样在第35～65帧之间就会形成声音逐渐淡入的效果。这样声音文件的淡入效果制作完成		
10. 选中该图层时间轴上的第350帧，添加一个节点		

续表

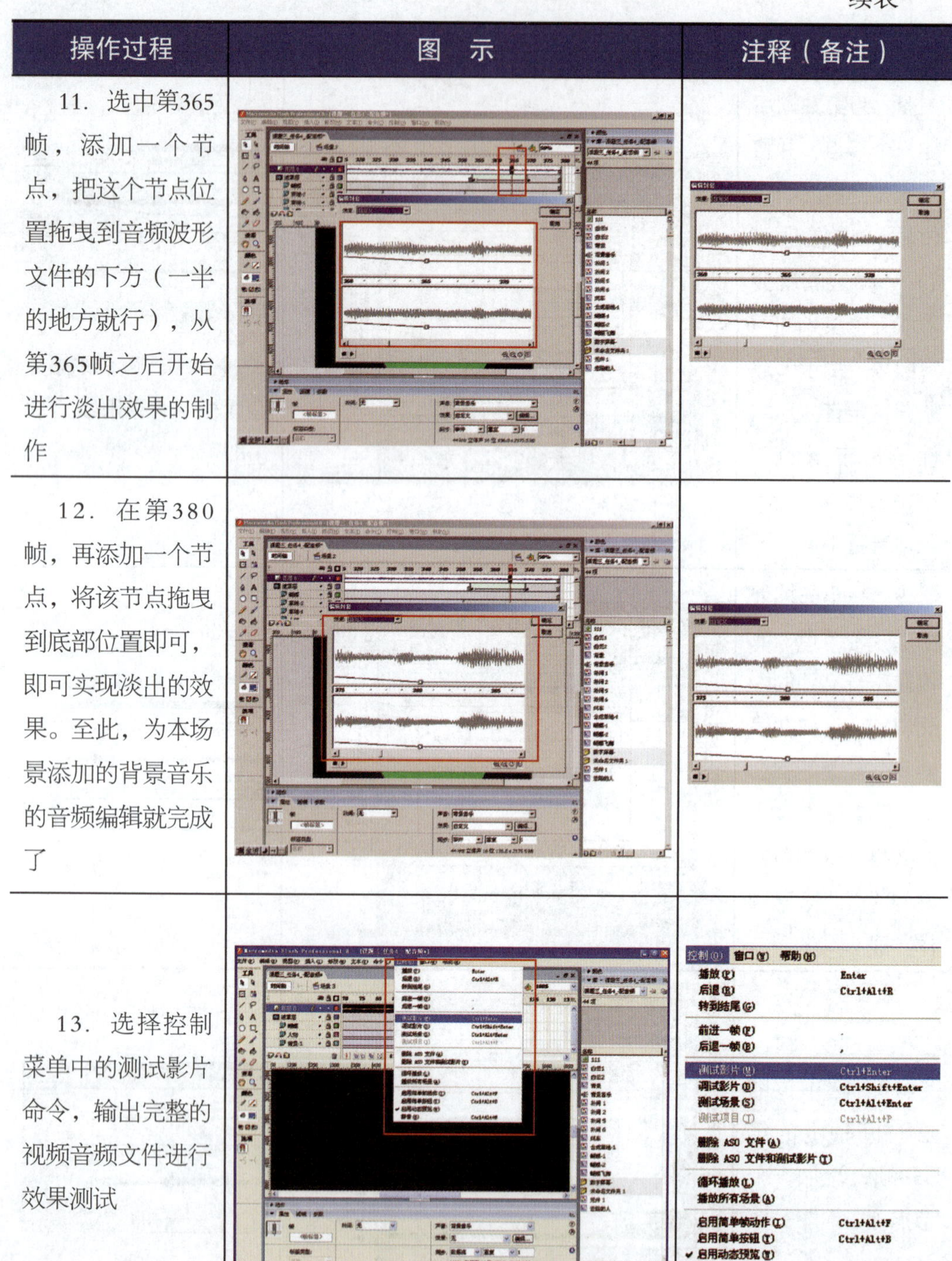

操作过程	图　示	注释（备注）
11. 选中第365帧，添加一个节点，把这个节点位置拖曳到音频波形文件的下方（一半的地方就行），从第365帧之后开始进行淡出效果的制作		
12. 在第380帧，再添加一个节点，将该节点拖曳到底部位置即可，即可实现淡出的效果。至此，为本场景添加的背景音乐的音频编辑就完成了		
13. 选择控制菜单中的测试影片命令，输出完整的视频音频文件进行效果测试		

思考与练习

一、思考题

1. 如何导入一段声音?
2. 怎样添加事件声音?
3. 添加背景音乐的步骤是什么?
4. 对声音进行编辑的面板如何打开?
5. 声音效果菜单中有哪一项是声音的淡入、淡出?
6. 事件声音与开始声音在效果上有什么区别?
7. 循环播放的好处是什么?

二、实训题

请为自己设计制作的Flash作品的其他场景添加音频效果。

任务14　优化Flash动画文件

任务目标：

◆掌握Flash作品的输出和文件的发布方法

◆掌握Flash播放器的使用方法

◆能够对Flash作品进行测试与优化

任务引入

通过使用Flash相关面板以及菜单命令对前面制作的Flash文件进行测试和编辑，最终达到优化文件的目的，如图14—1所示。

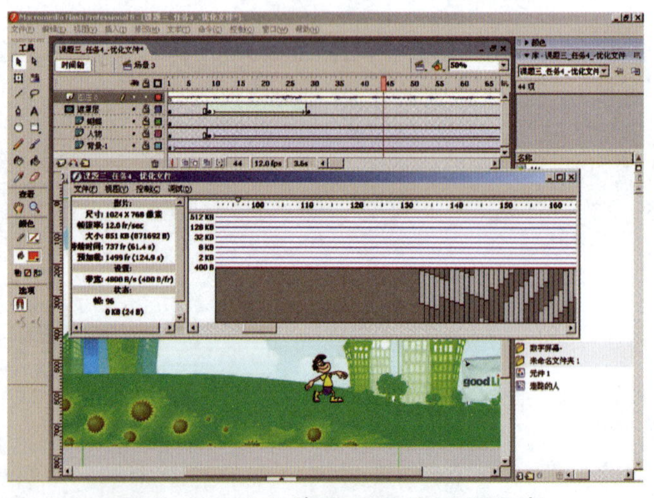

图14—1　Flash作品的文件优化发布

任务分析

Flash作品的优化，主要是通过模拟网络速度来测试动画的播放效果，以及动画的传输速度。通过测试，可以找出影响传输速度的症结所在，并通过对参数进行合理的调整，减小文件输出的数据量，从而编辑发布更加适合各种传输条件的动画，让浏览者在浏览时更加方便快捷。

相关知识

一、Flash编辑环境下可进行的几个简单测试

由于测试项目任务繁重，Flash编辑环境可能不是用户的首选测试环境，但在

编辑环境中，确实能进行一些简单的测试，包括以下几个方面。

1. 主时间线上的声音

放映时间线时，可以试听放置在主时间线上的声音（包括那些与舞台动画同步的声音）。

2. 主时间线上的帧动画

任何附在帧或按钮上的GoTo、Play和Stop动作语言都将在主时间线上起作用。

3. 主时间线的动画

主时间线上的动画（包括形状和动画过渡）是否起作用，请注意此处的“主时间线”，不包括动画剪辑中的动画。

二、Flash编辑环境下无法进行的测试

1. 动画剪辑

动画剪辑中的声音、动画和动作将不可见或不起作用（只有动画剪辑的第一帧才会出现在编辑环境中）。

2. 动作

GoTo、Stop和Play是仅有的可以在编辑环境中操作的动作，也就是说，用户无法测试交互作用、鼠标事件或依赖其他动作的功能。

3. 动画速度

Flash编辑环境中的重放速度比最终经优化和导出的动画慢。

4. 下载性能

无法在编辑环境中测试动画在Web上的流动或下载性能。

三、测试影片和测试场景命令

Flash编辑环境中的测试是有时限的，要评估动画剪辑、动作脚本和其他重要的动画元素，必须在Flash编辑环境之外。此时，可用测试场景和测试影片命令，这两个命令都位于控制菜单。它们自动创建当前场景或整个动画的工作版本，并在一个新窗口中将其打开，从而测试交互性、动画和功能等各个方面的内容。

测试场景和测试影片命令产生实际的.swf文件（如同发布功能导出编辑文件），计算机会默认将它们自动保存在与所编辑的源文件相同的目录文件夹中。如

果测试文件运行正常，且用户希望将它用作最终文件，那么可将它放置在硬盘驱动器中，并加载到服务器上。

测试场景和测试影片命令的导出设置以发布设置对话框中的Flash选项卡中的设置为基础。要改变这些设置，只需选择“文件”下的“发布设置”命令，然后在Flash选项卡下进行必要的调整。要测试当前场景，选择“控制”下的“测试场景”命令，如图14—2所示，Flash将自动导出当前场景，然后打开一个新的窗口以便测试。要测试整部动画，选择“控制”下的“测试影片”命令，如图14—3所示，Flash自动导出当前项目中的所有场景，然后将文件打开在一个新的窗口中以便测试（测试场景和测试影片命令执行后，一个显示的是单个场景的内容，一个显示的是全部动画影片的内容。一个动画影片常常会有很多个场景，这时若只想检测某一场景的内容，同时又想节约时间，不必重复播放之前其他场景的内容，则需要选择“测试场景”命令；而若想检测整个影片中所有场景的内容则需要选择“测试影片”命令）。

图14—2　测试场景面板

图14—3　测试影片命令

注意：测试动画的功能实际上是一件很有趣的工作，因为它既十分简单，又可以看到自己的成果。测试期间，应查看动画有无遗漏，试按所有的按钮并整个浏览一遍。同时还应注意当使用测试场景和测试影片命令时，虽然仍然在Flash中，但是界面已改变。这是因为测试环境与编辑环境有所不同。

除了可以进行常规测试外，动画测试环境中的菜单栏上还有几个附加命令以帮助查找问题。

1. “对象列表”命令

对象列表命令提供出现在某一特定帧中的所有对象的完整统计信息，包括对象类型，并且如果是目标，还提供目标名称。这将帮助用户确定是否出现所有应出现的对象。

要列出某一特定帧中的所有对象，其操作步骤如下：

（1）将放映头移动到某一帧。

（2）选择“控制”下的“测试影片”或者“测试场景”命令，然后在弹出的播放窗口中，选择“调试”下的“对象列表”命令，这时会看见打开“输出”窗口（见图14—4），其中会用英文列出当前帧中的所有对象。

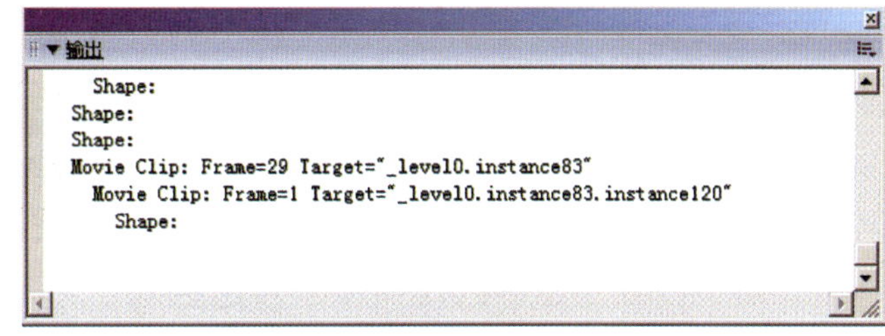

图14—4 对象列表命令的输出窗口

2. “变量列表”命令

变量列表命令提供出现在某一特定帧中的所有变量的完整统计信息，包括变量值，这将帮助用户确保在时间线放映期间，变量是否正确地创建和更新。

要列出某一特定帧的变量，其操作步骤如下：

（1）将放映头移动到某一帧。

（2）选择“控制”下的“测试影片”或者“测试场景”命令，然后在弹出的播放窗口中，选择“调试”下的“变量列表”命令，这时会看见打开“输出”窗口，如图14—5所示，其中会用英文列出出现在当前帧中的所有变量，以及它们当前的值。

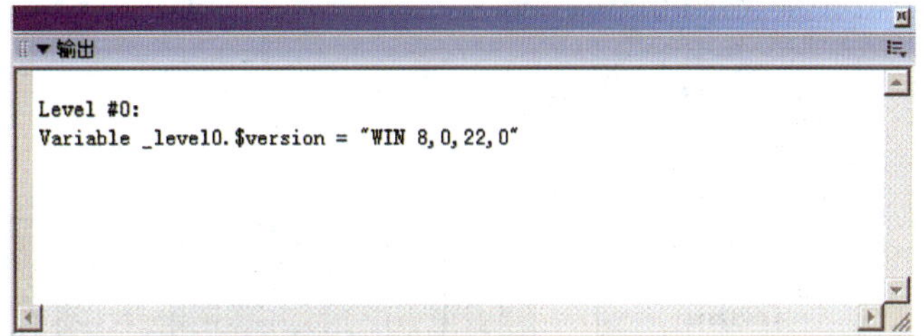

图14—5 变量列表命令的输出窗口

四、测试作品下载表现

测试完动画的功能只是完成了一般测试工作。因为大多数Flash动画都在Web上发送，所以需要在计划、设计和创建动画的同时兼顾带宽限制，这就需要测试作品下载表现。测试作品下载表现可以发现在下载过程中可能导致中断的地方。动画在下载过程中，如果播放动画至尚未下载的帧，则动画将暂停，直至数据下载完毕。

要测试动画在Web上的流动性，其操作步骤如下：

1．打开测试环境（在编辑环境下，选择“控制”下的“测试影片”即可），从“视图”下的“下载设置”中选择一种带宽以测试动画的流动性或下载性能，如图14—6所示。

2. 确保已倒带，然后在测试环境下选择菜单“视图”下“带宽设置”。

动画开始模拟Web上的放映，其速度为上一步骤中所选择的连接速度。虽然这种方法有助于找到流程中出现问题的特定区域，但是要快速地排除故障，有时还需要其他方法，即使用带宽设置中的带宽抛面图生成器，如图14—7所示。

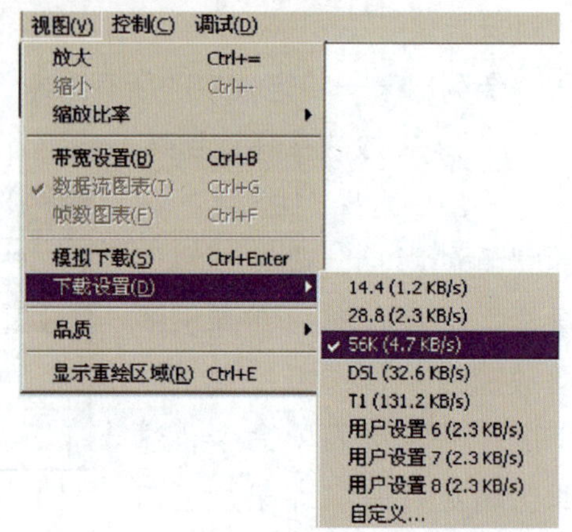

图14—6　测试环境下的下载设置菜单

带宽抛面图生成器是测试下载属性时最重要的信息来源之一，如图14—7所示。它可以提供关键的统计数字，以帮助用户查找流程中出现的区域。这些统计信息包括动画中单个帧的大小、从动画的实际起始点开始流动所需要的时间及何时可以开始放映。

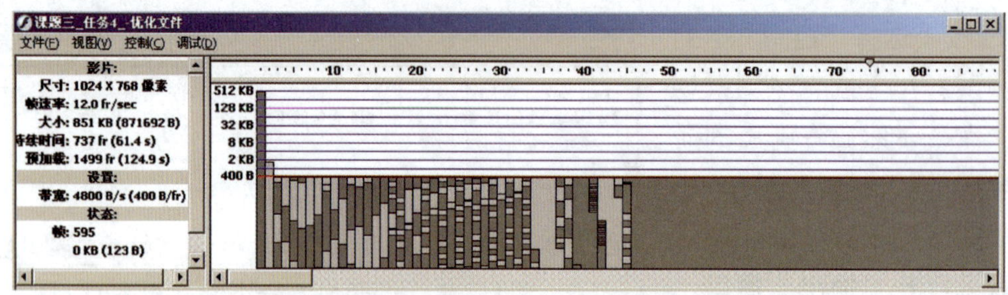

图14—7　带宽设置中的带宽抛面图生成器

带宽抛面图生成器可以模拟使用28.8 Kb/s，33.6 Kb/s调制解调器的实际下载过程，或者使用自定义设置模拟ISDN或LAN连接的流动过程。通过模拟调制解调器速度，可以检测流程中因重负载帧而引起的暂停，以便重新编辑，从而提高性能。最重要的一点是，带宽抛面图生成器可让用户既无需进行网络连接，又可以通过实际的Web连接进行测试。测试环境的时间线和流动栏，如图14—8所示。

为充分使用带宽抛面图生成器，以下先来介绍其各部分功能，见表14—1。

表14—1　　带宽抛面图生成器功能含义

序号	功　能	含　义
1	尺寸	文件尺寸设置的大小
2	帧速率	动画放映的速度，用帧/秒表示
3	大小	整个动画的文件大小（如果测试的是场景，则是在整个动画中所占的文件大小）。括号中的数字使用字节表示的精确数字
4	持续时间	动画的帧数（如果测试的是场景，则是场景的帧数）。括号中的数字表示动画或场景的持续时间（用秒计）
5	预加载	从动画开始下载到开始放映之间的帧数，或者根据当前的放映速度折算成相应的时间
6	带宽	用于模拟实际下载的带宽速度。此数字只有与显示数据流图表命令结合使用才有意义
7	帧	显示两个数字，上面的数字表示时间线放映头当前所在的测试环境中的帧编号；下面的数字则表示当前帧在整个动画中所占的文件大小。括号中的数字是文件大小的精确数字。将放映头移到时间线，会出现各个帧的统计信息。此信息可用于找到特大帧。单击带宽抛面图生成器图形区域中表示帧的灰色栏，还可以导航到时间线上的不同帧

图14—8　测试环境的时间线和流动栏

当选择“视图”下的“显示数据流图表”命令或“视图”下的“显示帧数图表”命令时，将出现帧的图形表示。灰色块表示动画中的帧，灰色块的高度表示大小。没有块出现的区域表示无内容的帧（空帧或没有运动或交互的帧）。

显示帧数图表：用图形表示时间线上各帧的大小，如图14—9所示。

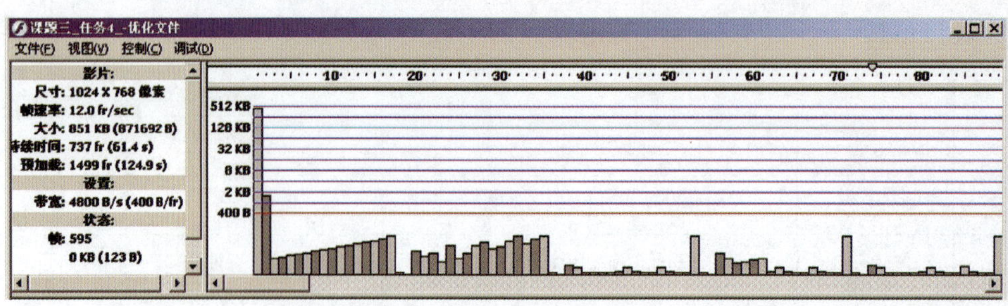

图14—9　显示帧数图表

数据流图表：可用来确定在Web下载的过程中，将出现暂停的区域，如图14—10所示。红线以上的块表示流动过程中可能引起暂停的区域。

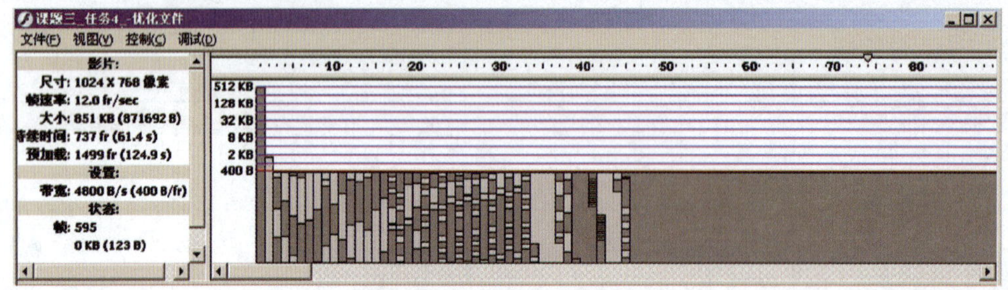

图14—10　数据流图表

一提到Web，用户就必须考虑各种因素，其中之一就是带宽。当传递流动的内容时，带宽问题就变得更加重要。Flash允许用户以不同的调制解调器速度测试动画在Web上的传递（包括最常用的速度13.4 Kb/s、28.8 Kb/s、56 Kb/s），还允许用户以不常用的速度或者用户自己决定的速度进行测试，这样用户就可以完全控制动画的测试。

要创建自定义调制解调器速度以测试流动性，其操作步骤如下：

1．选择“视图”下的“下载设置”命令，打开自定义调制解调器设置对话框，如图14—11所示。

自定义下载设置

菜单文本:	比特率:		
14.4	1200	字节/秒	确定
28.8	2400	字节/秒	取消
56K	4800	字节/秒	重置(R)
DSL	33400	字节/秒	
T1	134300	字节/秒	
用户设置 6	2400	字节/秒	
用户设置 7	2400	字节/秒	
用户设置 8	2400	字节/秒	

图14—11　下载设置中的自定义下载设置对话框

2．在菜单文本的一个文本框中，输入用户想作为调制解调器速度选项出现在控制菜单中的文本。

3．在比特率选项组中，输入用户想模拟的比特律。

4．单击“确定”按钮即可。

通过以上操作，用户创建的自定义调制解调器就可以出现在控制菜单中了。

五、制作Flash的独立执行文件

Flash动画除了可以以“SWF”格式呈现以外（依靠Flash播放器来播放），同时也可以将它导出成一个独立的可执行文件（*．EXE），这样即便在没有安装Flash播放器的计算机上也能够顺利播放。

要制作Flash独立执行文件的方法是：先将Flash动画制作好，然后执行“文件/发布设定”，在对话框里勾选“Windows放映文件”或“Mac放映文件”即可。

然而必须了解的是：在Windows平台下制作出来的“放映文件”（Projector）只能顺利在其他Windows平台计算机上播放；而在Mac平台下制作出来的“放映文件”（Projector）只能在苹果计算机上播放，如果“可执行文件”是在Windows平台下制作出来的，则苹果计算机无法顺利播放，如图14—12所示。

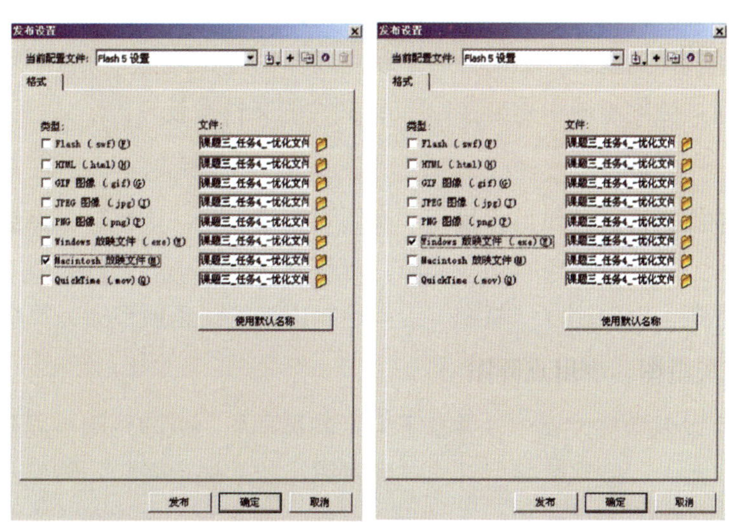

图14—12　Windows平台下的放映文件和Mac平台下的放映文件设置

六、Flash动画的最佳化

Flash动画使用即收即播（streaming）的科技，让电影下载了一部分之后，就可以开始表演播放。虽然这种即收即播的科技，多少也舒缓了浏览者一等再等、不耐烦的心情，然而如果电影文件数据量过大，往往还需要浏览者等待下载，电影的“预先下载画面”（preloader）并不能够完全解决等候的问题，还应从Flash动画本身的体积着手。

Flash动画的播放方式是：在时间轴上，只有位于第一个影帧画面里的所有对象（矢量图、点阵图、音效、影片片段、以LoadMovie呼叫进来的影片片段）下载完毕之后，电影才会进入第二个影帧，继续播放，否则影片画面就会一直停止在第一个影帧画面里。由于Flash动画具有以上特点，在制作Flash动画时应注意处理好以下问题以保证动画的品质。

1. 利用元件

在制作Flash动画文件时，如果有图形需要重复利用，就应将其设定成“元件”。这样，重复出现的图形实际只进行一次储存，可大大减少Flash文件的数据量。

2. 利用“移动渐变”的动画

如果有可能的话，多以“运动补间”的方式产生动画效果，而减少以“逐帧”的方式呈现动画。一段“运动补间”的动画，大多只使用了首尾两个关键影帧，就可以呈现出数秒钟的动画，然而如果是使用逐帧的方式呈现，往往必须动用十多个关键影帧。而关键影帧使用得越多，Flash文件的文件量就越大。

3. 采用“实线”

图形里的线条样式，最好多采用“实线”，而少用“虚线”“点线”等其他变化型线条，因为实线的线条构图最简单，可使文件量较小。此外，以“铅笔”工具绘制出来的线条，也会比以“笔刷”工具绘制出来的线条更节省计算机内存。

4. 多用矢量图，少用点阵图

矢量图可以任意放大缩小，并且不会影响其画质。点阵图则被局限于固定的长宽尺寸，一旦放大，就很容易呈现出一颗颗锯齿状的像素颗粒，降低画质。此外，点阵图本身也非常不利于作旋转、变化位置等动画表演，点阵图比较适合当作静态的背景图。

5. 导入的点阵图形文件尽量小一点

一般而言，长宽尺寸越大的点阵图，文件量也就越大。因此如果一定要使用点阵图的话，应尽量控制其长宽尺寸。不要在导入一个大型点阵图后又在电影场景里缩小其长宽尺寸，这样会浪费图像的文件量。当然，如果在电影里呈现的同时又需考虑客户端可能会将电影放到全屏幕观看，则又另当别论。

6. 点阵图尽量以JPEG来压缩

在Flash里，对于点阵图的处理方式，内定值是以JPEG方式压缩的。执行“文件/发布设定”，在Flash选项里，即可对于此电影里的所有点阵图做整体统一的压缩设定。JPEG品质的数值越高，文件量就越大，如图14—13所示。

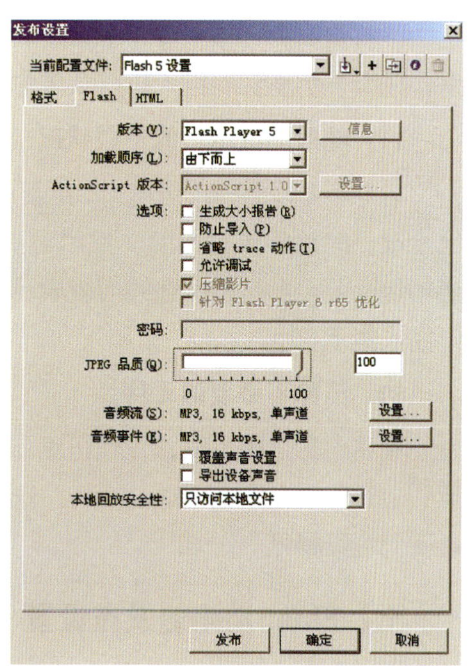

图14—13 将电影里的所有点阵图作整体的压缩设定

7. 音效文件最好以MP3方式压缩

将音效以MP3方式压缩，不仅可以保持相当不错的音质，又可大量减缩文件量。为音效文件作压缩与为点阵图作压缩的过程相仿。虽然MP3可以为音效文件作强力压缩，但是在Web中，缩短下载时间十分重要，因此不应添加太长的音效，最好利用一小段节奏性音乐，不断循环播放，或者在不同的时间里，重复利用某个音效，截取其中一个片段，重复播放。在发布电影时，如果不太要求高音质，使用8 kbps来压缩就已足够，每一秒的音效只占电影文件里1 K的数据量。

8. 避免使用多种字型

在电影文件里尽量不要使用太多不同的字型，最好只使用一两种字型，而以粗体、斜体、大小、变形、颜色变化等方法来变化字型风貌。由于每种字型的外框轮廓均不同，每多用一种字型，Flash动画就需要储存一种字型的外框轮廓，文件量也会相应增大。

9. 避免打散文字

尽量不要将字型打散（避免执行“修改/打散”），字型打散后就不再是以文字的外框轮廓来储存，而是变成图形。Flash会将“字”的外框轮廓储存一次，并允许多次利用，且并不增加文件量。然而一旦打散成为“图”，每重复利用一次这个外框轮廓，文件量就跟着累积一次。

10．尽量将图形群组起来

不仅是文字不要打散，图形也应该尽量避免打散，应尽可能地将图形群组起来，成为一个整合的组（执行菜单命令“修改”下的“结合群组”）。

11．随时测试电影的下载状况

当电影制作到一小段落时，就要开始测试电影下载的状况，按下“Ctrl+Enter”组合键，来检视传输速度。然后再执行“视图/带宽设定”，便可清楚看出哪一个影帧量过大。凡是超过红线者就表示电影播放到此时，数据就来不及及时传输，电影播放停止。

12．清除不必要的元件

在将电影导出之前，先调出图库，清除放置在图库中但是没有运用到的元件。点一下图库右上角的选项，执行“选项”下的“选取未使用的项目”，将多余的元件丢到垃圾桶里。

七、Flash动画的发布设置

Flash中“发布设置”选项卡的相关操作是需要重点掌握的内容，因为实际网络上的Flash动画基本都是以“swf”格式发布的，“发布设置”选项卡的设置对Flash的播放有很大影响。其各项具体内容如图14—14所示。

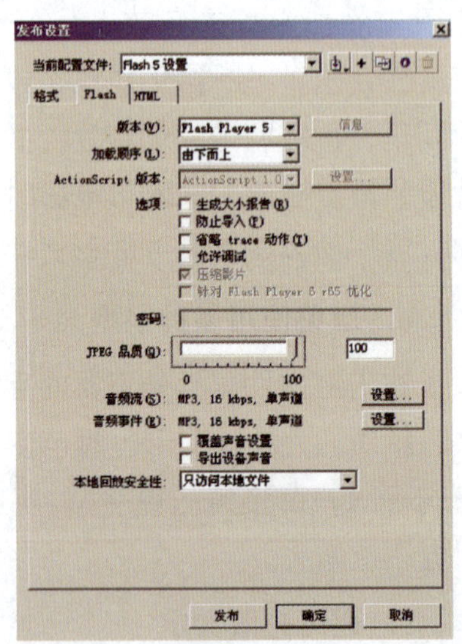

图14—14　Flash动画的发布设置面板中的Flash选项卡

任务实施

素材文件位置：光盘/资源下载/任务14

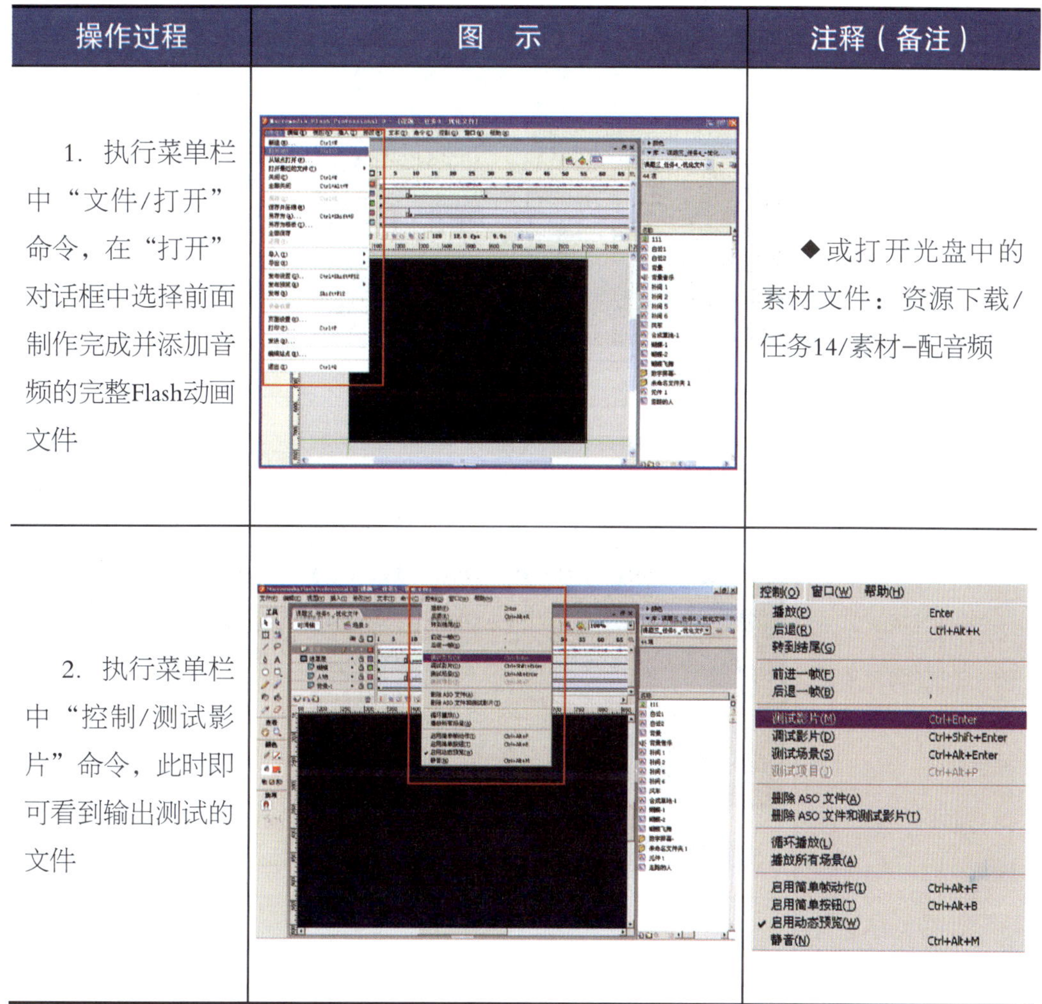

操作过程	图　示	注释（备注）
1. 执行菜单栏中“文件/打开”命令，在“打开”对话框中选择前面制作完成并添加音频的完整Flash动画文件		◆或打开光盘中的素材文件：资源下载/任务14/素材-配音频
2. 执行菜单栏中“控制/测试影片”命令，此时即可看到输出测试的文件		

续表

<table>
<tr><th>操作过程</th><th>图　示</th><th>注释（备注）</th></tr>
<tr><td>3. 执行输出测试文件菜单栏中“视图/带宽设置”命令，这时，会在测试文件上方出现“带宽抛面图生成器”</td><td>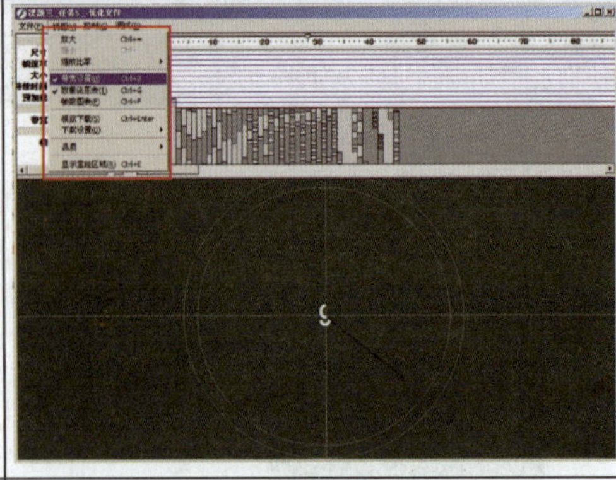</td><td>
</td></tr>
<tr><td>4. 在图表上可以看到，左侧是制作的Flash影片的尺寸、帧频率、文件大小、持续时间、预加载、带宽和帧。在右侧显示的是时间轴和图表，在图表中，每一个垂直条形代表一个帧</td><td>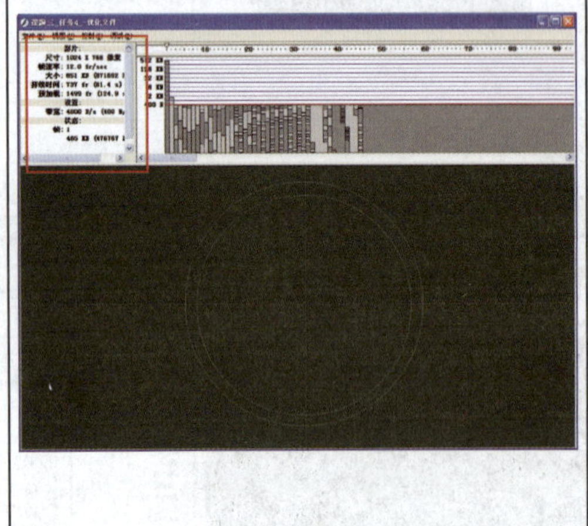</td><td>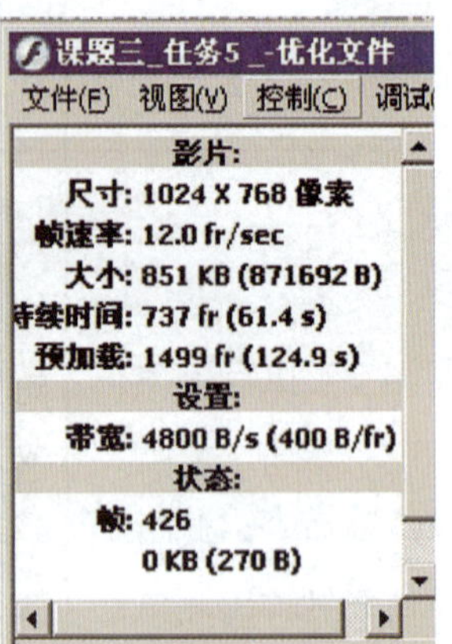
</td></tr>
<tr><td>5. 在测试文件的时间轴下部有一条红线，它表示的是在当前速度下，制定的帧能否实施播放，如果某个条形伸到了红线以上，则表明播放到这里时需要等待该帧的加载</td><td>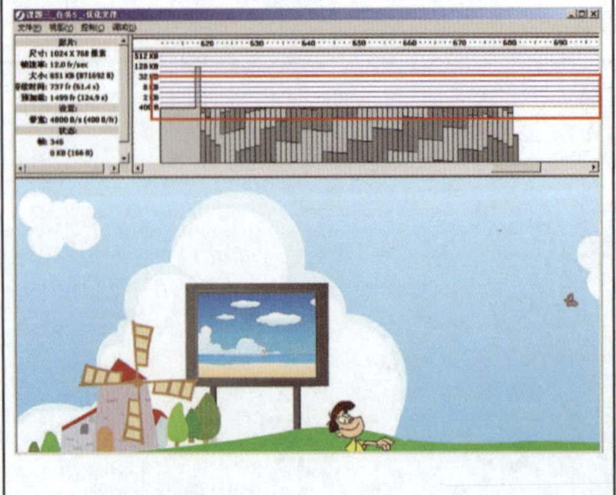</td><td>◆如左图所示，第1帧和第2帧的内容在红线以上，说明这两帧的内容播放时需要加载（加载是指需要等待计算机读入才能播放，网络播放时在这里可能会出现停顿，等数据流读取完成再播放）</td></tr>
</table>

续表

操作过程	图 示	注释（备注）
6. 将时间轴上的三角形滑块拖曳到第3帧，可以看到该帧内容在红色横线以下，说明到这帧时可以快速播放，并且通过左侧的窗口可以看到该帧的位置尺寸等文件属性内容	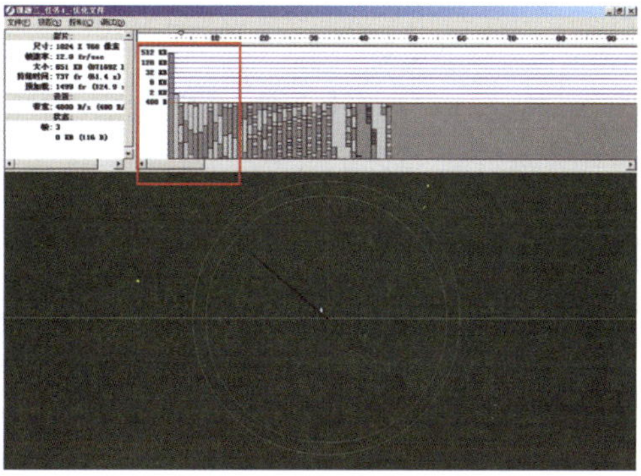	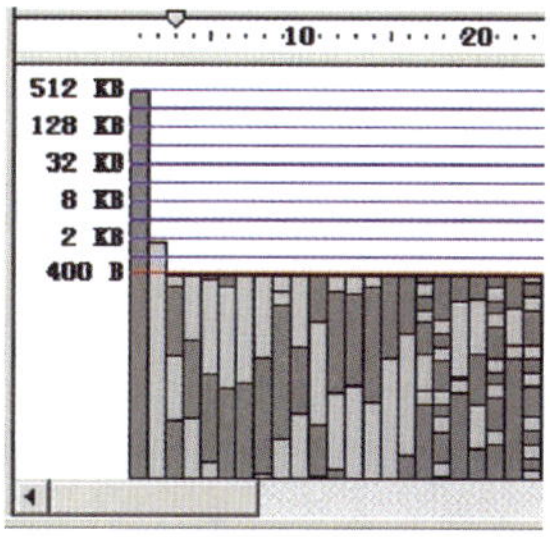
7. 执行菜单栏中“视图/下载设置”命令，选择一个数值来模拟动画在不同速度下的数据流速度，如56 K或者其他用户特定的发布数值	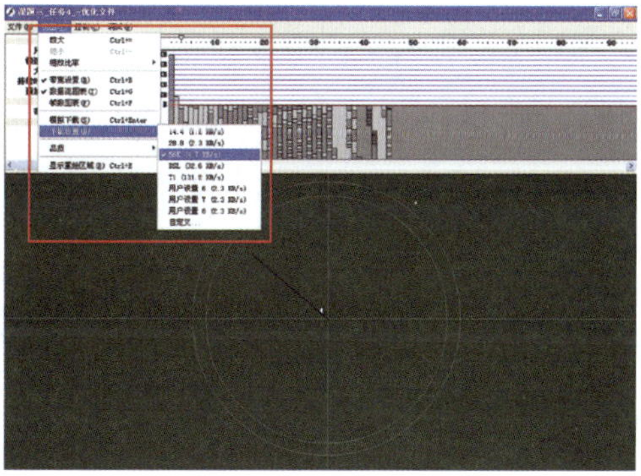	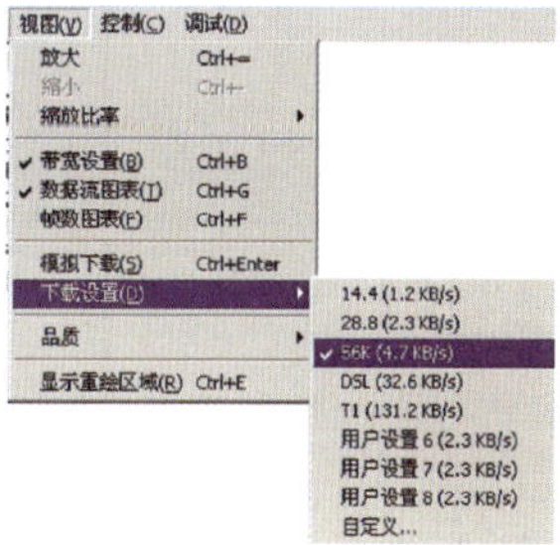
8. 选择“视图/模拟下载”来模拟动画下载速度，这样就可以通过模拟速度下载设置的方法来查看这样的速度发布网络后的实际观看效果	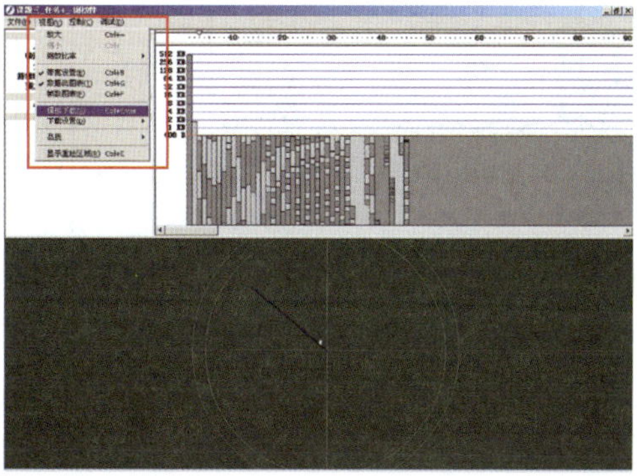	◆测试效果观看完毕，如果某帧文件量过大，影响了下载观看，可以对照前面知识点中介绍的文件最优化设置中的12条进行调整。调整完后，就可以进行最后的发布设置了

续表

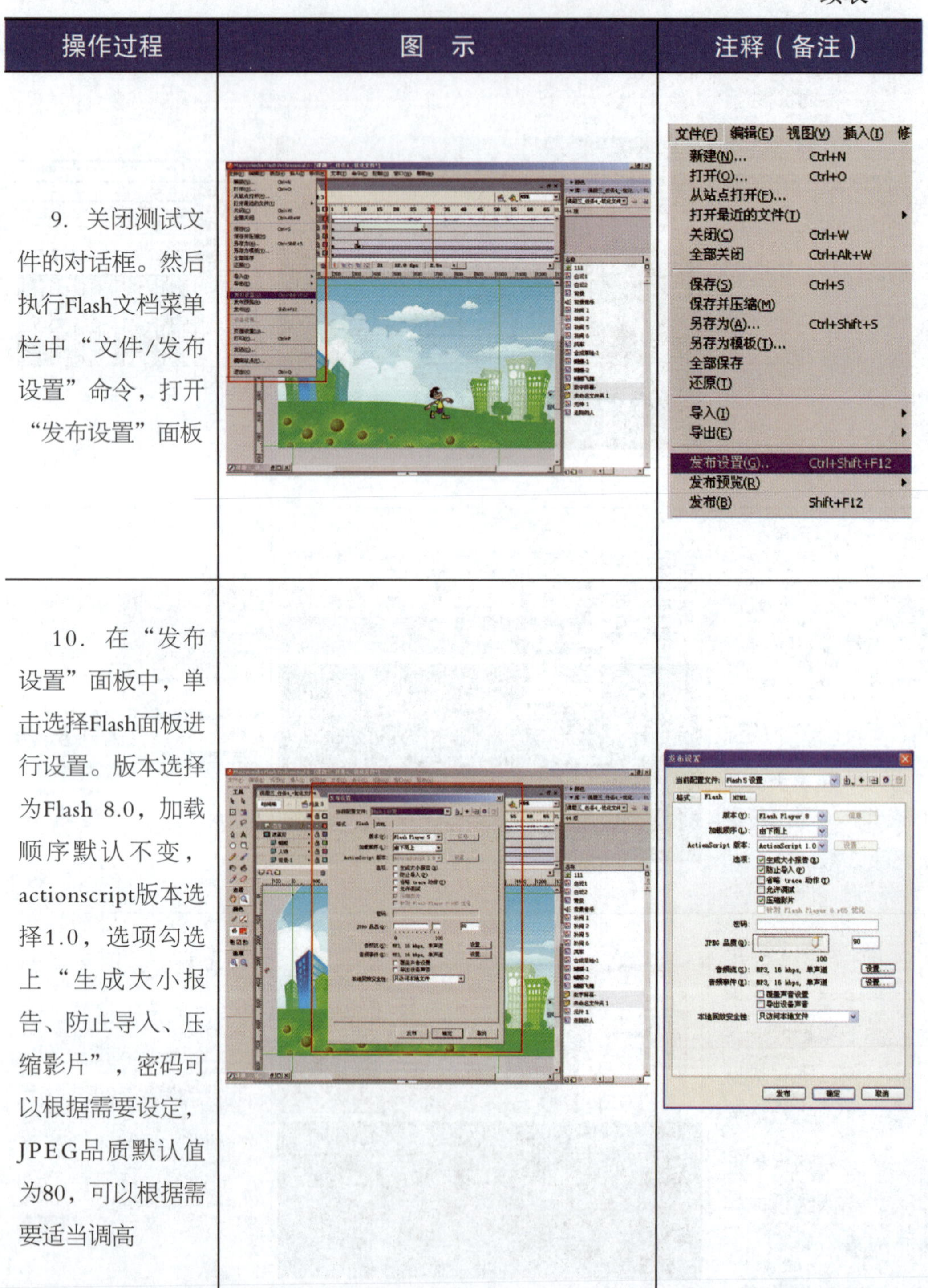

操作过程	图　示	注释（备注）
9. 关闭测试文件的对话框。然后执行Flash文档菜单栏中“文件/发布设置”命令，打开“发布设置”面板		
10. 在“发布设置”面板中，单击选择Flash面板进行设置。版本选择为Flash 8.0，加载顺序默认不变，actionscript版本选择1.0，选项勾选上“生成大小报告、防止导入、压缩影片”，密码可以根据需要设定，JPEG品质默认值为80，可以根据需要适当调高		

续表

操作过程	图　示	注释（备注）
11. 在声音选项区域，可以适当进行调整，如果文件量较小，可以考虑把声音设置打开，然后把比特率以及品质设置调高，让声音文件的质量更好一些	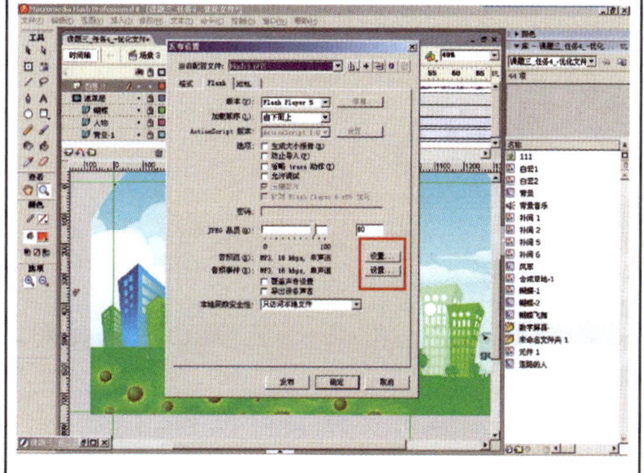	
12. 设置好前面内容后，就可以单击需选择格式面板选项，勾选相应需要发布的格式进行发布了（一般设置输出“.swf ”/“.html”格式即可，其他根据个人具体应用需求进行输出设置即可）	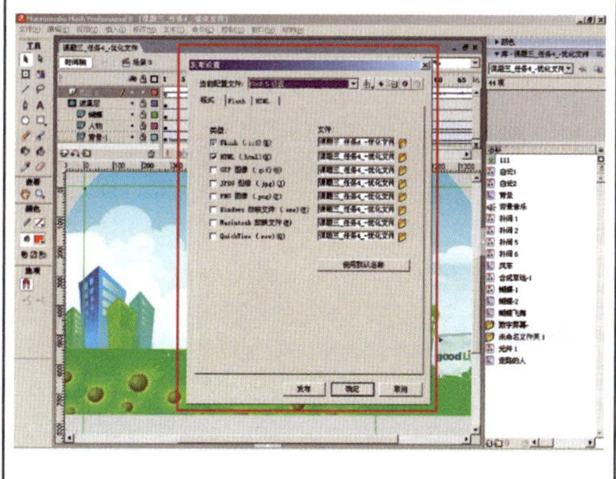	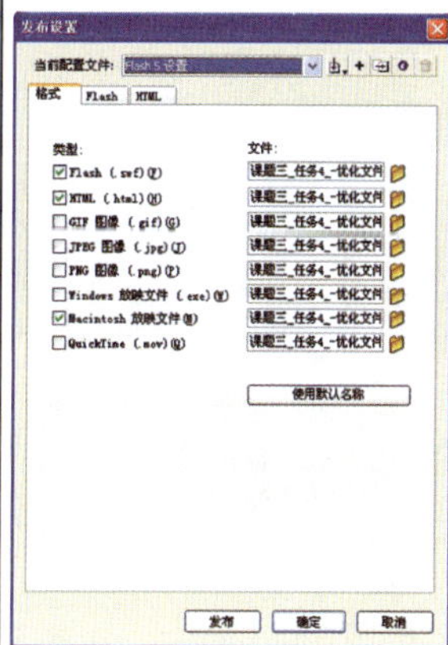
13. 选择“文件/发布”命令，在文件输出后，双击进行播放，查看动画播放的效果	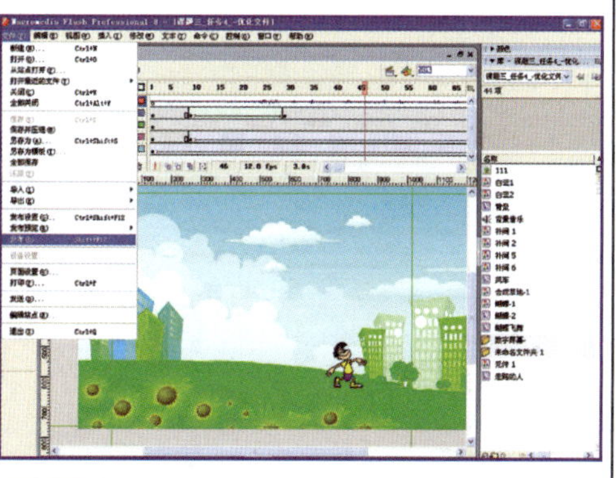	

思考与练习

一、思考题

1. 如何理解Flash作品中优化文件的作用?
2. 如何进行文件测试?
3. 如何进行带宽设置?
4. 如何进行发布设置?

二、实训题

请为自己设计制作的Flash作品进行优化文件设置。